Der große BLV Vogelführer für unterwegs

HÅKAN DELIN
LARS SVENSSON

blv

VORWORT

Als der Vorgänger dieses Buches erstmals 1970 in England unter dem Titel »The Hamlyn Guide to Birds of Britain and Europe« erschien, setzte er neue Maßstäbe für Bestimmungsbücher zu den Vögeln Europas. Bertel Bruun (Text) und Arthur Singer (Illustrationen) gaben europäischen Vogelbeobachtern damit ein auf einem höchst erfolgreichen amerikanischen Vorbild basierendes modernes, leicht zu handhabendes Hilfsmittel an die Hand. Das Konzept, alle wichtigen Informationen (Text, Farbtafel und Verbreitungskarte) auf einer Doppelseite zu präsentieren, wurde inzwischen von anderen Feldführern übernommen. Der »Hamlyn Guide« wurde mehrfach überarbeitet; 1986 trat man mit der Bitte an uns heran, den Text komplett neu zu verfassen, und so wurden wir zu Autoren des Buchs. Wir wirkten auch an der Verbesserung mancher Illustration mit und baten den talentierten schwedischen Künstler Dan Zetterström, die Tafeln zu den Watvögeln, den Raubmöwen, Möwen und Seeschwalben neu anzufertigen – Vogelgruppen, deren Darstellung, wie wir fanden, akkurater werden musste, um vor Ort wirklich eine Hilfe zu sein. Dies hob den Standard des Buches noch einmal deutlich an.

Dann erwarb der renommierte britische Verlag Philip's die Rechte an dem Titel und bat uns um die Aktualisierung des Inhalts und um Verbesserungsvorschläge. Diese Aufgabe schien nicht einfach, und anfangs zögerten wir, sie zu übernehmen. Vieles hat sich nämlich in den über 35 Jahren seit dem ersten Erscheinen des Buchs geändert, und in mancherlei Hinsicht würden Änderungen sehr aufwendig ausfallen müssen. Wir haben inzwischen beinahe eine Revolution in der Taxonomie der Vögel erlebt, und viele ehemalige Unterarten sind mittlerweile als eigene Arten anerkannt. Außerdem haben sich die Methoden der Vogelbestimmung deutlich verbessert, und Informationen über bislang wenig bekannte Vögel sind mittlerweile leicht im Internet zugänglich. Die digitale Fotografie durch Spektive (»Digiskopie«) versetzt Hobby-Vogelbeobachter in die Lage, auf einem Gebiet Beiträge zu leisten, das bis dato Fotospezialisten mit teuren Ausrüstungen vorbehalten war. Durch diese Entwicklung haben wir nun Zugang zu Bildern von praktisch allen Vogelarten unseres Teils der Welt. Nun kann auch eine Neuauflage des »Hamlyn Guide« nicht all diese Fortschritte in der Ornithologie widerspiegeln, aber wir haben versucht, die wichtigsten Neuerungen zu berücksichtigen, wobei wir stets mehr die Bedürfnisse des Alltags-Vogelbeobachters als die des Spezialisten im Auge hatten.

In erster Linie konzentrieren wir uns auf Europa. Alle europäischen Brutvogelarten werden ausführlich behandelt, ebenso die, die regelmäßig durchziehen oder häufig als »Irrgäste« aus Asien und Nordamerika erscheinen. Um mehr Raum für die eingehende Behandlung der »klassischen« europäischen Arten und die neu abgetrennten Arten zu gewinnen, haben wir extreme Seltenheiten aus Kleinasien und Nordafrika weggelassen. Zu den ehemaligen Unterarten, denen nunmehr Artstatus zugeordnet wird, gehören u. a. Carolinakrickente, Balearen- und Mittelmeer-Sturmtaucher, Mittelmeer- und Steppenmöwe, verschiedene Zweigsänger, der Mittelmeer-Raubwürger und der Korsische Zitronenzeisig.

Die Fortschritte und Änderungen in der Taxonomie der Vögel schlagen sich auch in der Abfolge nieder, in der sie gemäß ihrer Verwandtschaftsverhältnisse aufgeführt werden. Dieses Bestimmungsbuch ist eines der ersten, das die neue Einsicht einarbeitet, dass unter den europäischen Vögeln die Enten- und die Hühnervögel an der Basis des evolutionären Stammbaums stehen und daher als Erste in diesem Buch zu behandeln sind. Ordnungen und Familien, die sich später entwickelten, werden danach in der angenommenen Abfolge ihres naturgeschichtlichen Auftretens abgehandelt.

Nicht weniger als 43 Farbtafeln (32 %) wurden neu in Auftrag gegeben oder durch existierende Abbildungen aus anderen Quellen ergänzt. Martin Elliott hat für mehrere Seevögel, Tauchenten, Großmöwen und einige weitere, alte Farbtafeln ergänzende neue Abbildungen angefertigt. Håkan Delin malte v. a. neue Farbtafeln für die Gänse der Gattung *Anser*, für Seetaucher, Lappentaucher, Trappen, Kraniche, Alke, Eulen und Spechte. Peter Hayman hat uns erlaubt, Abbildungen aus »The Complete Guide to the Birdlife of Britain and Europe« zur Verbesserung einiger Farbtafeln zu verwenden, v. a. bei den Singvögeln und hier besonders den Lerchen, Piepern und Braunellen, den Zweigsängern und einigen Meisen, sowie einzelne Abbildungen zu einer Reihe anderer Gruppen.

Der Text wurde im Lichte der neuen Taxonomie mit den Artabtrennungen der jüngsten Vergangenheit sowie mit Rücksicht auf neue Bestimmungstechniken überarbeitet. Gleichwohl möchten wir darauf hinweisen, dass wir auf viele Feinheiten verzichten mussten, um den Führer buchstäblich tragbar zu halten. (Wer seine Bestimmungskompetenzen perfektionieren möchte, sei auf Spezialliteratur und Artikel in vogelkundlichen Zeitschriften verwiesen). Diese Einschränkungen dürfen nicht als Nachteil gesehen werden. Für die überwiegende Mehrzahl der gewöhnlichen Beobachtungssituationen bietet dieses Buch völlig ausreichende Informationen. Vielleicht ist es sogar eine Erleichterung, sich bei einem vermutlichen Schilfrohrsänger oder einem Rotschwanz im Garten mit einer auf ein realistisches Maß reduzierten Anzahl von Arten auseinanderzusetzen.

Wir danken Jane und Ben Carpenter, die den Text freundlicherweise gegenlasen und wertvolle Hinweise gaben. David A. Christie übersetzte den schwedischen Text, auf dem »The Hamlyn Guide to Birds of Britain and Europe« fußt. Wir haben davon profitiert und hoffen, dass das im Text dieses neuen Buchs deutlich wird.

Alle Verbreitungskarten wurden für diese Auflage überarbeitet. Man beachte dabei, dass ihre geringe Größe den Detailreichtum einschränkt. Sie sollten jedoch eine allgemeine Einschätzung des europäischen Vorkommens und Auftretens jeder Vogelart erlauben.

Håkan Delin, Lars Svensson

Håkan Delin ist Arzt und lebt in der Nähe von Stockholm. Er gilt weithin als einer der kompetentesten Feldornithologen Schwedens und als erfahrener Vogelmaler, der auch die Eulentafeln im englischen Handbuch »The Birds of the Western Palearctic« (Oxford) anfertigte.

Lars Svensson ist schwedischer Ornithologe. Er schrieb die »Identification Guide to European Passerines« (den »kleinen grünen Svensson«, ohne den kein Vogelberinger sich an die Arbeit macht) und »Vögel Europas, Nordafrikas und Vorderasiens«. Darüber hinaus verfasste er verschiedene Artikel zur Vogelbestimmung und gab viele Vogelbücher heraus. Er ist Mitglied des Unterausschusses für Taxonomie der British Ornithologists' Union und des Schwedischen Komitees für Taxonomie.

Dieses Buch deckt den Hauptteil Europas ab, ausgenommen sind nur der östlichste Teil Russlands und die nördlichen Hänge des Kaukasus. Im Osten verläuft die gewählte Grenze des Bearbeitungsgebiets von der Halbinsel Kanin im Norden den 45. Breitengrad entlang bis zu den Ausläufern des Zentralkaukasus im Süden; von dort mit den Vorgebirgen des Kaukasus nach Westen zum Schwarzen Meer, durch den Bosporus und die Ägäis inkl. aller griechischen Inseln (z.B. Lesbos und Kreta), weiterhin Malta und sämtliche anderen zu Europa zählenden Inseln im Mittelmeer umfassend. Die Grenze verläuft durch die Straße von Gibraltar und dann nordwärts, Island und Spitzbergen einschließend. Vögel der Türkei (östlich des Bosporus), Zyperns, der Levante, Nordafrikas, der Kanarischen Inseln, Madeiras und Grönlands werden nicht behandelt (obgleich einige dieser Gegenden auf den Verbreitungskarten sichtbar sind).

Vögeln kann man sich auf die vielfältigsten Weisen annähern: durch waghalsige und aufwendige Unternehmungen oder ganz ruhig und stressfrei; auf Reisen in entfernte, exotische Länder oder einfach an Stellen gerade mal um die Ecke von zu Hause; man kann sich alleine aufmachen oder in netter Gesellschaft; die Sache systematisch und wissenschaftlich angehen oder zum reinen Vergnügen.

Gleichgültig, wie Sie sich den Vögeln widmen wollen – es empfiehlt sich zu wissen, was man da gerade sieht. Man möchte die Vögel bestimmen und muss sich dabei oft noch über ihr Geschlecht und Alter klar werden. Wir hoffen, dass dieses Buch ein nützlicher Helfer sein wird.

Was dieser Band behandelt – und was nicht

In diesem Buch geht es um gut 500 Vogelarten. Es versteht sich von selbst, dass Text und Abbildungen nur diejenigen behandeln können, die normalerweise vorkommen oder regelmäßig beobachtet werden. Ausnahmeerscheinungen und zufällig auftretende Arten mussten ausgeschlossen werden. Dennoch decken die Abbildungen die Erscheinungsformen der regelmäßig vorkommenden Arten weitgehend ab: Jede Art wird mit den Kleidern, in denen man ihr gewöhnlich begegnet, abgebildet. Abbildungen vom fliegenden Vogel wurden ergänzt, wo es angezeigt schien.

Schlichtkleid

Enten mausern im Sommer alle ihre Schwingen auf einmal und werden dadurch flugunfähig. Während dieser für sie gefährlichen Zeit ersetzen die ♂ ihr prächtig gefärbtes Brutkleid durch ein unauffälliges, sogenanntes Schlichtkleid, das ihnen eine gute Tarnung bietet. Da dieses Schlichtkleid für eine Zeit getragen wird, in der die Vögel ein eher zurückgezogenes Leben führen, und es außerdem dem der ♀ sehr ähnelt, wurde es nicht eigens abgebildet.

Eine Möglichkeit, schlichte Erpel von den ähnlichen ♀ zu unterscheiden, bietet ein Blick auf den Schnabel: Das ♂ behält die Schnabelfarbe bei (beim Stockerpel olivgelb, beim Erpel der Kolbenente rot usw.). Auch das Flügelmuster verrät oft das ♂: Ein schlichtes Scheckenten-♂, das sein Körpergefieder in ein Schwarzbraun gemausert hat, behält die weißen Felder auf dem Oberflügel bei. Es ähnelt dann (bis es auch die Schwanzfedern mausert) im Flug ganz frappierend einer Trottellumme.

▼ Scheckente, Männchen im Schlichtkleid – ähnelt auf größere Distanz einer Trottellumme.

Jugendkleid

Bei einer Reihe von Singvögeln tragen die Jungvögel ein erstes Gefieder, das bereits Ende des Sommers teilweise oder vollständig vermausert wird. Bei vielen Arten ähnelt dieses dem der adulten ♀, bei anderen unterscheidet es sich so deutlich, dass es sogar zu Bestimmungsproblemen führen kann. Die meisten dieser abweichenden Federkleider wurden bei den Farbtafeln berücksichtigt, wegen des eingeschränkten Druckraums jedoch nicht alle.

Angesichts der aussagekräftigen Abbildungen konnten wir es umgehen, die Artbehandlungen im Text mit vollständigen Gefiederbeschreibungen zu überfrachten. Stattdessen konzentrierten wir uns auf wichtige Merkmale, die zur Hervorhebung *kursiv* gesetzt sind. Außerdem wurde so mehr Raum frei für die Beschreibung der Lautäußerungen.

Gesänge und Rufe

Mit den Gesängen und Rufen der Vögel vertraut zu sein, ist ein Muss für jeden Vogelbeobachter. Ein frühmorgendlicher Waldspaziergang im späten Frühjahr kann für einen Anfänger zu einer total frustrierenden Erfahrung ausarten: Die Gesänge vermischen sich zu einem namenlosen Chor, dessen Mitglieder im Blätterdach wegschlüpfen. Umgekehrt kann eine Frühlingsnacht in einem Feuchtgebiet oder an einem See, wenn der Vogelzug noch läuft und die Reviere besetzt werden, für den Kenner zu einem aufregenden Ereignis werden, denn ihm sagen die Stimmen der Vögel ebenso viel wie ihre Wahrnehmung »Auge in Auge«.

Tatsächlich sind die Vogelstimmen – Gesänge, Rufe und Warnlaute – oft entscheidend für die Bestimmung einer Reihe von Arten. So für die meisten Zweigsänger und Pieper, die beiden Baumläuferarten und viele Watvögel, um nur einige Gruppen zu nennen. Bei einigen anderen wie den Ziegenmelkern, vielen Eulen, Rallen und anderen mit einer nächtlichen und heimlichen Lebensweise ist die Stimme beinahe der einzige Zugang zur Identifizierung.

Am besten lernt man die Vogelstimmen durch Tonaufnahmen oder indem man einen erfahrenen Beobachter begleitet. Oftmals ist solche Hilfe, gerade wenn sie am nötigsten wäre, freilich nicht verfügbar – dann bleibt man darauf angewiesen, sich anzuschleichen, um etwas zu erhaschen, und das Gesehene mit dem, was man hört, zusammenzubringen. Das ist ein netter Zeitvertreib, erfordert jedoch ebenso viel Aufmerksamkeit wie Geduld. Und wenn man zu keinem Ergebnis kommt, dann können die Beschreibungen in Vogelführern vielleicht helfen.

In diesem Buch haben wir uns auf die Rufe und Gesänge konzentriert, die man gewöhnlich auf normale Entfernung, also nicht nur aus nächster Nähe, vernehmen kann und die der Bestimmung dienlich sind. Wir beschränken uns also auf das Wesentliche und verzichten auf eine Menge weniger signifikanter Lautäußerungen. Mit Ausnahme einiger Arten haben wir uns aus didaktischen Gründen zudem entschieden, Rufe nur in der Grundform wiederzugeben, ohne Variationen aufzuführen.

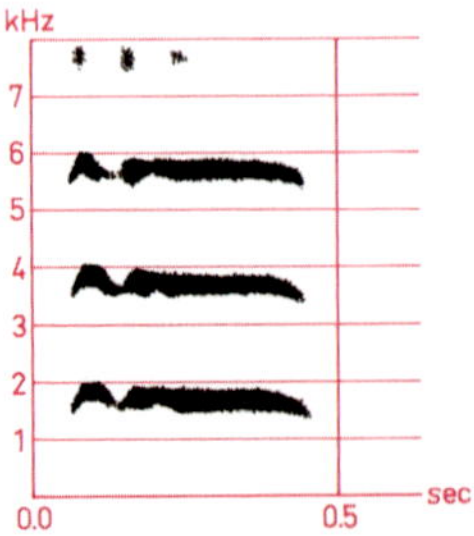

▲ Sonagramm des Bettelrufs einer jungen Waldohreule – ein lang gezogenes, klagendes »**pii**-ih«, das über 1 km weit zu hören ist.

Sonagramme oder Schriftform?
In einigen modernen ornithologischen Handbüchern werden grafische Darstellungen der Lautäußerungen, sogenannte Sonagramme, verwendet. Ohne ihren Nutzen in Abrede zu stellen, haben wir uns hier für die konventionelle schriftliche Beschreibung entschieden. Wir glauben, dass Sonagramme eine Menge Erfahrung voraussetzen, ehe man sie »lesen« kann; außerdem brauchen sie eine Menge Druckraum – 2 gute Gründe, auf sie zu verzichten.

Sonagramme können darüber hinaus einen falschen Eindruck von Präzision hervorrufen, da sie wie Fingerabdrücke einzigartigen Beweischarakter zu haben scheinen. Die Feinheiten und exakten Kilohertz-Werte der Sonagramme können aber das Urteil eines Hörers nicht ersetzen. So werden hier nur zu leicht die Variationen im Ruf einer Art beim Vergleich mit einer nahe verwandten verschleiert.

Jedenfalls glauben wir, dass unsere Leser auch ohne Sonagramme gut gerüstet sind. Wir haben den Lautäußerungen mehr Raum gewidmet als die meisten vergleichbaren Vogelbücher und versucht, durch metaphorische Vergleiche und beschreibende Adjektive die phonetischen Umschreibungen lebhaft und eingängig zu machen.

Dialekte
Erschwert wird die Beschreibung der Stimmen bei einem Buch, das ganz Europa abdeckt, dadurch, dass auch Vögel Dialekte »sprechen« – eine griechische Amsel schwätzt anders als eine mitteleuropäische. Im Großen und Ganzen haben wir diesen Aspekt vernachlässigt. Nur dort, wo sich diese Dialekte nicht einmal ähneln oder wo Ähnlichkeiten zu anderen Arten bestehen, haben wir Ausnahmen gemacht. Der Gesang der Rotdrossel und des Ortolans sowie der Regenruf des Buchfinken gehören dazu.

Optische Täuschungen

Die Artbeschreibungen sollten zusammen mit den Farbtafeln einen hinreichenden Eindruck vom Aussehen eines Vogels vermitteln. Aber Vögel sehen nicht immer so aus, wie sie sollten. Licht, Sichtverhältnisse, Hintergrund und – besonders bei fliegenden Vögeln – Windbedingungen spielen eine gewichtige Rolle bei ihrer Wahrnehmung. Einige Bemerkungen sollen das verdeutlichen.

▼ Schwarzstorch in grellem Licht – man beachte, wie blass er erscheinen kann.

Einfluss des Lichts
Im Gegenlicht erscheinen Hälse schlanker – das Licht »knabbert« an den Konturen –, sodass ein sitzender Steinadler truthahnähnlich erscheint. Gegen das Licht betrachtet, kann glänzend schwarzes Gefieder weißlich wirken, und ein kreisender Schwarzstorch sieht

dann oberseits gar nicht mehr richtig schwarz aus! Ein stark bedeckter Himmel und dürftige Lichtverhältnisse unterdrücken Farben: Braun wird zu Schwarz usw. Dagegen verstärkt ein heller, nur leicht bewölkter Himmel die Farben und Muster frappierend. Auffliegende Saatgänse und kreisende Schreiadler können in bestimmtem Licht recht stark gemustert erscheinen. Kräftiges Licht und Dunst macht Vögel blasser; ein Baumfalke kann dann von oben fahlgrau wie ein Wüstenfalke wirken. Grelles Sonnenlicht schafft starke Schatten, die dann gern für schwarze Gefiederpartien gehalten werden. So beachte man beispielsweise, wie schwer es ist, die rotbraunen Unterflügel einer Rotflügel-Brachschwalbe bei solchem Licht auszumachen. Das Dämmerlicht des Morgengrauens bewirkt, dass Vögel überraschend klein und ihre Flügelschläge besonders rasch erscheinen: Eine Eiderente kann dann wie eine Samtente aussehen. Und Nebel macht alle Vögel größer.

▲ Kontraste haben Einfluss auf die Einschätzung der Größe. Vögel, die sich stark vom Hintergrund abheben, wirken größer. Das vereinfachte Beispiel zeigt Haustauben.

Kontraste
Über den Einfluss des Hintergrundes kann man sich einen Eindruck verschaffen, wenn man 2 nebeneinander fliegende Straßentauben (eine schwarz, die andere weiß) beobachtet: Vor dunklem Hintergrund wirkt die weiße größer, vor hellem die schwarze. Nun sind Straßentauben vor jedem Hintergrund leicht zu bestimmen, wenn aber ein Sterntaucher im blassen Winterkleid bei strahlendem Wetter vor dunklem Meer fliegt, dann kann der Kontrast über die tatsächliche Größe täuschen und uns an einen der selteneren größeren Seetaucher denken lassen.

Bestimmte Hintergründe können die wahre Gestalt von Vögeln mit mehrfarbig gemustertem Gefieder völlig auflösen. Vor einem dunklen Wald kann so eine Brandgans im Flug ganz eigenartig wirken: halslos, mit kurzen Flügeln und langem Schwanz.

▼ Brandgans vor dunklem Hintergrund. Der optische Eindruck ist verwirrend.

Einschätzung der Größe

Jede Vogelbestimmung im Feld beinhaltet ein Urteil über die Größe, sei es eine gröbere Feststellung wie »zwischen drossel- und taubengroß« oder feinere Annäherungen wie »ein bisschen größer als eine Klappergrasmücke«. Als Orientierung ist bei den Artbeschreibungen die Größe des Vogels (Länge von Schnabel- bis Schwanzspitze beim flach liegenden Vogel) ange-

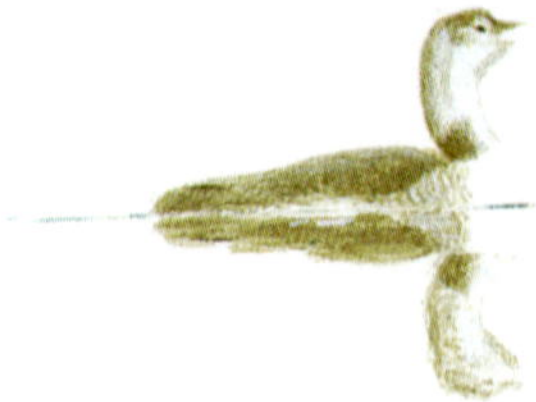

▲ Auf einer hellen Gewässeroberfläche kann ein Gelbschnabeltaucher schnabellos erscheinen.

geben. Bei bestimmten Arten wurde die Spannweite (Flügelspitze bis Flügelspitze bei flach gestreckten Flügeln) ergänzt.

Erfahrene Vogelbeobachter lassen die Größe ungeachtet vieler Einschränkungen und Fallstricke als Bestimmungsmerkmal nicht außer Acht.

Vorurteile, die Größe betreffend

Größeneinschätzungen können durch vorgefasste, aber falsche Vorstellungen beeinflusst werden. Obwohl wir wissen, dass Rabe und Mantelmöwe große Vögel sind, neigen viele von uns dazu, ihr wahres Ausmaß zu unterschätzen, da ihre Gestalt der ihrer kleineren und bekannteren Verwandten so sehr ähnelt: Wir wollen nicht wahrhaben, um wie viel größer als eine Rabenkrähe oder eine Sturmmöwe sie sind. Entsprechend finden wir einen Bussard, der von einem Raben verfolgt wird, klein.

Normale Größenvariation

Auch die Größenunterschiede innerhalb einer Art sollen hier erwähnt werden. Bekannt ist der deutliche Unterschied zwischen ♂♂ und ♀♀ beim Kampfläufer, bei Birk- und Auerhuhn, bei denen die ♂♂ größer sind, während es sich bei Wanderfalke, Merlin, Habicht und Sperber genau umgekehrt verhält.

Weniger bekannt sind die Größenunterschiede bei Kranichen, Gänsen, Kormoranen und Möwen. Und Jungvögel von Gänsen und Kranichen sind (wie die der Trappen und Hühnervögel) im Herbst immer noch nicht ausgewachsen. Wenn bei einem herbstlichen Trupp ziehender Weißwangengänse eine einzelne, deutlich kleinere Gans der Gattung *Anser* mitfliegt, sollte das nicht zu dem spontanen Ausruf »mögliche Zwerggans« führen – es könnte sich nur um eine kleine, weibliche Blässgans handeln.

► Ein Rabe lässt einen Bussard, den er verfolgt, erstaunlich klein wirken.

Bei den Geschlechts- und Altersgruppen sämtlicher Arten besteht eine normale Bandbreite von ca. 6–12% Größenunterschied. Das wird häufig auch von erfahrenen Vogelbeobachtern übersehen und kann zu echten Fehlbestimmungen führen. Der kleinstmögliche Zwergstrandläufer in einem Trupp von »normalen« Zwergstrandläufern muss die Aufmerksamkeit von Vogelbeobachtern, die nach Seltenheiten lechzen, auf sich ziehen, bis seine Identität gesichert ist.

▲ Wir erwarten, dass ein Prachttaucher ein großer Vogel ist. Eine nahe Mantelmöwe kann uns konfus machen.

Flügelschlagfrequenz und ihr Einfluss auf den Größeneindruck

Starker Wind zwingt fliegende Vögel zu schnelleren Bewegungen, und sie können dann viel kleiner erscheinen, als sie sind: Ein Fischadler kann wie eine Möwe aussehen, ein Habicht wie ein Sperber usw.

Verschiedene Vögel wie Seetaucher, Greifvögel, Limikolen, Seeschwalben, Alke, Lerchen und Finken vollführen Balzflüge mit verlangsamten Flügelschlägen. Da wir nun die Flügelschlagfrequenz mit einer bestimmten Größe assoziieren, überschätzt man regelmäßig die Größe von Vögeln, die solche Schauflüge zeigen, und ist, wenigstens für einen Moment, in die Irre geführt. Eine Kalanderlerche im Balzflug kann so auf die Ferne wie ein kleiner Greifvogel wirken. Auch Schwingen in der Mauser können nicht nur die Schlagfrequenz verändern, sondern auch die Silhouette, beides mit Wirkung auf den Größeneindruck.

Hybriden und andere Kuriositäten

Hybriden, Farbabweichungen und Vögel in ungewöhnlichen Übergangskleidern stellen das Wissen und die Vorstellungskraft von Vogelbeobachtern auf eine harte Probe.

Dabei kommt Hybridisierung bei Entenvögeln regelmäßig vor. Ein männlicher Hybride aus 2 Gründelenten-Eltern (Gattung *Anas)* wird in der Regel deutlich gemustert sein und wenig Bestimmungsprobleme bieten. Hybriden der kleineren Tauchenten *(Aythya)* können dagegen viel vertrackter sein, da sie häufig verwandten nordamerikanischen Arten gleichen.

Fehlfarbene Vögel ähneln oft verwandten Arten. Teilalbinotische Stare, Amseln und Rotkehlchen können beispiels-

▲ Hybride aus Zwerg- × Weißwangengans

▲ Ein solches teilalbinotisches Rotkehlchen wird leicht mit einem Blauschwanz-♀ verwechselt.

▲ Jungstar im Übergang zum 1. Winterkleid; nur der Kopf weist noch das Jugendgefieder auf.

weise jeweils mit Rosenstaren, Ringdrosseln oder weiblichen Blauschwänzen verwechselt werden.

Vögel, die von einem Kleid in ein völlig anderes mausern, können zu gewissen Zeiten merkwürdig aussehen. Der junge Star, der in sein 1. Winterkleid mausert, hat für eine gewisse Zeit einen einfarbig braunen Kopf, während sein Körper schwarz mit weißen Punkten ist. Das ist bekannt und schafft keine Probleme. Aber jeder, der einem 1-jährigen Kornweihen-♂ begegnet, das von seinem abgetragenen Jugendkleid ins 1. Erwachsenenkleid mausert, kann in Schwierigkeiten geraten: Auf die Entfernung erscheint dieses Gefieder sandgrau, und man findet es auch nur selten in der Literatur beschrieben. Die Bestimmung muss sich dann auf Gestalt, Größe, Bewegungen und den allgemeinen Eindruck stützen, Dinge also, die man nicht aus Büchern, sondern nur durch Erfahrung im Feld erlernen kann. Wie so oft macht auch hier Übung den Meister.

Beobachtungsstrategien

Der frühe Vogel fängt den Wurm ...

Für die meisten von uns gehört zu einem Vogelbeobachtungs-Trip einiges an Planung, dazu Geldausgaben und Zeit, und natürlich wollen wir möglichst viel Vergnügen daraus ziehen. Das kann man schon dadurch erreichen, dass man früh draußen ist. Wer das aufgeregte Treiben der Vögel in der Morgendämmerung und bei Sonnenaufgang erlebt, trauert jedem versäumten Morgen nach. Allerdings kann ein Ausharren in der Abenddämmerung für einen versäumten Morgen entschädigen, da viele Vögel auch abends sehr aktiv sind.

Der Faktor Wetter

Besonders während der Zugzeit ist es nützlich, bei der Planung von Exkursionen die Witterung zu berücksichtigen. Warmes Frühlingswetter und Kälteeinbrüche im Herbst lösen den Aufbruch der Vögel aus, die für ihre Wanderung schönes Wetter mit guter Sicht und Rückenwind bevorzugen. Gleichwohl kann man bei Regen und Sturm oft mehr Vögel sehen. Schöne Tage mit günstigen Winden führen nämlich dazu, dass sich das Zuggeschehen in große Höhen und außerhalb unserer Sichtweite verlagert. Schlechtes Wetter und Gegenwind zwingen die Vögel, den Zug zu unterbrechen, und man kann dann in geeigneten Rastgebieten große Trupps beobachten. Man darf dabei freilich nicht vergessen, dass der entscheidende Punkt die Wetterverhältnisse am Aufbruchsort sind, der ziemlich entfernt liegen kann.

Heftige auflandige Winde drängen Seevögel natürlich näher an die Küste, und Eulen sind in milden Nächten, die auf kaltes Wetter und Regen folgen, ruffreudiger.

Die besten Ergebnisse erzielt man also in den verschiedenen Habitaten bei jeweils unterschiedlicher Witterung.

▲ Ein Mornellregenpfeifer am Boden neigt seinen Kopf und beobachtet aufmerksam den Himmel – oft ein Hinweis auf einen überfliegenden Greifvogel.

Vögel helfen Vögel finden

Vögel sind schwierig auszumachen. Das gilt besonders für Greifvögel, die rasch über das Land streifen oder in großer Höhe vorbeifliegen. Gelegentlich geben andere Vogelarten, die oft scharfsichtiger als wir sind, hilfreiche Hinweise auf deren Gegenwart. So werden kleinere Greifvogelarten häufig durch hochfrequente, lang gezogene Töne der Meisen verraten, durch die aufgeregten Warnrufe der Bachstelzen, die »flitt, flitt«-Rufe der Schwalben oder die »kjätt«-Rufe der Stare. Auf die Anwesenheit größerer Greifvögel werden wir durch das raue »krrr« oder das wütende »kraa« von Raben- und Nebelkrähe (wobei das erste genervte Überlegenheit, das zweite empörte Verschrecktheit ausdrückt), das »krack krack krack« der Kolkraben, das beständige »**klii**-ju« der Sturmmöwen oder das »**gla**-uu« der Silbermöwen aufmerksam gemacht.

Der Chor der Alarmrufe ist es auch, der gewöhnlich eine Eule an ihrem Tageseinstand verrät, wobei sich die Drosseln am lautesten hervortun.

Man darf mit Sicherheit davon ausgehen, dass der Massenstart von Vögeln auf einem Feld auf einen anfliegenden Greifvogel zurückgeht. Einen etwas subtileren Hinweis bieten auf einem Ast sitzende oder am Boden Nahrung suchende Vögel, die den Himmel mit schräg gestelltem Kopf absuchen: Gewöhnlich kann man dann hoch zwischen den Wolken einen Greif entdecken (oder doch wenigstens eine Möwe oder einen Raben).

▼ Bussard auf seinem Lieblingsansitz.

Optische Ausrüstung

Wer sich ernsthaft für Vögel interessiert, wird sich ein gutes Fernglas anschaffen wollen. Und hat das Interesse sich erst einmal als dauerhaftes erwiesen, wird die Anschaffung eines Spektivs auf die Tagesordnung kommen, dazu ein Stativ mit Videoneiger, der ein ruckfreies Absuchen der Landschaft erlaubt. Stative aus Kohlefaser sind teurer, aber auch leichter und bei Wind standfester.

Die Anschaffung eines Spektivs kann nur wärmstens empfohlen werden. Es erweitert nicht nur die Bestimmungsmöglichkeiten deutlich, sondern man erhält dadurch auch viel eindrücklichere Einblicke in das Leben der Vögel und interessante Details ihres Verhaltens. Außerdem stört man die Vögel nicht.

▲ Besonders in der Brutzeit sollte man rücksichtsvoll sein und Störungen vermeiden. Ein Elternvogel mit Futter im Schnabel, der ständig ängstlich ruft, sollte uns veranlassen, auf Abstand zu gehen.

Störungen vermeiden

Es versteht sich von selbst, dass Störungen der Vögel zu vermeiden sind. Bisweilen hört man, die Vogelliebhaber seien die ärgsten Feinde der Vögel. Gottlob trifft das nicht zu. Der Ornithologe ist umsichtig und kann den Rufen und dem Verhalten der Vögel entnehmen, wann es angezeigt ist, sich diskret zurückzuziehen und sie in Ruhe zu lassen. Ahnungslose Sonnenanbeter, Angler und andere sind gewiss eine stärkere Bedrohung.

Zu Beginn der Brutzeit sind Vögel am störungsempfindlichsten. Einige Arten geben sogar das Nest auf, wenn sie von frisch gelegten Eiern vertrieben werden. Ausgetretene Spuren zu einem Neststandort weisen Raubsäugern und Greifvögeln den Weg zu den Eiern. Die Eier kühlen aus und die Embryonen gehen ein, wenn die Eltern bei kühlem Wetter für längere Zeit vom Gelege ferngehalten werden. Auch direkte Sonneneinstrahlung kann Küken töten. Die Jungen von Wat- und Hühnervögeln etwa verlassen das Nest kurz nach dem Schlüpfen und drücken sich ins Gras, wenn sich ein Mensch nähert, wobei sie sich völlig auf die Wirkung ihrer Tarnfarben verlassen – gehen dabei aber auch das Risiko ein, zertrampelt zu werden.

Auch außerhalb der Brutzeit können Vögel unter Störungen leiden. Gänse beispielsweise müssen zum Überleben, und um Fettreserven für schlechte Tage zu bilden, die kurzen Wintertage weitgehend zur Nahrungsaufnahme nutzen können. Und manche Greifvögel besuchen regelmäßig übers Jahr ihre Horste und können durch Störungen für die nächste Brutzeit an einen weniger geeigneten Standort verdrängt werden.

Das Seltene schützen

Junge Greifvögel zum Zwecke der Falknerei aus der freien Wildbahn zu entnehmen, ist zugleich traurig und empörend, genauso wie das perverse Sammeln von Eiern seltener Vögel und das Töten von Eulen und Greifvögeln, um sie sich präpariert ins Zimmer zu stellen. Wir alarmieren jedes Mal die Polizei, wenn jemand so etwas vorhat. Aber man kann die Nester seltener Arten auch schützen, indem man ihren Standort für sich behält. Wenn wir die genaue Lokalität eines Gerfalken-Nistplatzes auf Island weitergäben, würden sich dort über Jahre Besucher einstellen, die sich von der Abgelegenheit der Insel nicht abschrecken lassen.

Doch nicht nur die Interessen der Vögel gehen stets vor, wir müssen auch die der Landbesitzer und der Bevölkerung achten.

Bestimmen ist nicht alles

Um es zum Abschluss noch einmal zu sagen: Ziel dieses Buches ist es, die Bestimmung von Art, Geschlecht und Alter zu erleichtern. Die meisten Naturbegeisterten werden freilich darin übereinstimmen, dass das nur der erste Schritt sein kann. Ein Vogel ist schließlich weit mehr als sein Aussehen und einige Lautäußerungen. Eine nach einer Meerüberquerung gerade in einem Strauch an der Küste gelandete, erschöpfte Waldohreule ist ein unvergesslicher Anblick und dabei einer, den man eingehend studieren kann. Aber die Ansicht einer Waldohreule kann sich auch mit der Stimmung einer nebelverhangenen Frühjahrsnacht verbinden, wenn das Paar sein melancholisches Duett singt, oder mit der Erinnerung an warme Sommerabende, wenn die Eulen entlang von Wassergräben auf Mäusejagd gehen. Eine einsame Blässgans am Boden, wie sicher sie auch identifiziert und nach Alter bestimmt sein mag, vermag den Traum von der Tundra niemals so zu wecken wie die großen V-Formationen, die im Chor rufend am Himmel dahinziehen.

Vögel hinterlassen ein lebendiges Bild und fesseln unsere Vorstellungskraft nur dann, wenn wir uns auf ihr Verhalten und ihre Gewohnheiten einlassen. Erst dann können wir über ihre faszinierenden Anpassungen und ihre Zukunftsaussichten philosophieren. Für diese Anstrengung versteht sich dieses Buch als Handreichung.

▼ Eine Waldohreule ruht sich nach einer Meeresüberquerung im erstbesten Strauch aus.

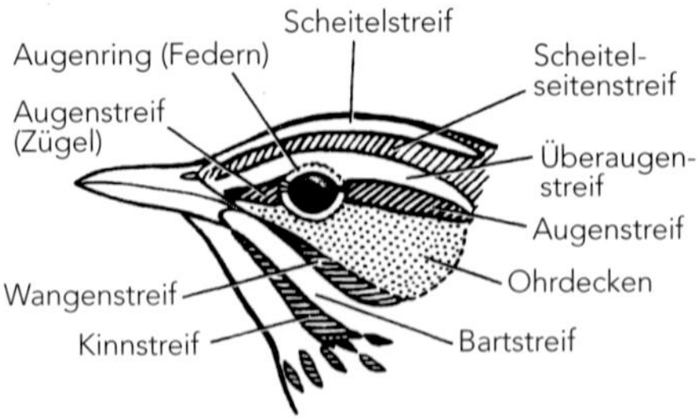

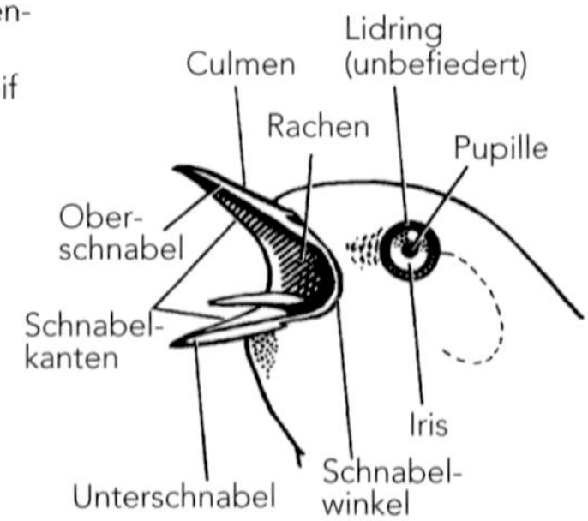

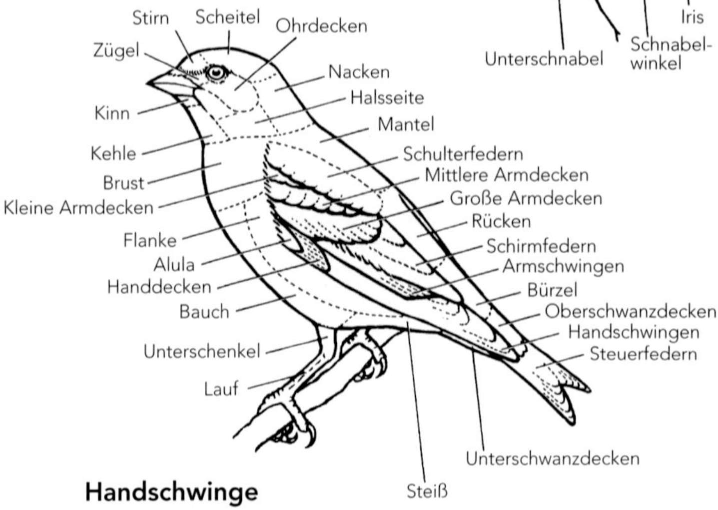

Handschwinge

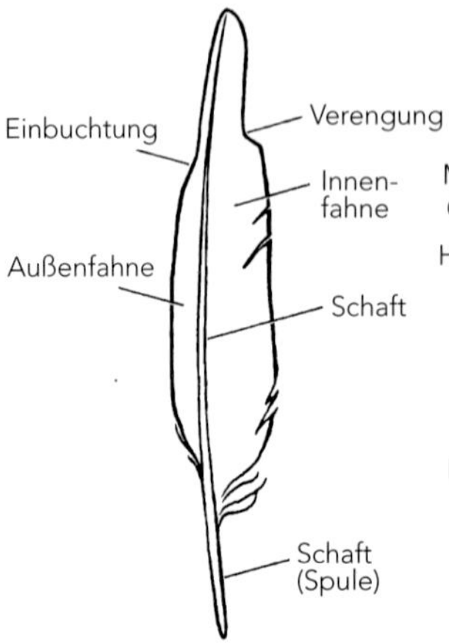

Oberflügel

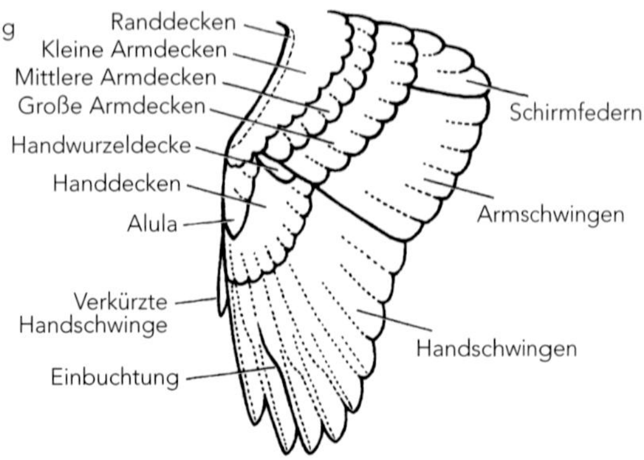

Verbreitungskarten

Abkürzungen und Symbole

Status in Mitteleuropa		Verschiedenes	
J	Jahresvogel	♂ immat.	immatures Männchen
B	Brutvogel, Sommergast	♀ immat.	immatures Weibchen
Z	Zuggast	L	Länge (in cm)
W	Wintergast	S	Spannweite (in cm)
A	Ausnahmeerscheinung	juv.	juvenil, Jungvogel

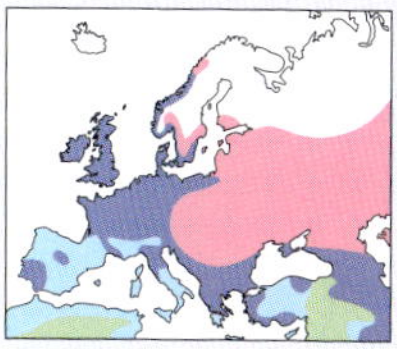

Brutgebiet

Durchzugsgebiet

Überwinterungsgebiet

Ganzjähriges Vorkommen

Bei einigen Arten werden die Grenzen unregelmäßigen Vorkommens im Winter und im Sommer mit durchbrochenen blauen bzw. roten Linien angezeigt.

Zum Aufbau des Buches

Für jede Ordnung, Familie, Unterfamilie oder sonstige Hauptgruppe von Vögeln werden Kurzbeschreibungen gegeben. Darauf folgen die Artbeschreibungen.

Die Abfolge der verschiedenen Gruppen spiegelt die Geschichte ihrer Evolution wider, sodass am Anfang diejenigen stehen, von denen man annimmt, dass sie die urtümlichsten sind, während am Ende die Formen aufgeführt werden, die sich zuletzt herausgebildet haben. Eine Neuheit in diesem Buch ist, dass die Enten- und gleich danach die Hühnervögel den Anfang bilden. Die Genforschung der jüngsten Vergangenheit hat gezeigt, dass diese beiden Gruppen älter als die anderen sind und daher unter den europäischen Vögeln als »Stammesälteste« zu gelten haben. Ein weiteres überraschendes Ergebnis ist, dass Lappentaucher und Flamingos nächstverwandt sind, weshalb sie auch nebeneinander abgehandelt werden. Die Berücksichtigung der Genetik bei der Taxonomie ist freilich immer noch relativ jungen Datums, und es steht zu erwarten, dass sich auch künftig Änderungen ergeben.

Nur in sehr wenigen Fällen wurden nicht verwandte Arten absichtlich nebeneinander gestellt, um sie besser vergleichen zu können. Das gilt etwa für das Laufhühnchen, das neben der Wachtel auftaucht, und den Schneefink, der zur Schneeammer gestellt wurde, da beide ein auffälliges weißes Flügelmuster besitzen.

Was die Artbeschreibungen angeht, so finden sich Text, Karte und Abbildung für jede Vogelart auf einer Doppelseite. Der Text nennt den deutschen und den wissenschaftlichen Namen, eine Größenangabe (L = die Gesamtlänge von Schnabel- bis Schwanzspitze am gestreckten Vogel in cm, S = Spannweite der natürlich gestreckten Flügel), Häufigkeit, Lebensraum, Feldkennzeichen (wobei die wichtigsten *kursiv* gesetzt sind), Gewohnheiten und Lautäußerungen. Bei Arten, die in Mitteleuropa festgestellt wurden, geben Buchstaben am Ende des Artabschnittes einen Hinweis auf ihren Status.

Lautäußerungen schriftlich zu umschreiben ist schwierig und immer subjektiv. Wir haben dennoch versucht, den Klang durch Buchstaben zu vermitteln, ähnliche Laute durch Vergleiche und Adjektive zu verdeutlichen.

ENTENVÖGEL (Ordnung Anseriformes, Familie Anatidae)

Entenvögel werden heute mit den Hühnervögeln (Rau- und Glattfußhühner) als basale Gruppen im Stammbaum der europäischen Vögel angesehen, daher steht diese Gruppe hier am Anfang. Das Leben der Entenvögel ist eng mit dem Wasser verbunden, und sie besitzen Schwimmhäute zwischen den 3 nach vorne weisenden Zehen. Sie haben lange Hälse und relativ schmale, spitze Flügel sowie kurze Beine. Ihre leicht abgeflachten Körper sind durch Daunen unter dem Gefieder isoliert. Die meisten bauen einfache, mit Daunen ausgelegte Bodennester in dichter Vegetation. Frisch geschlüpfte Jungvögel sind von Dunen bedeckt und können wenige Stunden nach dem Schlüpfen bereits laufen und schwimmen.

Singschwan

SCHWÄNE mit ihren körperlangen Hälsen sind die größten Entenvögel. Die 3 europäischen Arten sind weiß, ihre Jungen bräunlichgrau. Alle müssen zum Starten auf der Wasseroberfläche Anlauf nehmen. Pflanzenfresser. Gelege 3–7 Eier. **S. 22.**

GÄNSE liegen nach Größe und Gesamteindruck zwischen Schwänen und Enten, bilden aber eine eigenständige Gruppe. Geschlechter gleich. Gänse sind schwerer als Enten und haben einen längeren Hals. Bei den meisten Arten sind die Beine weiter vorne angesetzt als bei Schwänen und Enten, eine Anpassung an ihre Nahrungssuche an Land. Sie sind gute Flieger, ziehen in auffälligen Formationen weite Strecken und sammeln sich in traditionellen Mausergebieten. Gelege 3–8 Eier. **S. 24.**

SCHWIMMENTEN haben abgeflachtere Schnäbel und kürzere Beine. Man findet sie auf Teichen, natürlichen und künstlichen Seen und langsam fließenden Gewässern, wo sie sich vegetarisch ernähren. Gute Flieger, die »aus dem Stand« von der Wasseroberfläche starten. Geschlechter unterscheiden sich. ♂ farbenfroh, ♀ meist tarnfarben. Im Sommer legen die ♂♂ ein weibchenfarbenes »Schlichtkleid« an, wobei alle Schwungfedern gleichzeitig gemausert und die Vögel flugunfähig werden. Die größten Vertreter der Gruppe sind die Brandgänse.

Graugans

Stockente – eine Schwimmente

Sie haben längere Hälse und ähneln mehr als andere Schwimmenten Gänsen, daher auch der deutsche Name. Hybriden kommen vor. Bei auftretenden exotischen Arten handelt es sich zumeist um »Volierenflüchtlinge« aus Zoos und Geflügelhaltungen. Gelege 6–12 Eier. **S. 30.**

TAUCHENTEN weisen an der Hinterzehe nur 1 Hautlappen auf. Sie können hervorragend tauchen, die Beine sind weit hinten am Körper angesetzt. Schnabel abgeflacht. Meist nehmen sie zum Starten auf der Wasseroberfläche Anlauf. Die kleineren Arten brüten zumeist an Binnengewässern N-Europas und überwintern generell auf Seen und Küstengewässern W-Europas. Sie ernähren sich von Wasserpflanzen und Mollusken. Die Gelege umfassen 5–12 Eier. Die größeren Tauchenten, die hauptsächlich von Mollusken leben, findet man oft weiter draußen auf dem Meer als die kleinen. Sie nisten sowohl an Küsten als auch an Binnengewässern. Im Winter kann man sie v. a. an der Küste beobachten. Hybriden aus verschiedenen Tauchentenarten kommen immer wieder vor und werfen dann Bestimmungsprobleme auf. Gelege 4–8 Eier. **S. 36.**

SÄGER haben Schnäbel, die an das Festhalten glitschiger Fische angepasst sind. Ihre Schnäbel sind schmaler als bei anderen Entenvögeln, mit einer gebogenen Schnabelspitze und einer Reihe sägezahnartiger Lamellen an der Schneidekante. Wie die schwereren Tauchenten müssen sie beim Start einen längeren Anlauf nehmen. Brüten mit Ausnahme des Mittelsägers in hohlen Baumstämmen. Gelege 5–10 Eier. **S. 46.**

RUDERENTEN sind kleine, gedrungene Enten, die auf Seen und in Sümpfen leben, mit relativ langem, oft aufgestelltem Schwanz. Gelege 5–10 Eier. **S. 46.**

Weißkopf-Ruderente

Beispiele für Tauchenten

Tafelente

Eiderente

Mittelsäger

Schwäne (Unterfamilie Cygninae)

Sehr große, schwere und langhalsige weiße Vögel. Geschlechter gleich. Plumper Watschelgang. Auf dem Wasser majestätisch. Nahrungssuche am Gewässergrund, »Schwänzchen in die Höh«. Bauen große Nester aus Pflanzenmaterial. Gelege mit 3–5 (8) Eiern.

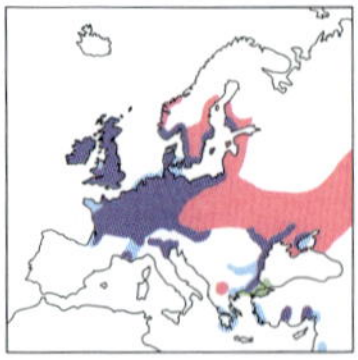

Höckerschwan

Höckerschwan *Cygnus olor* L 150, S 210. In Europa häufig und weit verbreitet. Nistet in den Schilfzonen verschiedenster Binnengewässer, gelegentlich in lockeren Kolonien, auch in Menschennähe. Nichtbrüter sammeln sich in großen Scharen. Heftige Revierkämpfe, bei denen dominante ♂♂ auf Eindringlinge mit klatschenden Flügelschlägen losgehen und sie vertreiben. Kann in der Brutzeit auch Menschen gegenüber aggressiv werden. Mit einem Gewicht von 8–12 kg schwerer Vogel. Beim Schwimmen *Halshaltung elegant S-förmig* mit abwärts weisendem Schnabel. Zum Imponieren Schwingen geschlossen anhebend. Schwanz lang und zugespitzt. Schnabel der Altvögel *orangerot mit schwarzem Höcker*, Schnabel der Jungen graurosa mit dunkler Basis. Flügel der Jungvögel stärker braun-weiß gescheckt als bei Sing- und Zwergschwan. Wenig stimmfreudig, äußern Altvögel gelegentlich ein peitschendes »rhepp« oder ein gedämpfteres »hjorr«. Droht fauchend. Von *fliegenden Höckerschwänen ist ein weithin vernehmbares pfeifendes Flügelgeräusch* zu hören. **JZW**

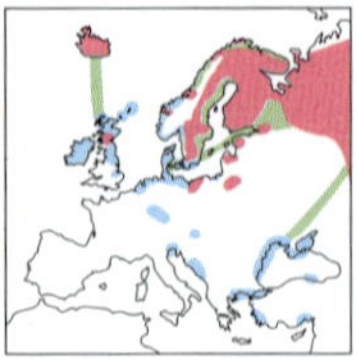

Singschwan

Singschwan *Cygnus cygnus* L 155, S 215. Brütet in N-Europa in Sümpfen und an Seen von Taiga und Tundra. Hat in den letzten Jahrzehnten sein Brutgebiet nach S ausgedehnt. Am Brutplatz grundsätzlich scheu, die neuen südlichen Populationen jedoch weit furchtloser. Im Winter sowohl an der Küste als auch an größeren Seen und Wasserläufen, grast häufig an Land. *Schwimmt mit aufrecht gestrecktem Hals* und stellt die Flügel nie so auf wie der Höckerschwan. Dadurch auch auf größere Distanz (wie der Zwergschwan) verhältnismäßig einfach zu unterscheiden. Beim Gründeln fällt der kürzere, stumpfere Schwanz auf. Bei guter Sicht zeigt sich das *Schnabelgelb* ausgedehnter als beim Zwergschwan. Jungvögel blasser und kühler grau gefärbt als beim Höckerschwan, mit hellerem, *weißlichrosa Schnabel* und durch Gestalt (gegenüber Zwergschwan durch geringere Größe) unterschieden. *Weithin vernehmbare, melancholisch trompetende Rufe.* Der häufigste Flugruf besteht aus 3 in rascher Folge ausgestoßenen »kloo-kloo-kloo«, die auf einem Rastgewässer oft zu einem Gesang ausgedehnt werden. *Fluggeräusche der Schwingen,* anders als beim Höckerschwan, *kaum zu hören.* **W**

Zwergschwan

Zwergschwan *Cygnus columbianus* L 122, S 185. Seltenster der Schwäne, jedoch gelegentlich größere Trupps. Brütet in der arktischen Tundra. Besucht auf dem Zug und im Winter Seen, überflutete Wiesen und geschützte Meeresbuchten. Kleine Ausgabe des Singschwans, jedoch *Gelb auf Schnabel weniger ausgedehnt* und nicht zu einer Raute ausgezogen. *Hals relativ kürzer,* Flügelschläge schneller als beim Singschwan. Oft in Familienverbänden oder großen Trupps zu beobachten. Gefiederfärbung der Jungvögel wie bei Singschwan, wegen schwachen Kontrasts in der Schnabelfärbung nur schwer zu unterscheiden. Rufe ähnlich Singschwan, jedoch hörbar heller. Aus der Ferne kann der Chor langgezogener »klah«-Rufe an Kraniche erinnern. Der laut gackernde Flugruf wird, anders als beim klar eintönig rufenden Singschwan, in ein oft 2-vokaliges »klä(-)u« gezogen. Auch neigt der Zwergschwan nicht zur 3-Silbigkeit des Singschwans, sondern belässt es bei maximal 2, wodurch ein Lautbild entsteht, das an Gänse erinnern kann. In ruhiger Verfassung gibt er ein singschwanähnliches »kokokoko« von sich. **W**

Imponierpose

juv.

Höckerschwan

Höckerschwan
auf dem Nest

Singschwan

juv.

gründelnd

juv.

Zwergschwan

Gänse (Unterfamilie Anserinae)

Gänse sind große Vögel mit langen Hälsen. Sie ernähren sich von Sämereien, Wasserpflanzen und Wurzeln. Ausdauernde Flieger. Fliegen in V-Formation, gekrümmten oder diagonalen Linien. Auffällige Gewohnheit, beim Landeanflug abrupte Drehungen und Wendungen einzulegen. Geschlechter gleich. Lebenslange Paarbindung. Können hohes Alter erreichen.

Kanadagans

Kanadagans ***Branta canadensis*** L 90–100, S 165–180. N-amerikanische Art mit mehreren Unterarten, von denen die kleinste heutzutage als eigene Art, Zwergkanadagans *B. hutchinsii*, geführt wird. Die größeren Formen in Europa eingeführt. Brütet vornehmlich an großen, offenen Binnengewässern, auch in Waldgebieten. Nahrungsgründe wie bei den Schwänen in Flachwasserzonen, jedoch auch auf Grünland und Äckern. Auf die Entfernung einer *Anser*-Gans nicht unähnlich, mit dunklem Hals, *auffällig heller Brust*, jedoch größer und *mit längerem Hals;* Flug majestätischer. Ruf ein lautes, dissonantes »rhot«, gelegentlich Wechselduette; im Flug 2-silbig, mit Betonung auf der 2. Silbe »orh-**iüt**« (das auch als »gah-**honk**« wiedergegeben werden kann). JW

Ringelgans

Ringelgans ***Branta bernicla*** L 60, S 115. 2 Formen werden in Europa regelmäßig beobachtet: Die dunkelbäuchige Nominatform *B. b. bernicla* brütet zahlreich in der Küstentundra Sibiriens und überwintert an der Nordseeküste. Die hellbäuchige Unterart *B. b. hrota* ist spärlicher Brutvogel Spitzbergens, Grönlands und NO-Kanadas mit Überwinterungsgebieten im dänischen Jütland, in NO-England und Irland. Immer wieder werden im Winterhalbjahr Vögel der ostsibirischen Unterart *B. b. nigricans* in Gänsetrupps entdeckt. Hauptwinternahrung ist das Seegras *(Zostera)*, das sie auf den Schlammflächen der Gezeitenzonen finden. Im Flachwasser gründelt die Ringelgans wie eine Schwimmente. Ruht bei Flut auf dem Meer. *Kleine, grau-schwarze Gans* mit leuchtend weißem »Heck«. Jungvögel können bereits im 1. Herbst die *weißen Halsseitenflecken* entwickeln, behalten aber die weißen Ränder der Flügeldecken bis ins nächste Frühjahr. Schlägt im Flug die schmaleren Flügel schneller als andere Gänse, beinahe wie eine Eiderente. Manche dunkelbäuchigen Ringelgänse können auf den oberen Flanken recht hell wirken, und man kann solche Vögel (v. a. schwimmende) leicht mit der hellbäuchigen Form verwechseln. Ruf ein gurgelndes »r-rott«. W

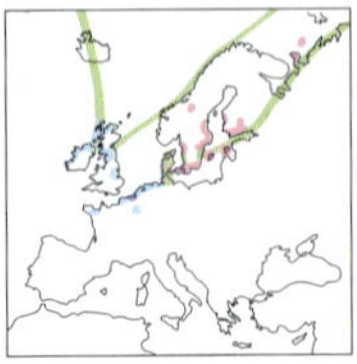

Weißwangengans

Weißwangengans ***Branta leucopsis*** L 65, S 135. Brütet in 3 getrennten Populationen auf fuchssicheren Felsbändern und Inseln in O-Grönland, auf Spitzbergen und auf Nowaja Semlja. Die jeweiligen Überwinterungsgebiete liegen in Schottland, Irland und den Niederlanden. Nach ersten Brutansiedlungen in den 70er-Jahren nunmehr im gesamten Ostseeraum. Grast in großen, meist artreinen Trupps auf küstennahen Wiesen. Jungvögel gleichen Altvögeln, es fehlt jedoch die deutliche Flankenbänderung, typisches Merkmal aller erwachsenen Gänse. Auf dem Zug wie die anderen Arten der Gattung *Branta* weniger in Keil- als in Bogenformation fliegend, jedoch mit *merklich langsameren Flügelschlägen.* Im Flug ist der weiße Kopf oft schwer zu erkennen, sodass der *Kontrast zwischen Brust und Bauch* das bessere Merkmal ist. Ruft 1-silbig, nasal bellend »kak«, das bei größeren Trupps in einem lauten Getöse untergeht. JW

Rothalsgans

Rothalsgans ***Branta ruficollis*** L 60, S 120. Brütet in Gruppen an steilen Flussufern in der sibirischen Tundra, wegen des Schutzes vor Feinden mit Vorliebe in der Nähe der Nester von Wanderfalke und Raufußbussard. Überwintert v. a. in SW-Asien, aber auch in SO-Europa; einzelne Vögel schließen sich den Trupps anderer Gänse an und erreichen so auch W-Europa. Klein mit *relativ dickem Hals* und *zierlichem Schnabel. Breiter weißer Flankenstreif auf schwarzem Körper* ist auf die Distanz auch im Flug ein besseres Merkmal als die rotbraune Brust. Ruf ein schrilles, im Stakkato vorgetragenes »ki-kwi«. A

Kanadagans
(nur die großen Formen abgebildet)
schwimmend
juv.
Ringelgans
hellbäuchige Form
hell-
bäuchig
dunkel-
bäuchig
dunkelbäuchige Form
Weißwangengans
Rothalsgans

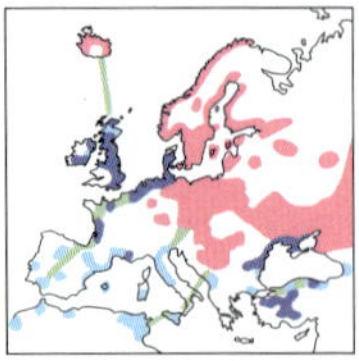

Graugans

Graugans ***Anser anser*** L 75–85, S 147–170. Die am weitesten verbreitete Gans Europas, brütet in Sümpfen und an verschilften Teichen, aber auch auf kleinen Inseln an der Küste, oft in kleinen Kolonien umgeben von Scharen nicht brütender »halbstarker« Vögel. Größte und schwerste *Anser*-Gans. Schwingen relativ breit und stumpf. Ziemlich *großer Schnabel.* Fahlrosa Beine. Wie die Kurzschnabelgans besitzt die Graugans *helle Felder auf den Vorderflügeln,* die der Graugans sind jedoch noch heller und kontrastieren stärker mit den Schwungfedern und dem Rücken. Auch *unterseits ist der Flügel der Graugans 2-farbig* mit blassgrauen Kleinen und Mittleren Decken und dunkelgrauen Großen Decken und Schwungfedern (alle anderen *Anser*-Arten haben einfarbig dunkle Unterflügel). Am Boden wirkt die Graugans nie so blassrückig wie die Kurzschnabelgans. Andererseits sind *Kopf und Hals auffallend hell.* Wegfliegende Vögel können von anderen Gänsen am grauen Hinterrücken mit seinem Kontrast zu den brauneren Schulterfedern unterschieden werden. Jungvögel haben schwarzen Nagel. Wie andere *Anser*-Arten ist die Graugans gesellig und toleriert auch andere Arten. Verfügt über ein breites Repertoire an Rufen, darunter wirklich schrille, jedoch zumeist das typische nasale, gackernde »ki**jaa**-ga-ga«, wobei die 1. Silbe in der Regel höher und betont ist. **JWZ**

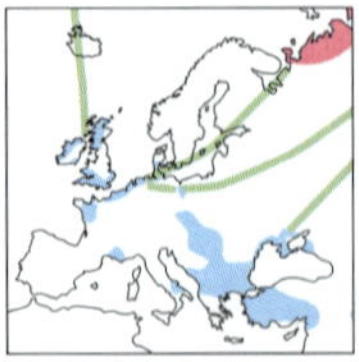

Blässgans

Blässgans ***Anser albifrons*** L 60–73, S 130–160. Brütet in der arktischen Tundra. Eine westliche Population (ziemlich große Unterart *A. a. flavirostris* mit recht dunklem Gefieder und langem, gelborangefarbenem Schnabel) brütet in W-Grönland und überwintert zahlreich im NW Großbritanniens, eine östliche (etwas kleinere Unterart *A. a. albifrons* mit kleinerem, vorwiegend rosa Schnabel und blasserem Gefieder) brütet die arktischen Küsten Russlands entlang und überwintert von England (wenige) quer durch Europa bis zur Türkei und weiter östlich. Adulte Blässgänse haben *an der Schnabelbasis ein weißes Feld* und eine *schwarze Bänderung am Bauch* und können nur mit der Zwerggans verwechselt werden. Von dieser unterschieden durch gewöhnlich markanten Größenunterschied, größeren Schnabel sowie die Tatsache, dass von der Seite gesehen *die Blässe gerade abgeschnitten* wirkt und *nicht bis auf den Scheitel* reicht. Außerdem *fehlt der gelbe Augenring.* Auch jungen Blässgänsen fehlt dieser Augenring. Da die Stirnblässe im 1. Herbst noch nicht vorhanden und der Nagel schwarz ist, können Jungvögel auf die Ferne mit Saatgänsen verwechselt werden; die *blasseren Wangen* sowie die *schwärzlich gefärbte Stirn und Schnabelumgebung* in Kombination mit den schmaleren weißen Federrändern auf der Oberseite bilden gute Unterscheidungsmerkmale. Flug wie andere *Anser*-Arten. Obwohl sie einen durch die Spitzen der Oberflügeldecken entstehenden hellen Streif aufweist (heller als bei Saatgans), erscheint sie nicht so hellflügelig wie Graugans und Kurzschnabelgans. Der häufigste Ruf ist ein hohes, beinahe lachendes »kjü-jü«, daneben gackernde Laute. **ZW**

Altersbestimmung bei *Anser*-Gänsen

Zwerggans

Zwerggans ***Anser erythropus*** L 56–66, S 115–135. Äußerst seltener Brutvogel der Gebirge Fennoskandiens in Weidenbeständen oberhalb der Birkenzone. Einst gewöhnlicher Anblick, hat sich die Population in N-Norwegen auf gerade noch 30 Tiere reduziert. Auf einer östlichen Zugroute werden die Überwinterungsgebiete in SO-Europa erreicht. Farbberingte Jungvögel wurden in schwedisch Lappland wieder eingebürgert. Da sie Weißwangengänsen untergeschoben wurden, übernahmen sie deren Überwinterungsgebiet an den Nordseeküsten. Aussehen wie eine Kleinausgabe der Blässgans, jedoch mit *kleinerem Schnabel* und *steiler Stirn* (»Kindchenschema«), weit auf den Scheitel reichender Blässe (von der Seite oft gewinkelt wirkend), gelbem Augenring und dunkler braunem Gefieder. Jungvögeln fehlen die Blässe und die schwarzen Bauchflecken, sie besitzen aber bereits einen dünnen gelben Augenring. Der gewöhnliche Flugruf »kji-ji« ist höher und pfeifender als der der Blässgans. **A**

juv.
Graugans
adult
Unterart *A. a. flavirostris*
Unterart *A. a. albifrons*
Blässgans
juv.
adult
adult
juv.
Zwerggans
adult

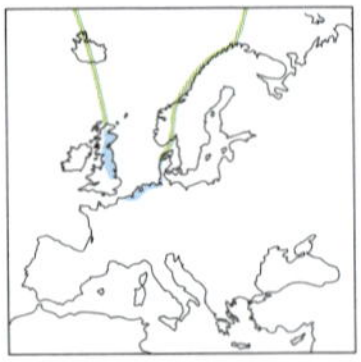

Kurzschnabelgans

Kurzschnabelgans *Anser brachyrhynchus* L 63–73, S 135–160. Brütet in Grönland, auf Island und Spitzbergen. Die westlichen Brutpopulationen überwintern in Großbritannien, die Vögel Spitzbergens wandern über Norwegen und Dänemark in die Niederlande. Sucht auf Äckern nach Nahrung, rastet auf Seen und Flussmündungen. Spektakuläre Massenbewegungen zwischen Tag- und Nachteinständen. Kennzeichnend sind *dunkler Schnabel, Kopf und Hals* und *»frostig« grau überhauchter Rücken und Flügeldecken* (diese mit weißen Endsäumen, die sichtbare Bänderung hervorrufen). Der hellere Rücken hebt sie gut von Blässgänsen ab. Von der Saatgans unterscheidet sie sich durch *rosa Beine, rosa Schnabelfleck* sowie kurzen Schnabel, kleineren Kopf und kürzeren Hals. Bestes Kennzeichen ist jedoch, dass der *Rücken heller als die Flankenregion* ist (bei der Saatgans gleich dunkel). Zudem zeigt die Kurzschnabelgans am Halsansatz einen rosa-gelblichen Anflug und die Schwanzendbinde ist breiter als bei der Saatgans, sodass *der Schwanz im Flug weißer* wirkt. Im Flug von der Graugans durch gleichmäßige Verteilung der Hellfärbung unterscheidbar (bei dieser kontrastiert das braune Flügeldeckenfeld mit dem Silbergrau). Jungvögel zeigen wenig grauen »Raureifüberzug«, ihnen fehlt die weiße Bänderung, sie haben blassere Wangen. Kurzschnabelgänse verfügen über 2 Ruftypen: einmal wie die Saatgänse (nur ein wenig höher) und dann auch schrill wie die Blässgänse. **ZW**

Saatgans

Saatgans *Anser fabalis* L 68–80, S 142–165. Die Unterarten Tundrasaatgans *(A. f. rossicus)* und Waldsaatgans *(A. f. fabalis)* brüten in N-Europa in der Tundra und in Taigamooren. Sie überwintern v. a. in Mittel- und SO-Europa. Eng mit der Kurzschnabelgans verwandt, jedoch deutlich dunkler und (besonders *A. f. fabalis)* größer, langhalsiger und langschnäbliger. *Orange Beine und Schnabelabzeichen* sind für die Saatgans diagnostisch. Weiße Schwanzendbinde schmaler als bei Kurzschnabelgans, erscheint im Flug von hinten dunkler. Auf größere Entfernung am sichersten durch dunkleren Rücken (so dunkel wie Flankenbereich) und Flügel von Kurzschnabelgans zu unterscheiden – mit der Zwerggans hat sie die dunkelsten Flügel aller *Anser*-Gänse. Man beachte, dass viele Waldsaatgänse eine weiße Begrenzung an der Schnabelwurzel haben, jedoch niemals so deutlich wie bei der Blässgans. Kann mit jungen Blässgänsen verwechselt werden, jedoch ganzer Kopf dunkel (nicht nur Stirn und um die Schnabelbasis) und die Schnabelfärbung anders. Nur durch die *Schnabelform* lassen sich Tundra- und Waldsaatgans sicher unterscheiden: bei *A. f. rossicus kurz, aber kräftig* (massiver als bei Kurzschnabelgans) mit verdicktem Unterschnabel und breitem Spalt zwischen Ober- und Unterschnabel. Außerdem schwarze Markierungen auf dem Schnabel (kommen nur bei 10 % der Waldsaatgänse vor), gewöhnlich kleiner als *A. f. fabalis* (dabei größer als Blässgans). Häufigster Ruf ein tiefes, nasales, 2-silbiges »gang-ang«, tiefer als bei Kurzschnabelgans. **ZW**

Schneegans, dunkle Morphe

Streifengans *Anser indicus* L 75. Brütet im Hochland von Zentralasien, überquert den Himalaya auf dem Zug nach Indien und zurück. Zooflüchtlinge werden gelegentlich zusammen mit Graugänsen beobachtet. Unverkennbar: *weißer Kopf mit 2 quer laufenden dunklen Nackenstreifen.* Körper und Schwingen besonders *im Flug sehr hell, fast weiß.* Jungvögel auf Scheitel und Nacken dunkel. **J**

Schneegans *Anser caerulescens* L 65–80, S 135–165. Gelegentlich Gastvögel aus N-Amerika, die meisten Vögel in Europa dürften jedoch Zoo- und Volierenflüchtlinge sein. Sucht gewöhnlich Anschluss an graue Gänse. Adulte der weißen Morphe (am häufigsten) leicht am *reinweißen Gefieder mit schwarzen Handschwingen* zu erkennen. Jungvögel graubraun gefleckt, aber die schwarzen Handschwingen kontrastieren deutlich. Die dunkle Morphe hat weißen Kopf, dunklen Körper und graue Flügeldecken. Ruf ein raues, 1-silbiges »kieh«. **A**

Kurzschnabelgans
juv.
Unterart
A. f. rossicus
Unterart
A. f.
fabalis
Saatgans
juv.
Unterart
A. f. rossicus
Unterart
A. f. fabalis
Streifengans
juv.
Schneegans
juv.
juv.

Schwimmenten (Familie Anatinae)

Schwimmenten leben auf seichten Gewässern. Sie suchen ihre Nahrung kopfüber am Gewässergrund oder seihen die Wasseroberfläche mit dem Schnabel durch. Gute Flieger, oft senkrecht startend. Können tauchen, tun das aber selten. Geschlechter unterschiedlich.

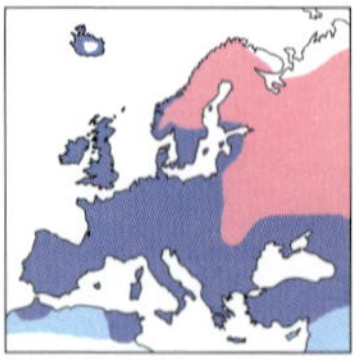

Stockente

Stockente ***Anas platyrhynchos*** L 56, S 95. Häufigste und am weitesten verbreitete Schwimm- oder Gründelente, dabei die größte und schwerste. Im Flug *Größe, kräftiger Körper und gemäßigt schnelle Flügelschläge, die ein hohes Pfeifen hervorrufen,* kennzeichnend. Praktisch auf allen Gewässertypen anzutreffen. Auch nachts aktiv. Vielseitig in der Wahl des Neststandorts, nimmt auch gerne Nisthilfen an. Vor der Sommermauser versammeln sich die ♂♂ in großen Gruppen. Im Winter große Scharen an nördlichen Küsten, dann auch im Binnenland häufig. ♂♂ balzen ♀♀ im Winter mit kurzem, weichem »pju«-Pfeifen an. Die ♀♀ rufen laut quakend, die Erpel 1-silbig, leise nasal »rhääb«. **JZW**

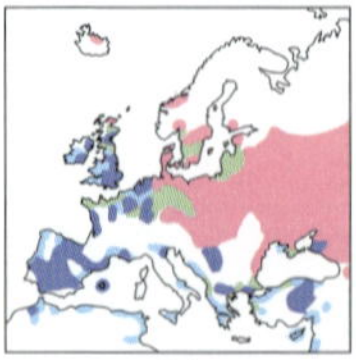

Schnatterente

Schnatterente ***Anas strepera*** L 51, S 89. In Europa ziemlich selten, jedoch weit verbreitet. Brütet zumeist auf offenen Süßwasserseen und Teichen mit Schilfzonen oder kleinen bewachsenen Inseln. Im Winter auch auf Stauseen, Kiesgruben und überfluteten Flächen – meidet weitgehend Salzwasser. Das ♂ ist verhältnismäßig *düster grau,* zeigt auf dem Wasser aber das charakteristisch schwarze Heck. Im Flug das *rechteckige, schwarz umrandete weiße Flügelfeld* (»Spiegel«) kennzeichnend. ♀ ähnelt dem der Stockente. Beim Schwimmen ist der weiße Bauch verdeckt, dann achte man auf *Orangefärbung an den Seiten des vergleichsweise dünnen Schnabels.* Der kennzeichnende weiße Spiegel ist beim ♀ kleiner und nicht so deutlich schwarz gesäumt wie beim ♂. Das ♂ gibt einen recht tiefen, beinahe wachtelkönigartig knarrenden »ährp«-Ruf von sich, im Verfolgungsflug und bei der Balz ein schrilles »pjii«. ♀♀ rufen etwas höher als Stockenten. **JZW**

Spießente

Spießente ***Anas acuta*** L ♂♂ 71, ♀♀ 56, S 89. Seltener Brutvogel W-Europas v. a. an Teichen, in Sümpfen und Lagunen. Im Winter auf Flussmündungen, Überschwemmungsgebieten und Seen. *Langhalsig und sehr schlank.* Kennzeichnender *weißer Hinterrand am braunen Flügelspiegel.* Schnabel des ♂ grau und schwarz, beim ♀ grau. ♂ im Brutkleid mit langem Schwanzspieß. Auf dem Frühjahrszug meist paarweise anzutreffen. Der gestreckte Kopf des wachenden ♂ leuchtet aus der Vegetation deutlich hervor. Frühjahrsruf ein kurzes »krü«-Pfeifen ähnlich Krickente, jedoch schwächer. Im Herbst und Winter oft mit Pfeifenten vergesellschaftet. **JZW**

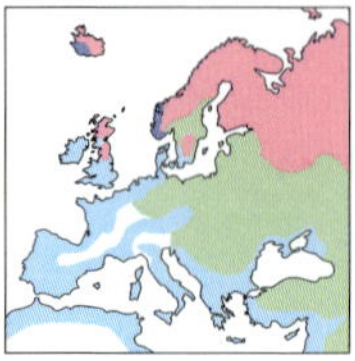

Pfeifente

Pfeifente ***Anas penelope*** L 46, S 81. Relativ häufiger Brutvogel an seichten, offenen Gewässern der Taigazone. Auf dem Zug oft in großen Ansammlungen an den Küsten und auf überschwemmten Wiesen. Grast an Ufern und auf Deichen und frisst an der Küste Seegras. Ziehende Trupps bilden lange Ketten. Relativ *lange Flügel,* kompakter Körper, *spitzer Schwanz, kurzer Hals, »Kinderkopf«.* Jungen ♂♂ fehlt das weiße Flügelfeld, ansonsten wie adulte. Flügelmuster des ♀ unscheinbar, es kann jedoch wegen der weißlichen Inneren Armschwingen mit einer Schnatterente verwechselt werden. In allen Kleidern *deutlich abgesetzter weißer Bauch.* ♂♂ geben ein lautes Pfeifen »**wii**-u« von sich, nächtlich ziehende Scharen ein plapperndes »wip-wii-wii«. Der Ruf der ♀♀ ist ein schellentenähnliches »karr karr karr ...«. Im Herbst lässt sich ein schnaubendes »ra-kaah« vernehmen. **JZW**

Kanadapfeifente ***Anas americana*** L 51, S 87. Seltener Gast in W-Europa. ♂ durch *weißes Scheitelband und ein grünes Feld an den Kopfseiten* gekennzeichnet, Flanken und Rücken rotbraun. ♀ ähnlich Pfeifente, jedoch Kopf heller und auf den Flanken eher rosa getönt. *Unterflügeldecken und Achselfedern weiß* (nicht braungrau wie bei Pfeifente). Ruf des ♂ wie Pfeifente, jedoch schwächer und 3-silbig »wii-wii-wiiu«. **A**

startend
landend
gründelnd
schnatternd
Stockente
Schnatterente
Spießente
Pfeifente
Kanadapfeifente

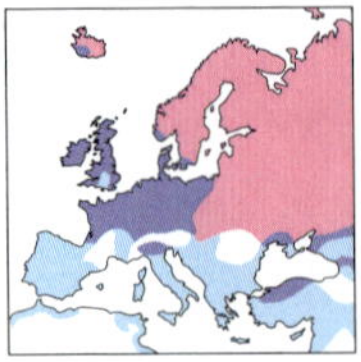
Krickente

Krickente ***Anas crecca*** L 36, S 61. Recht häufig und weit verbreitet, brütet gewöhnlich an Süßwasserseen. Im Winter in seichten Mündungsgebieten, auf Salzwiesen, natürlichen und künstlichen Seen. Zieht v. a. nachts. Sammelt sich in großen Scharen. ♂♂ im Prachtkleid bunt, obwohl der Eindruck aus der Ferne dunkel ist und dann (neben geringer Körpergröße) besonders die *gelblichen Flecken an der Steißseite* charakteristisch sind. ♀ ähnelt dem der Knäkente, hat aber einfarbigere Kopfseiten, der etwas *kürzere Schnabel* zeigt *am Grund ein wenig Gelblichrot* sowie *an der Schwanzbasis eine »weiße Kante«.* Vgl. auch Flügelmuster unter Knäkente. Fliegt leicht auf und vollführt in dicht zusammenhaltenden Gruppen an Watvögel erinnernde Flugmanöver über Feuchtgebieten. Im Flug an der *weißen Flügelbinde vor dem Spiegel* zu erkennen. Ruf des ♂ ein weit tragendes, glockenhelles »krick«. ♀♀ äußern ein schrilles Quaken, nasaler als beim Stockenten-♀. **JWZ**

Carolinakrickente ***Anas (crecca) carolinensis*** L 36, S 61. Das N-amerikanische Gegenstück zu unserer Krickente wird heute zumeist als eigene Art angesehen. Seltener Gast in W-Europa. Das ♂ hat an der Körperseite einen *senkrechten, nicht waagerechten weißen Streifen,* außerdem schwächere blasse Abgrenzung des grünen Gesichtsfeldes. Das ♀ ist von dem der Krickente nicht zu unterscheiden. Rufe und Verhalten wie Krickente. **A**

Blauflügelente ***Anas discors*** L 38. Seltener Gast aus N-Amerika. ♂ mit dunkel grauviolettem Kopf mit *leuchtend weißer, sichelförmiger Markierung* zwischen Gesicht und Schnabel. Gelblichbraune Flanken schwarz gefleckt, schwarzes Heck hinter großem weißen Flankenfleck. Fliegende ♂♂ erscheinen bis auf *hellblaues Flügelfeld* ziemlich dunkel. ♀ ähnelt Knäkente, jedoch (trotz weißen Flecks vor der Schnabelbasis) weniger markant gemustertes Gesicht, merklich *längerer Schnabel,* gelbliche Füße und *viel hellerer, blauer Vorderflügel* (fast wie ♂), es fehlt ihm aber der breite weiße Hinterrand des Spiegels. **A**

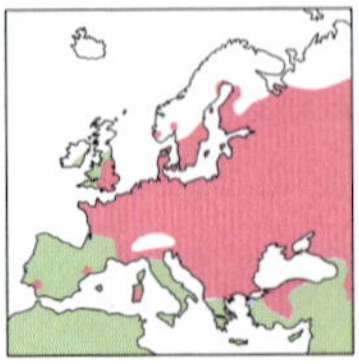
Knäkente

Knäkente ***Anas querquedula*** L 38, S 63. Seltener Brutvogel der Niederungen, v. a. an kleinen Teichen und in Feuchtwiesen. *Klein* wie Krickente. Im Flug wirken die Flügel des ♂ auf die Ferne weißlich blaugrau. Jüngere ♂♂ haben dunkelgraue Flügel (Muster ansonsten wie alte ♂♂). Vorderflügel der ♀♀ ohne jede Aufhellung ähnlich graubraun wie bei Krickenten-♀♀. Von diesen jedoch dadurch unterschieden, dass *der weiße Hinterrand des Spiegels* (wie bei Spießente) *breiter als der Vorderrand* ist, statt umgekehrt. Auf dem Wasser unterscheidet sich das Knäkenten-♀ durch stärker gemustertes Gesicht: auch in Seitenansicht *helles Kinn* (oft das beste Merkmal), *hellerer Überaugenstreif* und heller Streif unter dem dunklen Augenstreif (der sich *zum Schnabel hin* zu einem *hellen Punkt* erweitert), nach unten durch *dunkle Wangenzeichnung* begrenzt. Außerdem Schnabel größer und ganz grau. Helle Schwanzkante fehlt, aber Schirmfedern mit helleren Rändern. Schwimmt gern mit leicht angehobenen Flügelspitzen. ♂ gibt *langgezogenes hölzernes* »knerrk«, das ♀ ein schwaches Quaken ähnlich Krickente von sich. **BZ**

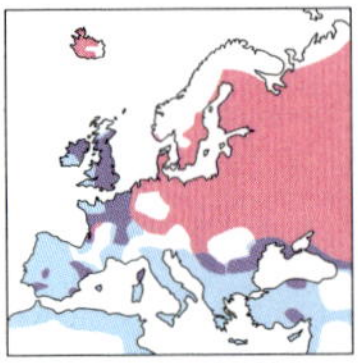
Löffelente

Löffelente ***Anas clypeata*** L 51, S 79. Recht häufig an seichten, pflanzenreichen Gewässern. Sucht in überfluteter Vegetation Nahrung, daher oft schwer zu entdecken. Wirkt schwimmend und im Flug wegen des *langen, löffelförmigen Schnabels* kopflastig. Großes blaugraues Flügelfeld (nicht so hell und auffallend wie beim Knäkerpel). Im Flug sofort an langem Schnabel zu erkennen. Fliegende ♀♀ zeigen gänzlich dunklen, mit den weißen Unterflügeldecken kontrastierenden Bauch. (Pfeif- und Schnatterente haben weißen Bauch, während Stock- und Spießente dazwischen liegen.) Beim Auffliegen verursachen die Flügel des ♂ ein ratterndes Geräusch. Frühlingsruf des ♂ ein besonders abends zu hörendes 2-silbiges, nasales »sleck-**eck**«. Das ♀ quakt dazu im gleichen Rhythmus »pö-**ätt**«. **JWZ**

Krickente

Carolinakrickente

Blauflügelente

Knäkente

Löffelente

Marmelente

Marmelente ***Marmaronetta angustrirostris*** L 40. Seltener und nur lokaler Brutvogel SW-Europas. Bevorzugt geschützte Teiche und Feuchtgebiete mit dichter Vegetation. Geschlechter gleich, hellbraun ohne hervorstechende Merkmale. Größe zwischen Knäk- und Pfeifente. Beim schwimmenden Vogel ist ein *blasser Gesamteindruck* kennzeichnend, langer heller Schwanz, langer Hals und deutlich gerundeter Kopf mit *dunkler Region ums Auge* sowie dunkler, recht langer *schmaler Schnabel*. Kann im Flug mit den langen Flügeln an ♀ Spießente erinnern. Spiegel fehlt, Hinterflügel hell. Hält sich verborgen und ist schwer aufzuspüren. Meist einzeln oder nur wenige zusammen. Ruf des ♂ ein leises, nasal pfeifendes »jiihb«, des ♀ ein ähnlicher Doppelpfiff »pliep-pliep«.

Mandarinente

Mandarinente ***Aix galericulata*** L 46. Besonders in Teilen Englands eingebürgerte ostasiatische Art. Brütet in Baumhöhlen und bevorzugt daher von Bäumen gesäumte Teiche. Das spektakulär gefärbte ♂ ist unverwechselbar. ♀ weniger auffällig, jedoch mit charakteristischer Kopfzeichnung, die es von dem ähnlichen ♀ der Brautente *Aix sponsa* (in Europa Volierenflüchtling) unterscheidet: kein Grün auf dem Hinterscheitel und andere Umrandung des Schnabelgrundes (vgl. Zeichnung unten). Im Flug *langer Schwanz* und *weißer Bauch* auffallend. Sucht gewöhnlich an Land Nahrung. A

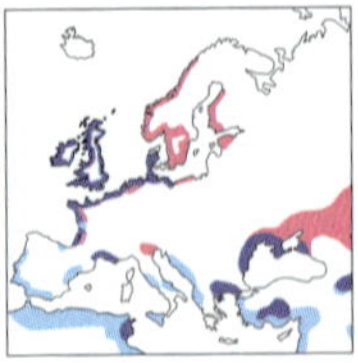
Brandgans

Brandgans ***Tadorna tadorna*** L 60, S 110. Recht häufiger Brutvogel NW- und SO-Europas an flachen seichten Küsten, lokal auch im Binnenland. Nistet in Höhlen und ufernahem Gebüsch. Gefieder beider Geschlechter *weiß, rotbraun und schwarz mit grünem Schimmer.* ♂ hat *auf dem Schnabel großen roten Höcker,* das ♀ einen kleineren, blassroten. Immature sind erheblich blasser gefärbt, es fehlt ihnen z. B. das rostrote Brustband, und sie haben ein weißes Kinn und weiße Wangen. Gewöhnlich fliegen sie mit gebogenen Schwingen und einer Schlagfrequenz, die zwischen Enten und Gänsen liegt, flach über das Wasser dahin. Zur Mauser bilden sie riesige Ansammlungen, während die flugunfähigen Jungen in der Obhut einiger älterer Vögel an den Brutplätzen zurückbleiben. ♂ ruft im Frühjahr hoch zischend »sliss-sliss-sliss ...«. Charakteristischer Ruf des ♀ ein wieherndes »gagagaga...«, aufgeregt besonders im Flug ein lautes, nasales »ah-ang«. Außerhalb der Brutzeit schweigsam. JZW

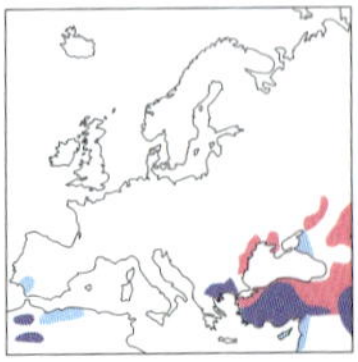
Rostgans

Rostgans ***Tadorna ferruginea*** L 60. Brütet in SO-Europa, Gefangenschaftsflüchtlinge erscheinen regelmäßig außerhalb des normalen Verbreitungsgebiets und haben in der Schweiz eine große, frei lebende Population gegründet. Mehr an Land als Brandgans, brütet in Steppengebieten und auf trockenen Hochplateaus. Recht langbeinig. Nistet in Höhlen im Boden und in Bäumen. Im Winter an Flüssen, sandigen Seeufern sowie auf Feldern und in der Steppe. Das *orangebraune Körpergefieder* mit blassem Kopf ist charakteristisch, im Flug fällt das *weiße Flügelfeld* besonders auf. ♂ mit schmalem schwarzen Halsband. In Gestalt, Verhalten und Flugweise wie Brandgans. Ruft ähnlich Kanadagans trompetend »ah-üng« (kann auch an das klagende Rufen von Eseln erinnern). Außerdem ein tief gurgelndes »ahrrr«. A

Nilgans

Nilgans ***Alopochen aegyptiaca*** L 70. Afrikanische Art. Entwichene Vögel haben sich ausgehend von einer rasant angewachsenen Population in den Niederlanden da und dort angesiedelt. Man beachte das große weiße Flügelfeld ober- wie unterseits sowie lange Beine. Geschlechter gleich. Sucht wie Gänse gewöhnlich an Land Nahrung. Raue trompetende Rufe. J

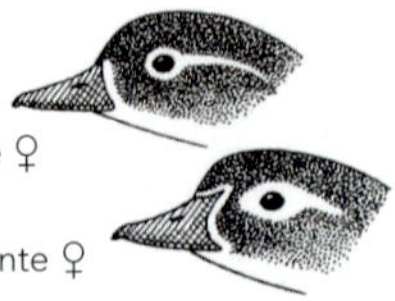
Mandarinente ♀

Brautente ♀

Marmelente
♀
♂
Mandarinente
♀
♂
♀
♂
♀
♂
Brandgans
♂
♀
♂
juv.
♂
an der Nisthöhle
Rostgans
♂
♀
♂
♂
Nilgans

Tauchenten (Unterfamilie Aythyinae)

Tauchenten brüten an Seeufern, auf Inseln und in Sümpfen. Im Winter in Scharen in geschützten Buchten, auf größeren Seen und Flussmündungen, jedoch auch weiter draußen auf dem Meer, wo einige Arten sich von Krustentieren und anderen Kleintieren ernähren. Sie tauchen ab, schwimmen unter Wasser und nehmen zum Starten von der Wasseroberfläche Anlauf.

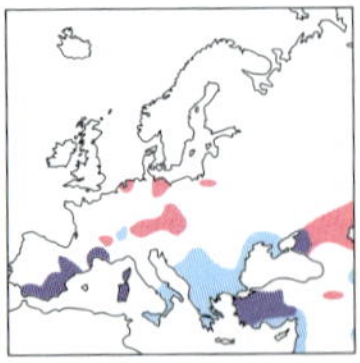
Kolbenente

Kolbenente ***Netta rufina*** L 56. Seltener und lokaler Brutvogel an Brackwasser oder verschilften Seen in Mittel- und S-Europa. Volierenflüchtlinge kommen vor. *Groß.* ♂ mit prächtigem Gefieder: *Flanken leuchtend weiß,* Kopf orangebraun, Scheitelfedern können zu Haube aufgestellt werden, *Schnabel rot* (auch im weibchenfarbenen Schlichtkleid). ♀ ähnelt auf den ersten Blick ♀ Trauerente, ist jedoch heller, größer mit *rosa Band an der Schnabelspitze* und zeigt wie das ♂ *sehr breites, schneeweißes Flügelband.* Verhalten gleicht dem von Gründelenten. Ragt höher von der Wasseroberfläche auf als Samt- und Trauerente. **JZW**

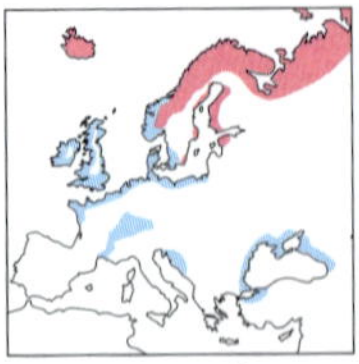
Bergente

Bergente ***Aythya marila*** L 46, S 78. Wenig häufiger bis seltener Brutvogel nördlicher Küsten. Leicht mit Reiherente zu verwechseln. Das ♂ jedoch mit *silbergrauem Rücken,* auf die Entfernung »mittschiffs« leuchtend weißer Eindruck. ♀ mit breitem weißen Band (manchmal bräunlich) um den Schnabelgrund und *im Sommer einem weißen Wangenfleck,* insgesamt etwas heller als Reiherente, rötlicher braun (Brust) und grau überreift (Rücken). Bergenten sind etwas größer und haben *nie eine Haube, der Kopf ist gleichmäßiger gerundet,* ihr Schnabel ist größer und nur sein Nagel ist schwarz. **ZW**

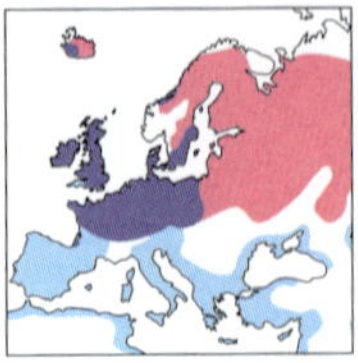
Reiherente

Reiherente ***Aythya fuligula*** L 42, S 70. Häufig. Brütet auf Gewässern der Niederungen, sogar in Parks. Außerhalb der Brutzeit Konzentrationen auf Seen, Kiesgruben und an der Küste. ♂ *schwarz mit rechteckiger, weißer Körperseite und hängendem Schopf.* ♀ haben eine kürzere Holle und oft ein schmales weißes Band an der Schnabelwurzel (gelegentlich auch breiter: vgl. Bergente). Bauch in der Brutzeit braun. Steiß oft weiß (dann Verwechslungsgefahr mit Moorente). Iris beider Geschlechter gelb. Schnabelspitze schwarz. ♀♀ rufen lebhaft »krr krr krr ...«, das ♂ gibt im Frühjahr ein giggelndes »wip **wiwi**wüwüp« von sich. **JW**

Ringschnabelente ***Aythya collaris*** L 43. In W-Europa sehr seltener Wintergast aus N-Amerika. ♂ durch Kopfform und senkrechten weißen Seitenstreif vor dem anliegenden Flügel leicht vom Reihererpel zu unterscheiden. Kopfmuster der ♀♀ ähnelt Tafelenten-♀. Typisch für beide Geschlechter sind Kopfform und *graue* (nicht weiße) *Flügelbinde.* **A**

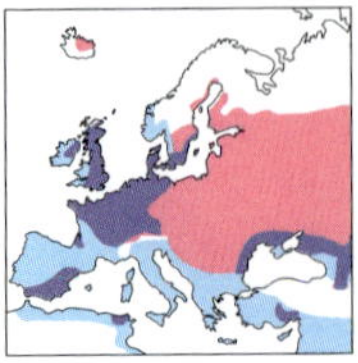
Tafelente

Tafelente ***Aythya ferina*** L 46, S 79. Recht häufiger Brutvogel an verlandenden Seen. Im Winter auf Seen, Kiesteichen, gelegentlich geschützten Mündungen. ♂ eindeutig. ♀ bis auf diffusen dunklen Wangenfleck und helle Kehle ohne hervorstechende Kennzeichen. *Kopfform »dreieckig« mit flacher Stirn* und mächtigem Schnabel. *Flügel graubraun,* bei ♂♂ heller. Bei Brutpopulationen ♂♂ oft zahlreicher, balzen ♀♀ mit heiserem »bhii-bhii- ...« an, geben aber auch nasale ansteigende Pfiffe von sich (die abrupt mit einem »tschong« enden können). ♀♀ rufen rau »krra«. **J**

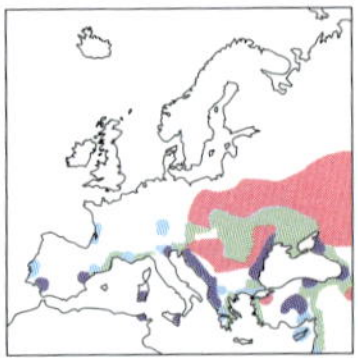
Moorente

Moorente ***Aythya nyroca*** L 40, S 66. Brütet v. a. in SO-Europa an vegetationsreichen Seen. Ziemlich unauffällig. Etwas kleiner als Reiherente mit besonders im Flug auffallend *breiterem und leuchtenderem weißen Flügelband.* ♂ kastanienbraun mit *weißer Iris* und *blütenweißem Steiß. Der weiße Bereich auf dem Bauch ist kleiner und ganz eingeschlossen vom dunklen Körpergefieder.* ♀ dunkel graubraun mit dunkler Iris und weißem Unterschwanz. Man achte auf *fliehende Stirn, hohen Scheitel* und ziemlich langen Schnabel, die mit dem leuchtend weißen Flügelband die besten Unterscheidungsmerkmale zur ♀ Reiherente bilden. ♀ rufen wiederholt schnarrend »karr« in eigenartig hohem, fast klingelndem Tonfall, ganz anders als Reiherenten-♀. **BZ**

Kolbenente

Bergente

Reiherente

Ringschnabelente

Tafelente

Moorente

Tauchenten im Flug

Alle Tauchenten zeigen – wie gegenüber abgebildet – mehr oder weniger deutliche weiße oder helle Bänder auf dem Hinterflügel.

Kolbenente ***Netta rufina*** Größe und Gewicht etwa wie Stockente, an die sie im Flug auch erinnert. Gefiedermuster ist jedoch stets typisch und gibt kaum Anlass, an Art oder Geschlecht zu zweifeln. ♂ auch auf große Distanz durch *sehr breite weiße Binde auf dem Oberflügel* (Unterflügel insgesamt weiß) unverkennbar. *Körperunterseite schwarz bis auf großes, scharf abgesetztes weißes Oval unter dem Flügel.* Man beachte auch den weißen Flügelvorderrand und einen großen weißen Fleck am vorderen Flügelansatz. Korallenroter Schnabel selbst auf größere Entfernung ebenso erkennbar wie der leicht »blondiert« wirkende Scheitel. Das unscheinbarere ♀ im Flug ebenfalls durch *sehr breite Flügelbinde* leicht zu bestimmen. Dass ihr *Kopf* wie beim Trauerenten-♀ *2-farbig* ist, lässt sich auch aus der Ferne feststellen.

Bergente ***Aythya marila*** Erinnert im Flug an Reiherente, und es gehören sowohl Übung als auch ein Schuss Glück dazu, auf große Distanz eine Bestimmung vorzunehmen, da der silbrige Rücken des ♂ und die weiße »Schnabelaufhängung« des ♀ (die auch manche Reiherenten-♀ zeigen!) dann schwer zu erkennen sind. Die Bergente hat (wegen längeren Kopfes und Schnabels) eine *eher gestreckte Kopfform* als die Reiherente, und *die weiße Flügelbinde tritt etwas stärker hervor* – für beide Merkmale darf man aber nicht zu weit weg sein. Fernbestimmung macht sich den eigentümlichen »Jizz« der Bergente zunutze: Sie ist groß genug, um spontan an Trauer- oder Pfeifente zu denken – was bei der Reiherente ausgeschlossen ist! Oft wird die Bestimmung durch im Trupp mitfliegende Reiherenten erleichtert, die deutlich kleiner wirken. Die Flugformation gibt jedoch wenig Aufschluss über die Art. Man beachte, dass sowohl Berg- als auch Reiherenten bei Rückenwind höher fliegen als Trauerenten.

Reiherente ***Aythya fuligula*** *Klein,* nur Krickente unter den häufigen Arten noch kleiner. Sehr hohe Flügelschlagfrequenz, beinahe wie Alke und Lappentaucher. *Weiße Flügelbinde meist auffallend,* obwohl etwas weniger ausgeprägt als bei Bergente. Dass der Kopf ziemlich rund und verhältnismäßig lang ist, kann auch auf größere Entfernung festgestellt werden. Andererseits ist die Federhaube auch im nahen Vorbeiflug selten sichtbar. Reiherenten ziehen in kleinen bis mittelgroßen Trupps, wobei sie schräge Linien oder stumpfe V-Formationen bilden und besonders bei Rückenwind in einiger Höhe dahinfliegen. Öfter als ihre Verwandten neigen Reiherententrupps zu plötzlichen Richtungs- und Höhenänderungen (vgl. auch Bergente).

Ringschnabelente ***Aythya collaris*** *Klein* wie Reiherente. Beachte bei beiden Geschlechtern graue, nicht weiße Flügelbinden. Die bei schwimmenden Vögeln so charakteristische Kopfform (hohe, gerundete Stirn, Scheitel hinten am höchsten) lässt sich an fliegenden Vögeln kaum ausmachen.

Tafelente ***Aythya ferina*** Mittelgroß, deutlich größer als Reiherente und *schwerer sowie langgestreckt* wirkend. Mit schnellen Flügelschlägen und zielstrebigem Flug vermittelt die Tafelente den Eindruck eines »Marschflugkörpers«. Dieser kann durch die Gewohnheit, *den Kopf wie ein angreifender Stier gesenkt zu halten* (wie bei der Trauerente), noch verstärkt werden. Auf kurze Entfernung ist die *leicht fliehende Stirn* auffällig. Die Schwingen sind vorn dunkler grau, hinten heller, jedoch kaum mit den hellen Flügelbinden anderer *Aythya*-Arten zu vergleichen. Während das ♀ unauffällig braun und grau gemustert ist, weist das ♂ mehr Kontrast auf. Der graue Rücken des ♂ sticht nicht so sehr wie der silbergraue Rücken der Bergente heraus, sondern geht in das *einförmig düstere Grau des Oberflügels* über.

Moorente ***Aythya nyroca*** *Klein,* sogar noch kleiner als die Reiherente, im Flug jedoch ähnlich. Wirkt mit ihrem längeren Hals etwas eleganter. Wird meist bei kurzen Flügen über solchen schilfbestandenen Teichen gesehen, von denen man weiß, dass sie dort brütet. Auf dem Zug abseits der Brutgebiete eine Moorente zu entdecken, dazu bedarf es schon einer Portion Glück. Man beachte die *ausgedehnte dunkle Färbung* beider Geschlechter (beim ♂ ein hübsches, dunkles Kastanienbraun), *die breite weiße Flügelbinde* (deutlich breiter und hervorstechender als bei der Reiherente) und den *scharf abgegrenzten weißen Bauchfleck* sowie den von diesem durch ein breites, braunes Band *abgetrennten kleinen weißen Fleck am Unterschwanz. Die weiße Iris der* ♂♂ ist auf größere Distanz zu erkennen als die gelbe des Reitherpels. Die typische Kopfform mit der sanft ansteigenden Stirn hilft bei fliegenden Vögeln nicht wirklich weiter.

Kolbenente
♂
♀
Bergente
♀
♂
♀
Reiherente
♂
♂
Ringschnabelente
♀
♂
Moorente
♀
♂
♀
Tafelente

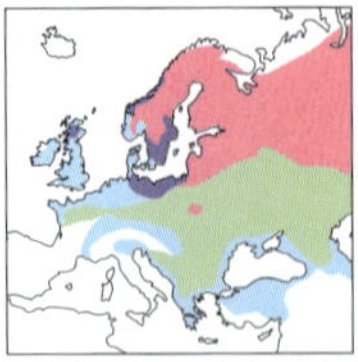

Schellente

Schellente
immat. ♂
mausernd

Schellente *Bucephala clangula* L 45, S 79. Relativ häufiger Brutvogel auf Seen der nördlichen Wälder. Nistet in Schwarzspechthöhlen und Nistkästen. Robuste Art, die Letzten werden erst vom Eis zum Aufbruch nach Süden gedrängt. Überwintert an Küsten, auf Stauseen und Kiesgruben. Teilt sich gerne in kleinere Gruppen auf und tritt in der Regel nicht so massiert auf wie etwa Reiherenten. Deutlich scheuer als andere Tauchenten. *Großer, »dreieckiger« Kopf mit »Spitze« in der Scheitelmitte.* Der weiße Zügelfleck des ♂ auf große Entfernung erkennbar. Flanken, ähnlich wie beim Gänsesäger, leuchtend weiß, Heck jedoch schwarz. Wie die Säger haben beide Geschlechter ein weißes Flügelfeld, dabei aber *dunkle Unterflügel.* Jungvögeln fehlen die gelbe Iris und der weiße Halsring des ♀, sie sehen generell dunkel graubraun aus, besitzen aber bereits den (wenn auch kleineren) weißen Spiegel und die arttypische Kopfform. Dunenjunge haben weiße Wangen. Unterscheidungsmerkmale zur Spatelente siehe dort. Die ♂♂ verursachen *im Flug ein klingelndes Flügelpfeifen* – in nördlichen Frühlingsnächten eine charakteristische Klangspur ziehender Schell(!)enten. Schellenten rasten auf dem Zug häufig auf Seen des Tieflandes. Bei der Balz werfen die ♂♂ den Kopf auf den Rücken, platschen mit den Füßen und geben ein durchdringend schnarrendes »bii-**biiitsch**« von sich (dazwischen immer wieder ein tiefes, hohles, knäkentenartiges Rattern). Das ♀ lässt bei seinen Revierflügen ein reibendes »brra-brra« vernehmen. **BWZ**

Spatelente

Spatelente *Bucephala islandica* L 53. Äußerst selten abseits der einzigen europäischen Brutplätze auf Island zu beobachten, wo sie in der Lavaregion an Flussläufen und Seen mit geeignetem Höhlenangebot nistet. Das ♂ im Brutkleid unterscheidet sich von der Schellente durch den *bogenförmig bis über das Auge gezogenen und spitz auslaufenden Zügelfleck* und dadurch, dass das *Schwarz des Rückens* ausgedehnter ist und *bis auf die Brustseiten* herabreicht. Außerdem deutlich größer als Schellente. Schwieriger zu erkennen sind die abweichende Kopfform (höher mit steilerer Stirn, weniger ausgeprägter, weiter vorn liegender Scheitelspitze), der etwas kürzere Schnabel sowie der violette, nicht grüne Glanz des Kopfgefieders. Man beachte, dass junge Schellerpel bräunlichschwarze Köpfe mit – je nach Mauserzustand – bogenförmigen Zügelflecken haben können. Bei der Balz streckt das ♂ seinen Hals mit angehobenem geöffneten Schnabel vor, ohne Laute von sich zu geben. Fluggeräusch tiefer und rauer als bei Schellente, nicht so rein und wohlklingend. ♀♀ und immature ♂♂ sind im Feld schwer von Schellenten zu unterscheiden. Manchmal ist der Schnabel des ♀ völlig gelb (Schellenten-♀ im Winter und Frühjahr mit gelber Binde an der Schnabelspitze). **A**

Kragenente

Kragenente *Histrionicus histrionicus* L 40, S 65. Wie die Spatelente eine isländische (und amerikanische) Art, die im sonstigen Europa selten beobachtet wird. Nistet an rasch fließenden Wasserläufen. Überwintert in der Gezeitenzone felsiger Küsten. ♂ durch das Hell-Dunkel-Muster (auf die Ferne wirken Blau und Rot dunkel), die geringe Größe und den langen Schwanz, der meist etwas angehoben wird, leicht zu bestimmen. ♀ kleiner und dunkler als Schellente, ohne weiße Flügelfelder, jedoch mit *3 auffälligen Flecken am Kopf.* Selten mit anderen Enten zusammen. *Schwimmt oft mit Kopfnicken* im Rhythmus der Beinstöße, ragt im Wasser hoch auf. Fliegt rasch mit hoher Flügelschlagfrequenz (kurzflügelig!), die Richtung oft hin und her wechselnd, den Kopf angehoben. In der Regel wenig stimmfreudig. Vom ♂ ist gelegentlich ein weiches Pfeifen, vom ♀ ein aufgeregtes, nasales Schnarren zu hören. **A**

Schellente

Spatelente

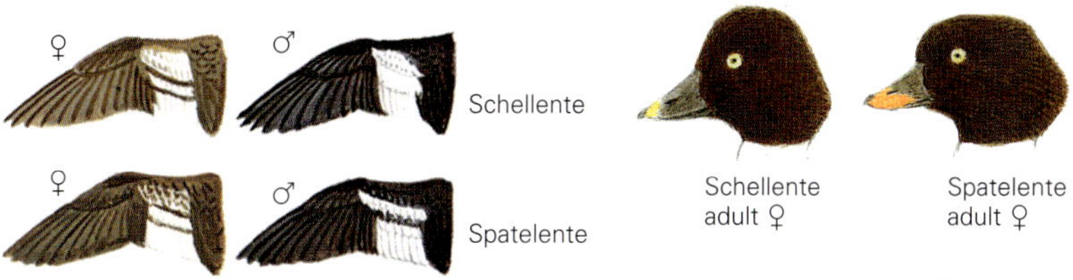

Kragenente

Eisente

Eisente *Clangula hyemalis* L ♂ 55, ♀ 40, S 78. Häufiger Brutvogel an kleinen Seen der arktischen Tundra. Überwintert in der Ost- und Nordsee, zumeist weit draußen. Häufig Opfer von Verölung. Aktive Ente, die gern gruppenweise Verfolgungsflüge in weiten Bögen über dem Meer macht. Flug schnell und elegant. Dunkle Schwingen leicht zurückgehalten. Das ♂ ähnelt im Flug von hinten dem Tordalk (weiße Seiten, dunkle Mitte). Hebt mit Wasserspritzen ab. Sammelt sich im Frühling küstennah in großen, dichten, wuseligen Trupps. Die ♂♂ strecken ihre Hälse empor, heben ihren langen Schwanz an und singen im Chor ihr nasales, klagendes weitreichendes »au-au-audili« (etwas an Dudelsack erinnernd). Die ♂♂ mausern im April vom weißhalsigen Winterkleid in das vorwiegend dunkelbraune Sommergefieder. Auf dem Heimzug oft in großen Scharen. Der Himmel ist dann voll mit großen Vs, die in großer Höhe »gack, gack« rufend und singend übers Land zu den Schlafplätzen ziehen. **ZW**

Samtente

Samtente *Melanitta fusca* L 55, S 92. Brütet v. a. in der Taigazone, aber auch oberhalb der Baumgrenze sowie auf Inselgruppen der Ostsee. Kehrt spät in die Brutgebiete zurück. Im Winter wie die Trauerente auf dem Meer, jedoch in kleineren Gruppen und küstennäher. ♂♂ ziehen bereits im Juli zum Mausern in dänische Gewässer. Deutlich größer als Trauerente, Schwanz kürzer, Stirn sanfter abfallend. Das Orange am Schnabel des ♂ ist selbst auf die Distanz auffallend, anders der weiße Fleck unter dem Auge und die oft verborgenen weißen Armschwingen. Die weißen Gesichtsflecken der ♀♀ fallen unterschiedlich aus, besonders der vordere kann bei alten Vögeln fehlen. Weiße Flügelfelder im Flug auffällig, lassen den Flügel auf die Ferne schmal erscheinen. Wirkt im Flug massiger als Trauerente und hält den Kopf niedriger. Zieht gewöhnlich in geordneten Linien mittlerer Länge. Bei den Kreisflügen über dem Brutrevier ruft das ♀ heiser rasselnd »bra-a-ah«, sonst schweigsam. **ZW**

Brillenente juv.

Trauerente ♀

Brillenente *Melanitta perspicillata* L 50, S 85. Ausnahmegast aus dem arktischen Amerika. ♂ unverwechselbar mit *großem, leuchtend gefärbtem Schnabel* und *weißen Flecken auf Nacken* (groß) und Stirn. Wie die ♀ Samtenten besitzen die Brillenenten-♀♀ meist 2 weißliche Wangenflecken (können auch fehlen), manchmal aber auch noch einen weiteren im Nacken. Außerdem anderes Kopfprofil mit *hohem, keilförmigem Schnabel,* wobei die Befiederung bis auf den Schnabel reicht, sodass die Stirn praktisch fehlt. Das Gegenstück zum *schwarzen Fleck an der Schnabelbasis* der ♂♂ ist *erkennbar.* Jungvögel gleichen den ♀♀ bis auf meist helleren Bauch, fehlenden schwarzen Schnabelfleck sowie nie vorkommenden hellen Nackenfleck. Größte Verwechslungsgefahr besteht wegen Größe und ganz dunklen Schwingen mit der Trauerente im Flug (obgleich das ♂ keine braunen Handschwingen wie der Trauererpel hat). ♂♂ produzieren ein sonores Flügelgeräusch. **A**

Trauerente

Trauerente *Melanitta nigra* L 50, S 85. Häufiger Brutvogel an Seen der nördlichen Taigazone, auch in der Tundra. Im Juli massenhafter Zug der ♂♂ zu Mauserplätzen westlich von Dänemark. ♀♀ und Junge folgen im Spätherbst. Überwintert in großen, dichten Trupps weit draußen vor den Küsten, jedoch in den Schelfgebieten des N-Atlantik. Ölverschmutzung stark ausgesetzt. ♂ erscheint im Schwimmen ganz schwarz, zeigt jedoch besonders bei Sonne im Flug *braune Handschwingen.* ♀ dunkelbraun mit *dunkler Kappe und hellen Wangen.* Jungvögel auf der Wange noch blasser und mit hellem Bauch. Runderer Kopf und längerer Schwanz (oft angehoben) als Samtente und auch bei kleinen Gruppen *stets sehr eng zusammen* (Eindruck eines treibenden Floßes). Oft in riesigen Trupps in Sichelformation flach über das Meer ziehend. Frühjahrszug über Land bei Nacht in großer Höhe, angekündigt durch die sanft pfeifenden, jedoch erstaunlich weit tragenden »pju, pju, pju ...«-Rufe der ♂♂. Nur beim Starten sind pfeifende Flügelgeräusche des ♂ zu hören. **ZW**

♀
♂
Sommer
♂
Sommer
♀
♀
♂
Winter
Winter
♂
♀
♀
♂
Eisente
♀
♂
♂
♀
♂
♀
Samtente
♂
♀
♂
♂
♀
♂
♀
Brillenente
♂
♀
♂
♀
♂
Trauerente

Eiderente

Eiderente ♀

Eiderente *Somateria mollissima* L 60, S 100. Brütet in großen Zahlen an den Küsten N-Europas, Standvogel, wo es das Eis erlaubt, Zugvogel im Eismeer und in der Ostsee. Eine große und massige Tauchente. ♂ *größtenteils weiß* (im Spätsommer dunkelbraunes Schlichtkleid mit weißem Vorderflügel), ♀♀ *durchgehend braun gefleckt*. Blassgrauer *Schnabel keilförmig und zugespitzt*. Jungvögel dunkler als adulte ♀♀, am dunkelsten junge ♂♂, die einen weißen Überaugenstreif haben. *Kraftvollere Flügelschläge* als andere Enten, im Flug *Kopf gesenkt* haltend. Geräuschvolle Gruppenbalz, bei der die ♂♂ sich aufrichten und tiefe, weit tragende »a-ooh-i«-Rufe von sich geben, während die ♀♀ ein klackerndes »kok-ok-ok« äußern (wie ein stotternder Dieselmotor). Brütende ♀♀ sehr unscheu. Nest mit den berühmten Eiderdaunen ausgelegt. Die Jungen schlüpfen frühzeitig und werden in »Kindergärten« beaufsichtigt. Die ♂♂ der Ostseepopulation sammeln sich ab Ende Mai in großen Trupps auf dem Meer und ziehen dann mit jüngeren Vögeln in dänische Gewässer und an die Nordseeküste, um dort im Juli und August zu mausern. ♂♂ im 1. Sommerkleid sind dunkelbraun mit weißer Brust. **JZW**

Prachteiderente

Prachteiderente ♀

Prachteiderente *Somateria spectabilis* L 55, S 92. In der Arktis verbreitet, wo sie wie die Eisente in der Tundra an Tümpeln nistet. Sonst maritim. Selten südlich des Polarkreises. Verhalten wie Eiderenten, an die Einzelvögel Anschluss suchen. Größere Ansammlungen bilden dichte, artreine Trupps, die sich weiter draußen auf dem Meer aufhalten als Eiderenten. Adultes ♂ unverkennbar mit *hohem, seitlich abgeflachtem, orangerotem Schnabelschild* (der sich im Juli, wenn auch das recht unscheinbar dunkelbraune Schlichtkleid angelegt wird, zurückbildet). *Schwarzer Rücken* und *große weiße Flügelfelder* im Flug auch auf weite Entfernung sichtbar. Beim Schwimmen zeigt es 2 schwarze, flossenartige Federsegel. ♀ ähnelt Eiderente, ist jedoch deutlich *kleiner* und hat wegen des *kleineren und dünneren Schnabels* eine eher »konventionelle« Kopfform (ganz anders als der keilförmige Kopf der Eiderente). Außerdem ist der Schnabel dunkel, der dunkle Schnabelwinkel hebt sich vom umgebenden hellen Schnabelgrund gut ab und bewirkt einen »zufriedenen« Gesichtsausdruck. Helles Oberlid und *U-förmige Flankenzeichnung* können aus der Nähe wahrgenommen werden. Immature Vögel im 1. Winter sind in ihrem graubraunen Gefieder und ohne die U-förmige Zeichnung Eiderenten so ähnlich, dass zur Bestimmung allein der kleine Schnabel und das daran *angrenzende Gefieder* herangezogen werden können. Bei ♂ Pracht-eiderenten mit dunklem Gefieder sollte auf den gerundeten Nacken sowie darauf geachtet werden, dass der Schnabel rosafarben und nicht schmutzig gelb oder grau ist. **A**

Scheckente

Scheckente *Polysticta stelleri* L 45, S 75. Arktische Art, in W-Europa Ausnahmeerscheinung in manchem Winter. Scheint das offene Meer zu meiden und hält sich oft an Steilküsten und seichten, felsigen Küstenabschnitten auf. Gründelt, taucht jedoch sicher an tieferen Stellen. Größe wie Schellente. ♂ unverwechselbar (im Schlichtkleid jedoch, abgesehen von weißen Flügelfeldern, dunkel sandfarben). ♀♀ schwer zu bestimmen, erinnern von Gefiedermuster und Verhalten her an eine kleine Eiderente, der relativ große Kopf jedoch durch *ziemlich langen Schnabel*, niedrige, aber gerundete Stirn, *flachen Scheitel und steil abfallenden Nacken* gekennzeichnet. Aus bestimmtem Blickwinkel wird der weiße Augenring sichtbar. *Spiegel von deutlichen weißen Rändern eingefasst* (sonst keine Gemeinsamkeiten mit Stockente). Spitzen der verlängerten Schirmfedern bei adulten ♀♀ gewöhnlich heller und ein fahles Muster hervorrufend. Immaturen fehlt dieses Merkmal, außerdem sind sie (v. a. auf dem Bauch) etwas heller braun (was aber nicht immer leicht zu erkennen ist), der blaue Spiegel ist bei ihnen matt graubraun und seine weiße Begrenzung deutlich schmaler als beim adulten ♀. Bei jungen ♂♂ sind Kinn, Stirn und Nacken düster getönt. Fliegt wie Trauerente. Flügelgeräusch schwächer als bei Schellente. **A**

Eiderente

Prachteiderente

Scheckente

Säger (Unterfamilie Merginae)

Fischfressende Tauchvögel mit sägezahnartigen Schnabelkanten. Weiße Flügelfelder.

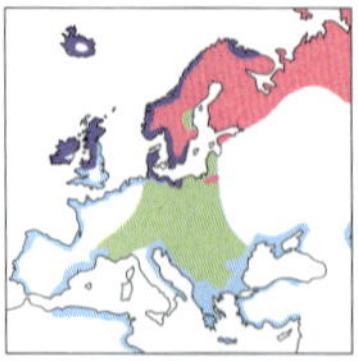

Mittelsäger

Mittelsäger ♀

Mittelsäger ***Mergus serrator*** L 55, S 85. An N-europäischen Küsten recht häufig, aber auch an größeren, klaren Binnenseen und Flüssen, besonders in höheren Lagen. Nistet auf dem Boden unter Büschen. Später Brutbeginn. Im Winter fast ausschließlich an der Küste. ♂ unverkennbar (jedoch haben mausernde und immature ♂♂ einen weibchenfarbigen Kopf). ♀♀ ähneln Gänsesäger-♀, lassen sich aber am *dunkleren*, braungrauen Rücken, *heller braunen Kopf* (eher Zimt als Kastanie), *schütteren und zugespitzteren Schopf* (nicht voll und herabfallend) unterscheiden. Helle Kehle weniger deutlich abgesetzt, Brust grau gewölkt und v. a. *kontrastloser Übergang vom braunen Hals zum grauen Körper. Weißer Spiegelfleck von feinem dunklen Strich unterbrochen.* ♂ balzt mit knicksenden Bewegungen, wobei es nasale »ich«-Laute hervorstößt. ♀♀ rufen bei Revierflügen »prrak«. **ZW**

Gänsesäger

Gänsesäger ♀

Gänsesäger ***Mergus merganser*** L 64, S 95. Weiter verbreitet als Mittelsäger, recht häufig auf klaren Gewässern, hoch im Norden auch an Küsten. Höhlenbrüter. Im Winter auf offenen Seen. ♂♂ zeigen im Winter eine *lachsrosa Unterseite*, die bis April ausbleicht. ♀♀ unterscheiden sich von den ähnlichen Mittelsäger-♀♀ durch graueren Rücken, *dunkler rotbraunen Kopf, dichte, herabfallende Haube* sowie das *deutlich kontrastierende helle Kinn* und die *scharfe Trennung zwischen braunem Hals und grauem Körper.* Der weiße Spiegel ist nicht unterteilt (vgl. Zeichnung links). Balzende ♂♂ äußern im Winter ein froschartig murmelndes »oorrp, oorrp ...«. Im Frühjahr ist ein ähnliches, jedoch durchdringenderes, metallisch klingelndes »krruu-krraa« zu vernehmen. ♀♀ geben im Flug »skrrak, skrrak« von sich. Im Herbst sammeln sich die Gänsesäger zu Tausenden an Seen N-Europas und veranstalten unter den aufmerksamen Blicken der Möwen Kesseltreiben auf Fische. **JW**

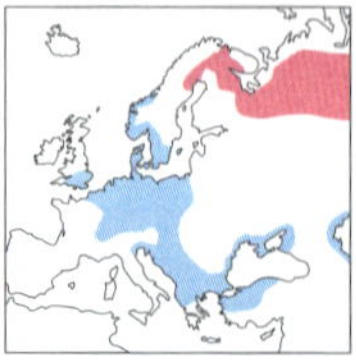

Zwergsäger

Zwergsäger ***Mergellus albellus*** L 40, S 65. Brütet in Baumhöhlen und Nistkästen an kleinen Seen der nördlichen Taiga. ♂ eindeutig (legt das weibchenfarbene Schlichtkleid aber nicht vor November ab). ♀♀ und Jungvögel an *weißen Wangen* zu erkennen. Rastet auf Seen und an der Küste, oft mit Schell- und Reiherenten vergesellschaftet, taucht im Flachwasser nach Fischen. Im Winter auf Seen, gelegentlich in geschützten Meeresbuchten. Schwacher Gruppenzusammenhalt, neigt zu häufigem Standortwechsel. Beim Balzen stellt das ♂ seine Haube weit nach vorn auf und zieht den Kopf mit weiter waagerecht gehaltenem Schnabel auf den Rücken. **W**

Ruderenten (Unterfamilie Oxyurinae)

Klein mit kurzem, dickem Hals und großem Schnabel. Schwanz lang und steif, oft gestelzt.

Weißkopf-Ruderente

Weißkopf-Ruderente ***Oxyura leucocephala*** L 46. Seltener Brutvogel in Süßwassersümpfen und Brackwasserlagunen S-Europas. ♂ mit grotesk großem und *schwerem, blassblauem Schnabel.* Kopf bis auf schwarzen Scheitel und Nacken weiß. Hals schwarz, *Körpergefieder rötlich braun.* Im Flug an *kurzen, gerundeten, einfarbigen Schwingen* und *langem Schwanz* zu erkennen. ♀ unterscheidet sich durch *etwas höheren Schnabel* und *deutlicheres Wangenband* von ♀ Schwarzkopf-Ruderente. Fliegt ungern auf, taucht umso häufiger. **A**

Schwarzkopf-Ruderente

Schwarzkopf-Ruderente ***Oxyura jamaicensis*** L 41. Diese amerikanische Art brütet ausgehend von Volierenflüchtlingen lokal in England. ♂ kastanienbraun mit *weißen Unterschwanzdecken.* Man beachte Kopfzeichnung und Schnabelform. ♀ unterscheidet sich von Weißkopf-Ruderente durch *schlankeren Schnabel* und *undeutlicheren Wangenstreif.* **A**

Mittelsäger balzend
Mittelsäger
Gänsesäger
Zwergsäger
Weißkopf-Ruderente

HÜHNERVÖGEL (Ordnung Galliformes)

Mit den Entenvögeln die älteste, basale Vogelgruppe in Europa. Bodenbewohner mit gedrungenen Körpern und kurzen Schnäbeln. Kurze, breite, steife, gebogene Schwingen. Kräftige Füße, können schnell laufen. Rasche Flügelschläge, längere Gleitstrecken.

Raufußhühner (Familie Tetraonidae)

Mittelgroß bis groß. Nasenlöcher und Füße befiedert. Mehrere Arten weisen komplizierte Balzrituale auf. 5–12 Eier.

Moorschneehuhn

Moorschneehuhn *Lagopus lagopus* L 40. Bei regelmäßigen Bestandsschwankungen recht häufig in Moorgebieten der Taigazone, am häufigsten in Bergregionen und hier v. a. in Birkenwäldern nahe vegetationsreichen Bächen sowie in dichten Weidenständen auf sonst kargen Hängen. Im Winter in kleinen Trupps in Tälern mit Birken und Nadelbäumen. Im *weißen Winterkleid* gleichen beide Geschlechter dem Alpenschneehuhn (jedoch *stets ohne den schwarzen Zügelstreif*), gewöhnlich scheidet schon die Höhe, in der man sie antrifft, die beiden Arten. ♂♂ im Sommer an *kastanienbraunen Gefiederpartien* zu erkennen. Im späten Frühjahr ist das ♂ bis auf rotbraunen Kopf, Nacken und obere Brust weiß; das Sommer- und Herbstkleid ist rötlichbraun gefleckt und ähnlich den ♀♀, die jedoch schneller ins Winterkleid mausern. Schneehühner fliegen in der typischen Raufußhuhnmanier: Schnelle Flügelschläge wechseln sich mit langen Gleitstrecken auf steifen, durchgebogenen und etwas abwärts gehaltenen Schwingen ab. Wenn aufgescheucht, bricht der Hahn immer wieder in ein bellendes Lachen aus (weittragend, nasal, zuletzt wie abgewürgt): »**keh** u, **keh**hehehehehehe-**e**h**eh** -**e**h**eh**, **e**h**eh**«. Bei der Gruppenbalz in Frühlingsnächten geben die Hähne außerdem ein bauchrednerisch klingendes »ko-**wäh**, ko **wäh**« sowie ein gleichmäßig ansteigendes »ka, ke-ke-ke-ke-kekekeke**kerr**« von sich. Kurze Flugeinlagen (aufflattern, fortgleiten und landen) gehören zu dieser Vorstellung. Der Hahn lässt sich durch Nachahmungen des »njau«-Rufs der Henne anlocken. Die Küken können (wie bei allen Schneehühnern) bereits früh fliegen.

Schottisches und Irisches Moorschneehuhn

Schottisches und **Irisches Moorschneehuhn** ***Lagopus l. scotica*** und ***Lagopus l. hibernica*** L 38. 2 eng verwandte Unterarten des Moorschneehuhns und im Feld nicht zu unterscheiden. Sie wurden bis vor Kurzem als eigene Art behandelt. Bewohnen Hochlandmoore. Das ganze Jahr über kastanienbraun (Henne weniger rötlich) mit *dunklen Schwingen* (dunkler als bei Birkhenne). Rufe wie Moorschneehuhn.

Alpenschneehuhn

Alpenschneehuhn *Lagopus muta* L 35. Brütet in periodisch schwankender Anzahl im Hochgebirge. Seltener als Moorschneehuhn. Im Sommer hoch in der Flechtenregion, oberhalb der Mornellregenpfeifer in felsigen Hängen, oft in Nachbarschaft der Schneeammer. Überwintert manchmal in großen Gruppen weiter unten an der Waldgrenze, häufig in Birkenbeständen, wo auch das Moorschneehuhn anzutreffen ist. Von diesem im *weißen Winterkleid* durch *schwarzen Zügelstreif beim Hahn* unterschieden, bei der Henne gelegentlich auch angedeutet. Selten zu hörender Ruf artkennzeichnend. Im späten Frühjahr wird der Hahn an *Kopf und Nacken schwärzlichbraun*, im Frühsommer schwärzlich und graubraun über den ganzen Rücken, und im Spätsommer nimmt er sein *grau-blau geringeltes* Herbstkleid an. Insofern deutlich vom rotbraunen Moorschneehahn unterschieden. Die düster graubraune Henne (freilich mit weißen Flügeln) von der Moorschneehenne zu unterscheiden, ist sehr viel schwieriger, jedoch ist die Grundfärbung eher gelblich und nicht so roströtlich; die Höhenlage, in der man die Vögel antrifft, gibt einen Hinweis. Ruf des Hahns ein vom Gelächter des Moorschneehuhns klar unterschiedenes, sehr hart knarrendes, rülpsendes »**arr**, arr, **arr**«. Zumeist jedoch stumm, wenn aufgeschreckt. Flug sehr rasch. Balz umfasst Schauflüge mit steilem Anstieg und gleitendem Herabsinken (an (Ton-)Tauben erinnernd). **J**

Moorschneehuhn

Schottisches und Irisches Moorschneehuhn

Alpenschneehuhn

Auerhuhn

Auerhuhn *Tetrao urogallus* L Hahn 86, Henne 61. Kommt in großen, alten Nadelwäldern mit kleinen Mooren vor. Bevorzugtes Futter im Winter Kiefernnadeln (Exkremente charakteristisch: 12 mm dicke, gebogene Zylinder), im Sommer Blaubeeren und im Herbst Espenblätter. Nimmt frühmorgens Steinchen von Forstwegen auf. Wandert durch den Wald, jederzeit bereit, mit lauten Flügelgeräuschen aufzufliegen. Dann ist der Hahn leicht an seiner außerordentlichen Größe und seinem *großen, schwarzen Schwanz* zu erkennen, während die Henne bis auf den *dunkel rotbraunen Schwanz* mit der Birkhenne verwechselt werden kann. Steife Flügel erscheinen im Verhältnis zu langem Hals und langem (geschlossenem) Schwanz kurz. Im April balzen die Hähne in lockeren Gruppen auf traditionellen Arenen im Wald. Bei den abendlichen Zusammenkünften sind rülpsende, grölende Rufe zu hören. Die Balz setzt in der Stille des Morgens ein und besteht aus doppelten Klicklauten (mit trockenem, hölzernem Klang), einem bis ca. 300 m vernehmbaren »Sektkorkenknallen« und schleifenden Geräuschen (ekstatisches Wetzen). Bei der Bodenbalz (wenn der Wald erwacht ist) können die wetzenden Geräusche durch die Flügelgeräusche bei kraftvollen Luftsprüngen ersetzt werden. Die Hennen kommentieren das Geschehen mit langsamem »krok, krok, krok«-Gackern. Polygam. Die Henne wacht allein über die Küken. J

Birkhuhn

Birkhuhn *Tetrao tetrix* L Hahn 53, Henne 41. Bewohnt Nadelwälder, sucht die Nähe von Mooren, Lichtungen und Wiesen, auch auf Heiden. Bevorzugte Winternahrung sind Birkenknospen. Recht scheu. Hahn deutlich kleiner als Auerhahn und zeigt *beim* (geräuschvollen) *Auffliegen einen weißen Flügelstreif.* Die Henne unterscheidet sich von der Auerhenne durch kleineren Schwanz und *dunkler braunes, weniger rostfarbenes Gefieder.* Gabelung bzw. Leierform des Schwanzes schwer zu erkennen. Flug: Flügelschlagserien wechseln mit langen Gleitflugstrecken ab. Im Frühling Gruppenbalz am Boden. Die Hähne versammeln sich in der Morgendämmerung auf traditionellen Balzarenen – manchmal gut sichtbar auf Mooren, gefrorenen Seen oder Lichtungen. Oft 8–10 Hähne, manchmal erheblich mehr. Balzpose geduckt und aufgeplustert, mit weißer »Blume« am gestelzten Hinterende und hervortretendem roten Kamm über dem Auge. Sehr streitbar. Luftsprünge, bei denen die weißen Unterflügel gezeigt werden. Balzruf ein *blubberndes Gurren* sowie ein widerhallendes Zischen »tjoo-**üsch**«. Später Solopräsentationen von Bäumen herab mit lauterem, über Kilometer zu hörendem Gurren. Henne trägt schnelles Gackern vor, das in einem nasalen »kakakakaka**keh**-ah« ausklingt. Polygam. Henne bewacht die Küken allein. J

»Rackelhahn«

»Rackelhuhn« Hybride aus Auerhenne und Birkhahn. Bekannt aus Fennoskandien aus einer Zeit, als die Raufußhuhnpopulationen groß, die Auerhähne jedoch durch das Abschießen balzender ♂♂ stark dezimiert waren. Die ♂♂ erscheinen auf Birkhuhn-Balzarenen und erweisen sich dort als dominant und störend. Schwanz wie geschrumpfter Auerhahnschwanz, Kopf wie Birkhahn. Gesamtgröße intermediär.

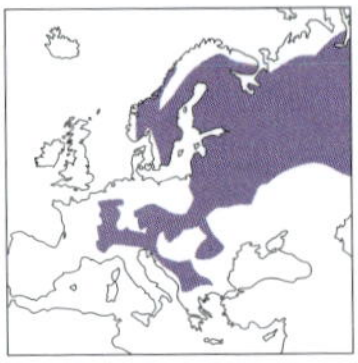

Haselhuhn

Haselhuhn *Bonasia bonasia* L 35. In Mittel- und O-Europa lokaler Standvogel in Nadelwäldern und hier v. a. in feuchten, dichten Fichten-, Birken- und Erlenbeständen an Wasserläufen. Auftreten paarweise. Schwer zu sehen, aber nicht scheu, kann durch Imitation der Rufe angelockt werden. *Graubrauner* Gesamteindruck, Geschlechter ähnlich bis auf die Kehle, die bei der Henne braun mit schmutzig weißer Begrenzung, beim Hahn schwärzlich mit deutlicher weißer Umrandung ist. Stellt die *Haube* auf, wenn erregt. Beim Auffliegen erscheinen Hinterrücken und Schwanz einfarbig aschgrau. Charakteristisches Flügelschlaggeräusch »burr, burr«. Landet gewöhnlich in Bäumen. Gesang ein feines, langgezogen goldhähnchenartiges, saugendes »tsiii-ü-**iiih**-tititi«. Warnruf ein sehr rasches »piih-tititititi-pit-it«. Wenige Tage alte Küken (von der Henne allein bewacht) können bereits auf Bäume fliegen. Merkmal ein dunkler Augenstreif. J

♀
Auerhuhn
♀
♂
♂
♂
Küken
Balz
Birkhuhn
Küken
♂
♀
♂
♂
♀
balzende Hähne
♀
singend
♂
♂
Haselhuhn
♂
Küken

Glattfußhühner (Familie Phasianidae)

Glattfußhühner leben in offenen Landschaften wie Äckern, Heiden oder sonnigen Hängen. Sie laufen meist und fliegen nur ungern auf. Große Gelege.

Chukarhuhn

Chukarhuhn ***Alectoris chukar*** L 33. Brütet in Bergland mit karger Vegetation, in Europa in Thrakien und angrenzenden Gebieten Bulgariens. Sehr ähnlich Steinhuhn, jedoch *Kehllatz cremefarben* (nicht schneeweiß) und mit schwarzer Umrandung, nur obersten Schnabelansatz berührend. Ruf: unruhige Folge nasaler, rhythmischer Laute wie »kokokokoko-chuk**ar**-chuk**ar**-chuk**ar** ...«.

Steinhuhn

Steinhuhn ***Alectoris graeca*** L 35. Rar in felsigen Gebirgsregionen SO-Europas von den W-Alpen bis nach W-Bulgarien, meist in einer Höhe von 1200–1500 m. Hat in vielen Gebieten stark abgenommen. Bevorzugt sonnige, südexponierte, felsige Hanglagen mit einem Mosaik aus Wiesen und Strauchvegetation. Oft auch im angrenzenden Wald (auf dem Balkan Laubwälder). Zieht im Winter oft an höhere, windexponierte Stellen. Guter Läufer (besonders bergauf), unwillig zu fliegen. Sehr ähnlich Chukarhuhn, jedoch *Kehllatz reinweiß* und schwarze Begrenzung reicht um die Seiten der Schnabelbasis. Außerdem ist die Brust in der Regel reiner grau (mehr rotbraun überflogen beim Chukarhuhn), und der *weiße Überaugenstreif ist schmal.* Unterscheidet sich vom Rothuhn durch *klar gezeichneten schwarzen Kehllatzrand,* der sich bei diesem in eine schwarze Bruststrichelung auflöst. Ruf: Serie rasch wiederholter, recht tiefer und dumpfer Gluckser wie »**tschi**kor-**tschi**kor«, die gegen Ende beschleunigt und betonter vorgetragen werden. Aufgescheucht sind schrille Pfiffe »pitschii-pitschii-pitschii« zu hören. **A**

Felsenhuhn

Felsenhuhn ***Alectoris barbara*** L 33. Brütet in Europa auf Sardinien (wahrscheinlich eingebürgert) und Gibraltar (definitiv eingebürgert) in trockenen, buschbestandenen Gebirgen. *Blaugrauer Kehllatz rotbraun umrandet.* Beim Auffliegen fallen der braune Scheitel und Nacken auf. Ruf: Folge schriller, gebrochen 1-silbiger Laute mit eingestreuten Doppeltönen (»stolpernder« Trott) wie »krett krett krett kret**terrr** krett krett ...«.

Rothuhn

Rothuhn ***Alectoris rufa*** L 35. Verbreitet in der Kulturlandschaft, auf trockenen, buschigen Heiden und auch in felsigen Gebirgen. Ähnlich Rebhuhn, jedoch auffälliger, *schwarz begrenzter Kehllatz,* der nach unten in eine (artkennzeichnende) *schwarze Brustfleckung* übergeht. Schnabel und Beine knallrot. Beim Auffliegen sind diese Merkmale kaum zu erkennen, und das Rothuhn erinnert dann mit dem rostroten Schwanz stark an das Rebhuhn. Aber genau von hinten betrachtet, fällt etwas Orange auf, das so beim Rebhuhn nicht vorkommt. Immature Vögel, die noch keine roten, sondern graurosa Beine haben, sehr ähnlich alten Rebhühnern (diese jedoch mit gelblichbraunen Beinen), haben aber statt einer gelblichweißen Längsbänderung auf den Flanken senkrechte dunkle Markierungen. Noch lauffreudiger als Rebhuhn. Sitzt häufig auf Zaunpfählen und sogar Bäumen. Ruf: rhythmisch wiederholte, heiser abgehackte Tonfolgen (ähnlich Rebhuhn) »katschek-**tscheh**-katschek-**tscheh**...«.

Rebhuhn

Rebhuhn ***Perdix perdix*** L 30. In Europa häufigstes und am weitesten verbreitetes Glattfußhuhn. In der offenen Kulturlandschaft und hier besonders auf Feldern mit Hecken anzutreffen. Bestandszahlen schwankend. An den Boden gebunden. Hahn und Henne führen die Jungen. Enger Familienzusammenhalt, bei Gefahr ducken sie sich fest auf den Boden, um dann plötzlich gleichzeitig mit Flügelgeräusch und einem lauten »grii-gree ...« aufzufliegen. Deutlich kleiner als Fasan (vgl. jedoch S. 54 zur Verwechslungsgefahr mit »halbstarken« Fasanenjungen). Gesamteindruck graubraun, aber rostroter Schwanz im Auffliegen auffallend. *Kopf orange* (Henne mit heller »Augenbraue«). Hahn hat *auf der Unterseite einen dunkelbraunen Fleck,* der bei der Henne weniger ausgeprägt ist. An Frühjahrsabenden ist vom Hahn »kirrr-**ek**, kirrr-**ek**« zu hören. **J**

Chukarhuhn
Steinhuhn
Rothuhn
im Flug
Felsenhuhn
juv. Rothuhn
Rothuhn
juv.
♀
♂
Rebhuhn
♂

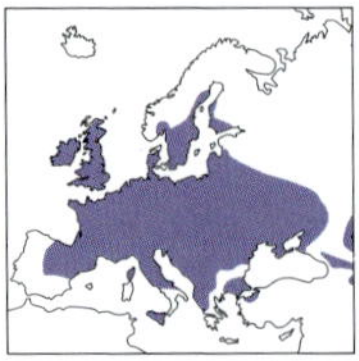

Fasan

Jagdfasan ***Phasianus colchicus*** L Hahn 85, Henne 60. Aus SW-Asien eingebürgert. Häufig in offenen Agrarlandschaften mit Gehölzen. Oft auf Feldern zu sehen. Beide Geschlechter mit *langem, zugespitztem Schwanz* und kurzen, gerundeten Flügeln. Der Hahn ist mit seiner leuchtend roten Gesichtshaut, die mit dem grünschwarzen Kopf und Nacken kontrastiert, sehr farbenfroh. Das Gefieder variiert nach Herkunft der ausgesetzten Tiere. Gewöhnlich mit *weißem Halsring.* Die Henne ist eher unscheinbar blassbraun mit dunkler Zeichnung. Gerade flügge Jungvögel haben einen rötlichen, kurzen Schwanz und können daher mit Rebhühnern verwechselt werden. Erschreckt fliegen Fasane schnell und geräuschvoll auf, dann aber nur kurze Strecken. Verbringen die Nacht in Bäumen, oft in kleinen Gruppen. Ernähren sich von liegen gebliebenem Korn, Sämereien und Beeren. Dem explosionsartig vorgetragenen 2-silbigen Balzruf folgt eine Serie lauter Flügelschläge. **J**

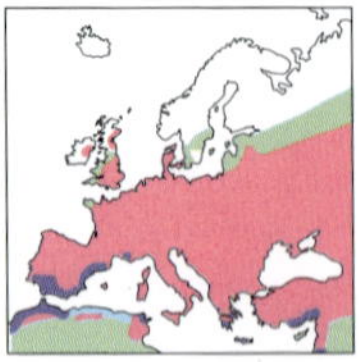

Wachtel

Wachtel ***Coturnix coturnix*** L 18. Langstreckenzieher, der im Mai eintrifft und im Oktober abzieht. Bewohnt große, offene Getreidefelder, Wiesen und Grünland, wo sie sich in der Vegetation verborgen hält. Viel *kleiner* als andere Hühnervögel, gerade mal so groß wie ein halb ausgewachsenes Rebhuhn. *Keine Rottönung im Schwanz.* Verwaschen braun mit hellerer Strichelung auf Rücken und Flanken. Adulte ♂♂ weisen, anders als die Hennen, verschieden viel Schwarz an der Kehle auf (von ganz dunkel bis zu einigen schwarzen Stricheln). Nur schwer aufzuscheuchen, rennt geschickt in der Deckung weg. Fliegt niedrig und auffallend langsam mit angezogenem Kopf und erscheint daher bucklig. Die Schwingen sind relativ lang und schmal und werden bei den raschen, flachen Flügelschlägen abwärts gebogen gehalten. Gleitstrecken zwischen Reihen von Flügelschlägen fallen kaum auf. Ähnelt im Flug weniger einem kleinen Rebhuhn als einer Bekassine, wenn auch einer niedrig und geradeaus fliegenden. Aufmerksam auf die Wachtel wird man besonders durch ihren Gesang, einen weit tragenden, 3-silbigen Laut: »**pick**-wer-**wick**«, der ständig wiederholt wird. Man kann dies über große Teile des Sommers tags und nachts, jedoch meist in der Abenddämmerung hören. Der Hahn lässt auch einen gedämpft schleifenden und leicht bauchrednerischen Warnton wie »grriv-iv« vernehmen, den er in ähnlich mechanischer Art wie den Gesang vorträgt. **BZ**

LAUFHÜHNCHEN (Ordnung Gruiformes, Familie Turnicidae)

Kleine wachtelähnliche Vögel aus der Verwandtschaft der Kraniche und Rallen (siehe S. 106–113). ♂♂ kümmern sich um die Jungen, das ♀ hat ein bunteres Gefieder. (Die einzige europäische Art wird wegen der Verwechslungsgefahr hier bei der Wachtel behandelt.)

Laufhühnchen

Laufhühnchen ***Turnix sylvaticus*** L 16. Einer der seltensten und geheimnisvollsten Vögel Europas – sofern er immer noch in S-Spanien brütet. Hauptverbreitungsgebiet in Afrika südlich der Sahara und in SO-Asien, hatte aber zumindest 1 kleine Population an der Südküste der Iberischen Halbinsel, v. a. in Andalusien sowie in NW-Afrika, wo man ihn auf Gras und Heide in trockenen, schütteren Zwergpalmen- und Affodilbeständen antraf. Extrem scheu, zurückgezogen und kaum aufzuscheuchen. Wie die Wachtel ein kleiner, brauner Bodenbewohner, unterscheidet sich jedoch von dieser durch *hellorangen Brustfleck* und *deutliche, braunschwarze Fleckung an den Körperseiten.* ♀ etwas größer und schöner gefärbt als ♂. Man beachte im Flug geringe Größe und *sehr kurzen Schwanz. Außerdem kontrastieren die hellen Oberflügeldecken* (anders als bei der Wachtel) *mit den Schwingen.* Flügel rufen im Flug ein schwirrendes Geräusch hervor. Der Gesang der ♀♀ besteht aus einem charakteristischen, gedämpften, tiefen Heulen (erinnert an ein entferntes Nebelhorn) »hooh, hooh, hooh, hooh«, das man besonders in der Dämmerung klarer Nächte hört.

Fasan

Wachtel

Laufhühnchen

SEETAUCHER (Ordnung Gaviiformes, Familie Gaviidae)

Seetaucher sind perfekt an ein Leben im Wasser angepasst. Weit hinten angesetzte, kräftige Beine mit Schwimmhäuten zwischen den Zehen. Die Flügelschläge sind relativ schnell, ohne Gleitphasen. Über längere Strecken fliegen sie hoch (oftmals 20–70 m), anders als die Lappentaucher, die beinahe die Wellenberge berühren. Gleiten beim Tauchen sanft ins Wasser. Nistplatz nahe am Ufer. Gewöhnlich 2 Eier.

Sterntaucher

Sterntaucher ***Gavia stellata*** L 57. Brütet in N-Europa und Schottland an kleinen Tümpeln in Taigamooren oder der Tundra. Legt oft große Strecken zu den Nahrungsgründen auf dem Meer oder großen Seen zurück. Überwintert v. a. an der Küste. Beim Schwimmen werden *Kopf und* (schlanker, leicht aufgeworfener) *Schnabel oft angehoben* gehalten. Im Sommer leicht an der *rötlichbraunen Kehle* zu erkennen. Im Flug dem Prachttaucher ähnlich, jedoch *ragen die Füße weniger hervor*, auch zeigt das Flugbild einen *leichten Buckel* und einen *durchhängenden Hals*. Flügelschläge rascher, weiter ausholend, und *immer wieder wird der Kopf angehoben*. Winterkleid heller als beim Prachttaucher mit *mehr auf den Nacken beschränktem Grau* und gewöhnlich einem deutlich *weiß eingerahmten Auge*. Der Rücken ist mit kleinen weißen Flecken gesprenkelt. *Körperseiten oberhalb der Wasserlinie ganz dunkel*. Das ♂ ruft bei der Balz immer wieder laut »oo **rroo**-uh, oo **rroo**-uh, oo **rroo**-uh ...«, begleitet vom lauteren und schrilleren »**aarroo-aarroo aarroo** ...« des ♀. Gibt auch ein klagendes »eeaaooh« von sich. Der am häufigsten zu hörende Ruf ist ein rasches, gänseartiges »gak-gak-gak-gak-...«. **ZW**

Prachttaucher

Prachttaucher ***Gavia arctica*** L 65. Brütet an tiefen, klaren und fischreichen Seen in N-Europa und Schottland; selten an der Küste, wo er als Zugvogel überwintert. Merkmale im Sommer sind *schwarzes Kinn, schwarze Kehle* und hellgrauer Scheitel. Im Winterkleid ist der Rücken dunkelgrau, *beim schwimmenden Vogel ist hinten oft ein weißer Flankenfleck über der Wasserlinie* auffällig. Der *Schnabel* ist dolchförmig, mittelgroß (schlanker als beim Eistaucher), gerade und *wird beim Schwimmen horizontal gehalten*. Nächtliche Rufe am Brutplatz ein melancholisch klagendes, weit hörbares »kloo**ii**-ko-kloo**ii**-ko-kloo**ii**-ko-kloi«. Weitere Rufe: ein gezogenes, möwenartiges »**aaah**-oh« sowie ein raues »karr-korr«. Im Flug leise. **ZW**

Eistaucher

Eistaucher ***Gavia immer*** L 75. Eine neuweltliche Art, die in Europa nur an isländischen Seen brütet. Überwintert an nord- und westeuropäischen Küsten. Größe recht variabel, in der Regel aber deutlich größer als Prachttaucher mit viel stärkerem Hals und Schnabel. Immature und adulte Vögel im Winterkleid haben zumeist einen ziemlich hellen, grauweißen Schnabel *(First und Spitze jedoch stets schwarz*, beim Gelbschnabeltaucher ganz hell). Winterkleid bis auf *weißen Augenring*, dunkleren Scheitel und Nacken (dunkler als Rücken, umgekehrt beim Prachttaucher) sowie oftmals *breitem, dunklem Halsbandansatz* wie Prachttaucher. Flügelschläge gemessen und weich, Beine stehen weit über. Am Brutplatz sind laute Schreie und Jodeln (»manisches Gelächter«) zu vernehmen. **W**

Gelbschnabeltaucher

Gelbschnabeltaucher ***Gavia adamsii*** L 80. Brütet in N-Russland und Alaska. Im Winter v. a. in norwegischen Gewässern. Der größte Seetaucher, bis auf *graugelben, leicht aufgeworfenen Schnabel* und etwas größere Körperlänge beinah identisch mit Eistaucher. Schnabelfirst bei Altvögeln völlig gerade, bei Immaturen (wie beim Eistaucher in allen Altersstufen) gewöhnlich konvex. Hält beim Schwimmen den *Schnabel angehoben* wie Sterntaucher. Im Sommerkleid weniger und größere Flecken auf Rücken und Hals als Eistaucher. *Hals und Kopfseiten* bei Immaturen und im Winterkleid *heller als beim Eistaucher, First und Spitze des Schnabels hell*, jedenfalls zur Spitze hin (selten ist nur das vordere Drittel hell). Hat wie der Eistaucher ein *vorne offenes Band* am unteren Hals. Gemessene Flügelschläge ähnlich Kormoran. **A**

Sterntaucher
Kopf angehoben
Winter
juv.
Prachttaucher
Winter
Eistaucher
Winter
Gelbschnabel-taucher
Winter

RÖHRENNASEN (Ordnung Procellariiformes)
Besitzen dem Schnabel aufsitzende, röhrenförmige Nasenlöcher, über die sie überschüssiges Salz ausscheiden. Vögel der Ozeane, die nur zum Nisten an Land kommen. Koloniebrüter. Nahrung Fisch, Plankton usw. Geschlechter gleich. Lautäußerungen nur am Brutplatz. Arten, die europäische Gewässer aufsuchen, gehören zu folgenden Familien:

ALBATROSSE (Familie Diomedeidae), sehr große Vögel mit langen, schlanken Flügeln und mächtigen Schnäbeln. Überragende, unermüdliche Flieger, die über extreme Entfernungen praktisch ohne einen Flügelschlag flach übers Meer segeln.

STURMVÖGEL (Familie Procellariidae), größenmäßig Möwen am nächsten. Kleine Ausgabe der Albatrosse mit ähnlichen Flugeigenschaften. Flügel werden gestreckt gehalten; steifen, flachen Flügelschlägen folgen lange Gleitstrecken.

STURMSCHWALBEN (Familie Hydrobatidae), kleine Vögel, kaum größer als Schwalben. Wie ihre größeren Verwandten führen sie ein pelagisches Leben, suchen weitab der Küsten auf dem offenen Meer ihre Nahrung und besuchen die Brutplätze nur nachts. Flug weniger zielgerichtet und flatternder als bei den größeren Verwandten.

Albatrosse

Albatrosse kommen hauptsächlich in der südlichen Hemisphäre vor und besuchen Europa nur als Ausnahmegäste. Flügelspannweite außerordentlich groß. Obgleich sie ihre Schwingen im Flug durchaus bewegen können, sieht man sie doch zumeist auf steifen Flügeln den Konturen der Wasseroberfläche folgend dahingleiten. Legen nur 1 Ei, und das nicht jedes Jahr. Der Schwarzbrauenalbatros ist die in Europa am häufigsten festgestellte Art.

Schwarzbrauenalbatros ***Thalassarche melanophris*** L 80–95, S 213–246. Sehr selten, gleichwohl der Albatros, mit dem in Europa am ehesten zu rechnen ist. Einzelvögel haben mehrfach Schottland und die Färöer-Inseln erreicht und sich jahrelang in Basstölpelkolonien aufgehalten. Sehr groß mit *langen, schmalen Flügeln;* Spannweite 25 % größer als bei Basstölpel, 50 % größer als bei Mantelmöwe. Von noch selteneren Albatrossen durch *gänzlich gelben Schnabel, schwarzen Augenstreif* und recht breite, dunkle Ränder der Unterflügel (besonders am Vorderrand) unterschieden. Immature Vögel haben grauen Scheitel und Nacken sowie einen dunklen Schnabel. Die meisten Beobachtungen im Sommer. **A**

Sturmvögel

Sturmvögel ähneln in Aussehen und Nahrungserwerb den Möwen, können aber anders als diese Tauchgänge unternehmen. Nisten auf Küstenklippen, legen 1 Ei.

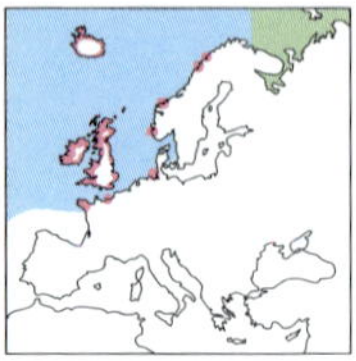
Eissturmvogel

Eissturmvogel ***Fulmarus glacialis*** L 45, S 105. Nistet auf nordatlantischen Vogelfelsen und hat im letzten Jahrhundert aufgrund der Trawlerfischerei seine Bestände deutlich erhöht. Bespuckt Eindringlinge am Nest mit übel riechendem Sekret. Größe wie mittlere Möwen, aber durch Verhalten und Proportionen sogleich von diesen unterschieden: Segelt wie ein Mini-Albatros auf *langen, steifen Flügeln* unter Ausnutzung von Luftströmungen knapp über die Wellen oder den Brutfelsen entlang. Steife Flügelschläge. Liegt beim Schwimmen hoch im Wasser. Springt beim Start von der Wasseroberfläche auf. *Bulliger Kopf und Stiernacken* ebenso typisch wie kurzer Schwanz und *gedrungener Schnabel.* Oberseite grau mit *hellem Fleck an der Handschwingenbasis.* Vögel der südlichen Populationen (Großbritannien, Norwegen, Island) an Kopf, Hals und auf der Unterseite leuchtend weiß, arktische Vögel sind hier (hell- bis mittel-)grau. *Kein weißer Flügel-Hinterrand* wie bei Möwen. Am Brutplatz und bei Versammlungen an Nahrungsgründen auf See sind gackernde Laute zu hören. Schiffsfolger. **S**

Schwarzbrauen-albatros

Eissturmvogel

Sturmtaucher (Familie Procellariidae)

Sturmtaucher haben lange, schmale Flügel, schmale Schwänze und lange, dünne Schnäbel. Sie fliegen mit schnellen Flügelschlägen und langen Gleitflügen, in der Regel dicht über dem Wasser. Die Flügel werden beim Gleiten niedrig gehalten. Bei starkem Wind gleiten die Vögel hart am Wind und lassen sich immer wieder steil emportragen. Sie ernähren sich von kleinen Fischen und Krustentieren. Am Brutplatz nachts aktiv. Legen nur 1 Ei.

Kleiner Sturmtaucher ***Puffinus baroli*** (früher *P. assimilis)* L 28, S 63. Sehr seltener Gast an europäischen Küsten bis nach Dänemark. Nächste Brutplätze auf Madeira und den Kanarischen Inseln. Obwohl er ca. 20 % kleiner als der Atlantiksturmtaucher ist, ähnelt er diesem doch sehr und teilt mit ihm die allgemeinen Gefiedermerkmale mit dunkler Ober- und weißer Unterseite. *Schwächerer Schnabel* und *etwas kürzere und stumpfere Flügel*. Flug schnell mit *längeren Serien flatternder Flügelschläge* zwischen *kürzeren Gleitstrecken* als beim Atlantiksturmtaucher, jedoch haben die Windverhältnisse starken Einfluss auf den Flug. Die meisten Vögel weisen an allen oder einigen Oberflügeldecken helle Spitzen auf, die oft eine helle Binde am hinteren Arm bilden, die so beim Atlantiksturmtaucher nicht vorkommt. Auf kürzere Entfernung sieht man auch die *helleren Kopfseiten* und dass das *Auge von Weiß umrandet* ist und hervorsticht. *Hebt im Flug* gelegentlich *den Kopf* wie Sterntaucher an. **A**

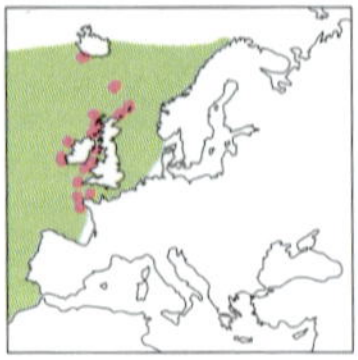

Atlantiksturmtaucher

Atlantiksturmtaucher ***Puffinus puffinus*** L 34, S 80. Häufiger Brutvogel in Höhlen an Küsten und auf Felseninseln NW-Europas, v. a. Großbritanniens und Irlands, lokal auch in Frankreich und Island. Bildet an geeigneten Orten große Kolonien, die europäische Population wird auf ca. 400 000 Brutpaare geschätzt. *Einförmig dunkle Oberseite* kontrastiert mit sehr heller Unterseite, dazu *weißliche Unterflügel mit schmalem, dunklem Rand*. Bei guter Sicht ist zu erkennen, dass die *dunkle Färbung bis unter das Auge auf die Wangen* reicht, dahinter oft die *Andeutung eines hellen Halsbandansatzes oder einer Einkerbung*. Sehr rascher Flug, mit langen Gleitphasen. Oft in großen Ansammlungen auf dem Meer anzutreffen. Kein Schiffsfolger. Nächtliche Rufe aus den Bruthöhlen ein abgehacktes »**tschi-ki** gah-ach«. **A**

Mittelmeer-Sturmtaucher

Mittelmeer-Sturmtaucher ***Puffinus yelkouan*** L 33, S 78. Mittelmeerart, die an Küsten von Menorca bis in die Ägäis brütet. Population wohl mindestens 50 000 Brutpaare, denn man hat Tausende allein in 1 Stunde am Bosporus durchziehen sehen! Erreicht im Herbst die Küste N-Spaniens. Dem Atlantiksturmtaucher sehr ähnlich. Unter guten Sichtverhältnissen erscheint er *oberseits eher graubraun, etwas heller* als Atlantiksturmtaucher (an trüben Tagen kann er aber recht dunkel wirken!), *weniger kontrastreiche Unterflügel* mit gräulichen statt schwarzen Schwingen. Außerdem *ragen die Füße im Schnitt weiter über den Schwanz hinaus* (bei den meisten Atlantiksturmtauchern nur ein wenig), und *die helle Einkerbung hinter den dunklen Wangen fehlt*. Heller Augenring kann angedeutet sein. Rufe wie bei Balearensturmtaucher.

Balearensturmtaucher

Balearensturmtaucher ***Puffinus mauretanicus*** L 38, S 86. Als Brutvogel auf die Balearen beschränkt, jedoch regelmäßig im Atlantik von Marokko bis Großbritannien beobachtet. Hat zuletzt stark abgenommen und gilt jetzt mit weniger als 200 Brutpaaren als bedroht. Eng verwandt mit Atlantik- und Mittelmeer-Sturmtaucher, jedoch *etwas größer* und oft ein wenig plump wirkend. Der kurze Schwanz lässt die *Füße im Flug etwas überstehen*. Oben graubraun, etwas *heller als Atlantiksturmtaucher*, von dem er sich am besten durch die *dunklere Unterseite* mit dem verwaschenen Graubraun von Brust, Flanken, Bauch und Unterschwanzdecken unterscheiden lässt (kann auf die Ferne an Dunklen Sturmtaucher erinnern!). Unterflügel weniger reinweiß und oft mit *dunkler Zeichnung auf den Achselfedern* wie beim Großen Sturmtaucher. Nachts dringt aus den Bruthöhlen ein wiederholtes, gezogenes »**aüüah**-iitsch«. **A**

Kleiner Sturmtaucher
Aug. (frische Flügeldecken)
abgetragen Frühjahr/Sommer
Atlantiksturmtaucher
bei tief stehender Sonne
bei der Nahrungssuche
Mittelmeer-Sturmtaucher
P. yelkouan
P. mauretanius
P. yelkouan
Balearensturmtaucher
dunkel
typisch
typisch
hell

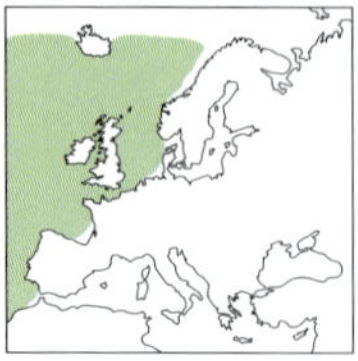

Dunkler Sturmtaucher

Dunkler Sturmtaucher *Puffinus griseus* L 45, S 105. Brütet in Höhlen der südlichen Hemisphäre ab 30° S. Erscheint Juli bis Feb., besonders von Aug. bis Nov. im Atlantik, dann auch jedes Jahr in der Nordsee. Mehr an Küstengewässer gebunden als die meisten Sturmtaucher. Am *einförmig dunkel graubraunen Gefieder* mit schwach ausgeprägtem *hellen Band auf dem Unterflügel* leicht zu erkennen (wirkt auf große Entfernung ganz dunkel). Kann deshalb mit dunkelsten Individuen des Balearensturmtauchers verwechselt werden, von dem er sich durch *längere und schmalere Flügel* und *schnelleren Flug* unterscheidet. Flügelschläge noch rascher als beim Großen Sturmtaucher, mit dem er oft in W-Europa auftritt. Flügel länger und schlanker als beim Atlantiksturmtaucher, im *Flug meist weiter nach hinten gehalten* als bei anderen *Puffinus*-Arten. Stets rasch unterwegs und große Distanzen zurücklegend (ein besenderter Vogel schaffte an einem Tag 900 km). Die Jahresleistung dürfte sich auf mindestens 65 000 km belaufen! Folgt Schiffen nur ausnahmsweise. Taucht oft nach Nahrung. Z

Großer Sturmtaucher

Großer Sturmtaucher *Puffinus gravis* L 48, S 115. Ein großer atlantischer Sturmtaucher, der von Nov. bis Apr. auf Tristan da Cunha im Südatlantik brütet. Im Mai/Juni ziehen die Vögel nach Norden in den Westatlantik vor die Küste N-Amerikas und von Aug. bis Okt. nach Süden über den Nordatlantik, sodass man sie z. B. vor Irland und Madeira zu Tausenden beobachten kann. Im Vergleich zum Sepiasturmtaucher fliegt der Große Sturmtaucher meist *schneller* und *in flacheren Bögen mit gestreckten Flügeln* und rascheren Flügelschlagserien. Kontrast zwischen *braunschwarzer Kappe* und *weißen Wangen* auf große Distanz erkennbar, die Kappe noch durch helles Nackenband hervorgehoben. *Weißliches »U« auf den Oberschwanzdecken* ebenfalls weithin sichtbar. Mittelbrauner Rücken und Kontrast zwischen hellerem Arm- und dunklerem Handflügel. *Unterflügel* nicht so sauber weiß wie bei Sepiasturmtaucher, die Achseln und inneren Decken weisen oft ein *dunkles Diagonalband* auf. Der *dunkle Bauchfleck* ist artspezifisch, aber erstaunlich schwer zu erkennen. A

Sepiasturmtaucher

Sepiasturmtaucher *Calonectris diomedea* L 50, S 118. Brütet in Höhlen auf felsigen Mittelmeerinseln (Unterart *C. d. diomedea*, 1 Kolonie am Golf von Biscaya) und im Atlantik vor N-Afrika (Unterart *C. d. borealis* mit 1 Kolonie an der spanischen SO-Küste). Erscheint von Aug. bis Nov. im Nordatlantik. Größter der atlantischen Sturmtaucher. *Oberseits recht einfarbig graubraun mit braunen Brustseiten.* Mächtiger Schnabel gelb (daher der frühere Name »Gelbschnabel-Sturmtaucher«). Einige Vögel haben wie Große Sturmtaucher auf den Oberschwanzdecken etwas Weiß, jedoch nie schwärzliche Kappe oder helles Nackenband. Außerdem sind die *Unterflügel* inklusive Achseln bis auf schmale Ränder *zeichnungslos weiß*. Bei guter Sicht lassen sich die Unterarten oft unterscheiden: *C. d. diomedea* hat weißere Unterflügel, bei denen das Weiß bis zu den Handschwingenspitzen reicht, während *C. d. borealis* auf den unteren Handschwingenspitzen viel dunkler ist. Flug langsamer und gemächlicher als bei vergleichbaren Arten (kann bei starkem Rückenwind anders wirken), die Flügelhaltung ist gebogen und nach hinten angewinkelt. Kann im aktiven Flug an windstillen Tagen an Möwen erinnern, jedoch sind in die entspannten Flügelschläge immer wieder die typischen *langen, geradlinigen Gleitstrecken flach über dem Meer* eingestreut. Kann beim Rasten auf dem Meer von Ferne auch möwenartig aussehen, dann jedoch in viel kompakteren Gruppen als bei jeder Möwe (eher wie bei Trauerenten). Der einzige atlantische Sturmtaucher, den man hoch fliegend und sogar kreisend beobachten kann. Folgt gelegentlich Schiffen, häufiger jedoch Schulen von Meeressäugern. Nachts aus den Kolonien hysterische Rufe ähnlich Dreizehenmöwe zu hören. A

Dunkler Sturmtaucher
Balearen-
sturmtaucher
zum Vergleich
Großer Sturmtaucher
P. d.
borealis
Sepia-
sturmtaucher
P. d. borealis
P. d.
diomedea

Sturmschwalben (Familie Hydrobatidae)

Kleine Meeresvögel mit flatterndem, schwankendem Flug über den Wellen. Kräftige Schnäbel mit Hakenspitze und röhrenförmigen Nasenöffnungen. Legen 1 Ei in Höhle oder unter Steine.

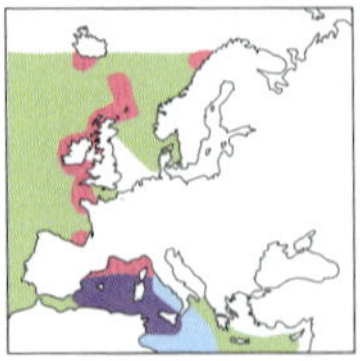

Sturmschwalbe

Sturmschwalbe ***Hydrobates pelagicus*** L 15, S 37. Am weitesten verbreitete und *kleinste* europäische Sturmschwalbe mit *recht stumpfen*, oft *leicht nach hinten gewinkelten Flügeln. Dunkler* als Wellenläufer, und es fehlt das helle Band auf dem Oberflügel (bis auf eine schwache Andeutung), hat jedoch *deutliche, weiße Binde auf dem Unterflügel*. Bürzel reinweiß, *Schwanz rechteckig abgeschnitten*. Flug mit *schnelleren Flügelschlägen* und dem *Fehlen jeglichen sturmtaucherartigen Gleitens*, ganz anders als bei Wellenläufer. Bei der Nahrungssuche fliegt die Sturmschwalbe scheinbar ziellos umher (an eine Mehlschwalbe erinnernd), immer wieder die Wasseroberfläche mit den Füßen berührend. Zielgerichteter Flug ein wenig wie kleiner Watvogel. Nächtliche Rufe am Nest ein langgezogenes Gurren mit eingestreutem, schluckaufartigem Quäken. **A**

Buntfuß-Sturmschwalbe

Buntfuß-Sturmschwalbe ***Oceanites oceanicus*** L 18, S 40. Kann v.a. von Aug. bis Dez. weit draußen auf dem Atlantik beobachtet werden. Dunkelbraunes Gefieder mit weißem Bürzel, der sich bis auf die seitlichen Unterschwanzdecken erstreckt. Oberseits recht unauffällige, helle Flügelflecken. *Lange Beine*, die bis gerade hinter den Schwanz reichen. Nahrungssuche in *gaukelndem Flug mit angehobenen Flügeln und dabei auf dem Wasser trippelnd. Lange Gleitstrecken auf gestreckten Flügeln* direkt über der Wasseroberfläche charakteristisch. Flügelspitzen vergleichsweise gerundet. Statt des bei der Sturmschwalbe deutlichen weißen Bandes nur diffuse Aufhellung. Folgt Schiffen oft in lockeren Trupps. **A**

Madeirawellenläufer ***Oceanodroma castro*** L 20, S 45. Sehr seltener Gast von den Brutplätzen auf atlantischen Inseln (1 Brutplatz auch vor Portugal). Etwas größer und mit längeren Flügeln als Sturmschwalbe, ohne Weiß auf Unterflügel. Flug eher sturmtaucherartig. Folgt Schiffen nicht.

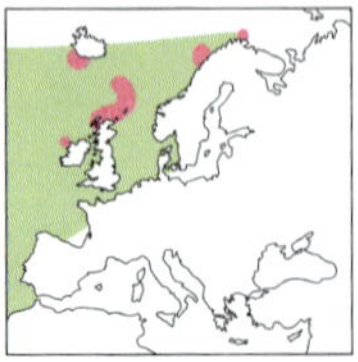

Wellenläufer

Wellenläufer ***Oceanodroma leucorhoa*** L 22, S 48. Im Nordatlantik und Nordpazifik weit verbreitet, europäische Brutplätze in Schottland, Irland, Norwegen und Island. Dunkel mit hervorstechendem *weißen Bürzel und hellgrauen Flügelfeldern oben. Schwanz gegabelt*. Der weiße *Bürzel* ist *in der Mitte unterschiedlich gut sichtbar geteilt* (nur als Anflug oder breit, sodass der ganze Schwanz dunkel wirkt). *Flügel relativ lang und zugespitzt*, gewöhnlich *im Handgelenk angewinkelt* gehalten. Flug anders als bei der Sturmschwalbe: Die *längeren Flügel* werden gemessener bewegt (kann an Trauerseeschwalbe erinnern!), und häufig *wird in der schwankenden Manier der Sturmtaucher geflogen*. Trippelt oft auf der Wasseroberfläche. Kein Schiffsfolger. Nächtliches Rufen am Nest ein schnelles, ratterndes Gurren, das in einem Crescendo endet. **Z**

Sturmvögel (Familie Procellariidae)

Wie kleine, robuste Sturmtaucher mit kleineren und dickeren Schnäbeln.

Bulwersturmvogel ***Bulweria bulwerii*** L 28, S 70. Sehr seltener Gast von Madeira und den Kanaren. Sucht weit draußen auf dem Meer nach Nahrung. Aus der Ferne *völlig schwarz*, aus der Nähe werden braune Tönung und hellere Felder auf dem Arm sichtbar. *Schlank mit langen, schmalen Flügeln* und *verlängertem Schwanz*. Relativ aktiver Flug mit schnellen Flügelschlägen. Schwankender Gleitflug in kurzen, flachen Bögen.

Kapverden-Sturmvogel ***Pterodroma feae*** L 35, S 88. Sehr seltener Gast. Brütet in kleinen Zahlen, z.B. vor Madeira. *Sehr lange, zugespitzte Flügel. Unterflügel fast völlig dunkel*, mit dem *weißen Bauch* kontrastierend. Oberseite oft bis auf den *hellen Oberschwanz* einfarbig grau (das schwärzliche »W« schwer auszumachen). *Schneller Gleitflug* mit gewagten, hohen Bögen.

Buntfuß-
Sturmschwalbe
auf Nahrungssuche
auf Nahrungs-
suche
Sturm-
schwalbe
Madeira-
wellenläufer
auf Nahrungssuche
auf Nahrungs-
suche
Wellenläufer
Bulwersturmvogel
Kapverden-
Sturmvogel

PELIKANVÖGEL UND VERWANDTE (Ordnung Pelecaniformes)

Große, am Wasser lebende Fischfresser, bei denen alle 4 Zehen durch Schwimmhäute verbunden sind. Brüten meist in großen Kolonien, außerhalb der Brutzeit schweigsam.

TÖLPEL (Familie Sulidae) sind in Europa durch den Basstölpel vertreten, der wie eine riesige Seeschwalbe im senkrechten Stoßtauchen Fische erbeutet.

PELIKANE (Familie Pelecanidae) haben riesige Schnäbel, mit denen sie wie mit einem Kescher Fische aufnehmen, nachdem sie diese in einer Kette in die Enge getrieben haben.

KORMORANE (Familie Phalacrocoracidae) tauchen von der Wasseroberfläche und jagen unter Wasser nach Fischen. Sitzen oft auf Stangen und Felsen mit ausgebreiteten Flügeln.

Basstölpel

Basstölpel *Morus bassanus* L 92, S 175. Brütet in riesigen Kolonien auf steil abfallenden Felseninseln im Nordatlantik, seit Anfang der 90er-Jahre auch auf Helgoland. Hauptvorkommen auf den Britischen Inseln, zunehmend. Überwintert auf dem Meer. Nur selten werden einzelne Vögel von Herbst-/Winterstürmen ins Binnenland verfrachtet. *Lange, spitze Flügel,* langer, keilförmiger Schwanz. *Weiß mit schwarzen Flügelspitzen* und *ockergelbem Kopf.* Jungvögel braun mit feinen weißen Tupfen. Sie mausern in Stufen über 4–5 Jahre in das Adultkleid. Im 2. Herbst sind Kopf, Bauch und Vorderflügel bereits hell. Im 3. Herbst erscheinen zwischen den alten dunklen die ersten weißen Armschwingen, und Scheitel und Nacken nehmen den Gelbton der Altvögel an. Im 4. Herbst sind gewöhnlich immer noch dunkle Mittlere Steuerfedern und einzelne dunkle Armschwingen unter den frischen, weißen sichtbar. Fängt Fische durch Stoßtauchen aus bis zu 40 m Höhe, wobei er die Schwingen kurz vor dem Eintauchen nach hinten an den Körper legt. *Flügelschläge* beim Suchflug *deutlich schneller als bei Möwen,* nur selten Gleitstrecken. Bei starkem Wind segelt er in die Wellentäler und wieder in die Höhe, sodass immature Vögel mit größeren Sturmtauchern verwechselt werden können. Am Brutplatz laute gurgelnde Rufe. **JZW**

Rosapelikan

Rosa-pelikan

Kraus-kopfpelikan

Rosapelikan *Pelecanus onocrotalus* L 140–175, S 270–330. Eine seltene und weiter in Abnahme begriffene Art mit wahrscheinlich weniger als 300 Brutpaaren in Europa. Im Sommer v. a. in Sumpfgebieten und Marschland in SO-Europa anzutreffen, im Winter auch an Küsten, in geschützten Buchten und Mündungsbereichen. Die beiden europäischen Pelikanarten sind schwer zu unterscheiden, jedoch *Unterflügel* der Altvögel kennzeichnend: der Rosapelikan hat (wie der Weißstorch) *schwarze Schwingen* und *weiße Flügeldecken,* beim Krauskopfpelikan ist der ganze Unterflügel grau. Die Immaturen beider Arten sind oberseits graubraun und unten schmutzig weiß, dabei sind Rosapelikane *oben deutlich dunkler* und haben einen *gelben Kehlsack,* die Stirnbefiederung endet in einer Spitze, und die *Beine sind bräunlichrosa.* Die Oberseite immaturer Krauskopfpelikane ist hell braungrau, sie haben einen *leicht rosa getönten Kehlsack,* eine eher rechteckige Gefiedergrenze der Stirn und bleigraue Beine. Pelikane liegen beim Schwimmen hoch im Wasser. Flug zielstrebig, wobei auf einige langsame Flügelschläge Gleitstrecken folgen. Fliegen gewöhnlich in einer Linie. Kreisen oft in geordneten Gruppen (kreisende Weißstörche eher unordentlich, wenn sie sich in großen Zugtrupps sammeln). Steigen oft in große Höhe auf. **A**

Krauskopfpelikan

Krauskopfpelikan *Pelecanus crispus* L 160–180, S 310–345. Seltener Brutvogel (mit vermutlich nicht mehr als 250 Brutpaaren) in Feuchtgebieten und an Seen SO-Europas. Zieht im Winter an geschützte Küstenabschnitte. Vom Rosapelikan durch *gänzlich helle Unterflügel* unterschieden. Auch aus der Entfernung erscheint das *Körpergefieder grauweiß* (und nicht gelblichrosa). Iris gelblichweiß (nicht rot) und die *Nackenfedern gekräuselt.* Immature oberseits deutlich heller als gleich alte Rosapelikane (siehe dort!). Wie der Rosapelikan sehr gesellig.

Basstölpel
Brut-
kolonie
adult
immat.
juv.
adulter Rosapelikan
Rosapelikan
Krauskopfpelikan
adulter
Krauskopf-
pelikan
juv.
Rosa-
pelikan
juv. Kraus-
kopfpelikan

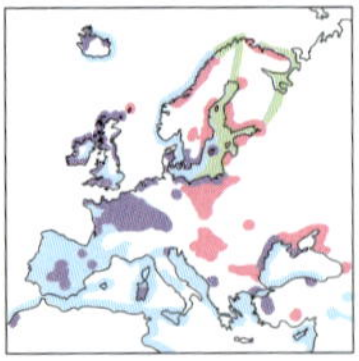

Kormoran

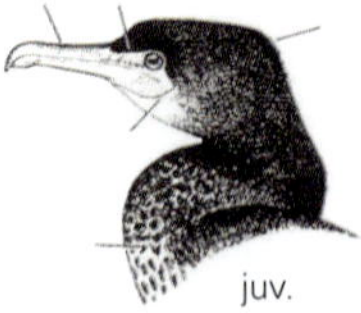

juv.

Kormoran ***Phalacrocorax carbo*** L 90, S 145. Weit verbreitet, Koloniebrüter. Unterart *P. c. carbo* auf Felsinseln und steilen Abbrüchen (ausnahmsweise in Bäumen) entlang Nordatlantik und Murmanküste. Unterart *P. c. sinensis* brütet in Mittel- und S-Europa auf Bäumen, oft in Gesellschaft von Reihern. Die Bäume sterben durch die Kotausscheidungen mit der Zeit ab. Auf den Britischen Inseln ans Meer gebunden. Besucht auch Stauseen, Flüsse usw. *Groß,* dunkel und reptilienartig. Im Frühjahr Kinn und Wangen weiß, dazu ein weißer Flankenfleck sowie (für kurze Zeit) am Hinterkopf unterschiedlich viele haarähnliche, weißliche Federn. Bei *P. c. sinensis* sind diese Federn häufig und groß, sodass Kopf und Hals im zeitigen Frühjahr weitgehend weiß erscheinen. In Herbst und Winter fast völlig dunkel, wenig Weiß am Kinn. Jungvögel und Immature braunschwarz, jedoch *Bauch* mit wenigen Ausnahmen (juv. *P. c. carbo;* Krähenscharbe: brauner Bauch) *weißlich.* Ganz dunkle Vögel schwer von Krähenscharbe zu unterscheiden, jedoch *Schnabel kräftiger, Kopf größer und mit flacherem Scheitel* sowie *eckigem Hinterhaupt.* Liegt mit gestrecktem Hals und angehobenem Schnabel niedrig im Wasser. Hervorragender Taucher, der mit kleinem Sprung oder einem eleganteren Bogen eintaucht. Ruht in aufrechter Haltung auf Felsküsten, Sandbänken (oft viele in einer Reihe), Baken, Bojen usw., wobei er die Flügel oft in typischer Manier abgespreizt hält (um das Gefieder nach Tauchgängen zu trocknen). Flug gänseartig, gelegentlich unterbrochen von kurzen Gleitphasen, gewöhnlich einige Meter über der Wasseroberfläche (vgl. Krähenscharbe). Große Trupps fliegen in gewundenen Linien. Überfliegt Land in großer Höhe, kreist dann auch. Am Nest tiefe gutturale Laute, sonst schweigsam. **JZW**

Krähenscharbe

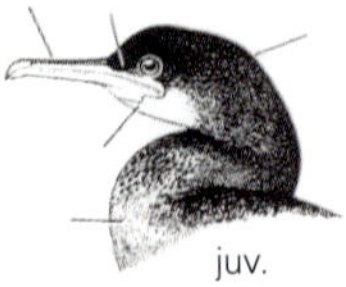

juv.

Krähenscharbe ***Phalacrocorax aristotelis*** L 70–175, S 100. Brütet kolonieweise an Felsküsten. Gewohnheiten ähnlich Kormoran, aber auch auf rauer See zu Hause. Meidet Süßwasser, rastet auf Klippen und sitzt nur selten auf Baken, Bojen usw. Altvögel ganz schwarz, grün schillernd mit leuchtend gelbem Schnabelwinkel, dazu im Frühjahr eine aufgebogene Federholle auf dem Vorderscheitel. Kormoran im Schlichtkleid ähnlich, aber Krähenscharbe mit *schlankerem Hals, kleinerem und runderem Kopf* mit steilerer Stirn, *schmalerem Schnabel.* Jungvögel unterseits ziemlich einfarbig braun (juv. Kormorane: Bauch gewöhnlich weißlich) mit deutlichem weißen Kinn; Jungvögel der Unterart *P. a. desmarestii* (Mittelmeer und Schwarzes Meer) jedoch ausgedehnt weiß auf der Unterseite. Flügeldecken von Jungvögeln, v. a. solchen im 2. Kalenderjahr, haben helle Ränder und rufen im Flug den Eindruck eines hellen Flügelfelds hervor (Kormoran: einfarbig dunkle Flügel). Sonst im Flug ähnlich Kormoran, aber *Flügelschläge merklich schneller,* der schlankere *Hals gestreckt* (nicht etwas zurückgenommen und gekrümmt), kleinerer Kopf höher gehalten, *Bauch etwas hängend,* was insgesamt einen schwanzlastigen Eindruck hervorruft. Krähenscharben fliegen gewöhnlich dicht über dem Wasser (Kormorane regelmäßig höher). **A**

Zwergscharbe

Zwergscharbe ***Phalacrocorax pygmeus*** L 50, S 85. Brütet lokal in SO-Europa an vegetationsreichen Seen und Flüssen mit ausgedehnten Schilfzonen, wo sie in Büschen oft mit Reihern Kolonien bildet. Nahrungssuche häufig auf kleinen Flüssen und Tümpeln im Sumpfland. Durch *geringe Größe* sofort von Kormoran und Krähenscharbe zu unterscheiden, außerdem durch abweichende Proportionen: *kleinerer Kopf* und *kürzerer Schnabel* sowie *längerer Schwanz.* Im Brutkleid sind Kopf und Hals dunkel kastanienbraun, der Körper schillernd grünlichschwarz mit feiner, weißer Strichelung (beide Geschlechter). Diese geht bald verloren und das Kinn wird weißlich, die Brust rötlichbraun. Jungvögel sind dunkelbraun mit weißlichem Kinn und Bauch. Liegt tief im Wasser und trocknet das Gefieder wie seine größeren Verwandten, jedoch auch auf Schilfhalmen und kleinen Ästen sitzend. Flügelschlagfrequenz wie Eiderente mit eingestreuten kurzen Gleitstrecken, bei größerer Entfernung und schlechter Sicht daher sogar mit Sichler zu verwechseln. **A**

Kormoran
juv.
atlantische
Unterart
P. c. carbo
kontinentale
Unterart
P. c. sinensis
Flugformation
adulter
P. c. carbo im
Schlichtkleid
Krähen-
scharbe
juv.
Schlichtkleid
Pracht-
kleid
juv.
Schlicht-
kleid
juv.
Zwergscharbe
Prachtkleid

REIHER, STÖRCHE UND IBISSE (Ordnung Ciconiiformes)

Schreitvögel mit langen Hälsen, Beinen und Schnäbeln. Meist ernähren sie sich von Kleingetier, das sie in seichtem Wasser erbeuten. Einige tragen zur Brutzeit lange Schmuckfedern. Flügel breit und gerundet, Schwänze kurz. Gelege mit 2–6 Eiern.

Die Reiher und ihre Verwandten gliedern sich in die folgenden Familien:

REIHER (Familie Ardeidae), Schnäbel gerade, Flug gemessen mit angezogenem Kopf. Meist Koloniebrüter. Teilweise nachtaktiv. Heisere, gedämpfte Rufe.

STÖRCHE (Familie Ciconiidae), gerade Schnäbel, Flug mit gestrecktem Hals und langsamen, kraftvollen Flügelschlägen. Kreisen gern. Gefieder schwarz und weiß.

IBISSE UND LÖFFLER (Familie Threskiornithidae), Schnäbel dünn und gebogen oder flach und löffelförmig. Recht schnelle Flügelschläge, Hals gestreckt.

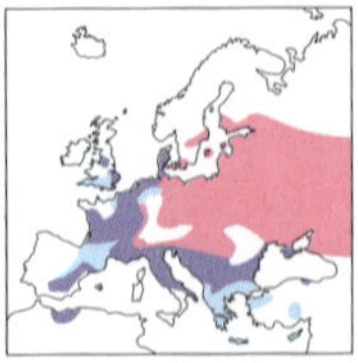
Rohrdommel

Rohrdommel ***Botaurus stellaris*** L 75, S 130. Brütet zerstreut in großen Schilfgebieten. Polygam: 1 ♂ kann mehrere ♀♀ haben. Teilweise tagaktiv, hält sich jedoch gut versteckt. Klettert im Schilf herum, indem sie mehrere Schilfhalme umfasst. Bei Bedrohung reckt sie den Schnabel empor (»Pfahlstellung«). Am leichtesten im Sommer frühmorgens beim Flug von oder zu den Nahrungsgründen zu sehen. Fliegt mit *angezogenem Kopf* und wie die kleineren Reiherarten mit raschen, gleichmäßigen Flügelschlägen (nicht so träge und schwerfällig wie Graureiher). Dies zusammen mit der *braunen, gefleckten Erscheinung* und der plumpen Gestalt gibt ihr bei schwacher Beleuchtung etwas Eulenhaftes. In S-Europa besteht Verwechslungsgefahr mit immaturen Nachtreihern. Das Brutgeschäft beginnt früh im Jahr (im Norden bereits, wenn noch Eis liegt), und die nächtlichen Rufe der ♂♂ kann man (am besten in der Dämmerung) bis weit in den Juni vernehmen. Die mächtigen Klangwellen, wie wenn man über eine leere Flasche bläst, sind mehr als 5 km weit zu hören und werden eingeleitet durch ein dumpfes »Einatmen«: »u u u uh-**whump**, uh-**whump**, uh-**whump**«. An dunklen Herbstabenden hört man von fliegenden Rohrdommeln weittragende, heisere »gräoh«-Rufe, die aus der Nähe an Großmöwen erinnern, auf die Distanz eher an einen bellenden Fuchs. **JZW**

»Pfahlstellung« der Rohrdommel

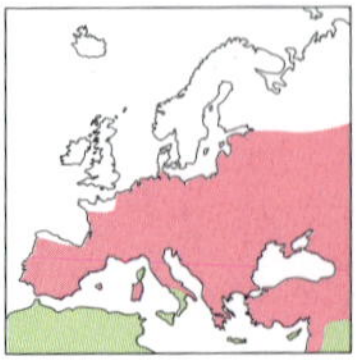
Zwergdommel

Zwergdommel ***Ixobrychus minutus*** L 35, S 55. Scheu und in der Regel schwer zu beobachten. Brütet in S- und Mitteleuropa. Im Frühjahr regelmäßig Zugprolongation und dann auch weiter nördlich anzutreffen (hat in England gebrütet). Bewohnt dichte Vegetation in Sumpfgebieten, vorzugsweise große Schilfflächen, wo sie in einzelnen Paaren brütet. An Größe und Färbung leicht zu bestimmen. Im Flug fällt der Kontrast zwischen *hellen Flügelfeldern* und *dunklen Schwingen* und *Rücken* sofort auf. Kontrast beim ♂ ausgeprägter, mit *schwarzem Rücken* und *leuchtend ocker-weißen Flügelfeldern*. ♀♀ sind auf dem Rücken braun gestrichelt, die hellen Flügelfenster sind schmutziger und die *Brust* ist *stärker gestreift*. Immature sind wie die Rohrdommeln braun gefleckt, zeigen im Flug aber auch das helle Flügelfeld der Altvögel. Versucht sich gelegentlich unsichtbar zu machen, indem sie eine wie versteinert wirkende Positur mit angehobenem Schnabel annimmt. Flug charakteristisch mit *schnellen, häherartigen Flügelschlägen und langen Gleitphasen*. Fliegt oft nur sehr kurze Strecken über das Schilf. Balzruf ein gedämpftes, rhythmisch alle 2 oder 3 Sekunden wiederholtes »Hundekläffen«: »gru«. Gibt auch ein aufgeregtes, lautes, nasales »kwekwekwekwe« von sich. **BZ**

Rohrdommel

Zwergdommel

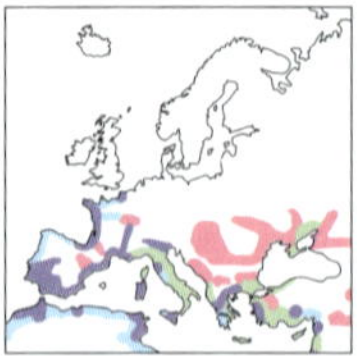
Seidenreiher

Seidenreiher ***Egretta garzetta*** L 60, S 92. Koloniebrüter auf Bäumen in Feuchtgebieten S-Europas. Regelmäßige Zugprolongation im Frühjahr. Sonst an verschiedensten Flachwasserstellen, besonders jedoch an Salz- oder Brackwasser. Sehr gesellig. Zuverlässiges Merkmal sind die *gelben Zehen* an ganz schwarzen Beinen. *Schnabel völlig schwarz* (Küstenreiher *E. gularis,* ein seltener Gast aus Afrika und vom Roten Meer, dessen weiße Morphe dem Seidenreiher ähnelt, hat kürzere Schopffedern und einen stärkeren Schnabel, der außerhalb der Brutzeit braun oder gelb wird). Flügelschläge rasch wie bei Krähe. Gestalt und Bewegungen klassischer reiherartig als bei Kuh- und Rallenreiher. Jagt aus dem wartenden Stand oder langsamem Pirschen. Die verlängerten Schulter- und Nackenfedern werden nur im Sommerhalbjahr getragen. Silberreiher viel größer, hat anders gefärbten Schnabel und Beine, fliegt mit gemesseneren Flügelschlägen; die Beine stehen dann weiter über als beim Seidenreiher. Kuhreiher kompakter und mit relativ kürzeren Flügeln. Ruf ein froschartig blubberndes »gullagullagulla«, auch ein heiseres »kark«. Z

Silberreiher

Silberreiher ***Ardea alba*** L 90, S 150. Seltener Brutvogel in Schilfgebieten, Deltas und Lagunen S-Europas (hat in den Niederlanden gebrütet). Außerhalb der Brutzeit auch in anderen feuchten Gebieten anzutreffen. Viel größer als andere weiße Reiher – fast *so groß wie Graureiher.* Zügel blaugrün, Schnabelwinkel reicht weit hinters Auge. *Schwarzer Schnabel mit gelber Basis* (zur Brutzeit; außerhalb der Brutzeit ganz gelb), dunkle Zehen und *rötliche oder gelblichbraune Unterschenkel* unterscheiden ihn vom erheblich kleineren Seidenreiher. Nichtbrüter haben dunkle Beine, die im Flug weiter über den Schwanz hinausragen als beim Seidenreiher; Flügelschläge gemessen wie beim Graureiher. Im Sommerkleid verlängerte Schulterfedern. Ruf ein raues, rollendes »krr-rr-rrrro«. ZW

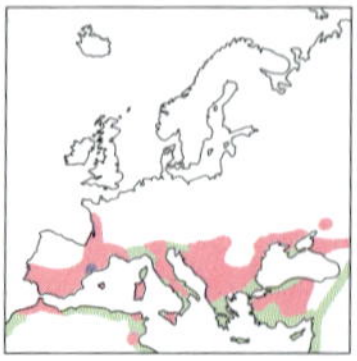
Rallenreiher

Rallenreiher ***Ardeola ralloides*** L 45, S 87. Brütet im Schilf oder auf Bäumen in südeuropäischen Sümpfen und Lagunen. In Reiherkolonien stellen sie regelmäßig die Minderheit. *Hell ockerfarbenes Körpergefieder* mit *kontrastierenden blütenweißen Flügeln und Steuerfedern* charakteristisch. Stehende Rallenreiher wirken v.a. braun, der Eindruck ändert sich völlig beim Auffliegen: dann scheinen sie ganz weiß zu sein. Vom Kuhreiher auch durch Schnabelfarbe unterschieden (zur Brutzeit weitgehend blau, den Rest des Jahres gelbgrün mit schwarzer Spitze). Verbringt oft die Tage in Bäumen und Sträuchern und macht sich in der Dämmerung auf die Jagd. Verglichen mit dem Kuhreiher ein einzelgängerischer und heimlichtuerischer Vogel. Flug etwas schwankend. Ruf ein heiseres »kaahk«, beinahe wie Stockente. A

Kuhreiher

Kuhreiher ***Bubulcus ibis*** L 50, S 95. Eine an vielen Stellen Europas auftretende, ihre Verbreitung ausdehnende Art. Brütet gewöhnlich in Kolonien mit anderen kleinen Reihern in Baum- und Gebüschgruppen. Gesellig. Sucht zumeist in Gruppen auf Feldern in der Nähe von Vieh nach Nahrung. Bevorzugt trockenere Gebiete als andere Reiher. Aus der Ferne wirkt das *Gefieder reinweiß;* im Prachtkleid ist aus der Nähe zu erkennen, dass Scheitel, Brust und hinterer Rücken gelblichbraun sind. Es sollte auch auf die gelben oder rötlichen Beine (Brutzeit, sonst graubraun oder schwärzlich) und den gelben Schnabel (zur Brutzeit rötlichgelb) geachtet werden. Die *weit auf den Unterschnabel reichende Befiederung* ist auffallend. Zieht relativ niedrig in ungeordneten Trupps. Flugbild im Seitenprofil kompakter mit *kürzeren Beinen, kürzerem Schnabel, »stupsnasiger«* als Seidenreiher. Rallenreiher ist kleiner und fliegt ungleichmäßiger, eher wie Zwergdommel. Rufe recht gedämpft, leicht nasal krächzend, gewöhnlich 1-silbig. A

Seidenreiher
Kolonie
Schlichtkleid
Prachtkleid
Silberreiher
Sommer
Rallenreiher
Rallenreiher
juv.
adult
Sommer
Kuhreiher
Kuhreiher
juv.
Brutkleid

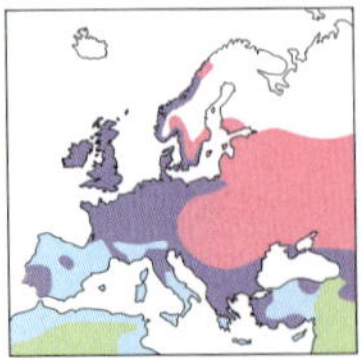

Graureiher

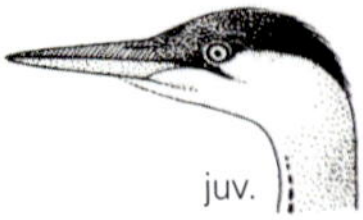

juv.

Graureiher *Ardea cinerea* L 95, S 185. Der häufigste und am weitesten verbreitete Reiher Europas. An nahrungsreichen Gewässern, auch an der Küste anzutreffen. Brütet gewöhnlich in großen, geräuschvollen Kolonien auf Bäumen in Wassernähe, immer wieder auch Einzelbruten. Robust, weicht nur Schnee und Eis aus, benötigt offene Wasserstellen zum Fischen. Steht dann reglos im Flachwasser und wartet auf Fische, die er mit blitzschnellen Schnabelstößen erbeutet. Dieses geduldige Verhalten beim »Ansitzen« mit steifem, oft eingezogenem Hals ist charakteristisch für alle Reiher. Der Graureiher unterscheidet sich von anderen europäischen Reihern durch seine Größe und das *grau-weiß-schwarze* Gefieder. Im Flug wird der Hals immer eingezogen, und der Vogel wirkt vorderlastig. Längere Strecken legt er in großer Höhe zurück und kann dann wegen seiner langsamen Flügelschläge mit großen Greifvögeln verwechselt werden. Auch auf große Entfernung werden Besonderheiten im Flugbild deutlich: *gebogene Flügel und schwere, langsame Flügelschläge.* Ruft oft auch im nächtlichen Flug heiser »kaark«. **JZW**

Purpurreiher

Purpurreiher *Ardea purpurea* L 85, S 135. In Feuchtgebieten Mittel- und S-Europas lokal häufig. Im Frühjahr regelmäßig Zugprolongation. Brütet in Kolonien, gewöhnlich in Schilfgebieten. Bevorzugt dichtere Vegetation als Graureiher. Auf größere Distanz sind die purpurroten Gefiederteile schwer auszumachen, und er wirkt dann nur *etwas dunkler als der Graureiher.* Im Flug ist der *vordere Bogen des angezogenen Halses weniger rund als beim Graureiher* und bildet einen »eckigen Bug«. Kopf und Hals schlanker und schlangenartiger, Schnabel nicht so dolchförmig, mehr gleichmäßig dünn, die *Zehen sind länger,* die Hinterzehe im Flug stärker hervorragend. Nimmt wie Rohrdommel »Pfahlstellung« an. **BZ**

Nachtreiher

Nachtreiher *Nycticorax nycticorax* L 60, S 112. In Feuchtgebieten Mittel- und S-Europas häufig. Nistet in Baumgruppen mit anderen kleinen Reihern zusammen. Gedrungener Körper und *Schwarz-, Grau- und Weißverteilung* kennzeichnen den Altvogel. Wirkt im Flug recht hell. Jungvögel sind braun und können mit Rohrdommel verwechselt werden, sind jedoch *kleiner* und haben *deutliche helle Flecken* auf den Flügeldecken. Im Flug durch schnellere Flügelschläge und dunkleres Gefieder unterschieden. Am Tag oft in Bäumen und Sträuchern. Gelegentlich auch tagsüber bei der Nahrungssuche zu beobachten, meist jedoch in der Dämmerung. Im Flug Körper leicht angehoben, Schnabel etwas abwärts weisend, die *Füße laufen spitz aus.* Ruf ein weiches froschartiges »kwack«. **BZ**

Sichler

Sichler

Sichler *Plegadis falcinellus* L 60, S 90. Brütet lokal in S-Europa, koloniewiese in Sümpfen und auf Bäumen nahe dem Wasser. Hat im 20. Jahrhundert abgenommen, erholt sich aber in der jüngsten Zeit. Sucht Nahrung in Sümpfen oder auf Schlammflächen. Immature ziehen im Sept./Okt. weit jenseits der Brutgebiete umher. Gute Feldkennzeichen sind der *gebogene Schnabel* und das auch auf größere Distanz *völlig dunkle Gefieder.* Aus der Nähe kann man das Rotbraun von Kopf und Körper, ein grün schillerndes Flügelfeld und die fein weiß abgesetzte Schnabelbasis erkennen. Im Winter ist das braunschwarze Kopf- und Halsgefieder fein weiß gesprenkelt. Immature ähneln Altvögeln im Winter, aber weiße Tüpfelung weniger deutlich sowie Rücken und Oberflügel matter und brauner. Fliegt im Trupp in langen Linien mit schnellen Flügelschlägen (wie Brachvogel), unterbrochen von kurzen Gleitphasen, ungefähr wie Zwergscharbe (mit dieser auf die Ferne zu verwechseln). Der *Hals wird im Flug gestreckt gehalten, Füße reichen über Schwanzspitze* hinaus. Laute, grollende, bellende und krächzende Rufe. **A**

Heiliger Ibis *Threskiornis aethiopicus* L 66. In Afrika südlich der Sahara weit verbreitet. Wurde in SW-Frankreich eingebürgert und pflanzt sich dort fort. *Weißes Gefieder mit buschig verlängerten Schirmfedern* sowie dunkler Hals und *dunkler Kopf* machen diese Art unverwechselbar.

Graureiher
adult
juv.
Purpurreiher
adult
juv.
adult
ruhend
juv.
Nachtreiher
Nachtreiher
adult
adult
Sichler
adult
juv.
Sichler
juv.
Heiliger Ibis

Weißstorch

Weißstorch *Ciconia ciconia* L 110, S 220. Ein Vogel offener Landschaften, der feuchte Wiesen und Grünland bevorzugt, wo er sich von Fröschen, Schlangen, Fischen usw. ernährt. Nistet auf Hausdächern auf eigens angebrachten Wagenrädern sowie auf großen, einzeln stehenden Bäumen, gelegentlich in kleinen Kolonien. Wenig scheu, stolziert gemächlich durch die Wiesen und lässt Menschen relativ nah heran. Vom Schwarzstorch durch *weiße Oberseite* unterschieden. Fliegt mit gestrecktem Hals, oft hoch in Thermiksäulen kreisend. Überwintert in Afrika. Die westliche Population verlässt Europa über Gibraltar, die östliche (und bei Weitem größere) über den Bosporus. Man kann sie Ende Aug. in riesigen, *ungeordnet kreisenden* Scharen über Istanbul sehen. Pelikane, die auf dem Zug manchmal ebenfalls in großen, kreisenden Scharen auftreten, könnten zur Verwechslung einladen, halten aber stets eine gewisse Ordnung ein, die Gruppen fliegen synchron in Formation. Weißstörche kommunizieren mit dem bekannten Schnabelklappern. **BZ**

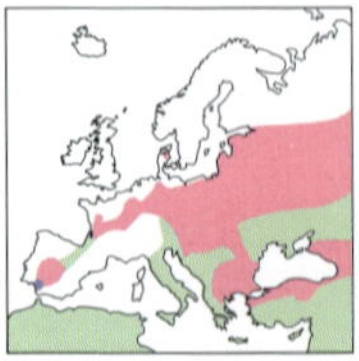

Schwarzstorch

Schwarzstorch *Ciconia nigra* L 105, S 175–205. Selten, aber in Deutschland zuletzt zunehmend. Bewohnt bewaldete Gebiete, gewöhnlich in der Nähe von Seen, Flüssen und Sümpfen (nistet auf Bäumen). Vom Weißstorch leicht an *schwarzer Oberseite* mit *metallischem Glanz* zu unterscheiden. Auf größere Entfernung und im Gegenlicht kann die Färbung der Oberseite wegen der Reflexion erstaunlich schwer einzuschätzen sein. Schnabel und Beine immaturer Vögel sind grün, nicht rot. Gewöhnlich (aber nicht immer) scheuer als Weißstorch und selten zu mehreren beobachtet (außer zur Zugzeit Ende Sept. am Bosporus). Anders als der Weißstorch hat er eine laute Stimme und gibt laute, schrille, greifvogelartige Rufe wie »püju, püju« von sich. Klappert selten mit dem Schnabel. **BZ**

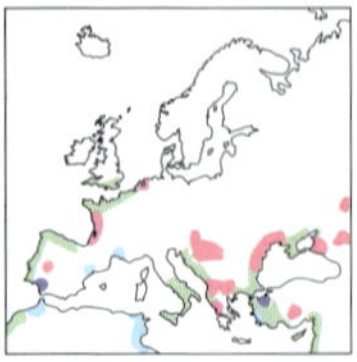

Löffler

Löffler *Platalea leucorodia* L 88, S 130. Selten und mit zerstreuter Verbreitung. An seichten, offenen Gewässern, in schilfreichen Sümpfen und Lagunen anzutreffen. Brütet kolonieweise, manchmal auf Bäumen. Von weißen Reihern durch *breiten und sehr langen Schnabel* unterschieden. *Hält den Hals beim Flug gestreckt.* Nur Altvögel tragen im Sommer den langen Federschopf. Immature haben schwarze Handschwingenspitzen. Trupps fliegen gewöhnlich in einer Linie, mit *sehr viel schnelleren Flügelschlägen als Störche,* eher schon wie Kormorane. Segelt und kreist auch. *Bei der Nahrungssuche pendelt er mit dem Schnabel* durch das Wasser hin und her. Normalerweise schweigsam, gelegentlich Schnabelklappern aufgeregter Vögel sowie räuspernde Töne. **BZ**

FLAMINGOS (Ordnung Phoenicopteriformes)

Lange Beine und Hälse; große abwärts gebogene Schnäbel. Brüten in großen Kolonien.

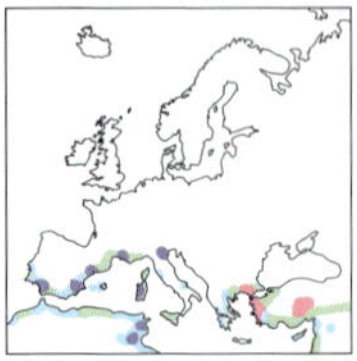

Flamingo

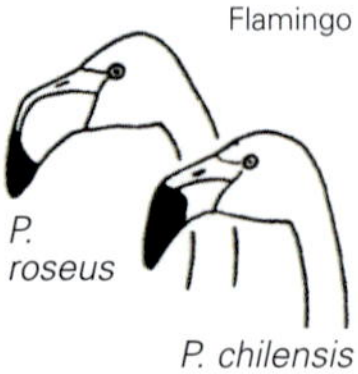

Rosaflamingo *Phoenicopterus roseus* L 135, S 155. Brütet in Europa in wenigen, aber individuenreichen Kolonien. Bei Beobachtung von Einzelvögeln handelt es sich zumeist um Zooflüchtlinge. Lebt und brütet auf ausgetrockneten Schlammpfannen und Ufern mit seichtem Salzwasser. Aus der Ferne erscheinen Trupps am Boden wie weiße Streifen, fliegende Trupps erwecken den Eindruck von rosa Wolken. Fliegt in Linien über größere Entfernungen. *Hals und Beine extrem lang, im Flug leicht durchhängend. Schnabel kurz, dick und gebogen. Immature Vögel sind bräunlich, grau und weiß ohne jedes Rosa, haben dunkle Beine und einen dunklen Schnabel.* Nahrungssuche im Flachwasser durch Seihen mit abwärts gehaltenem Schnabel. Gibt verschiedene gänseartig trompetende und gackernde Rufe von sich, oft auch im Flug. (Gefangenschaftsflüchtlinge sind oft amerikanischer Abstammung, so der **Kubaflamingo,** *P. ruber,* mit kräftigem Rosa über das gesamte Gefieder, und der kleinere **Chileflamingo,** *P. chilensis,* mit grauen Beinen und leuchtend rosa »Knien« sowie mehr Schwarz auf dem Schnabel; vgl. Abb.). **A**

Hausbrut
Weißstorch
Schwarzstorch
adult
juv.
juv.
Löffler
Flamingo

LAPPENTAUCHER (Ordnung Podicipediformes, Familie Podicipedidae)
Jüngste Forschungen haben gezeigt, dass Lappentaucher und Flamingos nah verwandt sind. Perfekte Tauchvögel, kleiner als Seetaucher, mit Schwimmlappen an den Zehen, weit hinten angesetzten Beinen und sehr kurzem Schwanz. Schneller Flug mit gesenktem Kopf. Fressen Fische und Wasserinsekten. Schwimmnest aus Pflanzenmaterial. Gelege 2–7 Eier.

Zwergtaucher

Zwergtaucher ***Tachybaptus ruficollis*** L 25. Weit verbreitet auf vegetationsreichen Seen und kleinen Flüssen. Hält sich in der Brutzeit sehr versteckt. Recht einfarbiges Gefieder und geringe Größe zu allen Jahreszeiten kennzeichnend. *Wangen, Kinn und Vorderhals im Sommerkleid braunrot. Leuchtend weißlichgelber Fleck am Schnabelwinkel.* Graubrauner im Winter und heller Schnabelwinkel nicht so auffällig. Weiße Armschwingenbasen gewöhnlich von den Decken verdeckt. Gibt am Brutplatz laute, langgezogene, schrill keckernde Triller von sich. **JZW**

Haubentaucher

Haubentaucher ***Podiceps cristatus*** L 50. Lokal häufig auf Binnenseen und Flüssen mit Schilfdeckung. Auf dem Zug und im Winter gewöhnlich in kleinen Gruppen an der Küste und auf großen Seen. *Langer, schlanker Hals, große Federohrbüschel.* Im Winterkleid fehlen die Ohrbüschel und Kragenfedern (Verwechslungsgefahr mit dem Rothalstaucher). Von diesem jedoch durch *Weiß über dem Auge, längeren, helleren Hals sowie längeren rosa Schnabel* mit dunklem First unterschieden. Im *Flug auch viel mehr Weiß auf den Flügeln,* vorderes und hinteres weißes Flügelfeld gehen am Flügelansatz ineinander über. Charakteristisch sind bei der Balz die heftigen Kopfschüttelzeremonien der sich im Wasser gegenüberliegenden Vögel. Höhepunkt bildet der sogenannte Pinguin-Tanz. Ruft weithin vernehmbar »kraa-arr« sowie rau rollend »wreck-wreck-wreck...«. Jungvögel betteln laut »pli-pli-pli-...« **JZW**

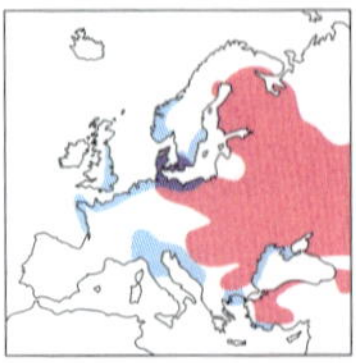
Rothalstaucher

Rothalstaucher ***Podiceps grisegena*** L 45. Lokal häufig an Seen des Flachlands, in der Regel umgeben von höherer Vegetation. Überwintert meist an der Küste, gelegentlich auf Seen im Binnenland. Im Sommerkleid unverkennbar, im Winter leicht mit Haubentaucher zu verwechseln, von dem er sich durch *kürzeren, grauen Hals und dunklen Schnabel mit heller Basis* unterscheidet. Im Flug wirkt er vorne kürzer als der Haubentaucher, und der vordere (recht große) weiße Flügelfleck hat am Ansatz keine Verbindung zum hinteren. Stimmfreudig im Frühling. Der Ruf ähnelt am ehesten dem quiekenden Ruf der Wasserralle, ist jedoch tiefer und intensiver. Er beginnt mit einem fasanenartigen Stottern und wird dann zu einem gespenstischen Heulen gedehnt. **JZW**

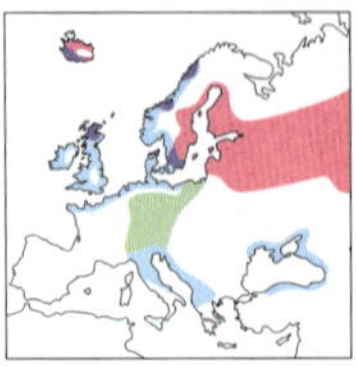
Ohrentaucher

Ohrentaucher ***Podiceps auritus*** L 35. Recht häufig in N-Europa auf schilfbestandenen Seen. Auf dem Zug und im Winter an geschützten Küsten und in Flussmündungen, gelegentlich auf Binnengewässern. Der rotbraune Hals kann im Sommer auf die Ferne schwarz wirken, jedoch sind die goldgelben »Rasierpinsel« stets gut zu erkennen. Im Winter vom Schwarzhalstaucher durch weißere Kopfseiten, geraden Schnabel sowie *flachen Scheitel* und *eckigen Hinterkopf* zu unterscheiden. Der häufigste Ruf in Frühjahr, Sommer und Herbst ist ein schwaches, aber weit zu hörendes, klagend trillerndes »hü-aarrr«, das in kurzen Folgen wiederholt wird. Balzruf ein *pulsierender Triller,* wobei jede Sequenz wiehernder Laute mit einem raschen Kichern anhebt, aber dann an Lautstärke abnimmt und nasal ausklingt. **ZW**

Schwarzhalstaucher

Schwarzhalstaucher ***Podiceps nigricollis*** L 31. Brütet in Kolonien, gern in der Nachbarschaft von Lachmöwen, an vegetationsreichen Seen. Auf dem Zug und im Winter auf offenen Gewässern, entlang seichten Küsten und in Ästuaren. Im Sommer sind *schlanker schwarzer Hals, steile Stirn* und angelegte *fächerförmige, leicht abwärts hängende Ohrfederbüschel* kennzeichnend. Im Winterkleid wie Ohrentaucher, aber Kopfseiten grauer, Schnabel dünner und leicht aufgeworfen, die Stirn steiler und der *Scheitel spitzer.* Häufigster Ruf ein klagender Pfiff wie »püü-iit«. **JZW**

Winter
Balz
Zwerg-
taucher
juv.
Hauben-
taucher
»Pinguin-
Tanz«
Winter
ruhend
juv.
Rothalstaucher
Winter
Ohrentaucher
Winter
Schwarzhalstaucher
Winter

GREIFVÖGEL (Ordnungen Accipitriformes und Falconiformes)

Greifvögel sind tagaktive Fleischfresser. Die meisten fangen am Boden, auf dem Wasser oder in der Luft lebende Beute. Viele der größeren Arten ernähren sich auch von Aas. Alle haben kräftige, gebogene Schnäbel (mit denen sie Stücke aus der Nahrung reißen) und mit scharfen Krallen bewehrte Zehen (mit denen die Beute gefangen, getötet und festgehalten wird). Geschlechter meist gleich, aber die ♀♀ sind größer als die ♂♂. Daher wird bei den Artbeschreibungen statt eines Durchschnittswertes die Variationsbreite angegeben. Individuelle Abweichungen in der Gefiederfärbung kommen vor, bei manchen Arten (v. a. Bussarden) häufig. Gleichwohl sind Gefiedermerkmale oft der sicherste Weg zur Artbestimmung.

Alle Greifvögel sind wahre Flugkünstler. Die größeren Arten kann man dabei beobachten, wie sie sich in Thermiksäulen ohne einen Flügelschlag hochschrauben. Die Flügelhaltung beim Gleitflug sowie subtile Merkmale der Silhouette, der Proportionen und des Flugs helfen bei der Artbestimmung auch aus großer Entfernung. Die kleineren Arten sieht man öfter im aktiven Flug, bei dem auf einige Flügelschläge eine Gleitphase folgt, jedoch kreisen auch sie häufig. Bestimmte Arten, besonders Schlangenadler, Raufußbussard, Fischadler und Turmfalke rütteln (»hängen« flügelschlagend an einer Stelle) häufig auf der Suche nach Nahrung.

Rechts sind Flugsilhouetten der verschiedenen, in Europa vorkommenden Greifvogeltypen abgebildet. Vgl. auch S. 104f. für die farbliche Erscheinung überfliegender Arten.

Greifvögel im Flug

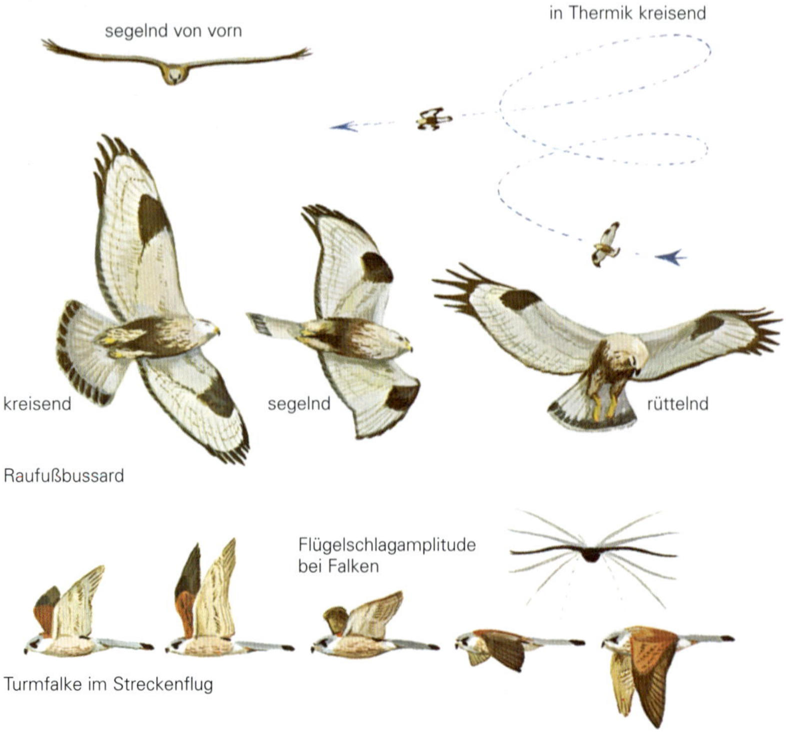

Ordnung Accipitriformes

GEIER sind große, aasfressende Vögel. 2 Arten mit breit gefingerten Flügeln, 2 mit langen, relativ spitzen Flügeln. Sehr oft kreisend zu beobachten, gelegentlich in Trupps. Nest auf Felsbändern oder Bäumen. Gelege 1–2 Eier. **S. 82.**

ADLER sind große, meist braune Greifvögel mit breiten Flügeln und Schwänzen. Segeln häufig. Flügel gewöhnlich größer als bei Bussarden und deutlicher gefingert. Der Seeadler hat einen längeren Hals und kürzeren Schwanz. Kopf und Schnabel groß. Horst in Bäumen oder auf Fels. Gelege 1–4 Eier. **S. 84.**

BUSSARDE sind mittelgroß und haben breite Flügel und einen breiten Schwanz. Gefieder v. a. braun, aber mit breiter individueller Variation. Vergleichsweise gemächliche Flügelschläge. Kreisen häufig. Auf dem Zug oft in Trupps. Nest auf Bäumen oder Felsen. Gelege 2–6 Eier. **S. 90.**

HABICHTE sind mittelgroß mit gerundeten Flügeln und langen Schwänzen. Rasche Flügelschläge, schneller aktiver Flug, jedoch auch oft kreisend. Nest in Bäumen. Gelege 3–6 Eier. **S. 92.**

MILANE sind mittelgroß, mit langen Flügeln und langen, gegabelten Schwänzen. Kreisen und segeln sehr elegant, dabei den Schwanz wie ein Ruder drehend. Nest in Bäumen. Gelege 2–4 Eier. **S. 94.**

Der FISCHADLER ist groß, hat lange Flügel und eine sehr helle Unterseite. Kreist häufig und rüttelt über dem Wasser. Ernährt sich ausschließlich von Fischen. Horst auf Bäumen. Gelege 3 Eier. **S. 94.**

WEIHEN sind mittelgroß, langflügelig und langschwänzig. Fliegen oft niedrig über dem Boden mit ruhigen Flügelschlägen und langen Gleitstrecken mit leicht angehobenen Flügeln (flaches V). Die Geschlechter unterscheiden sich deutlich. Bodennest. Gelege 4 oder mehr Eier. **S. 96.**

Ordnung Falconiformes

FALKEN werden in einer eigenen Ordnung geführt und scheinen wie Papageien eng mit den Singvögeln verwandt zu sein. Sie haben spitze Flügel und sind große Flugkünstler, die auch oft kreisen. Geschlechter unterscheiden sich häufig. Nisten am Boden, auf Felsen oder in verlassenen Nestern anderer Vögel. Gelege 3–6 Eier. **S. 98.**

Geier

Geier sind sehr große und kraftvolle Vögel, die sich prinzipiell von Aas und Abfällen ernähren. Ihre Flügel sind sehr lang. Man sieht sie zumeist im kreisenden Gleitflug, manchmal in großer Höhe, dann und wann einen tiefen Flügelschlag einlegend. Geschlechter gleich. Die Arten mit kurzen Schwänzen legen 1 Ei, die mit keilförmigem Schwanz 1 oder 2. Die Eier werden bei den großen Arten gut 7 Wochen, beim Schmutzgeier 6 Wochen bebrütet.

Schmutzgeier

Schmutzgeier *Neophron percnopterus* L 55–65, S 155–170. Kleinster der europäischen Geier (kaum größer als Fischadler). Brütet in S-Europa, meist in bergigen Gebieten. Nistet an steilen Hängen in Spalten oder kleinen Höhlen. Besucht oft Müllplätze zur Nahrungssuche. Altvögel von unten leicht an *weißem Gefieder mit schwarzen Schwungfedern* von anderen Greifvögeln zu unterscheiden (vgl. aber Zwergadler). Armschwingen oberseits teilweise grauweißlich. *Kopf klein und zugespitzt mit gelber Gesichtshaut.* Jungvögel dunkelbraun mit hübschem Muster aus sandbraunen Federspitzen. 2. Gefieder gewöhnlich einfarbiger dunkel. Das Weiß wird dann stufenweise in den folgenden Mausern erworben. Dunkle Jungvögel am besten durch Größe, Flügelform (mäßig breit und nur etwas gefingert) und Schwanz (keilförmig) zu bestimmen. Nur der viel größere Bartgeier hat eine ähnliche Silhouette. Gewöhnlich im Gleitflug zu sehen, kann auf dem Zug aber auch längere Strecken im aktiven Flug zurücklegen. Ruht meistens in Felswänden. Schweigsam. **A**

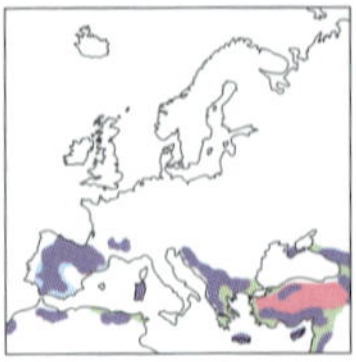
Gänsegeier

Gänsegeier *Gyps fulvus* L 95–110, S 230–265. Lokaler Brutvogel in südeuropäischen Gebirgslandschaften, v. a. in Spanien, gewöhnlich in kleinen Kolonien. Nistet auf Felsbändern oder in Höhlen in Steilwänden. *Sehr groß*, scheint sich im Flug zeitlupenartig zu bewegen. Schwanz und Kopf ragen nur wenig über die Flügelkanten hinaus, die *langen, stark aufgebogenen Finger* an der Flügelspitze bewirken die charakteristische Silhouette. Altvögel sind *hell graubraun oberseits*, haben eine *weißliche Halskrause* und einen *hellen Schnabel*. Jungvögel mit rostfarbener brauner Halskrause und dunklem Schnabel. Oft sieht man mehrere dahinsegeln. Die Flügel werden dabei *über die Horizontale angehoben*. Gehen häufig in den Gleitflug über, dann mit im Handgelenk angewinkelten Flügeln. Rasten oft in Gruppen auf immer wieder besuchten Felssimsen. Dort ist ein wenig melodiöses Glucksen und Pfeifen zu hören. **A**

Mönchsgeier

Mönchsgeier *Aegypius monachus* L 100–115, S 245–285. Seltener Brutvogel S-Europas, v. a. in bewaldeten Hügellandschaften mit Ebenen Spaniens. In S-Frankreich wieder eingebürgert. Nistet auf Bäumen. Von den Adlern durch *riesige Größe* und *weit gespreizte Finger*, vom Gänsegeier durch *etwas längeren, gerundeten Schwanz* sowie (am sichersten) *ganz dunkles Gefieder und beim Segeln horizontal oder sogar leicht abwärts gebogene Flügel* unterschieden. Unterflügeldecken beim Jungvogel fast schwarz, mit dem Alter heller werdend. Einzelgänger, kann aber zusammen mit Gänsegeiern am Kadaver beobachtet werden, wo er den obersten Rang in der Hackordnung einnimmt. **A**

Bartgeier

Bartgeier *Gypaetus barbartus* L 105–125, S 235–275. Sehr seltener Brutvogel S-Europas (<200 Brutpaare). In den Alpen wieder eingebürgert. In ursprünglichen Gebirgsregionen. Nistet in Spalten unzugänglicher Felswände. Durch *imposante Größe, lange und verhältnismäßig schmale Flügel* (Spitzen mäßig gefingert) sowie *langen, keilförmigen Schwanz* gekennzeichnet. Von unten ist der Kontrast zwischen dem hellen, gelblichbraunen Körper und dunklen Flügeln und Schwanz deutlich sichtbar. Immature sind auf Kopf und Brust dunkel, am Bauch grau. Einzelgänger. Auf der Suche nach Aas patrouilliert er in unermüdlichem Gleitflug die Berghänge entlang. Bevorzugt Fleisch von frisch toten Tieren. Lässt Knochen auf Felsen fallen, um sie in kleine Stücke zu zerlegen. Starke Magensäfte lösen die Knochen auf, und so kann das Mark verdaut werden. Gewöhnlich schweigsam, am Brutplatz laute Pfiffe. **A**

Schmutzgeier
adult
adult
adult
juv.
Gänsegeier
adult
adult
juv.
adult segelnd
juv.
adult
adult segelnd
Mönchs-
geier
Bartgeier
adult
adult
adult
juv.

Adler

Adler sind große, breitflügelige Greifvögel mit gefingerten Flügelspitzen und mächtigen Schnäbeln. Segeln oft. Es dauert mehrere Jahre, bis die Vögel das Erwachsenenkleid anlegen. Geschlechter vom Gefieder her gleich, ♀♀ jedoch größer.

Seeadler

Seeadler *Haliaeetus albicilla* L 77–92, S 190–240. Seltener Brutvogel in Küstengebieten und an fischreichen Seen und Flüssen. Der riesige Horst aus Ästen wird auf Felsvorsprüngen oder großen Bäumen angelegt. Ein schwerfälliger Adler, der stundenlang ansitzen kann. Ernährt sich von Fischen und Wasservögeln, oft auch von Aas. Nimmt regelmäßig Möwen und Fischadlern die Beute ab. Altvögel haben *weißen Schwanz* und *gelben Schnabel; Kopf, Hals und Brust sind hellbraun,* der Rest des Gefieders dunkelbraun. Jungvögel von Weitem ganz dunkel mit einer helleren (rostbraunen) Binde auf den Mittleren Oberflügeldecken. Schnabel schwärzlich, heller Zügelfleck. Kopf/Hals und Kleine Flügeldecken schwarzbraun. Steuerfedern mit dunklen Rändern, aber gewöhnlich hellem Zentrum, was sie gegen das Licht durchsichtig (kann recht weiß wirken) erscheinen lässt. Auch oft ein heller Achselfleck. Vögel im 2. Winter (ca. 1 1/2 Jahre alt) sind gewöhnlich stark ausgebleicht: auf dem Oberflügel eine Reihe weißlicher Flügelbinden, Rücken und Bauch ausgedehnt bräunlichweiß mit dunklen Flecken. Die folgenden Kleider bis zum Erwachsenengefieder sind im Allgemeinen dunkelbraun. Stark ausgebleichte Immature können Bestimmungsprobleme hervorrufen, jedoch Silhouette und »Jizz« charakteristisch. Segelt häufig auf leicht gebogenen Flügeln. Dann leicht an enormer Größe, breiten und rechteckigen Flügeln, recht schmalem und langem Hals, großem Schnabel sowie kurzem, keilförmigem Schwanz (wirkt aber bei Jungvögeln länger) zu erkennen. Streckenflug mit langsamen, flachen Flügelschlägen, sporadisch unterbrochen durch kurze Gleitstrecken. Ruft ein »kli kli kli kli kli«, das stark an den Frühlingsruf des Schwarzspechts erinnert. **JW**

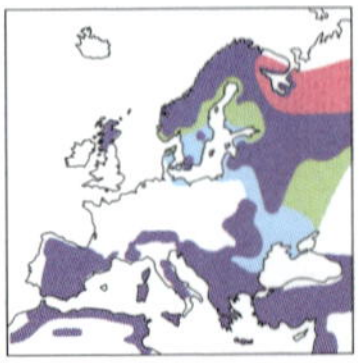

Steinadler

Steinadler *Aquila chrysaetos* L 80–93, S 190–225. Seltener oder spärlicher Brutvogel in Gebirgen, auch in der Taiga und auf Klippen. Nistet auf Felsabsätzen oder in alten Bäumen. Altvögel vorwiegend Standvögel, aber immature und einzelne ältere Vögel (v. a. im Norden und Nordosten) ziehen im Winter nach Süden, dann auch in der Kulturlandschaft mit eingestreuten Wäldern. Jagt oft niedrig entlang Berghängen oder Waldrändern. Hauptnahrung Hasen, Kaninchen, Murmeltiere, Schneehühner und andere Vögel, oft auch Aas, seltener Füchse. Altvögel sind vorwiegend dunkel, haben jedoch einen *goldenen Nacken, helle Felder auf den Oberflügeldecken,* und *der körpernahe Teil des Schwanzes ist gräulich.* Jungvögel sind dunkelbraun, mit *rötlichem Nackenfeld, reinweißen Flügelfeldern* (Größe individuell, nicht nach Alter variierend) und *bis auf die schwarze Endbinde weißem Schwanz.* In den folgenden Immaturenkleidern werden die juvenilen Schwingen und Steuerfedern mit ihrer weißen Basis durch Adultfedern mit grauer Basis ersetzt, sodass subadulte Vögel Federn beider Typen tragen. Flug kraftvoll, gewöhnlich die Aufeinanderfolge von 6–7 Flügelschlägen und einer anschließenden Gleitphase von 1–2 Sekunden (der typische Flugmodus aller *Aquila*-Arten, anders als Seeadler). Beim Kreisen, aber oft auch beim Gleitflug, werden die *Flügel leicht über der Waagerechten* gehalten. Vom Seeadler durch *längeren und gleichmäßig gerundeten* (nicht keilförmigen) *Schwanz,* etwas schmalere und *mehr geschwungene, weniger rechteckige Flügel* sowie *kürzeren Hals* unterschieden. Viel größer als Schrei- und Schelladler, die auf gebogenen und etwas herabgedrückten Flügeln segeln und kreisen. Der Steppenadler hat einen vergleichsweise kürzeren Schwanz und die gleiche Flügelhaltung wie Schrei- und Schelladler. Größte Verwechslungsgefahr besteht mit dem Kaiseradler, aber dieser hat einen etwas kürzeren Schwanz, gleichmäßiger breite, weniger geschwungene Flügel und fliegt häufiger mit zusammengelegtem Schwanz. **J**

Seeadler

Steinadler

Kaiseradler

Spanischer Kaiseradler

Kaiseradler ***Aquila heliaca*** L 70–82, S 175–205. Brütet auf Bäumen in von Steppenlandschaft umgebenen offenen Wäldern, oft am Fuße von Bergen. Altvögel sehr *dunkel, schwarzbraun* mit *hell gelblichem Nacken, weißen Schulterflecken* und *bis auf die breite, dunkle Endbinde grauem Schwanz.* Jungvögel sandbraun und *auf Brust und Mantel stark dunkel gestrichelt,* was deutlich mit *viel blasserem und ungestricheltem Unterbauch und Hosen* sowie *sehr hellem Hinterrücken und Bürzel* kontrastiert. *Innerste Handschwingen heller.* Die weiße Unterflügelbinde des Steppenadlers fehlt. Silhouette wie Steinadler, aber Flügel etwas rechteckiger, *Schwanz kürzer* (bei kreisenden Altvögeln oft erstaunlich *geschlossen)* und *Flügel* beim Segeln und Kreisen gewöhnlich *waagerechter* gehalten. **A**

Spanischer Kaiseradler ***Aquila adalberti*** S 180–210. Eng mit Kaiseradler verwandt, jedoch auf Spanien beschränkt, bedroht, Population < 150 Brutpaare. Unterscheidet sich vom Kaiseradler durch weiße Flügelvorderkante bei Altvögeln und mehr *fuchsrotes, ungestricheltes* Jugendkleid.

Steppenadler

Steppenadler ***Aquila nipalensis*** L 62–74, S 165–190. In Europa nur in der Kalmückensteppe und im Süden des Kaspischen Meeres. Adulte dunkelbraun mit diffusem, hellem Nackenfleck und Andeutung eines hellen Flecks auf den Handschwingenbasen. *Schwingen gewöhnlich deutlich gebändert,* bei Altvögeln mit breiter Endbinde. Jungvögel heller braun mit dunklen Schwingen, etwa wie juvenile Kaiseradler, unterscheiden sich aber von diesen durch *breite weiße Binde über die Mitte des Unterflügels,* weniger helle innere Handschwingen und einfarbig braunen Körper (ohne die kontrastierenden hellen Hosen und den hellen Hinterrücken des Kaiseradlers). Oberschwanzdecken meist weiß. Schnabel mächtig, gelber Schnabelwinkel auffällig. Recht lange, tief gefingerte Flügel. Kreist und segelt auf leicht gebogenen Flügeln mit hängender Hand. **A**

Schelladler

Schelladler, helle Morphe *(»fulvescens«)*

Schelladler ***Aquila clanga*** L 60–69, S 153–177. Sehr seltener Brutvogel in Waldgebieten NO-Europas, oft nahe Feuchtgebieten. Robust, überwintert in S-Europa und im Nahen Osten. Größe zwischen Bussard und großen Adlern. Gleichmäßiger Streckenflug mit breiten, gefingerten Flügeln. *Kurzer Schwanz* bewirkt oft eine etwas plumpe Erscheinung wie beim Seeadler. Rasche Flügelschläge ähnlich Bussard. *Flügel* beim Segeln und Kreisen *deutlich abwärts gebogen* (mehr noch als bei Schrei- und Steppenadler). Flugbild wie Schreiadler, jedoch etwas *breitere und kompaktere Flügel* mit stärker hervortretenden Fingern. »Arm« nicht so lang wie bei Steppenadler. Altvögel einfarbig *dunkelbraun,* oft mit hellen Oberschwanzdecken und einem *diffusen hellen Fleck an der Handschwingenbasis* oberseits. Obere Flügeldecken oft eine Spur heller als Schwingen, jedoch nicht so hell braun wie beim Schreiadler. *Unterflügeldecken normalerweise dunkler als Schwingen,* wenigstens am Flügelbug. *Helles »Komma« an der Basis der äußersten Handschwingen* typisch. Schwingen nicht (oder nur sehr undeutlich) gebändert. Jungvögel meist viel dunkler als bei Schreiadler, lassen sich an den dunkleren Unterflügeldecken bestimmen. Auf der *Oberseite* außerdem *deutlich weiß gefleckt,* sodass 2 oder mehr Flügelbinden entstehen. Schmale Binde über die Mitte des Oberflügels typisch für Übergangskleider. Ziemlich helle Varianten *(»fulvescens«)* kommen vor (siehe Abb. links). **A**

Schreiadler

Schreiadler ***Aquila pomarina*** L 55–65, S 143–168. Brutvogel O-Europas in Wäldern, umgeben von Feldern, Wiesen und Sümpfen. Verlässt Europa bis Ende Sept., um den Winter in Afrika zu verbringen. Altvögel dunkelbraun, mit *kontrastierenden, gelblichbraunen Oberflügeldecken und* ebensolchem *Kopf.* Dazu ein *deutlicher weißlicher Fleck an der Basis der inneren Handschwingen oberseits* sowie helle Oberschwanzdecken. *Unterflügeldecken heller als Schwingen* (vgl. Schelladler). Jungvögel besonders auf dem Kopf etwas dunkler. Kleine weiße Punkte auf den Großen Armdecken bilden schmale, wenig auffällige Flügelbinde. Kleiner, heller Nackenfleck aus der Nähe erkennbar. Keine buschigen Hosen. **BZ**

Spanischer Kaiseradler
adult
Kaiseradler
adult
juv.
adult
juv.
von vorne
juv.
adult
adult
von vorne
juv.
von vorne
Kaiseradler
adult
Steppenadler
juv.
adult
juv.
Schelladler
adult
juv.
Schreiadler
adult

Habichtsadler

Habichtsadler *Aquila fasciata* L 60–66, S 140–165. Spärlicher Brutvogel S-Europas, bevorzugt offene Bergregionen, im Winter auch in anderem offenen Gelände. Segelt oft paarweise Berghänge entlang, dabei dem Steinadler am ähnlichsten. Kennzeichnend jedoch die relativ breiten, wenig gefingerten Flügel mit vorstehendem Handgelenk, dabei aber recht geradem Flügelhinterrand und *vergleichsweise langem Schwanz.* Flügelschläge schnell (aber flach). Altvogel durch *weißlichen Bauch* und insgesamt *dunkle Unterflügel* gekennzeichnet (Kleine Unterflügeldecken weißlich, Schwingenbasen hellgrau, jedoch wirken die Unterflügel im Kontrast zum Bauch dunkel). Schwanz graubraun mit *breiter, dunkler Endbinde.* Oberseite dunkelbraun mit *weißem Feld auf dem Vorderrücken.* Immature unterseits sehr hell: braunrosa Bauch und Flügeldecken, grauweiße Schwingen (mit kontrastierenden schwarzen Fingern) und Steuerfedern (dicht und fein gebändert, ohne breite Endbinde). Um die Handdecken gewöhnlich ein dunkles Komma-Abzeichen. **A**

Zwergadler

Zwergadler *Aquila pennata* L 42–49, S 110–135. In Spanien recht häufig, anderswo in S- und Mitteleuropa selten. Der kleinste der europäischen Adler, Größe wie Bussard und doch ein Adler mit deutlich gefingerten Handflügeln. Bewohnt Laubwälder mit Lichtungen, gewöhnlich in tieferen Bergregionen, aber auch in den Ebenen. »Hängt« für lange Perioden bewegungslos in der Luft, rüttelt dabei nicht. Geht dann aus erheblicher Höhe mit angelegten Flügeln in den senkrechten Sturzflug, wobei er erstaunliche Geschwindigkeiten erreicht. Kommt in 2 Farbmorphen vor, einer (häufigeren) hellen und einer dunklen. Vögel der hellen Morphe werden manchmal mit extrem hellen Bussarden und Wespenbussarden verwechselt, von diesen (und allen anderen Greifvögeln außer dem Schmutzgeier) jedoch durch die unterseits *ganz dunklen Schwingen* hinter weißlichen Decken unterschieden. Die Mittleren Oberflügeldecken sind bei beiden Morphen zumeist so hell, dass sie wie beim Rotmilan ein *typisches helles V auf der Oberseite* hervorrufen, auch die *Oberschwanzdecken sind hell.* Dunkle Morphe unterseits dunkelbraun (mit schwärzlichen Großen Decken), jedoch mit einem etwas helleren Schwanz, kann mit junger Rohrweihe und Schwarzmilan verwechselt werden. Die hellsten Individuen der dunklen Morphe (selten) sind rotbraun getönt und werden als »intermediäre Morphe« bezeichnet. Bei allen sind die *3 innersten Handschwingen* etwas heller und *durchscheinend,* alle haben einen einfarbig hellgrauen Schwanz (zur Spitze hin etwas dunkler) sowie von vorne gut sichtbare *kleine weiße Flecken am Vorderrand der Flügel* (»Positionslichter«). Rufe schrill, klar, schwätzend. **A**

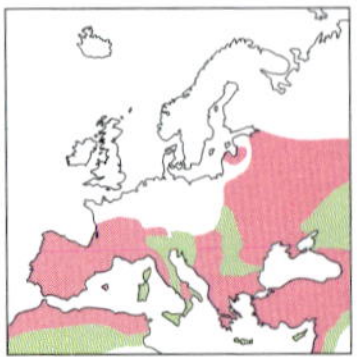

Schlangenadler

Schlangenadler *Circaetus gallicus* L 66–70, S 160–180. Ziemlich selten in S- und O-Europa, in Spanien relativ häufig. Bewohnt Gebirge und Niederungen. Benötigt wegen seiner Reptiliennahrung offenes Terrain mit sonnenbeschienenen Felsen. *Sehr heller Adler mit langen Flügeln.* Oberseite graubraun mit helleren Flügeldecken, *Unterseite weißlich* mit feiner, schwarzer Zeichnung. Gefiedervarianten: Beim normalen Typus *Kopf und Brust recht dunkel vom weißlichen, eng quer gebänderten Bauch abgesetzt;* die seltenere Form ist unterseits fast ganz weiß. *Zeigt niemals dunkle Handwurzelflecken.* Spitzen der Schwingen »verwaschen«, bei sehr hellen Individuen grau gefärbt (helle Bussarde haben schwarze Schwungfederspitzen). Schwanz relativ lang und schmal mit scharfen Ecken und *3 klar abgesetzten, dunklen Bändern.* Flügel werden beim Gleitflug horizontal (oder nur wenig angehoben) gehalten. Beim Kreisen wird der Armflügel angehoben und die Hand nach unten gedrückt, die Finger sind dann deutlich nach oben aufgebogen. Im Überflug sieht man, dass die Handgelenke merklich nach vorne überstehen. Kopf groß. Vom Fischadler durch breitere Flügel und die Abwesenheit von Handwurzelflecken unterseits unterschieden. *Rüttelt* regelmäßig. Beim normalen Flug majestätische, adlerhafte Flügelschläge. Oft hört man melodisches, melancholisches »**piih**-o«-Pfeifen. **A**

Habichtsadler
adult
juv.
adult
immat.
juv.
adult
adult von vorne
Zwergadler
adult, dunkle Morphe
helle Morphe
dunkle Morphe
von vorne
im Sturzflug
adult, helle Morphe
Schlangenadler
dunkel
hell
von vorne
rüttelnd

Bussarde

Deutlich größer als Krähen. Oft kreisend zu beobachten. Breite Flügel, nur mäßig gefingert. Erbeuten Kleintiere am Boden.

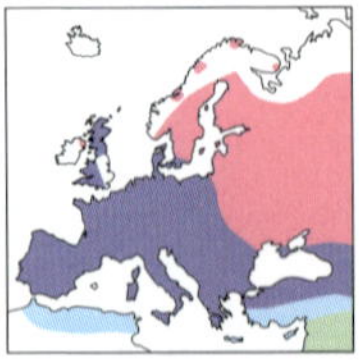

Mäusebussard

Mäusebussard ***Buteo buteo*** L 43–55, S 100–130. Recht häufig in bewaldeten Gebieten mit Agrarland, Mooren usw. Der in Europa am häufigsten zu sehende Greifvogel. Nördliche Populationen ziehen. Nutzt Zaunpfähle und Telegrafenmasten als Ansitz, fliegt mit gemessenen Flügelschlägen auf und kreist oft *(mit angehobenen Flügeln)* am Himmel. Rüttelt gelegentlich. Gefieder sehr variabel. Dunkle Formen herrschen in weiten Teilen Europas vor. Bei allen dunklen Individuen ist das charakteristische *helle Brustband* wenigstens angedeutet. Hell gescheckte Individuen, die mit Raufußbussard, Zwerg- und Schlangenadler verwechselt werden können, kommen vor, haben jedoch oberseits oft große weiße Flügelfelder, unterseits eine dunkle, kommaförmige Markierung am Handgelenk. Östliche Unterarten mehr rostrot und gelegentlich dem Adlerbussard ähnlich. Läufe unbefiedert. Auf den ersten Blick Ähnlichkeit mit Wespenbussard (vgl. unten). Ruft miauend »piijäh«. **JZW**

Raufußbussard

Raufußbussard ***Buteo lagopus*** L 50–60, S 125–140. In den Gebirgen des Nordens recht häufiger Brutvogel, in Mäusejahren auch in angrenzenden Wäldern. Überwintert in offenem Flachland. Rüttelt häufiger als Mäusebussard. Oberseite charakteristisch: heller Kopf, dunkle Flügel, *bis auf die schwarze Endbinde leuchtend weißer Schwanz. Unterseite heller mit schwärzlichen Handwurzelflecken.* Jungvögel mit viel Gelblichweiß auf Brust und Unterflügeln, das mit *dunklem Bauch und Handwurzelflecken* kontrastiert. Adulte ♂♂ dem Mäusebussard am ähnlichsten: Kehle und Brust dunkel, Bauchregion gewöhnlich blasser und das Weiß des Schwanzes durch mehrere Binden reduziert. Adulte ♀♀ intermediär. Längere und schmalere Flügel als Mäusebussard, *langsamere, weichere Flügelschläge,* zeigt im Gleitflug von *vorne gesehen typischen Flügelknick.* Läufe befiedert. Rufe wie Mäusebussard, aber klagender. **W**

Adlerbussard

Adlerbussard ***Buteo rufinus*** L 55–62, S 130–150. Brütet in südosteuropäischen Steppen und Bergregionen. Groß und langflügelig. Beim Segeln werden die im Handgelenk wie beim Raufußbussard abgeknickten Flügel leicht angehoben gehalten. Heller Kopf und oberseits helle Flügelvorderkante, *helle Brust, Bauch nach hinten dunkler* werdend. *Schwanz* der Altvögel *ungebändert* und *sehr hell rostfarben.* Immature haben hell graubraunen, an der Spitze gebänderten Schwanz. Zeichnung oft östlichen Mäusebussarden sehr ähnlich, jedoch andere Größe und Flugweise. **A**

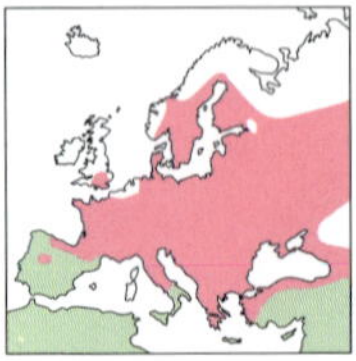

Wespenbussard

Wespenbussard im Balzflug

Wespenbussard ***Pernis apivorus*** L 51–58, S 113–135. Brutvogel in Waldgebieten. Langstreckenzieher. Trifft im Mai ein, zieht im Aug./Sept. ab. Nahrung zunächst Frösche, Insekten und Jungvögel, später v.a. Wespenlarven. Adultes ♂ oberseits graubraun, *Kopf aschgrau, gelbe Iris.* Unterseits gewöhnlich rotbraun gebändert (Varianten: Unterseite ganz dunkelbraun oder fast weiß). *Schwungfedern breit gebändert, Schwanz mit 1 Endbinde und 2 an der Basis.* ♀ oberseits und am Kopf brauner, dunklere, verwaschene Finger, die Schwanzbinden sind gleichmäßiger verteilt. Jungvögel noch *variabler:* die meisten sind dunkelbraun (mit leuchtend gelber Wachshaut und dunkler Iris), andere sind unterseits rötlichbraun oder weiß (dann auf der Brust gestrichelt). Hellere Vögel haben *dunklen Augenfleck* und auf der Handwurzel eine dunklere Zeichnung. Für Jungvögel charakteristisch sind *dunkle Armschwingen,* viel Schwarz auf den Flügelspitzen (nicht nur die Finger dunkel) sowie gleichmäßigere, dichte Schwanzbänderung. Wespenbussarde kreisen oft und wirken dann auf den ersten Blick wie Mäusebussarde. Silhouette jedoch anders: *schmalerer Hals* und *längerer Schwanz* (im Gleitflug geschlossen, mit konvexen Seiten). Flügelschläge etwas tiefer, flüssiger und langsamer. *Beim Segeln werden die Flügel leicht nach unten durchgebogen.* Ruf rein, melancholisch »plii-lu«. **BZ**

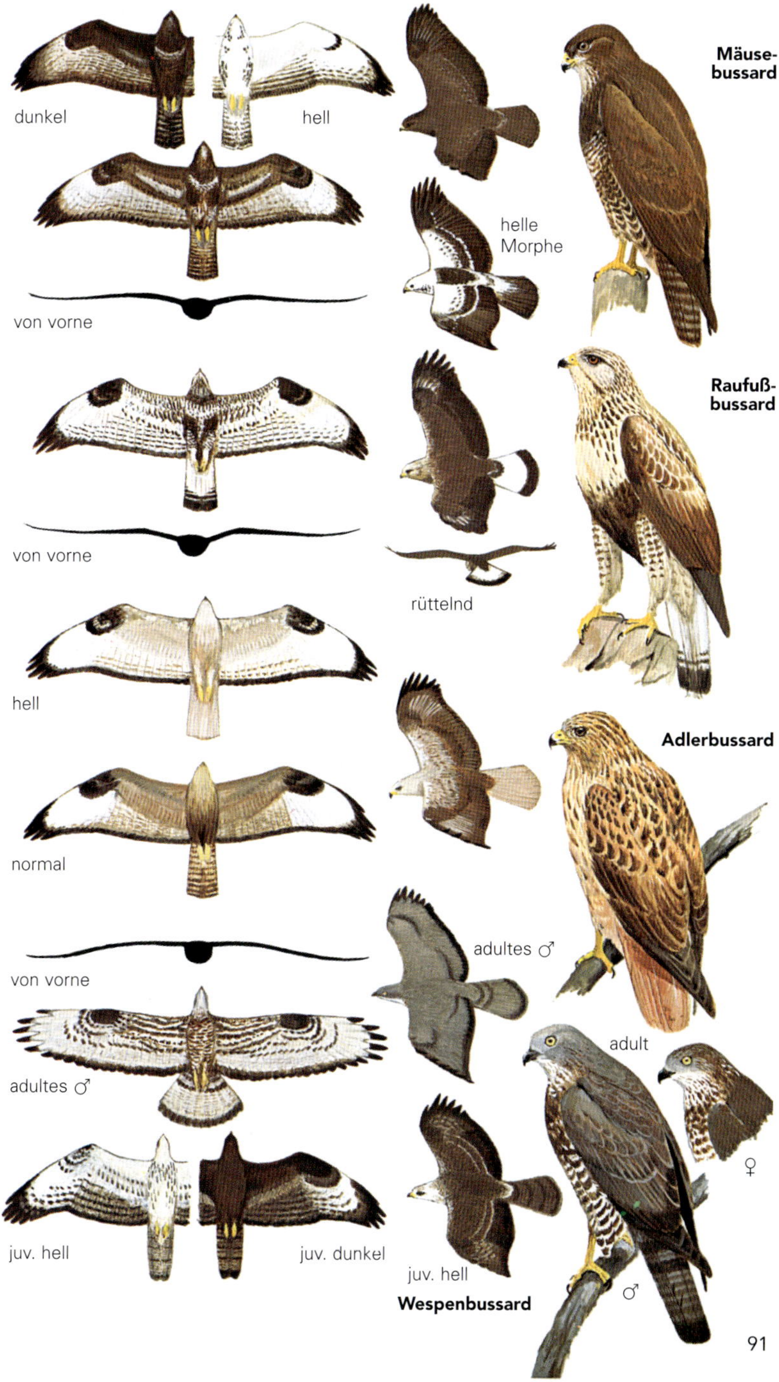
dunkel
hell
von vorne
helle
Morphe
Mäuse-
bussard
von vorne
rüttelnd
Raufuß-
bussard
hell
normal
Adlerbussard
von vorne
adultes ♂
adultes ♂
adult
♀
juv. hell
juv. dunkel
juv. hell
Wespenbussard
♂

Habichte

Mittelgroße Greifvögel mit recht kurzen, gerundeten Flügeln und langen Schwänzen. Flug zügig und wendig beim Manövrieren. Auf Vogeljagd spezialisiert. Brüten in dichten Wäldern.

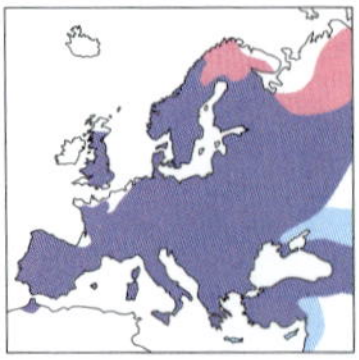

Habicht

Habicht ***Accipiter gentilis*** L 48–60, S 85–115. Brütet in Wäldern. Spärlich in W-Europa, häufiger in Nadelwäldern im Norden und Osten. Im Norden Teilzieher (v.a. Jungvögel). Stark verfolgt. Ernährt sich von Tauben, Krähen, Hühnervögeln, Drosseln usw., die er im Überraschungsangriff oder aus sehr schnellem Verfolgungsflug schlägt. Im dichten Wald sehr wendig. Fliegt jedoch meist niedrig über Bäumen, überquert in derselben Höhe mit raschen Flügelschlägen und Gleitstrecken zielstrebig Felder, sitzt oft versteckt an. Bei gutem Wetter kreist er oft hoch oben. Von dort startet er eindrucksvolle Angriffe. ♀ deutlich größer als ♂, hat kleinere Spannweite als Mäusebussard, wirkt aber robuster. ♂ in der Regel größer als Aaskrähe, nur in extremen Fällen etwa gleich groß. Dennoch von Krähen mit Respekt behandelt: Scheinangriffe werden unter aufgeregtem Schreien früh abgebrochen. ♂ leicht mit Sperber-♀ zu verwechseln. Am besten an merklich kräftigeren, *lockeren Flügelschlägen* und *kräftigerem Körper* (mit »Hängebauch«) zu unterscheiden. Außerdem relativ kleinerer Kopf, *längerer Hals,* kürzerer Schwanz mit stumpfen Ecken, längerer Armflügel, Handflügel kürzer und zugespitzter. *Buschige weiße Unterschwanzdecken* können abgespreizt werden. *Immature unterseits stark gestreift* (immature Sperber gebändert – »gesperbert«). Balzflüge wie bei den Weihen mit Flügelschlägen in Zeitlupe. Beim sitzenden Vogel »Hüftregion voller« als beim Sperber. Warnruf ein lautes, keckerndes »kja kja kja ...« (Dohlen-Stimme!), Bettelrufe wild, melancholisch »**pi**ii-lih«. Beide Rufe im März am Neststandort zu hören, oft täuschend ähnlich vom Eichelhäher imitiert. Altvögel der Unterart *A. g. buteoides* aus N-Russland unterseits weißer und oberseits heller und blauer grau; Immature haben blassere Grundfärbung und zeigen mehr helle Fleckung auf den Oberflügeln. **JZW**

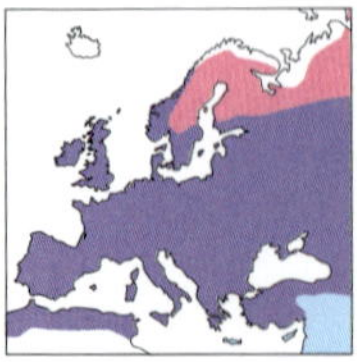

Sperber

Sperber ***Accipiter nisus*** L 30–39, S 58–77. Weit verbreitet und recht häufig in dichten Wäldern (auch Baumgruppen in offener Landschaft). Nördliche Populationen, und hier besonders die Jungvögel, ziehen nach Süden. Ernährt sich v.a. von Vögeln bis Drosselgröße. Fliegt oft niedrig unter Ausnutzung jeglicher Deckung, um Überraschungsangriffe zu starten. Meisen warnen oft mit langgezogenem Piepen. Oft auch in der Höhe kreisend, um dann auf Beute herabzustürzen. Streckenflug mit *kurzen, schnellen Flügelschlagsequenzen, dazwischen kurze, abfallende Gleitstrecken* (Jagdflug manchmal genauso, täuschend ähnlich wie Dohle). ♀ viel größer als ♂, fast so groß wie Habicht-♂, hat jedoch schnelle, leichte Flügelschläge, wirkt *schlanker und leichter und hat längeren Schwanz* (an der Basis schmaler). Zeigt im Sitzen schlanken Körper und bei eingezogenem Kopf »gepolsterte« Schultern. Größe und rasanter Flug erinnern an Merlin, Größe und Schwanzlänge an Turmfalken, Flügel jedoch gerundet. Adulte ♂♂ oberseits schiefergrau, unterseits fein rötlich gebändert. ♀ oben grau, unten grau »gesperbert«. Jungvögel oben braun, unterseits etwas spärlichere, gröbere Bänderung, auf der Oberbrust fast gefleckt. Alarmruf »kjukjukju...«, langsamer und stoßartiger als bei Falken. Bettelruf ähnlich bettelnden jungen Waldohreulen »piih-ich«. **JWZ**

Kurzfangsperber auf dem Zug in Thermik kreisend

Kurzfangsperber

Kurzfangsperber ***Accipiter brevipes*** L 32–39, S 63–76. Bewohnt offene, trockene Landschaften in SO-Europa. Ernährt sich v.a. von Eidechsen, Heuschrecken usw. Zieht in *Trupps* (10–30 Vögel, manchmal Hunderte) in die Tropen. Sehr ähnlich Sperber, ♂ jedoch mit *rußfarbenen Flügelspitzen,* die stark mit der *weißen Unterseite* und der heller taubenblauen Oberseite (inkl. Wangen) kontrastieren. ♀ unterseits auch hell mit rußfarbenen Flügelspitzen. Jungvögel haben auf der Brust in senkrechten Reihen *große, tropfenförmige Flecken.* Silhouette falkenähnlich mit etwas *kürzerem Schwanz, längeren und spitzeren Flügeln.* Iris rotbraun. **A**

adult segelnd
juv.
♂
♀
Habicht
juv. gleitend
♀

Sperber
♀
juv.
♂
♀
♂
segelnd
juv. gleitend
♂

Kurzfang-
sperber
♂
segelnd
juv.
♂
♀
juv.
gleitend
♂

Milane

Milane sind relativ große, langflügelige und langschwänzige Greifvögel, die man oft kreisend sieht. Sie drehen ihren Schwanz beim geschickten Manövrieren über Bäumen und Feldern. Nahrung vielseitig, darunter viel Fisch, Aas und Abfall. Baumnester.

Rotmilan

Rotmilan *Milvus milvus* L 60–70, S 140–165. Brütet in bewaldeten Gebieten, oft in der Nähe von Seen, in einigen Gegenden S- und Mitteleuropas recht häufig. Von anderen Greifvögeln durch *langen, tief gegabelten Schwanz* unterschieden, der oberseits *fuchsrot wie der Bauch* ist. Die Flügel haben auf der *Unterseite große, weiße »Fenster«* und ein breites, hellbraunes Feld über dem inneren Oberflügel. Jungvögel sind auf der Brust hell gestreift. Vom Schwarzmilan durch proportional längeren und tiefer gegabelten Schwanz sowie helleres und rostfarbeneres Gefieder unterschieden. Spezialist für Kreisen und Gleiten, wirkt dabei mit leicht gebogenen Flügeln und etwas angewinkelter Hand sehr agil; der *Schwanz wird ständig hin- und hergedreht.* Flugprofil wirkt mit leicht hängendem Kopf und Schwanz gebeugt. Ruf ein dünnes flötendes Pfeifen, charakteristisch ansteigend und wieder abklingend »wiiiuuh, wee-uu-ii-uu-ii-uu«. JZW

Schwarzmilan

Schwarzmilan *Milvus migrans* L 50–63, S 135–150. Lokal häufig in S- und Mitteleuropa. Vorliebe für Feuchtgebiete in der Nachbarschaft, wo er Fische aufgreift, aber auch in Städten, wo er Abfall und Aas zu sich nimmt. Oft in großen Zahlen. Ähnelt Rotmilan in Flug und Proportionen. Oft leichter an der Schwanzlänge (kürzer) als an der Schwanzgabelung (flacher) zu erkennen. Gefieder (inkl. Oberschwanz) verhältnismäßig *einfarbig dunkelbraun,* die hellen »Fenster« des Rotmilan fehlen. Das helle Diagonalfeld über dem Oberflügel weniger auffallend. Immature haben helle, tropfenförmige Fleckung, wirken aber aus der Ferne gleich. Ruft wie immature Heringsmöwe »pii-i-i-i«. BZ

Gleitaar

Gleitaar *Elanus caeuleus* L 33, S 78. Brütet sehr spärlich und lokal in trockenen, kultivierten Gegenden im südwestlichsten Europa (zuletzt lokal Zunahme und Ausbreitung). Etwas größer als Turmfalke. Kopf ungewöhnlich groß und vorstehend wie bei einer Eule, kurzer Schwanz, Flügel ziemlich breit, aber zugespitzt. Altvögel sind weiß, hellgrau und schwarz. Immature auf Brust, Hals, Kopf und der Oberseite bräunlich getönt. Streckenflug in eulenähnlicher Geschwindigkeit mit weichen Flügelschlägen, *segelt mit weihenartig angehobenen Flügeln, rüttelt oft.* A

Fischadler (Familie Pandionidae)

Familie mit nur 1 Art. In vielen Teilen der Welt verbreitet. Bedroht durch Umweltgifte (lebt ausschließlich von Fisch) und Tourismus (nistet am Wasser).

Fischadler

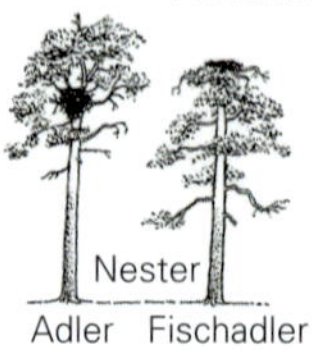

Adler Fischadler

Fischadler *Pandion haliaetus* L 53–61, S 140–165. Recht häufig an Süßwasserseen in N-Europa und Fennoskandien, im Mittelmeerraum an die Küste gebunden. Kann auf dem Zug überall im Binnenland und an der Küste vorkommen. Baut an exponierten Stellen wie der Spitze einer Kiefer oder auf kleinen Inseln (Klippen im Mittelmeerraum) große Reisignester. Lebt ausschließlich von Fischen, die er in 10–40 m Höhe *rüttelnd* aufspürt und dann aus dem Sturzflug mit vorangestreckten Füßen greift, wobei er fast völlig eintaucht. Oberseite braun mit weißem Scheitel, *unterseits weißlich* mit sehr gleichmäßigem Flügelmuster, wobei die Handwurzel *stets dunkel* ist. Auch die Armschwingen wirken unter den meisten Lichtverhältnissen ziemlich dunkel. ♀♀ haben ein deutlicheres *Brustband* als ♂♂. Fischadler sind groß und schwer, aber die Flügel sind weder besonders breit noch auffällig gefingert; aus größerer Entfernung erinnern sie an Großmöwen, besonders da sie die Flügel leicht gebogen halten. Balzflug des ♂ stark wellenförmig mit hängenden Füßen, dazu ruft es klagend »jiilp-jiilp-...«. Kontaktruf ein kurzer, lauter Pfiff »pjiip«, Warnruf ein heiseres, scharfes »kju-kju-kju-kju«. BZ

Rotmilan
adult
juv.
juv.
von vorne
adult
Schwarzmilan
adult
juv.
juv.
adult
Gleitaar
adult von vorne
rüttelnd
juv.
adult
Fischadler
juv.
rüttelnd
adult
von vorne

Weihen

Mittelgroße Greifvögel offener Landschaften mit langen Flügeln und Schwänzen. Jagen niedrig mit langsamen, von Gleitstrecken auf angehobenen Flügeln unterbrochenen Flügelschlägen.

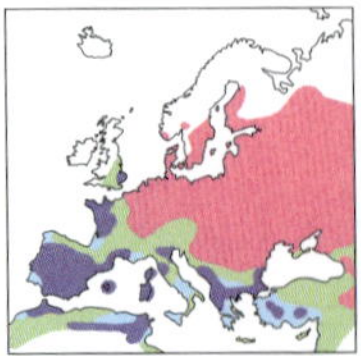
Rohrweihe

Rohrweihe ***Circus aeruginosus*** L 45–55, S 115–135. Weit verbreitet, nicht häufig, jedoch lokal dichte Bestände in größeren Schilfgebieten. Jagt über Sümpfen und Getreidefeldern. Gewöhnlich im niedrigen Flug mit gleichmäßigen Flügelschlägen, unterbrochen von *Gleitstrecken auf angehobenen Flügeln* zu sehen. *Schwerer und mit längeren Flügeln* als andere Weihen, jedoch schlanker als Mäusebussard. ♂ auf *Flügeln und Schwanz hellgrau,* kann aus der Ferne leuchten wie bei der Kornweihe, hat aber *rotbraunen Bauch* und braune Oberflügeldecken. ♀ dunkelbraun mit *Hellgelb auf Scheitel und Flügelvorderkante,* Schwanz rotbraun getönt. Jungvögel dunkler braun mit ockerfarbener Kappe und Kehllatz (kann fehlen) und gänzlich dunklen Flügeln. Balzflug des ♂ stark wellenförmig, wobei es beim Abwärtsfliegen ein kiebitzartiges »wä-ii« von sich gibt. **BZ**

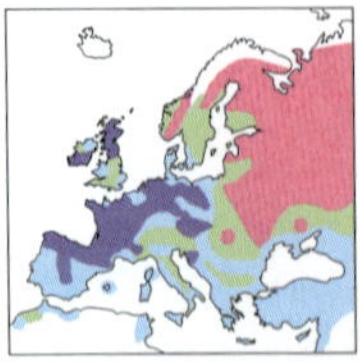
Kornweihe

Kornweihe ***Circus cyaneus*** L 40–50, S 100–120. Brütet in Sümpfen, Schonungen, in Mooren der Taiga und subalpiner Gebiete. Auf dem Zug und im Winter über Ackerland und Feuchtgebieten. Flug wie Rohrweihe, greift Kleinvögel aber auch oft aus Verfolgungsflug. ♂ charakteristisch (beachte weiße Oberschwanzdecken). Bräunliches ♀ mit weißen Oberschwanzdecken gleicht Steppen- und Wiesenweihe, hat aber *breitere Flügel mit 4* (nicht 3) *langen Fingern* und fliegt schwerfälliger. Jungvögel wie ♀ (mit gestreifter Unterseite!), jedoch kräftigere Farbe und Armschwingen unterseits dunkler. Junge ♂♂ in der Mauser können Flügelspitzen wie die Steppenweihe haben (recht zugespitzt). ♂ ruft bei Balzflügen eine Serie glucksender »tschuk uk uk uk«. **BZW**

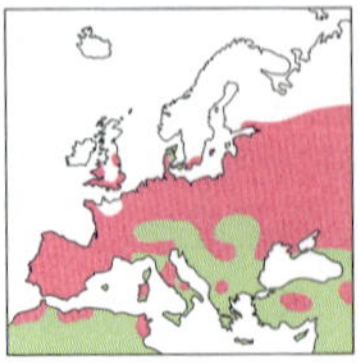
Wiesenweihe

Wiesenweihe ***Circus pygargus*** L 43–48, S 102–116. Brütet in Sümpfen, Getreidefeldern und Nadelwaldaufwuchs. *Flug schwungvoll, elegant, seeschwalbenartig* (besonders ♂♂). Jagdflug langsam. *Flügel lang, schlank und recht schmal angesetzt, mit zugespitzter* (3 Finger) *Flügelspitze.* ♂ dunkler grau als Steppen- und Kornweihe, mit 1 *schwarzen Binde über die Armschwingen oberseits* (und 2 auf der Unterseite!), dazu *rostrote Strichelung* auf dem Bauch. Oberschwanzdecken grauweiß. ♀ bräunlich, mit weißen Oberschwanzdecken, durch die Flügelform (lange, zugespitzte Hand) leicht von der Kornweihe zu unterscheiden. Unterschied zur Steppenweihe v.a. durch *abgegrenzte schwärzliche Binde auf den oberen Armschwingen,* auf der *Unterseite eine gegen die helleren Armschwingen ähnlich hervorstechende Binde* (vgl. Abb.), *deutlich rotbraun gebänderte Achseln,* schwach entwickeltes helles Halsband und *mehr Weiß über und hinter dem Auge.* Jungvögel unterscheiden sich von der Kornweihe durch *ungestrichelte rostrote Unterseite,* ähneln jungen Steppenweihen aber sehr. Dunkle Morphe selten in W-Europa. **BZ**

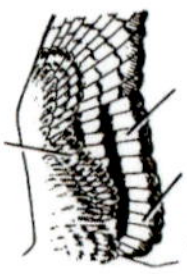
Wiesenweihe adultes ♀

Steppenweihe adultes ♀

Steppenweihe

Steppenweihe ***Circus macrourus*** L 39–50, S 102–120. Nistet in den Steppen SO-Europas. In N- und W-Europa Ausnahmeerscheinung (meist April/Mai und Sept.). Merkmale adulter ♂♂: *klein, hellgrau oberseits* (Oberschwanzdecken grauweiß), *Unterseite weiß* (Brust grau getönt), *Schwarz auf Flügelspitze auf einen zentralen Keil beschränkt.* ♀ von Kornweihe durch *schmale, zugespitzte Hand* (3 statt 4 lange Finger) unterschieden, von der Wiesenweihe durch *Fehlen einer kräftigen Querbänderung auf den Achseln* (sind dunkelbraun, fein heller gepunktet), durch *helleren Hinterrand der Hand* sowie das *Armschwingenmuster:* düster unterseits (siehe Abb.) und oberseits einfarbig dunkelbraun. Jungvögel sehr ähnlich Wiesenweihe, haben aber vollständiges, helles Halsband, betont durch die dunklen Halsseiten, und durchschnittlich weniger Weiß über und hinter dem Auge. Auch Silhouette und Flug anders als bei Wiesenweihe: etwas *kürzere Hand,* etwas *breiterer Arm, schnellere, steifere und flachere Flügelschläge* (besonders ♂♂), höhere Jagdgeschwindigkeit. **A**

von vorne
♀
♂
Rohrweihe
♂
juv.
♂
♀
♂
♂
♂
Kornweihe
♀
Wiesen-
weihe
♀
Kornweihe
♀
immat.
♂
♀
juv.
♂
Wiesenweihe
♂
♂
immat.
adult ♂
Steppenweihe
immat.
♀
♂
Wiesenw. juv.
Steppenw.
juv.
♀
♂
adult
adult
♂
♂
sub-
adult
adult ♂

FALKEN (Ordnung Falconiformes)

Beutegreifer mit spitzen Flügeln. Flug oft rasant. ♀ generell deutlich größer als ♂.

Gerfalke

Gerfalke *Falco rusticolus* L 53–62, S 105–130. Seltener Brutvogel in felsigen Gebirgslandschaften. Hauptnahrung Schneehühner. Altvögel das ganze Jahr über in den Bergen, einige Immature überwintern an der Küste und im Flachland. Größter und kräftigster Falke. Kann mit Habicht verwechselt werden (der aber kürzere, rundere Flügel hat). Ähnlichkeit mit dem Wanderfalken – Schwanz jedoch merklich länger, die *Flügel zur Spitze hin breiter* und die Flügelschläge gemessener. Oberseits gräulich, mit *schwachem Bartstreif* und *schmutzigen Wangen*. Unterseite der Altvögel dicht, aber verschwommen gemustert, weiter hinten gebändert; Immature (haben blaue Füße!) stark gestreift, oft auf gelblichbraunem Grund. Soweit der skandinavische Typ; auf Grönland herrscht ein sehr blasser, fast ganz weißer vor, die Vögel Islands liegen gewöhnlich dazwischen. Große Bandbreite intermediärer Formen. Jungvögel einer Brut können verschiedene Farbmorphen aufweisen. Warnruf rau, schimpfend, nasal »**gi**he-**gi**he-**gi**he-...«, länger gezogen als beim Wanderfalken. A

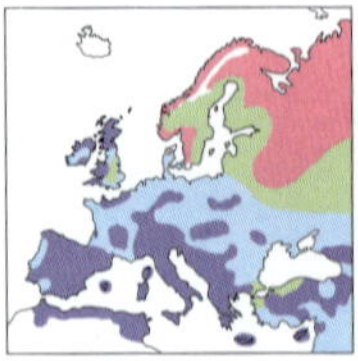
Wanderfalke

Wanderfalke *Falco peregrinus* L 40–52, S 85–110. Weitverbreitete Art, die in der 2. Hälfte des letzten Jahrhunderts aufgrund von Umweltgiften, aber auch durch Eierdiebstahl und das Aushorsten von Jungvögeln für die Falknerei dramatisch abgenommen hat. Die Bestände haben sich inzwischen jedoch erholt. Nistet v. a. an Felswänden, aber auch auf Mooren und in alten Fischadlernestern. Im Winter häufig an der Küste. Ernährt sich von mittelgroßen Vögeln, die im Flug erbeutet werden. Eindrucksvollste Jagdmethode sind die schrägen Sturzflüge aus mehreren Hundert Metern Höhe mit angelegten Flügeln. Durch das Auftreffen der Fänge geht die Beute k.o. Normaler Flug dagegen unspektakulär mit schnellen, aber recht flachen Flügelschlägen und mäßiger Geschwindigkeit. Deutlich kleiner als Ger- und Würgfalke, hat er charakteristisch kompakte Silhouette mit *recht kurzem Schwanz* und *breit angesetzten, aber spitz zulaufenden Flügeln*. Merkmale der Altvögel: schwarz-weißer Kopf, *dunkel blaugraue Oberseite, leuchtend weiße Brust*. Immature oberseits braun wie Lanner- und Würgfalke, jedoch mit vollem Bartsteif und dunklerem Scheitel. Alarmruf schimpfend »räk-räk-räk-...«. JZW

Lannerfalke

Lannerfalke *Falco biarmicus* L 40–47, S 95–110. V. a. afrikanische Art. Angepasst an Ebenen und Wüsten. Europäische Unterart *F. b. feldeggii* hat stark abgenommen, die meisten noch in S-Italien. Größer als Wanderfalke, nimmt dennoch in der Regel kleinere Beute. Altvögel des »Feldeggsfalken« haben *bräunlichgraue Oberseite* mit *auffälliger dunkler Bänderung*, einen heller grauen Schwanz *(ganz, auch auf den mittleren Steuerfedern gebändert), dünnen Bartstreif* und *rotbraunen Hinterkopf* (manchmal hell!), *Flanken und Hosen quer gestreift*. Jungvögel oberseits dunkelbraun, auf den Unterflügeldecken und der Brust wie der Würgfalke eine dichte dunkle Bänderung, jedoch *helle Hosen* und *gelbe Füße*. Verwechslung mit heller gestreiftem, kompakterem Wanderfalken möglich.

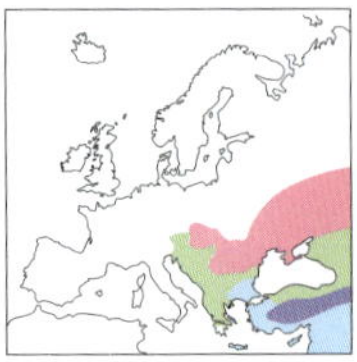
Würgfalke

Würgfalke *Falco cherrug* L 45–57, S 105–125. Selten in SO-Europa, zumeist in Steppen. Hauptnahrung Ziesel (werden aus schnellem, bodennahem Suchflug überrascht), aber auch Vögel. Nistet oft in Reiherkolonien oder auf Hochspannungsmasten. Leicht mit Lannerfalke zu verwechseln, jedoch *größer und schwerer*, beinahe wie Gerfalke. Altvögel haben oft *viel helleren Kopf* und *braune Oberseite*, die Decken häufig rötlichbraun und *heller als die Schwungfedern* (fast wie Turmfalken-♀). *Dunkle Strichelung* der Unterseite ziemlich variabel, *auf den Hosen jedoch üppig* (keine Querbänderung!). *Mittlere Steuerfedern ungebändert*. Jungvögel oberseits dunkelbraun, *unterseits stark gestreift*, besonders auf *Großen Armdecken und Hosen. Scheitel ziemlich hell, dunkler Bartstreif dünn und oft nicht ans Auge reichend, Füße blaugrau* wie bei jungen Gerfalken. A

adult
Grönland
juv. Fenno-
skandien
adult
Fennoskandien
Gerfalke
juv.
Wanderfalke
adult
adult
adult im Sturzflug
juv.
Lannerfalke
adult
adult
adult
Würgfalke
adult
juv.

Eleonorenfalke

Eleonorenfalke *Falco eleonorae* L 36–42, S 85–105. Benannt nach einer mittelalterlichen Prinzessin, die eine Verordnung zum Schutz der Greifvögel Sardiniens erließ. Bewohnt isolierte Felsinseln im Mittelmeer und vor NW-Afrika. Zugvogel, der auf Madagaskar überwintert, einzelne bleiben über den Winter im Gebiet. Größe zwischen Wander- und Baumfalke, von beiden durch *extrem lange Flügel* und langen Schwanz unterschieden. Kopf klein. Fliegt sehr schnell und agil, fängt wie Baumfalke im Flug Kleinvögel und Insekten. Oft raubmöwenartig entspannte Flugweise. Jagt häufig in Gruppen, oft noch spätabends. Kann rütteln. Nistet in Kolonien auf Küstenfelsen. Kehrt Ende April zu den Kolonien zurück, verschiebt das Brutgeschäft aber auf den Herbst, um von den erschöpften kleinen Zugvögeln zu profitieren, die er in den Morgenstunden fängt. Legt Beutereserven an. 2 Farbmorphen. Dunkle Morphe (25 % der Population) leicht durch erheblichere Größe, längere und dunklere Flügel, überlegene Flugkunst und das *Fehlen der roten Füße* vom Rotfußfalken unterschieden. Helle Morphe ähnelt Baumfalken und immaturen Wanderfalken, jedoch *Unterflügeldecken dunkel* von den hellen Schwungfederbasen abgesetzt; außerdem hat der *Bauch eine rostbraune Grundfärbung*. Jungvögel weniger eindeutig; Unterflügeldecken gebändert und wie der Bauch heller als bei Altvögeln, Hinterrand des Unterflügels jedoch auffällig dunkel. Ruft nasal, leicht krächzend »kje-kje-kje-kjeh«. **A**

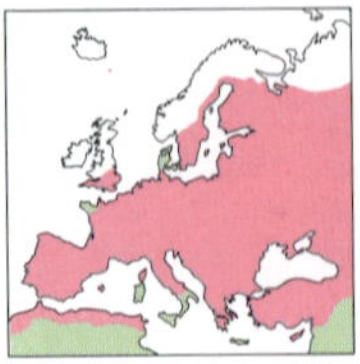

Baumfalke

Baumfalke *Falco subbuteo* L 32–36, S 73–84. Brütet in bewaldetem Flachland mit Seen, Sümpfen und Wiesen. Nutzt alte Krähennester. Charakteristische Flugsilhouette erinnert mit langen, zugespitzten Flügeln und relativ kurzem Schwanz an großen Segler. Äußerst schneller und beweglicher Jäger, der oft auf Schwalben geht und sogar Segler schlägt. Mehlschwalben (»priih priih«) und Rauchschwalben (»glit glit«) warnen im Chor vor ihm. Rast häufig niedrig über dem Boden dahin, wobei die langen Flügel in typisch unterbrochenem Rhythmus kräftig geschlagen werden. Ernährt sich zum großen Teil von Libellen, die am Spätnachmittag und Abend in eher entspanntem Flug gejagt werden. Rüttelt nie. Langstreckenzieher, der im Mai eintrifft und im Sept. abzieht. Gefieder mit *schiefergrauer Oberseite* und dicht gestrichelter Unterseite (erscheint aus der Ferne einförmig dunkel), *rostroten Unterschenkeln und Unterschwanzdecken, weißer Kehle und Wangen* sowie *deutlichem Bartstreif*. Jungvögeln fehlt das Rostrot, sie sind eher rostgelb gefärbt, haben oft recht blasse Stirn, in extremen Fällen so sehr, dass sie jungen Rotfußfalken ähneln. Auch das Flugbild ist wie beim Rotfußfalken, aber oft verraten Größe und kraftvoller Flug die Art. In Aufregung versetzt, schreit er lang und schnell »jijijijijijiji...«. Der mit dem des Merlins identische Bettelruf lautet »**jii**(ich)-**jii**(ich)«. **BZ**

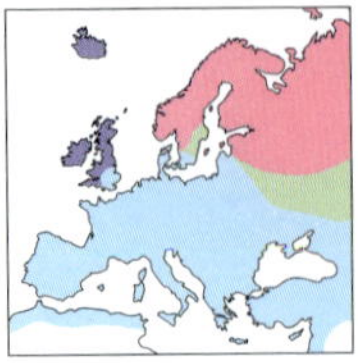

Merlin

Merlin *Falco columbarius* L 25–30, S 55–65. In der subalpinen Birkenzone und der Taiga N-Europas nicht seltener Brutvogel (benutzt alte Krähen- und Greifvogelnester, brütet selten auch am Boden). Kleinster europäischer »Raubvogel«. ♂ deutlich kleiner als ♀, oberseits blaugrau, unterseits rostfarben. ♀♀ und Immature sind oberseits braun. In allen Kleidern *diffus gezeichnetes Gesicht* mit schwachem, unauffälligem Bartstreif. Ernährt sich v. a. von Kleinvögeln, die nach rasanter Verfolgung in der Luft geschlagen werden. Jagt oft niedrig über dem Boden dahin, in der letzten Phase vor dem Angriff wird der Flug dann sanft geschwungen (drosselartige Flügelschlagsequenzen). »Drosselflug« aber auch auf der Suche nach Beute, sodass er auch als Tarnung wirkt. Relativ langer Schwanz und verhältnismäßig *kurze, zugespitzte Flügel* sowie die geringe Größe sind charakteristisch für die Flugsilhouette. Wenn ein Merlin sehr hoch kreist, stellt der Wanderfalke ein durchaus mögliches Verwechslungsrisiko dar, weil zum Größenvergleich nichts greifbar ist und die Proportionen (inkl. kräftiger Brustbereich) übereinstimmen. Warnruf eine recht kurze, beschleunigte Serie schriller, durchdringender Laute (beim ♂ noch schneller und schriller). Bettelruf sehr ähnlich wie Baumfalke. **ZW**

adult, helle Morphe
adult, dunkle Morphe
Eleonorenfalke
adult, helle Morphe
juv.
adult, dunkle Morphe
adult
Baumfalke
juv.
juv.
adult
Libelle fressend
Merlin
♂
adult
♂
♀
Merlin im Jagdflug

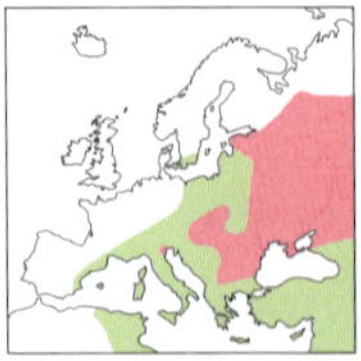
Rotfußfalke

Rotfußfalke ***Falco vespertinus*** L 28–33, S 67–76. Brütet in offenen Landschaften SO-Europas. Allgemein selten, aber ordentliche Zahlen in der ungarischen Puszta und den Steppen S-Russlands. Koloniebrüter in alten Saatkrähennestern. Hauptnahrung Insekten, die wie beim Turmfalken (rüttelt auch wie dieser) nach Sturzflug von einer Telegrafenleitung am Boden oder wie beim Baumfalken in der Luft gefangen werden. Oft spätabends aktiv. Flugsilhouette ähnlich Baumfalke, jedoch geringere Größe und niedrigere Geschwindigkeit. Außerdem sind die Flügel relativ kürzer, und der Schwanz ist etwas länger. ♂ *schiefergrau mit deutlich helleren Schwungfedern* sowie *rostroten Hosen* und Unterschwanzdecken. ♀ *auf dem Rücken schiefergrau gebändert,* aber *unterseits hell und zeichnungslos rostgelb,* der *Kopf ist hell mit kontrastierend dunklem Bereich ums Auge.* Schnabelbasis und Füße bei Altvögeln orangerot. Rotfußfalken, die ihren Heimzug im Spätfrühling nach Norden und Westen verlängern, sind gewöhnlich vorjährige, von denen einige bereits ins Adult-Gefieder mausern (♂ dann schiefergrau mit kuckucksartiger Bänderung auf den Unterflügeln und gelben Füßen), andere noch nicht (♂ dann mit juveniler Kopfzeichnung und grauem Bauch mit variabel rostgelben Flecken). Diesjährige Vögel haben dunkelbraunen Rücken und gestreifte Unterseite (ähnlich Merlin), aber dieselbe Kopfmusterung wie adulte ♀. **Z**

Rötelfalke

Rötelfalke ***Falco naumanni*** L 28–33, S 63–72. Brütet ziemlich häufig in Spanien, spärlich im sonstigen Mittelmeerraum und weiter östlich. Bewohnt offene Landschaften. Nistet kolonieweise (selten einzelne oder nur einige Paare) in Höhlungen in Gebäuden, selten in Erdhöhlen oder unter Steinen. Ernährt sich von Insekten, oft in Gruppen. Rüttelt aber auch und nutzt Telegrafenleitungen als Ansitz. Anders als der Turmfalke sucht er auch zu Fuß nach Nahrung. Dem Turmfalken sehr ähnlich, jedoch etwas kleiner mit schwächerem Schnabel und *hellen Krallen* (beim Turmfalken schwarz). Adultes ♂ unterscheidet sich vom Turmfalken durch *ungezeichnet rotbraunen Rücken und Flügel* sowie *ein graublaues Feld auf dem Oberflügel* zwischen rotbraunem Vorderflügel und dunklen Schwingen. Weiterhin durch das *Fehlen eines dunklen Bartstreifs* und die unterseits praktisch ungebänderten Schwungfedern mit grauen Spitzen sowie die hellen Unterflügeldecken mit nur kleinen, runden Punkten, was die *Unterflügel gegen pfirsichfarbene Brust und Bauch weiß abhebt.* Vorjährige ♂♂ sind Turmfalken ähnlicher, zeigen dunkel gefleckte rotbraune Oberseite und noch kein bläuliches Feld auf dem Oberflügel. ♀♀ haben matteren Bartstreif als Turmfalke, ihnen fehlt der dunkle Streif hinter dem Auge, und sie haben auf der rotbraunen Oberseite dünnere Binden. Am Brutplatz ruffreudig. Typisch ein 3-silbiges, raspelndes »tsche-tsche-tsche«. Auch turmfalkenartige, jedoch schnellere Serien in höherer Tonlage: »kikikikikiki«. Junge betteln wie Turmfalken mit gezogenen Trillern. **A**

Turmfalke

Turmfalke ***Falco tinnunculus*** L 32–38, S 68–78. Häufigster Falke Europas. In fast allen Arten offener Landschaft von der Agrarsteppe bis hin zu Hochlandmooren anzutreffen. Nistet regelmäßig in alten Krähennestern, aber auch auf Felsbändern und sogar an Gebäuden bis in die Stadtmitte. Lebt hauptsächlich von Mäusen, aber auch von Insekten. Sucht den Boden von einem Ansitz oder aus dem *Rüttelflug* ab, wobei er mit flatternden Flügeln und gespreiztem, herabgedrücktem Schwanz in der Luft stehen bleibt. Ist nicht besonders schnell und versucht nur selten, fliegende Vögel zu fangen. Flugsilhouette mit langen, zugespitzten Flügeln und langem Schwanz. ♂ *auf Rücken und Flügeldecken rotbraun* (mit kleinen dunklen Punkten), mit dunkelbraunen Schwungfedern, *blaugrauem Kopf und Oberschwanz, Schwanz mit breiter, schwarzer Endbinde.* Nur mit Rötelfalke zu verwechseln (siehe dort). ♀♀ und Immature haben rotbraune Oberseite, Schwanz mit deutlicher dunkler Bänderung und sind schwer von Rötelfalken im entsprechenden Kleid zu unterscheiden. Häufigster Ruf ein durchdringendes, nicht sehr scharfes »kikikikikiki« (in kürzeren Folgen als bei anderen Falken). Junge betteln gezogen trillernd »kirrl, kirrl, ...«. **JZW**

adult ♂
juv. ♂
adult ♀
juv. ♀
♀
juv.
Rotfußfalke
♂
Rötelfalke
♂
♀
♂
♂
♀
♂
rüttelnd ♂
♂
Turmfalke
♂
♀
♀

Greifvögel im Flug

Greifvögel sind oft schwer auf Artniveau zu bestimmen, da man sie wegen ihrer Lebensweise und Scheue nur auf große Distanzen oder für wenige Sekunden zu Gesicht bekommt. Gefiederdetails ebenso wie Silhouette, Proportionen, Flug und weitere Verhaltensweisen können als Hilfen dienen.

Gänsegeier adult

Seeadler juv.

Steinadler adult

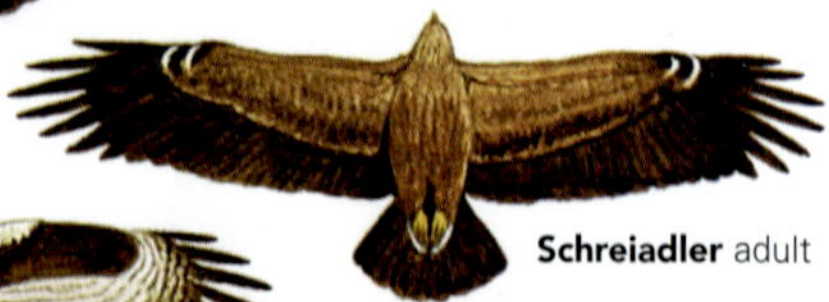

Schreiadler adult

Habichtsadler adult

Schmutzgeier adult

Schlangenadler

Zwergadler helle Morphe

Fischadler

Da Greifvögel möglichst vermeiden, offene Wasserflächen zu überqueren, sammeln sie sich zur Zugzeit häufig an Meerengen und entlang Küsten. Bekannte Stellen sind der Bosporus, Gibraltar und Falsterbo (SW-Ecke Schwedens), wo bei günstigen Bedingungen Tausende ziehender Greifvögel zu sehen sind. Falsterbo ist im Herbst am besten, während am Bosporus und bei Gibraltar sowohl im Herbst als auch im Frühjahr große Zahlen von Greifvögeln durchziehen. An verschiedenen anderen Stellen wie z. B. bei Skagen (Nordspitze Jütlands) kann man den zahlenmäßig geringeren Durchzug bestimmter Arten beobachten.

KRANICHVÖGEL (Ordnung Gruiformes)
Eine vielgestaltige Vogelgruppe mit großer Variation in Größe, Gestalt und Lebensweise.

KRANICHE (Familie Gruidae) sind große, stattliche Vögel mit langen Beinen. Der lange Hals wird im Flug gestreckt gehalten. Außerhalb der Brutsaison gesellig. Spektakuläre Balztänze. Gelege 2 Eier. **S. 106.**

TRAPPEN (Familie Otididae) sind große oder mittelgroße, langbeinige und langhalsige Vögel. Sie sind Bodenbewohner und bevorzugen ausgedehnte, offene Ebenen. Gang langsam und bedächtig. Sehr argwöhnisch. Gelege 2–5 Eier. **S. 108.**

RALLEN (Familie Rallidae) können in 2 Unterfamilien aufgeteilt werden:

Wasserralle und Sumpfhühner sind Vögel vegetationsreicher Feuchtgebiete, mittelgroß bis klein, mit gedrungenem Körper, langen Beinen und Zehen. Zumeist versteckt in hoher Vegetation, recht scheu. Aufmerksam wird man v. a. durch ihre Rufe. Gelege 5–15 Eier. **S. 110.**

Teich- und Blässhühner sind vorwiegend Schwimmvögel, entengroß, mit Schwimmlappen an den Zehen. Schnäbel kurz und dick. Gesellig außerhalb der Brutzeit. Gelege 5–12 Eier. **S. 112.**

LAUFHÜHNCHEN (Familie Turnicidae) gehören ebenfalls zur Ordnung Gruiformes, werden hier aber zum leichteren Vergleich mit der ähnlichen Wachtel auf **S. 54** behandelt.

Kranich

Kranich *Grus grus* L 115–130, S 185–220. Brütet spärlich auf feuchten Taigamooren und Schilfsümpfen in Wäldern, meist in einsamen Gegenden, gelegentlich aber auch nahe landwirtschaftlichen Gütern; unauffällig. Rastet auf dem Zug auf Ackerland, an bevorzugten Stellen zu Tausenden. Übernachtet in Feuchtgebieten. *Groß und silbergrau, buschiges Hinterteil* durch verlängerte Schirmfedern hervorgerufen, die den kurzen Schwanz verdecken. Brütende Kraniche durch eisenhaltiges Moorwasser auf dem Rücken rostbraun. Jungvögel haben einen hell bräunlich getönten Kopf und eine natürliche, bräunliche Färbung auf der Oberseite, jedoch weniger buschiges Hinterteil. Anders als Reiher *fliegen* Kraniche *mit gestrecktem Hals.* Das Silbergrau kann bei flachem Lichteinfall weißlich aufleuchten und an Weißstorch erinnern. Ziehende Trupps fliegen gewöhnlich hoch in V-Formation oder in schräger Linie. Im Vergleich zum eiligen Flug der Gänse fliegen Kraniche gelassener und legen zwischendurch Gleitstrecken ein. Gewinnen durch Kreisen in der Thermik an Höhe. Im Frühjahr führen die Paare Balztänze auf: tiefe Verbeugungen, hohe Sprünge mit Flügelschlagen. Die trompetenden Duette des Kranichpaars, ein wiederholtes »**krruu**krraa« und »kau-kau-kau« (sehr weit tragender, reiner Hornklang), erfüllen die Atmosphäre. Im Sommer führen die Brutpaare ein verstecktes Leben, sie verlassen den sumpfigen Brutplatz und geleiten ihre Jungen in den Wald. Nichtbrüter ziehen bereits im Spätsommer nach Süden, Brutvögel nicht vor Sept. Aus dem Chor der trompetenden »krau«-Rufe der Altvögel sind immer wieder die an Kleinvögel erinnernden »tschirp, tschirp«-Rufe der Jungen herauszuhören. **BZ**

Jungfernkranich

Jungfernkranich *Grus virgo* L 97–107, S 170–190. Brütet auf zentralasiatischen Steppen und Hochplateaus, seltener nach Westen bis S-Russland. Weniger scheu als Kranich. Überwintert (oft in Gesellschaft von Kranichen) auf Feldern und Sümpfen, die Mehrzahl in Indien, Teile der Population aber auch in NO-Afrika. Diese können im Aug. (also einen ganzen Monat früher als Kraniche) an Rastplätzen auf Zypern beobachtet werden. Unterscheidet sich vom Kranich durch *geringere Größe, lange weiße Ohrbüschel, verlängerte schwarze Brustfedern* und *nicht buschige verlängerte Schirmfedern.* Im Flug, wenn die Größe schwer abzuschätzen ist und die Ohrbüschel »angeklatscht« sind, schwer vom Kranich zu unterscheiden, jedoch wirkt der *Kopf deutlich runder,* und das Schwarz des Halses reicht bis unter den Kropf herab. Flügelansatz vergleichsweise etwas breiter (etwas parallelere Flügelkanten beim Kranich), und der Handwurzelbereich zeigt oberseits weniger Kontrast. Jungvögel haben rein grauweißen Kopf. Rufe ähneln Kranich, jedoch etwas trockener und flacher. **A**

Kranich

Jungfernkranich

Zwergtrappe

Zwergtrappe *Tetrax tetrax* L 43, S 90. Ziemlich selten auf Grasebenen oder offenem Kulturland in S-Europa. Außerhalb der Brutzeit oft in Trupps, die im Winter groß sein können. Wegen der mäßigen Größe nicht so exponiert und daher so anspruchsvoll hinsichtlich Habitat wie Großtrappe und in der Folge auch nicht so scheu und unnahbar. Das ♂ legt im Winter sein auffälliges schwarz-weißes Halsmuster ab und ähnelt dann dem ♀ (sogar der Fasanenhenne, Bauch jedoch weiß). Fliegt mit relativ *schnellen* (wie Birkhuhn), jedoch nicht besonders fördernden *Flügelschlägen*. Der Eindruck eines Hühnervogels wird durch die herabgebogenen und steifen Flügel noch verstärkt. *Flügel erscheinen fast völlig weiß* – nur die 4 äußersten Handschwingen mit viel Schwarz. Die 4. Handschwinge ist beim ♂ verkürzt und ruft im Flug ein typisches, pfeifendes Geräusch hervor. Bei der Balz im Frühling streckt sich das ♂ hoch auf, die langen schwarzen Halsfedern zu einer durch das weiße Muster hervorgehobenen Mähne gesträubt (»Kobra-Look«), wirft den Kopf zurück und gibt seinen Balzruf, ein trockenes »prrrt« (das aus 50 m genauso laut ist wie aus 500 m). Es springt auch immer wieder mit den Flügeln flatternd hoch. Balzvorstellung v. a. in der Dämmerung. **A**

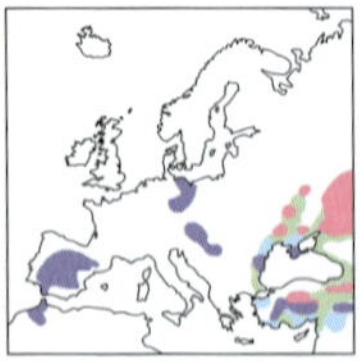

Großtrappe

Großtrappe *Otis tarda* L ♂ 100, ♀ 80, S ♂ 230, ♀ 180. Bewohnt große, offene Ebenen (Steppe oder Kulturland). Hat aufgrund von Verfolgung und Habitatzerstörung seit dem 18. Jahrhundert stark abgenommen. Heute nur noch in Spanien größere Population, kleinere in der ungarischen Puszta, in südrussischen Steppen sowie ein Restbestand in Brandenburg. In England, wo sie früher weit verbreitet war und zuletzt 1832 brütete, werden Wiedereinbürgerungsversuche unternommen. Kann in kalten Wintern weit entfernt vom normalen Verbreitungsgebiet auftauchen. Ernährt sich v. a. vegetarisch, nimmt aber auch Insekten, Frösche usw. Sehr scheu und unnahbar. Das ♂ ist der schwerste Vogel Europas (Normalgewicht 8–16 kg); ♀ deutlich leichter (3,5–5 kg). Am Boden kann man die Großtrappe auf den ersten Blick für ein Reh oder ein Schaf halten. Gangart bedächtig. Sieht im Flug wie eine riesige Gans mit Adlerflügeln aus (Beine stehen nicht hervor). Kraftvolle, beständige Flügelschläge (keine Neigung zum Gleiten wie beim relativ leichten Kranich). Im Flug sind die *großen, weißen Flügelfelder* sehr auffallend. Die ♂♂ balzen im Frühjahr morgens, verteilt über eine große Fläche, und bieten einen spektakulären Anblick. Sie stellen anfangs den Schwanz auf und drücken den Hals auf den Rücken, blasen den Hals wie einen Ballon auf (der Kopf fast darin versunken) und stellen gleichzeitig die langen, borstigen Bartfedern steil auf. Die weißen Deckfedern auf Unterschwanz und Flügeln werden nach vorne gedreht, und der Höhepunkt ist erreicht, wenn der Vogel in einem weißen Schaumbad untergegangen scheint. Mehrere ♀♀ versammeln sich um favorisierte ♂♂. Gewöhnlich stumm, gibt aber in der Brutzeit gelegentlich heiser bellende Rufe von sich. **J**

Zwergtrappe

Großtrappe

Wasserralle

Wasserralle *Rallus aquaticus* L 28. Häufig in Schilfgebieten. Recht dunkles Gefieder, oberseits braun mit dunklen Flecken, unterseits blaugrau mit schwarz-weißer Flankenbänderung. Kurzer Schwanz, oft gestelzt, wobei die weißen Unterschwanzdecken sichtbar werden. *Langer Schnabel* weitgehend *leuchtend rot*. Lange, rosabraune Beine. Schwer zu sehen, macht aber durch seine Stimme auf sich aufmerksam. Besonders in der Dämmerung aktiv. Rufe lauter als wohlklingend, gewöhnlich nachts oder bei Störungen. Im Frühjahr ruft das ♂ in langen, rhythmischen Folgen unablässig »kipp, kipp, kipp, kipp ...«. Leicht zu erkennen ist ein explosiv vorgetragenes (schweineartiges) Quieken, das rasch erstirbt: »grrüüitt, grüit, grüi, grü«. Verbunden damit ein halb unterdrücktes »uuuh«. In Frühlingsnächten ist der Flugruf, ein weich rollendes »pjürr«, zu vernehmen. Balzlaut der ♀♀ ist ein »pjip-pjip-bjirr«, in der Struktur dem Ruf des Kleinen Sumpfhuhn-♀ ähnlich, aber durch Tonhöhe und unverwechselbare Wasserrallen-Stimme unterschieden. **JZW**

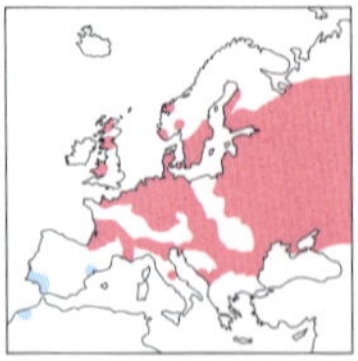

Tüpfelsumpfhuhn

Tüpfelsumpfhuhn *Porzana porzana* L 23. Seltener Brutvogel an Seen mit Seggenried und sumpfigen Wiesen. Sehr schwer zu sehen, kann aber am Schlammrand vor Schilfzonen erscheinen, dann nicht immer scheu. Ähnelt im Vorbeieilen und beim Wegflattern der Wasserralle, hat aber recht kurzen Schnabel. Überall fein weiß getüpfelt. Unterschwanzdecken gelbbraun. Ruf in Frühjahrs- und Sommernächten: weithin hörbares, *scharfes, rhythmisch wiederholtes* »whitt, whitt, whitt, whitt ...«. **BZ**

Zwergsumpfhuhn

Zwergsumpfhuhn *Porzana pusilla* L 18. Brütet in S-Europa, Ausnahmeerscheinung weiter nördlich. Bevorzugt feuchte Wiesen, Sümpfe und Seggenried. Verborgene Lebensweise. Altvögel (Geschlechter gleich) unterscheiden sich vom ♂ Kleinen Sumpfhuhn durch stark gebänderte Flanken und das Fehlen von Rot an der Schnabelbasis. Jungvögel gleichen jungen Kleinen Sumpfhühnern, sind jedoch etwas stärker gebändert und haben *unregelmäßig verteilte, ringförmige weiße Flecken auf den Flügeldecken* (nicht Reihen von weißen Punkten). Auch ist die Handschwingenprojektion sehr klein (größer beim Kleinen Sumpfhuhn). *Ruf ein tiefes* und unmusikalisches, 2–3 Sekunden langes, trocken ratterndes »trrrrrrrrrr...«, über 300 m vernehmbar und *an Knäkerpel sowie einige Froscharten erinnernd.* **A**

Kleines Sumpfhuhn

Kleines Sumpfhuhn *Porzana parva* L 19. Brütet v. a. in der östlichen Hälfte Europas, seltener Gast im Norden und Westen. In schilfbestandenen Sümpfen und Teichen anzutreffen. Heimlich. ♀ unterscheidet sich vom Zwergsumpfhuhn durch weniger starke Bänderung an der Seite und roten Fleck an der Schnabelbasis. ♂ unterseits hell sandbraun, nicht blaugrau, mit Rot an der Schnabelbasis. Jungvögel gleichen jungen Zwergsumpfhühnern (siehe dort). Balzruf der ♂♂ eine weittragende Reihe quäkender Laute, an Hundekläffen erinnernd. Die Töne werden lange Zeit in mäßig schneller Folge vorgetragen, dann beschleunigt und in der Tonhöhe abfallend klingen sie in einem raschen Stottern aus: »**quäck** ... **quäck** ... **quäck**, **quäck**, **quäck**, **quäck**, **quäck**-kwä-wä-ä-ä-ä-ä-ä«. ♀ ruft »pöck-pöck pörr«. **BZ**

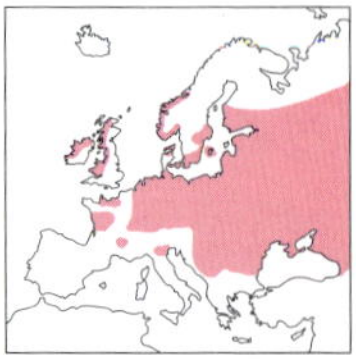

Wachtelkönig

Wachtelkönig *Crex crex* L 26. Brütet in dichtem Gras, Klee und feuchtem Wiesenland. Hat in weiten Teilen des Verbreitungsgebiets stark abgenommen. Leidet unter der frühen Grasmahd. Trifft Mitte April ein. Größe ähnlich Rebhuhn. Bräunliches Gefieder und *Rostrot auf den Flügeln*, besonders im Flug auffallend. Sehr schwer zu sehen; läuft in der Deckung der Vegetation davon. Kann durch Stimmimitation angelockt werden und sich dann auch kurz zeigen. Aufgescheucht leuchten die Flügel rostrot auf. Flugstrecken niedrig, direkt und kurz. Verrät seine Anwesenheit durch sein lautes, krächzendes und raspelndes 2-silbiges »rrrp-rrrp« oder eben »crex crex« (wie wenn man mit einem Kamm über eine Streichholzschachtel fährt), in Frühsommernächten (am Tag sporadischer) stundenlang beinahe jede Sekunde vorgetragen. **BZ**

Wasserralle

Tüpfelsumpfhuhn

Zwergsumpfhuhn

Kleines Sumpfhuhn

Wachtelkönig

Purpurhuhn

Purpurhuhn ***Porphyrio porphyrio*** L 48. Seltener Brutvogel SW-Europas in Sümpfen mit dichter Vegetation. *Hühnergroß, dunkel schieferblaues Gefieder, großer, roter Schnabel und lange, rote Beine.* Unterart in der Türkei hat helleren Kopf. Jungvögel am besten durch Größe und Schnabelform zu bestimmen. Scheu, jedoch im Herbst eher bereit, den Schutz der Binsenbüschel zu verlassen. Sehr stimmfreudig, gibt in langen Serien tiefe, nasal trompetende Rufe von sich. Auch ein »prrih prrih ...«. **A**

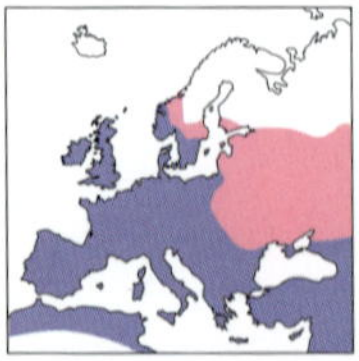
Teichhuhn

Teichhuhn ***Gallinula chloropus*** L 33. Häufig in Sümpfen und an Seen mit Ufervegetation. Oft in Parks, wo es auf dem Rasen herumspaziert. Legt sein Nest in dichter Vegetation im oder nahe am Wasser an. Schwimmt unter lebhaften Nickbewegungen. Altvögel leicht an rußschwarzem Körper, *rotem Schnabel mit gelber Spitze, grünlichen Beinen,* weißer Seitenlinie sowie *weißen Unterschwanzdecken* mit schwarzer Mittellinie zu erkennen. Weiße Seitenlinie und Unterschwanzmuster unterscheiden auch die viel helleren und brauneren Jungvögel von denen des Blässhuhns. Der Schwanz wird hochgehalten und ruckartig gestelzt. Kurze Strecken werden in niedrigem Flug mit baumelnden Beinen zurückgelegt; wirkt wenig sicher. Veranstaltet dennoch in Frühlingsnächten gerne Rundflüge, bei denen es auch ruft. Ruht in hohen Sträuchern und Bäumen. Küken schwarz mit rotem Schnabel und roter Tonsur. Großes Ruferepertoire, z. B. ein sehr charakteristisches blubberndes »pjürrk« sowie ein scharfes »**kick**-eck«. Kann die ganze Nacht sein schnelles »kreck-kreck-kreck ... kreck-kreck-kreck ...« oder ein schrilles, nasales »kikiki...kikiki« von sich geben. **JZW**

Blässhuhn

Blässhuhn ***Fulica atra*** L 38. Häufig auf vegetationsreichen Seen und Teichen, nistet im Schilf oder in anderer dichter Vegetation. Im Winter gesellig. Taucht regelmäßig. Nickt beim Schwimmen mit dem Kopf. Läuft zum Starten lange Strecken übers Wasser. Bei Revierstreitigkeiten nehmen sie eine gekrümmte Drohhaltung ein, fliegen mit den Füßen voraus aufeinander los und schlagen dabei mit den Flügeln. Altvögel leicht an *rußschwarzem Gefieder* und *weißem Schnabel- und Stirnschild* zu erkennen. Junge unterscheiden sich von jungen Teichhühnern durch dunkle Unterschwanzdecken und die typische Blässhuhn-Silhouette. Küken haben nackten, roten Kopf und eine Halskrause aus gelben Fadendunen. Viele Rufe. Zu den typischen gehören ein lautes, gebrochenes »köck, köck ...« und ein explosives »pix«. Bei nächtlichen Rundflügen im Frühjahr ein nasal trompetendes »pä-**pä** äu«. Das wimmernde, lispelnde »**üh**-lif« der Jungvögel ist kennzeichnend. **JZW**

Kammblässhuhn

Kammblässhuhn ***Fulica cristata*** L 40. Afrikanische Art. Kleine europäische Population hat abgenommen, zuletzt nur noch <25 Paare. Dem Blässhuhn sehr ähnlich, jedoch *mit 2 roten Knospen auf dem Vorderscheitel* oberhalb des weißen Schildes. Nach der Brutzeit schrumpfen die Knospen und sind kaum zu erkennen. Um ein Kammblässhuhn unter Blässhühnern herauszufinden, ist daher auf die Silhouette schwimmender Vögel zu achten *(höher gerundeter Hinterrücken,* niedrigerer, *flacher Vorderrücken* und leicht *nach vorne geknickter Hals),* an Land auf die helleren Beine sowie im Flug auf die ganz schwarzen Flügel (Blässhuhn mit weißem Flügelhinterrand). Abweichende Gefiedergrenze an Schnabel und Schild (siehe Abb.), und weißer Schnabel leicht bläulich getönt (hellrosa beim Blässhuhn). Ruf 2-silbig, tiefer als Blässhuhn »keröck«.

im Winter:

Blässhuhn Kamm-blässhuhn

Purpurhuhn

Teichhuhn

Blässhuhn

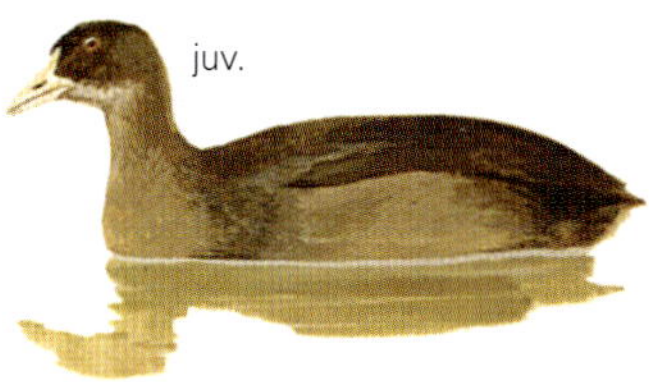

Kammblässhuhn

WAT-, MÖWEN- UND ALKENVÖGEL (Ordnung Charadriiformes)

Große, vielgestaltige Vogelordnung, meist mit Wasser und offenen Habitaten verknüpft. Am Anfang stehen Austernfischer (Familie Haematopodidae) und Kiebitze (Gattung *Vanellus*).

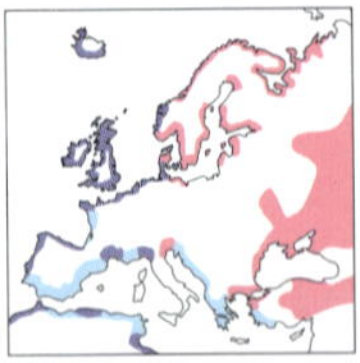
Austernfischer

Austernfischer *Haematopus ostralegus* L 43. Häufiger Brutvogel an Küsten, auf Inseln und küstennahem Grünland, lokal auch im Binnenland. Watvogel, der große, zweischalige Muscheln geschickt öffnen kann, aber auch auf Feldern Nahrung sucht. Kräftiger Körperbau, unverwechselbar *schwarz und weiß*, lärmend. *Schnabel korallenrot, Beine rosa*. Im Winterkleid und bei manchen Jungvögeln ein weißes Kehlband. Fliegt flach übers Wasser und kündigt sich mit einem schrillen »ki**biik**, ki**biik**« an. Die gebogenen Flügel werden schnell und flach geschlagen, der Flug gleicht so dem von Enten. Beim Balzflug langsame, steife Flügelschläge wie Regenpfeifer. Im Frühjahr rennt er oft gruppenweise mit geöffnetem, abwärts weisendem Schnabel im Kreis, wobei er ein trillerndes »biik, biik, biik birrrrrrr-i**biik**-i**biik** ...« ausstößt. Warnruf ein schrilles, kurzes »biik«. **JZW**

Kiebitz

Kiebitz *Vanellus vanellus* L 30. Häufiger Brutvogel auf Feuchtwiesen, Feldern, Äckern und Mooren. Brutbestände haben erheblich abgenommen. Leicht an *langer, dünner Haube*, schwarz-weißem Gefieder (das Schwarz grün schillernd) und *einzigartig breiten, gerundeten Flügeln* zu erkennen. ♀ um die Schnabelbasis und auf der Kehle weiß gesprenkelt. Jungvögel haben kürzere Haube und keine schwarze Kehle. Frühbrüter. Auffälliger Balzflug der ♂♂: im Zeitlupentempo mit tiefen, kraftvollen Flügelschlägen beginnend, nimmt der Kiebitz volle Geschwindigkeit auf, fliegt mit brummendem Flügelgeräusch dicht über dem Boden dahin, wobei er sich wild von einer Seite auf die andere wirft, um dann plötzlich mit einem schrillen »kiju-wit« (Name!) hoch aufzusteigen; im normalen Streckenflug gibt er dann noch 1–2 kurze »i**vip**-i**vip**« von sich, um sich gleich wieder kopfüber mit akrobatischen Drehungen und einem gezogenen »chii-o-wi« herabzustürzen und in einen wilden Zickzackflug überzugehen. Eindringlinge ins Brutrevier werden auch nachts mit einem schrillen »**wijuu**-ii, **wijuu**-ii« attackiert. Zugtrupps relativ ungeordnet. Fliegt mit schnittigen, für einen Watvogel jedoch gemächlichen Flügelschlägen. Jungvögel sammeln sich im Herbst in großen Scharen auf Feldern und ernähren sich wie Regenpfeifer von Würmern. **BZW**

Spornkiebitz

Spornkiebitz *Vanellus spinosus* L 28. Brütet selten und nur lokal in SO-Europa. Lebt auf Marschland, Sandstränden und bewässerten Feldern. Schwarz-weiße Zeichnung macht die Art leicht bestimmbar. Im Flug vom Steppenkiebitz durch *schwarze Armschwingen*, vom Weißschwanzkiebitz durch *schwarzen Schwanz* unterschieden. Haube angedeutet. Verhalten wie Kiebitz. Flügel stumpf, aber nicht mit so breiter Spitze und so gerundet wie beim Kiebitz. Die *dunkelgrauen Beine* proportional *länger* als bei diesem. Warnruf oft ein lautes rasches »kip-kip«. Balzruf ein lautes, raues, sonores »tscharadriii-diiuuu«, oberflächlich an Pirol erinnernd.

Steppenkiebitz

Steppenkiebitz *Vanellus gregarius* L 30. Brütet in Steppen. Stark abnehmend. Ausnahmegast in Europa. Erscheint von Weitem graubraun, jedoch sind im Flug die *weißen Armschwingen* und das Weiß auf dem Schwanz auffällig. Schwarzer Scheitel, *weißer Überaugenstreif*, dunkler Augenstreif. *Bauch* im Sommer *schwarz und kastanienbraun*, im Winter weiß und dann mit Mornellregenpfeifer zu verwechseln, jedoch größer als dieser mit längeren, schwärzlichen Beinen. Flug kiebitzartig, aber Flügelform nicht so extrem. Rufe zumeist rau, oft 3-silbig, etwa »kretsch-kretsch-kretsch«. **A**

Weißschwanzkiebitz *Vanellus leucurus* L 28. Sehr seltener Irrgast aus W-Asien. Brütet an seichten, schlammigen Seen und trägen Flüssen. *Lange, hellgelbe Beine*. Gefieder hell sandbraun mit Aufhellungen im Gesicht. Auffälliges Flügelmuster und *ganz weißer Schwanz*. **A**

Austernfischer
adult Winter
juv.
adult Sommer
Kiebitz
♂
juv.
♂ adult Sommer
Spornkiebitz
juv.
adult
Steppenkiebitz
juv.
adult
Weißschwanz-
kiebitz
juv.
adult

Regenpfeifer (Unterfamilie Charadriinae)

Eine große Gruppe mittelgroßer oder kleiner Watvögel, verwandt mit den Kiebitzen, hauptsächlich 2 Gattungen zugeordnet: *Charadrius* und *Pluvialis*. Ziemlich gedrungen mit kurzen Schnäbeln. Viele Arten tragen kennzeichnende schwarze oder braune Zeichnung auf Hals und Brust. Kraftvolle Flieger mit langen Flügeln. Nest in Bodenmulde. Gelege von 3–4 Eiern.

Sandregenpfeifer

Sandregenpfeifer ***Charadrius hiaticula*** L 18. Brütet recht häufig an Küsten auf Sand- und Kiesstränden, kurzrasigen Strandwiesen, im Binnenland auch in Heidegebieten, Kiesgruben usw. Auf dem Zug einzeln oder in kleinen Gruppen, oft unter Alpenstrandläufern zu sehen. Im Winter häufig auf Schlammflächen. Flügel länger als beim Alpenstrandläufer, Flügelschläge etwas schneidiger. Läuft sehr schnell. Nahrungssuche typisch für kleine (und einige andere) Regenpfeifer: rollendes Laufen und plötzliches Innehalten, Bücken und nach etwas Picken. *Stets weißer Flügelstreif* und *helle Beine* (bei Altvögeln leuchtend orangegelb). Schnabel der Altvögel orangegelb mit schwarzer Spitze, der der jungen dunkel. Ruf ein weiches »**tuu**-ip«. Beim Balzflug (schwankend mit langsamen, steifen Flügelschlägen) schnell murmelndes »**tuu**-widii-**tuu**-widii-...« abwechselnd mit umgekehrter Betonung: »tuu-**widii**-tuu-**widii**-...«. **BZ**

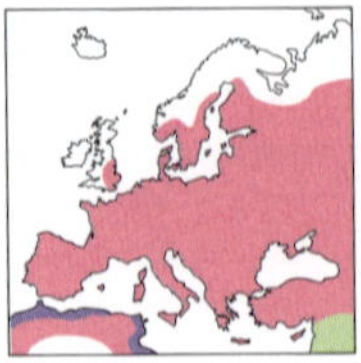
Flussregenpfeifer

Flussregenpfeifer ***Charadrius dubius*** L 16. Nistet lokal und spärlich auf Sand- und Kiesstränden an Binnenseen (selten an der Küste), in Kies- und Lehmgruben. Sogar auf dem Zug spärlich. *Kein Flügelstreif*, stets mit hellen Beinen und *dunklem Schnabel*. Gelber Augenring beim ♂ sehr auffällig, beim ♀ weniger und bei Jungvögeln nur angedeutet. Jungvögel von jungen Sandregenpfeifern am besten durch fehlenden weißen Fleck über und hinter dem Auge sowie gelblichbraunen Bereich zwischen braunem Scheitel und weißem Oberschnabelgrund zu unterscheiden (dazu durch Rufe und ganz braune Flügel). Bei der Nahrungssuche oft deutlich aktiver als Sandregenpfeifer, mit ausfallartigen Spurts nach Insekten, dazwischen immer wieder den Kopf ruckartig hochwerfend. Flug abgehackter als beim Sandregenpfeifer. Stimme recht laut und flötend. Häufigster Ruf »pi(j)u« (fast 1-silbig). Im taumelnden (meist nächtlichen) Balzflug mit langsamen Flügelschlägen ist ein rasches, rhythmisches »prii-prii-prii-...«, ein uferschwalbenartiges »rrerererere...« sowie ein gedehntes »prrr**ii**-ah, prrr**ii**-ah, prrr**ii**-ah« zu hören. **BZ**

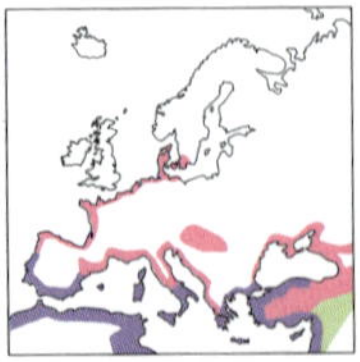
Seeregenpfeifer

Seeregenpfeifer ***Charadrius alexandrinus*** L 16. Nistet auf Sandstränden, in SO-Europa auch an Steppen-Salzseen. In Mitteleuropa auf dem Zug selten. Hat verhältnismäßig großen Kopf und langen Schnabel. Erscheint auf größere Distanz blass und weißlich (unterbrochenes Brustband). Dunkle Beine typisch (bei Jungvögeln manchmal graubraun). Flügelstreif. Kopfzeichnung schwarz beim ♂, braun beim ♀. Der Anflug von Orange auf Scheitel und Nacken des ♂ ist aus der Nähe sichtbar. Rufe ein heiseres »**bii**-it«, ein »pit, pit« das in ein giggelndes »pipipipi...« übergehen kann, sowie ein schnelles, heiseres »rrerererererere...«, dem Balzruf des Alpenstrandläufers täuschend ähnlich. **BZ**

Steinwälzer

Steinwälzer ***Arenaria interpres*** L 23. Brütet an Fels- und Steinküsten, auf steinigen Küstenwiesen und Küstentundra. Auf dem Zug und im Winter gewöhnlich in kleinen Zahlen auch auf Sandbänken, Schlammflächen und Tanganspülungen anzutreffen. Im Binnenland selten. Größe wie Knutt. Im Sommer unverwechselbar mit *schwarz, weiß und variabel rotbraunem Gefieder*. Beim Brutpaar ist das ♂ durch leuchtendere Farben zu erkennen. Das Winterkleid ist erheblich matter schwärzlich, dunkelbraun und weiß gefärbt. Jungvögel wie Altvögel im Winkerkleid, dunkle Federn von Oberseite und Brust jedoch mit helleren Rändern. Nahrungssuche am Wasser, wühlt herum und dreht Steine und Seegras mit Schnabel oder Kopf um. Hält auf höheren Steinen Wache und alarmiert mit beschleunigter Folge schriller Töne: »**kje**-wi-**kje**-wi-kjewi-küt-kütkütkütküt«. Weitere Rufe ein kurzes »kju« und ein glucksendes »tük-etük«. **BZW**

Sandregenpfeifer
♂
♀
juv.
Flussregenpfeifer
♂
♀
juv.
♀
♂
Seeregenpfeifer
juv.
adult Winter
juv.
Steinwälzer
Sommer
♂

Wüstenregenpfeifer

Wüstenregenpfeifer *Charadrius leschenaultii* L 23. Brütet in W- und S-Asien in Steinwüsten und auf Salzsteppen, erscheint im Winter und auf dem Zug an Sandstränden und Salzpfannen. In Europa Irrgast. Hat im Sommergefieder *rostoranges Brustband* (verschieden breit, gewöhnlich ohne schwarze Begrenzung) und ein schwarzes Zügel- und Stirnband, oft auch etwas Orangerot auf den Schultern. ♀ dagegen gewöhnlich unscheinbarer mit sandfarbener Brust und kaum Kontrasten im Gesicht. Im Winter- und Jugendkleid Mongolen- und Wermutregenpfeifer sehr ähnlich, jedoch größer als Mongolenregenpfeifer und von diesem noch besser durch *längeren und mächtigeren Schnabel* (proportional sogar noch länger als beim Kiebitzregenpfeifer), *größeren Kopf und längere, heller grüngraue Beine* (im Flug etwas überstehend) unterschieden. Vom Wermutregenpfeifer abgesehen von der Schnabelgröße durch weiße Unterflügel, reinweiße äußere Steuerfedern, *deutlicheren weißen Flügelstreif,* unvollständigen Brustfleck (Altvögel auf der Brustmitte fast weiß) und den hinter dem Auge undeutlichen weißen Überaugenstreif zu unterscheiden. Ruf normalerweise recht leise, weich und rollend »trrr«, ein wenig an Steinwälzer erinnernd. **A**

Mongolenregenpfeifer *Charadrius mongolus* L 20. Extrem seltener Gast aus alpinen Regionen Zentral- und O-Asiens. 2 Rassegruppen (möglicherweise eigene Arten), *C. m. mongolus* aus O-Sibirien und *C. m. atrifrons* aus Tibet, die sich durch Kopf- und Nackenmuster unterscheiden. Dem Wüstenregenpfeifer sehr ähnlich, aber *kleiner* mit *kürzerem, gedrungenerem Schnabel* und *kürzeren, dunkleren Beinen.* Hat auch *weniger Weiß im Schwanz* und *weniger deutliche Schwanzbinde.* Im Sommerkleid (Geschlechter recht ähnlich) breites rotbraunes Brustband, Wangen und Stirn schwarz *(C. m. atrifrons)* oder mit einem kleinen weißen Fleck über dem Schnabel *(C. m. mongolus).* Im Winter- und Jugendkleid weiße Brust mit graubraunen Seiten (kann an Seeregenpfeifer erinnern); Gesicht und Überaugenstreif weißlich. Ähnelt in diesen Kleidern auch Wermutregenpfeifer, hat aber *weiße Unterflügel,* unvollständiges Brustband und kräftigeren Schnabel. Ruf ähnlich Wüstenregenpfeifer, aber kürzer, trockener und weniger rollend: »tschitik«.

Wermutregenpfeifer *Charadrius asiaticus* L 20. Brütet in Steppen und erscheint im Winterquartier und auf dem Zug in Savannen und anderen offenen Graslandschaften. Irrgast in W-Europa. In Gestalt und Verhalten etwas an Mornellregenpfeifer erinnernd. ♂ im Sommerkleid mit breitem, rostorangefarbenem Brustband mit feiner, schwarzer unterer Begrenzung, ♀ matter gefärbt mit gräulichbraunem Brustband. Weißer Kopf (ohne schwarzen Zügel und Stirnbinde) in diesem Gefieder Hauptunterschied zu Wüsten- und Mongolenregenpfeifer. Diesen im Winter- und Jugendkleid sehr ähnlich, jedoch mit dünnem, mittellangem Schnabel, grauen Unterflügeln und fast gänzlich grauem Schwanz, keinem oder nur undeutlichem weißen Flügelstreif, fast immer einem vollständigen, breiten, graubraunen Brustband sowie (auch hinter dem Auge) deutlich weißem Überaugenstreif. Flugruf »tschip«, oft beim Auffliegen wiederholt, im Ton an Steinwälzer erinnernd.

Keilschwanzregenpfeifer *Charadrius vociferus* L 25. In W-Europa seltener Gast aus N-Amerika, wo er häufig und weit verbreitet ist. Brütet auf Feldern, bevorzugt ähnliche Lebensräume wie in Europa der Kiebitz. Am Boden sind doppeltes schwarzes Brustband und Größe artkennzeichnend. Im Flug durch deutlichen weißen Flügelstreif, *langen Schwanz* sowie *rotbraunen Bürzel* zu bestimmen. Ruf ein hohes »kill-dieh« in derselben Stimmlage wie bettelnde Waldohreulen.

Wüstenregen-
pfeifer
Sommer
♂
♀ Sommer
juv.
Winter
Mongolenregen-
pfeifer
Sommer
Winter
Winter
C. m. atrifrons
C. m. mongolus
juv.
♀ Sommer
Wermutregen-
pfeifer
juv.
Sommer
♂
Winter
Keilschwanz-
regenpfeifer

Kiebitzregenpfeifer

Kiebitzregenpfeifer *Pluvialis squatarola* L 29. Brütet in der arktischen Tundra. Häufiger Wintergast auf Schlammflächen und Sandstränden W-Europas und NO-Afrikas. Gewöhnlich in kleinen Gruppen, wobei die Vögel Abstand halten (auf dem Frühjahrszug dagegen oft in dichten Schwärmen). Im Binnenland selten. Altvögel im Sommerkleid mit mehr Weiß auf Stirn und Brustseiten lebhafter gefärbt als Goldregenpfeifer; Schwarz auf Bauch reicht bis unter die Flügel. ♀ kontrastärmer als ♂. Jugendkleid wie Schlichtkleid mit grauer, blass gelblicher Musterung, nicht so goldbraun wie bei jungen Goldregenpfeifern. *Großer Schnabel.* Im Flug sind *weißer Bürzel und Schwanz sowie heller Flügelstreif* auffällig, einzigartig sind jedoch die *schwarzen Achselfedern.* 3-silbiger, klagender Ruf mit 2 Betonungsvarianten: »pii-**oo**ii« oder »pii-oo**ii**«. **ZW**

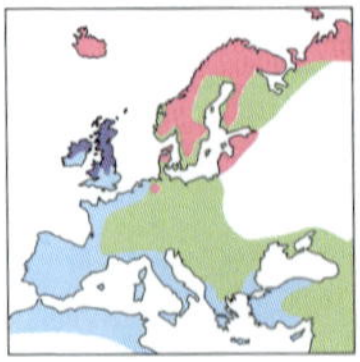

Goldregenpfeifer

Goldregenpfeifer *Pluvialis apricaria* L 27. Recht häufiger Brutvogel in Sumpfgebieten, Heide und Mooren, im Süden des Verbreitungsgebiets selten. Auf dem Zug und im Winter zumeist auf gepflügten Feldern, auf Wiesen, Weideland und gelegentlich Schlammflächen, gewöhnlich in dichten Trupps, oft auch zusammen mit Kiebitzen. Fliegt schnell und kraftvoll, auf dem Zug in stumpfer V-Formation. Nördliche Populationen sind durchschnittlich kontrastreicher und sauberer gezeichnet als südliche. Beide im Winter ohne die schwarze Unterseite. Jungvögel braun mit gelblichem Anflug. Weiße Flügelstreifen, aber *auf Bürzel und Schwanz keine Aufhellung. Weiße Achselfedern.* Monotone, melancholische Rufe unterschiedlicher Tonhöhe: »piih« und »tlüü«. Beim Balzflug (auf steifen, langsam geschlagenen Flügeln) ein pfeifendes, melancholisches, rhythmisch pumpendes »plü-**iih**-üh, plü-**iih**-üh, plü-**iih**-üh ...«, oft gefolgt von einem wiederholten »pre**pür**lüa-pre**pür**lüa-pre**pür**lüa-...«. **BZ**

Tundra-Goldregenpfeifer *Pluvialis fulva* L 24. Ausnahmegast aus dem arktischen Asien und NW-Alaska. Eher in schlammigen Mündungen als auf Feldern anzutreffen. Dem Goldregenpfeifer sehr ähnlich, jedoch etwas kleiner, mit *schlankerem Körper, längeren Beinen* (im Flug überstehend) und *längerem Schnabel.* Altvogel im Sommerkleid gleicht Goldregenpfeifer, hat aber unterseits mehr Schwarz: *Flanken gewöhnlich* auf weißem Grund *schwarz gebändert, manchmal ganz schwarz, Unterschwanzdecken teilweise schwarz. Oberseitenmusterung gröber.* ♀ mit weißen, dunkel eingefassten Wangen. In allen Kleidern vom Goldregenpfeifer (nicht aber vom Prärie-Goldregenpfeifer) durch graue Achseln und hellgraue (nicht weiße) Unterflügel unterschieden. Schwer vom Prärie-Goldregenpfeifer zu unterscheiden (siehe dort). Häufigster Ruf ziehender Vögel ein pfeifendes »tllüüh-iip«, ähnlich Dunklem Wasserläufer, oder ein weiches »tlüüh« wie Sandregenpfeifer. Auch ein 3-silbiges »tlü-lii-lü« kommt vor. **A**

Prärie-Goldregenpfeifer *Pluvialis dominica* L 26. Ausnahmegast aus N-Amerika. Hat wie Tundra-Goldregenpfeifer *gräuliche Unterflügel,* ist aber *etwas größer,* hat *längere Flügel* (Handschwingenspitzen beim stehenden Vogel deutlich überstehend), *kürzere Beine* und *kürzeren Schnabel.* Altvögel in Sommerkleid mit *mehr Schwarz auf Flanken* (wie Kiebitzregenpfeifer) und Unterschwanzdecken. Junge Prärie-Goldregenpfeifer sind grauer als junge Tundra-Goldregenpfeifer. Außerdem recht betonter heller Überaugenstreif (»Mornell-Look«). Rufe ähnlich Tundra-Goldregenpfeifer, Unterschiede noch nicht völlig klar. **A**

Mornellregenpfeifer

Mornellregenpfeifer *Charadrius morinellus* L 23. Brütet auf hoch gelegenen Bergheiden mit Geröll und Flechtenwuchs. Auf dem Zug rar (auf Äckern, selten Küste). ♀ kontrastreicher und größer als ♂. Es erledigt auch die Balz. Jungvögeln fehlt das Schwarz am Bauch, die *untere Brust ist hell ocker* (Altvögel kastanienbraun), sie haben einen *gelblichweißen Überaugenstreif* und ein *helles Brustband.* Rücken schwärzlich mit gelbbrauner Musterung. Balzende ♀ fliegen in der Höhe herum und rufen in langen Serien »bitt, bitt, bitt, bitt ...«. Beim Auffliegen ein alpenstrandläuferartiges »kürr«. Zugruf entweder »bitt« oder 2-silbig »bi-ürr«. **Z**

Kiebitz-
regenpfeifer
♀
♂
juv.
juv.
Goldregenpfeifer
♀
♂
juv.
juv.
Tundra-Goldregenpfeifer
juv.
juv.
Prärie-Gold-
regenpfeifer
juv.
♀
♂
Mornell-
regenpfeifer
juv.
juv.

Strandläufer (Familie Scolopacidae)

Kleine, rechte untersetzte, kurzhalsige und kurzbeinige Watvögel. Die meisten sind Brutvögel der Arktis. Heimzug April/Mai, Wegzug v.a. Juli–Okt. Kommen oft in großen, gemischten Trupps vor (unter denen sich regelmäßig Sandregenpfeifer befinden), zumeist an der Küste.

Meerstrandläufer

Meerstrandläufer *Calidris maritima* L 20. Seltener Brutvogel auf Hochplateaus, in der Arktis bis hinab auf Meereshöhe. Überwintert lokal in kleinen Trupps auf felsigen Inseln und Stränden. Deutlich größer als Alpenstrandläufer. Dunkelster aller Strandläufer: im Winterkleid *einfarbig schiefergrau,* (kurze) *Beine und Schnabelbasis orangegelb* (weithin sichtbar); Sommergefieder lebhafter dunkelgrau und rostbraun gezeichnet, Beine graubraun. Ruft gewöhnlich oft 2-faches »kuit«. Beim Balzflug ähnlich Alpenstrandläufer ein summendes »prrüih-prrüih-prrüih-prrüih-...«, oft kombiniert mit dem Angstruf, einem schrillen, heiser stotternden, verzögerten Gelächter »kewick-wick-wiwiwiwiwi-wi-wi«. **ZW**

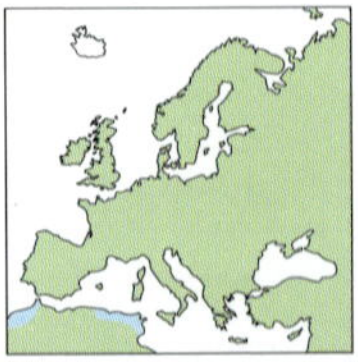
Sichelstrandläufer

Sichelstrandläufer *Calidris ferruginea* L 19. Brütet in der sibirischen Tundra. Auf dem Herbstzug spärlich, aber regelmäßig, meist unter Alpen- und Zwergstrandläufern. Beim Heimzug (aus Afrika) wählt er eine östlichere Route und erscheint dann im Mai selten in Europa. Altvögel im Sommergefieder unverwechselbar bräunlichrot (dunkler als Knutt), aber das fertige Prachtkleid ist südlich der Tundra kaum zu sehen. Im Mai ist es teilweise durch weiße Federränder verborgen, und im Spätsommer sind Gesicht und Hals bereits graubraun vermausert. Jungvögel ähneln juvenilen Alpenstrandläufern, sind jedoch etwas größer, langbeiniger, schlanker, mit etwas längerem und stärker abwärts gebogenem Schnabel. Die nur *leicht gemusterten Brust- und Halsseiten* sind heller und orange überflogen, der *helle Überaugenstreif* ist deutlicher, und auf der Oberseite zeigt sich ein markantes Schuppenmuster. Am weißen Bürzelbereich kann man die Art aus einem Trupp fliegender Alpenstrandläufer herauspicken. Ruft zwitschernder als Alpenstrandläufer: »kürrit«. **Z**

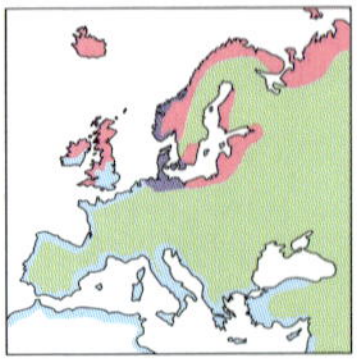
Alpenstrandläufer

Alpenstrandläufer *Calidris alpina* L 18. Nicht häufiger, lokaler Brutvogel auf grasbewachsenen Sümpfen mit Tümpeln, in Niederungsmooren und Salzmarschen *(C. a. schinzii).* Große Scharen kommen aus den Tundren des fernen Nordostens (v.a. *C. a. alpina).* Auf dem Wegzug in riesigen, dichten Schwärmen an der Küste, auch im Binnenland recht häufig. Altvögel im Sommer mit *schwarzem Bauchschild,* im Winter graubraun oberseits, weiß auf der Unterseite; *recht langer, leicht nach unten gebogener* (äußere Hälfte) *Schnabel* charakteristisch. Juvenile oberseits kontrastreich braun gemustert (fast wie Zwergstrandläufer), unterschieden durch *stark grau gefleckte Flanken.* Ruft keuchend »tiirrr«, Rufe Nahrung suchender Trupps jedoch völlig anders: ein hohes »bbiip-biip, biip ...«. Die Flugbalz beginnt mit einem schwermütigen »uerrp, uerrp, ...«, das in ein ansteigendes, gequetschtes »rrüii-rrüii-...« übergeht und in einem abfallenden, sich etwas verlangsamenden »rürürürürürürü« ausklingt. **BZW**

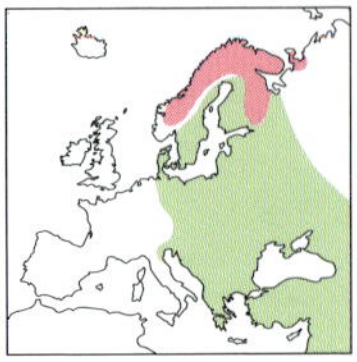
Sumpfläufer

Sumpfläufer *Limicola falcinellus* L 16,5. Spärlicher Brutvogel der Moore Lapplands. Auf dem Zug selten. Ruhig und unauffällig. Erinnert an einen juvenilen Alpenstrandläufer, jedoch etwas kleiner und dunkler. *Schmale, schnepfenartige Streifen* ziehen sich markant über den dunklen Rücken. *Dunkle Streifen auf dem Kopf* noch auffälliger; Überaugenstreif gegabelt (vor dem Auge). *Schnabel relativ lang, direkt vor der Spitze abwärts geknickt.* Flügelstreif wenig auffällig. Schwanz und Bürzel wie bei Alpenstrandläufer. Jungvögel wie Altvögel im Sommerkleid, jedoch oberseits mit breiteren, hellen Federrändern, die V-förmigen Flankenflecken fehlen. Winterkleid wie Alpenstrandläufer mit graubrauner Oberseite und dunklem Handwurzelbereich, jedoch weiterhin mit charakteristischer Kopfzeichnung. Ruf ein summendes Pfeifen, trockener und raspelnder als beim Alpenstrandläufer, etwas wie Uferschwalbe: »brrriiit«. Ein weiterer Flugruf »tett« ist ebenfalls sehr charakteristisch. **Z**

Meerstrandläufer
Winter
Winter
Sommer
juv.
Sichelstrandläufer
Winter
juv.
Sommer
juv.
Alpenstrand-
läufer
Winter
Sommer
juv.
juv.
Winter
Sommer
juv.
juv.
Sumpfläufer

Knutt

Knutt *Calidris canutus* L 25. Arktische Art. Überwintert an großen sandigen oder schlammigen Ästuaren, manchmal in riesigen Scharen. Auf dem Zug regelmäßig in kleineren Trupps an der Küste (selten im Binnenland), oft mit Alpenstrandläufern vergesellschaftet. Viel größer als diese (Körpergröße wie Rotschenkel), aber typischer *Calidris* im Verhalten. Körper fast übermäßig groß und gedrungen (Langstreckenzieher, »Kraftpaket«), *Schnabel ziemlich kurz.* Altvögel im Sommerkleid *unterseits kupferrot.* Im Wintergefieder hellgrau mit feinem Schuppenmuster (dünne schwarze und weiße Federränder). Jungvögel wie adulte im Winterkleid, jedoch dunkler graue Oberseite mit deutlicherem *Schuppenmuster* und gelblichbraun getönte Brust. In allen Kleidern *Bürzel hellgrau* (gebändert). Ruft heiser, nasal quäkend »uätt-uätt« (weicher als Pfuhlschnepfe). Balzt »koklüih, koklüih, ...« wie gedämpfter Brachvogel. **ZW**

Sanderling

Sanderling *Calidris alba* L 18. Arktische Art. Im Winter an Sandstränden, oft in artreinen Trupps. »Rollt« in der Brandungszone eilig vor und mit dem Wellensaum hin und her. Die meisten ziehen (Mai, Juli–Okt.) durch die W-Hälfte Europas und rasten an geeigneten Stellen. *Hyperaktiv, ständig herumflitzend.* Etwas größer und gedrungener als Alpenstrandläufer. Winterkleid sehr *hell* mit *dunklem Flügelbug.* Jungvögel ebenfalls viel weißer als andere *Calidris*-Arten, obwohl der Rücken lebhaft schwarz und rostgelb gemustert ist. Kleine, getupfte »Halsboa«. *Schnabel gerade und relativ kurz. Schwarze Beine. Flügelstreif* merklich *breiter* als etwa beim Alpenstrandläufer. Sommergefieder abgesehen vom weißen Bauch rostbraun. Im Mai bewirken die immer noch vorhandenen weißen Federränder jedoch einen eher grauen, unsauberen als rostbraunen Eindruck. Ruft kurz »klit«. **ZW**

Zwergstrandläufer

Zwergstrandläufer *Calidris minuta* L 14. Brütet auf Tundren im Nordosten. Auf dem Heimzug in W-Europa selten (nimmt östliche Route), auf dem Wegzug recht häufig auf Schlammflächen, Sandstränden, Salzmarschen, auch im Binnenland, gewöhnlich unter Alpenstrandläufern. Unterscheidet sich von diesen durch geringere Größe und kurzen Schnabel sowie aktiveres Verhalten und eiligere Bewegungen. Temminckstrandläufer ähnlich klein, weicht aber im Aussehen und Verhalten ab (siehe unten). Junge Zwergstrandläufer (auf dem Zug am häufigsten zu sehen) sind gekennzeichnet durch ziemlich viel Weiß im Gesicht, etwas Rostbraun auf den Brustseiten, *lebhaft* (rostbraun und schwarz) *gefärbten Rücken* mit *2 weißen, zu einem V aufeinander zulaufenden Linien.* Altvögel sind auf Gesicht und Brust rostfarbener (vgl. Sanderling). Beim Herbstzug ist das Gefieder ausgeblichen: Gesicht und Brust gelblichbraun, oberseits sind die schwärzlichen Zentren der Schulterfedern auffällig. Alle Altersstufen haben *schwärzliche Beine.* Ruft dünn und hoch »tit«. Bei der Flug- und Bodenbalz ein schwaches, zischendes »svi-svi-svi-...«, das ähnlich auch bei der Doppelschnepfe vorkommt. Gibt in dieser Zeit auch ein glasklares »swirrr-r-r« (sehr ähnlich Temminckstrandläufer) von sich. **Z**

Temminckstrandläufer

Temminckstrandläufer *Calidris temminckii* L 13,5. Brütet recht häufig bis spärlich in Berggebieten des Nordens über der Baumgrenze. Zu beiden Zugzeiten gleich häufig zu sehen. Rastet oft in kleinen, artreinen Gruppen an weniger offenen Stellen als die anderen *Calidris*-Arten, etwa an schlammigen Tümpeln im Grünland. Ruhig und unauffällig. Bewegt sich etwas geduckter als Zwergstrandläufer, scheint längeren Körper zu haben. Gefieder erinnert an Flussuferläufer: Oberseite, Hals und obere Brust graubraun. *Beine bräunlichgrau* (Zwergstrandläufer: schwärzlich). Altvögel haben auf dem Rücken eingestreut große schwarzen Flecken, die den Jungvögeln fehlen. Steigt beim Aufliegen (anders als Zwergstrandläufer) steil auf und, wenn aufgescheucht, in ziellloserem Flug mit schnellen Flügelschlägen davon. Ruft hoch, rollend »tirrr-r-r«. Beim Balzflug hängt das ♂ mit erhobenen Flügeln flatternd in der Luft (5–10 m) und singt unablässig hoch, rasch und zwitschernd »titititititi...«. **Z**

Winter
Sommer
Knutt
juv.
juv.
Sanderling
Winter
Sommer
juv.
juv.
Zwergstrand-
läufer
juv.
Winter
Sommer
juv.
Temminck-
strandläufer
Winter
juv.
Sommer
juv.

Seltene Strandläufer

Wiesenstrandläufer *Calidris minutilla* L 13. Sehr seltene Ausnahmeerscheinung aus N-Amerika. Neben der winzigen Größe durch kurzen, sehr *dünnen, ganz schwarzen Schnabel* (Spitze etwas herabgebogen), *dunklen Scheitel* und *dunklen Rücken* mit schwachen, hellen Linien (die oberen bilden gelegentlich ein V) sowie *schmutzig gelbe bis graugrüne* Beine gekennzeichnet. Zügel dunkel. Überaugenstreif schwach gegabelt. Dunkle Färbung des Scheitels geht weit auf die Stirn, erreicht den Schnabel aber nicht. Schwacher Flügelstreif. Habitat wie Temminckstrandläufer. Ruft hoch und gezogen »prriip«. A

Langzehen-Strandläufer *Calidris subminuta* L 14. Sehr seltene Ausnahmeerscheinung aus O-Asien. Klein mit hellen, meist olivgelben Beinen wie Temminck- und Wiesenstrandläufer. *Lauf und Zehen sehr lang,* läuft in mäßigem Tempo. Unterschnabelbasis manchmal etwas heller als der Rest des Schnabels. *Braungrau der Stirn reicht bis zum Schnabel.* Ziemlich heller Hals kontrastiert mit dunkler Kappe. *Rotbraune Federränder auf Scheitel, Mantel und Schirmfedern.* Ruft schrill rollend »tschirrp«.

Sandstrandläufer *Calidris pusilla* L 14. In Europa sehr seltene Ausnahmeerscheinung aus N-Amerika. Wie Zwergstrandläufer, aber etwas größer, mit gleich kurzem, aber etwas *kräftigerem Schnabel* (an der Basis dick, Spitze verbreitert), *Zügel und Wangenflecken dunkler,* Überaugenstreif weißer. Gleichmäßig geschuppter Rücken nicht so rostbraun wie bei jungen Zwergstrandläufern, kein deutliches weißes V. Jungvögel haben nicht so ausgedehnte schwarze Federzentren der Schulterfedern, dunkle Färbung auf Schaftstriche und ankerförmige Verbreiterung vor der Spitze beschränkt. Brustseiten auf graugelblichem Grund gestrichelt, manchmal ist die ganze Brust warm rötlichbraun »grundiert« (vgl. Bairdstrandläufer). Beine schwärzlich. Spannhäute nur am Grund der Zehen. Ruf *kurz,* dünn und *summend* »tschrüp«. A

Bergstrandläufer *Calidris mauri* L 15,5. Sehr seltene Ausnahmeerscheinung aus N-Amerika oder O-Asien. Größter der kleinen Strandläufer. Schwärzliche Beine. Hat wie der Sandstrandläufer *reduzierte Spannhäute zwischen den Zehen.* Langer Schnabel, meist an der Spitze abwärts gebogen, unterscheidet die meisten Individuen von Sandstrandläufern. Ziemlich kurzflügelig und »vorderlastig«. Jungvögel leuchtend gefärbt mit *kastanienroten oberen Schulterfedern,* die mit den matteren und graueren unteren Schulterfedern und Flügeldecken kontrastieren. Helles Gesicht, dunkle Zügel schmal. Im Winter hell und rein grau, *Kopf- und Brustseiten-Strichelung fein.* Ruf dünn und hoch »tschiiit«.

Weißbürzel-Strandläufer *Calidris fuscicollis* L 17. Seltene Ausnahmeerscheinung aus N-Amerika. Größe und Silhouette ähnlich Bairdstrandläufer, aber mit *kürzerem und geraderem Schnabel* und auffallend *langen Flügeln (Handschwingen ragen deutlich über den Schwanz hinaus).* Körper wirkt gestreckt, *Haltung waagerecht.* Altvögel im Prachtkleid vom Bairdstrandläufer durch feine *dunkle Flankenstrichelung,* dunklere Oberseite mit etwas Kastanienrot sowie *weiße Oberschwanzdecken* unterschieden. Flügelstreif schwach. Behält im viel helleren Winterkleid einige dunkle Flankenstriche. Flugruf ein dünnes »jiiit«. A

Bairdstrandläufer *Calidris bairdii* L 16. Sehr seltene Ausnahmeerscheinung aus N-Amerika. Größe, Silhouette und Haltung mit *gestrecktem Körper, horizontaler Haltung und fast geradem Schnabel* sehr ähnlich Weißbürzel-Strandläufer. Altvögel im Prachtkleid recht graubraun, Temminckstrandläufern ähnlich. Wangen und Brust der Jungvögel sandfarben mit feiner dunkler Fleckung, ungestrichelte Flanken und geschuppte Oberseite mit schwärzlichen Federzentren. Bürzel und Oberschwanz dunkel, Flügelstreif verschwindend, Beine schwärzlich. Ruf ziemlich dumpf »kriip«. A

Wiesenstrandläufer
Winter
juv.
Langzehen-Strandläufer
Winter
juv.
Sandstrandläufer
juv. normal
juv. rötlich
Bergstrandläufer
Winter
juv.
Weißbürzel-Strandläufer
juv.
juv.
Bairdstrandläufer
juv.
juv.

Großer Schlammläufer *Limnodromus scolopaceus* L 30. Ausnahmegast aus O-Sibirien oder N-Amerika. Kompakt gebaut, mit *langem Schnabel (wie Bekassine)* und mittellangen Beinen. Wellenförmige Bänderung auf Schwanz mit *weißem Keil auf Hinterrücken, Armschwingen mit weißen Spitzen.* Dem Kleinen Schlammläufer sehr ähnlich. Gewöhnlich etwas größer und mit längerem Schnabel. Im Sommer gesamte Unterseite ziegelrot, auf den Flanken und auf den Halsseiten grob dunkel gesprenkelt. Im Winter sind die Arten im Feld oft nicht zu unterscheiden, jedoch sind die *dunklen Bänder auf den Steuerfedern gewöhnlich breiter als die weißen,* und auch der *längere Schnabel* kann ein Hinweis sein. Jungvögel durch *reineren Grauton auf der Unterseite in Kombination mit einfarbig dunklen Schirmfedern und Großen Decken mit schmalem hellen Rand* unterschieden. Als bestes Merkmal gilt einer der Rufe, ein pfeifendes, dünnes austernfischerartiges »kiik«, einzeln oder mehrere gereiht. Irrgäste schätzen Bekassinen-Habitate und schlammige Ufer. **A**

Kleiner Schlammläufer *Limnodromus griseus* L 29. Sehr seltener Ausnahmegast aus N-Amerika. Dem Großen Schlammläufer äußerst ähnlich. Gewöhnlich kleiner und mit kürzerem Schnabel. Dunkle Bänder auf Schwanzfedern schmaler als die weißen dazwischen, höchstens jedoch gleich breit. Prachtkleid unterseits hell orangerot, jedoch weißer auf dem Bauch. Fleckung auf der Unterseite spärlicher als bei Großem Schlammläufer, oft nur einzelne Punkte. Im Winter sind die feinen Gefiederunterschiede in der Schwanzbänderung und manchmal die Schnabellänge die einzigen Unterscheidungsmerkmale. Im Jugendkleid vom Großen Schlammläufer durch *wärmeren Ton der Unterseite* (gelborange, hell graubraun) sowie *grob gebänderte Schirmfedern* und innere Große Decken unterschieden. Bestes Merkmal der Ruf, ein schnelles, leicht »genuscheltes«, an Steinwälzer erinnerndes »tjutjutju« (nicht immer 3-silbig). Bevorzugt Sandstrände, gelegentlich aber auch in Bekassinen-Habitat. **A**

Bindenstrandläufer *Calidris himantopus* L 21,5. Sehr seltener Ausnahmegast aus N-Amerika. Sommerkleid charakteristisch mit *ganz gebänderter Unterseite* und einem *rostroten Fleck hinter dem Auge.* Winter- und Jugendgefieder mit weißem Bürzelbereich, der auf dem Rücken *nicht* in einem Keil ausläuft, graugrünen, recht langen Beinen sowie *abwärts geknickter Schnabelspitze* (Unterseite dann hell und ungebändert; vgl. Sichelstrandläufer). Verhalten dem der Schlammläufer am ähnlichsten. Ruf ein leises, recht heiseres, 1-silbiges Pfeifen. **A**

Graubrust-Strandläufer *Calidris melanotos* L 19–22. Seltener, aber regelmäßiger Ausnahmegast aus N-Amerika und Sibirien. Deutlich größer und mit kürzerem Schnabel als Alpenstrandläufer. ♂ größer als ♀. Beunruhigt ähnelt er in Gestalt und Haltung (gestreckter Hals) kleinem Kampfläufer-♀. Oberseits wie Zwergstrandläufer gemustert. *Brust auf hell graubraunem Grund stark gestrichelt, scharf gegen den weißen Bauch abgegrenzt. Beine grünlich- oder bräunlichgelb.* Flügel recht lang, Flügelstreif schwach. Flügelschläge vergleichsweise rasch. Ruf ein volltönendes »drrüp«, ähnlich Sichelstrandläufer. **A**

Spitzschwanz-Strandläufer *Calidris acuminata* L 20. Sehr seltene Ausnahmeerscheinung aus NO-Sibirien. In Erscheinung und Verhalten wie Graubrust-Strandläufer, jedoch ohne die scharfe Grenze zwischen gestrichelter Brust und weißem Bauch, zeigt vielmehr *diffusen Übergang.* Im Prachtkleid lebhaft rotbraun gestrichelter Scheitel, *deutlicher weißer Überaugenstreif und dunkle Linie hinter dem Auge* (Kopf kontrastreicher als bei Graubrust-Strandläufer), Hals gestreift, Brust und Flanken mit dichtem Pfeilspitzenmuster auf rostgelbem Grund; im Winterkleid deutlich matter. Jungvögel haben nur am unteren Hals und auf den Brustseiten auf ockerfarbigem Grund einen schmalen, gestrichelten Bereich. Schnabel dunkel. Beine schmutzig gelb. Ruft weich metallisch »uiip«.

Großer Schlamm-
läufer
juv.
Winter
Gr. Schlamm-
läufer Winter
juv.
Kleiner
Schlamm-
läufer
Winter
Bindenstrandläufer
juv.
juv.
1. Winter
Sommer
juv.
Graubrust-
Strandläufer
juv.
Sommer
juv.
juv.
Spitzschwanz-
Strandläufer

Schnepfen (Familie Scolopacidae)

Schnepfen leben in Sumpfland und feuchten Waldgegenden. Kurze Beine, Schnabel sehr lang.

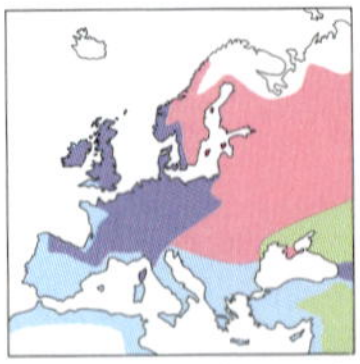
Waldschnepfe

Waldschnepfe ***Scolopax rusticola*** L 36. Häufig in feuchten Wäldern mit offenen Stellen, im Norden auch Birkenwälder der Hochlagen. Wirkt am Boden *rund und kurzbeinig* wie Waldhuhn. Fliegt mit Flügelgeräusch auf – man sieht dann *irgendetwas Rotbraunes* zwischen den Bäumen. Zieht nachts. Flugbalz des ♂ (»Schnepfenstrich«) in der Dämmerung. Fliegt dann dicht über den Baumwipfeln mit bedächtigen Flügelschlägen, aber ordentlichem Tempo und grunzt mufflig (»quorren«) »oo-art, oo-art, oo-art«, gefolgt von einem explosiven »piip«, wobei der *lange Schnabel* stets abwärts gehalten wird. Oft liefern sich Männchen heiße Verfolgungsjagden und rufen dabei ein fast zwitscherndes »plip, plip-plip«. Wenn ♀♀ beim Hudern aufgescheucht werden, flattern sie mit tief hängendem Hinterteil und eichelhäherartigen Rufen weg. Können Junge zwischen die Beine geklemmt verfrachten. **BZW**

Doppelschnepfe

Doppelschnepfe

juv.

Doppelschnepfe ***Gallinago media*** L 29. Brütet spärlich auf morastigem Grund in den Gebirgen N-Europas nahe der Baumgrenze und im Flachland O-Europas. Hat stark abgenommen (stark bejagt). Kehrt im Mai zurück, zieht Aug./Sept. wieder ab. Auf dem Zug in trockeneren Habitaten als Bekassine. Fliegt bei Annäherung auf 4–6 m auf, manchmal mit einem gedämpften, heiseren »etzh-etzh-etzh ...«. *Flug ruhiger und direkter,* »himmelt« nicht, lässt sich bald wieder nieder. *Schwerer* als Bekassine und hat *auf den äußeren Schwanzfedern mehr Weiß.* Im Vorbeiflug *massiger Gesamteindruck,* verhältnismäßig *kürzerer Schnabel, unterseits üppigere Bänderung* kennzeichnend, ebenso deutliche Flügelbinde *(weiße Ränder auch an den Handdecken,* was bei der Bekassine fehlt), jedoch *praktisch kein Weiß am Flügelhinterrand.* Gruppenbalz in Frühsommernächten: steht aufrecht, bläht und hebt die Brust, öffnet Schnabel weit und zeigt die weißen Schwanzränder, dabei äußert sie ansteigende und abfallende Folgen schneller, hoher Zirplaute und eine Kette klickender Geräusche, die in hohe, weinende Töne übergehen (bis 300 m zu hören). **A**

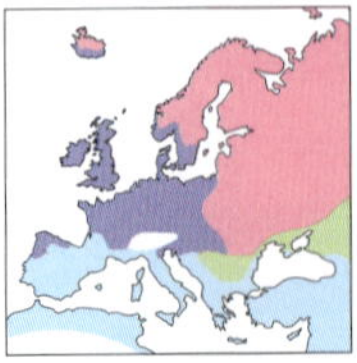
Bekassine

Bekassine

maximale Weißausdehnung

Bekassine ***Gallinago gallinago*** L 25. Häufig in Sümpfen und Mooren. V. a. nachtaktiv. Versteckt sich in der Vegetation, oft in Gruppen. Geht oft schon bei Annäherung auf 10–15 m wie mit dem Katapult geschossen hoch. Dabei ruft sie einige Male explosiv krächzend »rätsch«. Flügelschläge kraftvoll, Flug *in Zickzacklinien ansteigend. Bauch und Flügelhinterrand weiß.* Steigt weit auf (»himmelt«) und fliegt große Strecken. Sitzt häufig auf Zaunpfählen und ruft laut »**tik**-a **tik**-a ...« (auch rasche »jik-jak-jik-jak-...«-Folgen). Bei der Flugbalz stürzt sich das ♂ aus großer Höhe herab, wobei ein wummerndes Geräusch zu hören ist. Dieses »Meckern« entsteht durch das Abspreizen der äußeren Steuerfedern, die beim Sturzflug zu vibrieren beginnen. Balzflüge auch in niedrigerer Höhe, bei denen das ♂ stumm bleibt und kurzen Flügelschlägen akrobatische Manöver folgen. **BZW**

Zwergschnepfe

Zwergschnepfe ***Lymnocryptes minimus*** L 20. Auf Mooren Lapplands und im Norden lokal nicht seltener Brutvogel. Auf dem Zug und im Winter in Sumpfgebieten, auf überschwemmten Feldern usw. Schwer aufzuscheuchen, *geht erst in etwa 1 m Entfernung hoch.* Fliegt dann recht flatternd, nicht so explosiv und unberechenbar wie Bekassine. Beim Auffliegen Hals gestreckter und Schwanz spitz. Deutlich kleiner und mit *erheblich kürzerem Schnabel.* Gewöhnlich schweigsam (manchmal ein leises »kätsch«). Landet oft recht schnell wieder. Deutliche Streifen auf dem Rücken, jedoch kein heller Scheitelstreif. Flugbalz in der Mitternachtssonne Lapplands: weite, flach gewellte Kreisflüge in großer Höhe, dann plötzlich steiles Ansteigen unter hohen, rasselnden »kollo**rap**-kollo**rap**«-Rufen (wie von einem galoppierenden Pferd). ♀ ruft froschartig »kerr«. **ZW**

Balzflug
Waldschnepfe
Balz
Doppelschnepfe
Balzflug
Bekassine
Zwergschnepfe

Brachvögel und Uferschnepfen (Familie Scolopacidae)

2 deutlich unterschiedene Gruppen mit den Gattungen *Numenius* und *Limosa*. Große Watvögel mit herabgebogenen *(Numenius)* oder geraden Schnäbeln *(Limosa)*.

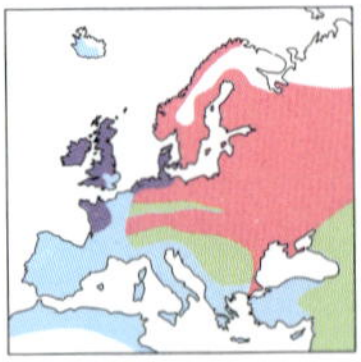

Großer Brachvogel

Großer Brachvogel *Numenius arquata* L 56. Recht häufiger Brutvogel auf ausgedehnten trockenen Dünen, Feldern und Wiesen, Sümpfen und Mooren. Auf dem Zug und im Winter auf offenen Schlammflächen, Stränden und küstennahen Feldern. Körper und Flügel so groß wie bei Sturmmöwe. Schlank und groß, *langer, abwärts gebogener Schnabel* (beim ♀ länger als beim ♂, Jungvögel haben relativ kurze Schnäbel). Düster *graubraun gesprenkelt* mit *weißem Rückenkeil*. Ohne den deutlichen Augen- und Scheitelstreif des Regenbrachvogels. Mit gelassenen Flügelschlägen und eingezogenem Hals erinnert er im Flug an eine Sturmmöwe. Recht scheu. Warnt intensiv, ziemlich heiser »**kju**jujuju«. Ruf ein weit tragendes, melodisches »**kuur**-lii«, auf dem Zug energischer »ku**ii**-ku**ii**-**kju**«. Beim Balzflug steigt er flatternd steil auf, um darauf herabzugleiten mit schwermütigen »oo-**uhp**, oo-**uhp**«-Rufen, die in Höhe und Tempo ansteigen und in einen klaren, volltönenden, jubelnden Triller übergehen. **BZ**

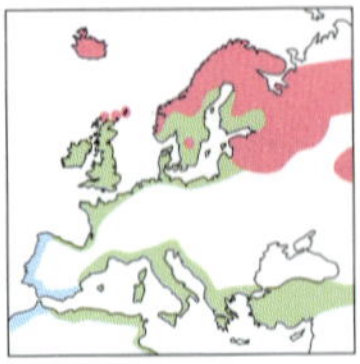

Regenbrachvogel

Regenbrachvogel *Numenius phaeopus* L 40. Brütet v.a. im Norden in Gebirgsmooren und verstrauchten Feuchtgebieten. Zieht im April/Mai rasch durch und von Juli bis Sept. wieder ab. Rastende sind auf Schlammflächen, felsigen Küsten, Feldern und Mooren (Beerennahrung!) oft mit Großen Brachvögeln anzutreffen. Dabei sichtbar kleiner als diese, mit kürzerem Schnabel und *braunem Scheitel mit hellem Scheitelstreif*, dazu ein recht deutlicher dunkler Augenstreif. Ruft schrill, *wiehernd* »bibibibibibibi«. Balzruf hebt wie beim Großen Brachvogel an (»oo-**uhp**«), fällt dann aber in einen wiehernden Triller, direkt und gleichförmig »buurrrr«. **Z**

Dünnschnabel-Brachvogel *Numenius tenuirostris* L 40. Am Rande des Aussterbens. Brut- und Überwinterungsgebiete unbekannt (früher Steppen W-Sibiriens bzw. NW-Afrika), Gesamtpopulation wird auf <50 geschätzt. Äußerst selten in S-Europa. Größe wie Regenbrachvogel, aber schlanker. Schnabelform diagnostisch: Länge wie bei Regenbrachvogel, jedoch schmaler und in einer feinen Spitze auslaufend. Gefieder erinnert an Großen Brachvogel, ist aber heller, besonders auf Armschwingen und Schwanz. Altvögel haben charakteristische herzförmige Tropfen auf den Flanken. Ruf wie Großer Brachvogel, aber höher und rascher; außerdem »vivivivi«-Triller.

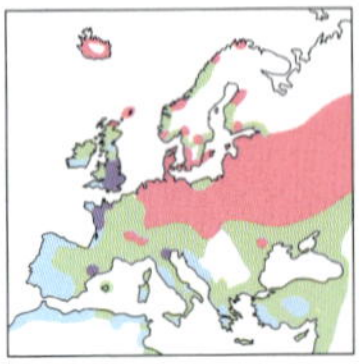

Uferschnepfe

Uferschnepfe *Limosa limosa* L 40. Brütet lokal in ausgedehnten Sumpfgebieten. Auf dem Zug und im Winter an der Küste und Flussmündungen, auch im Binnenland. Nervös und geräuschvoll. Flug rasch und kraftvoll. Langer, gerader Schnabel, breiter weißer Flügelstreif sowie schwarzweißer Schwanz kennzeichnend. ♀ mit weniger Rostrot im Gefieder. Im Winter sind beide Geschlechter oberseits graubraun, unterseits hell. Jungvögel ähneln am Boden jungen Pfuhlschnepfen, Hals jedoch gelbbraun ohne Strichelung, Oberseite grob gefleckt. Alle Rufe sind nasal kreischend und werden aufgeregt wiederholt: »kittikäi«, »wiwiwi«, »wih-ii« (kiebitzartig), »kihwii-wiiiit, kihwii-wiiiit ...« (Balz). **BZ**

Pfuhlschnepfe

Pfuhlschnepfe *Limosa lapponica* L 38. Nistet im äußersten Norden auf Tundra und Mooren. Im April/Mai v.a. an den Küsten anzutreffen. In Herbst und Winter meist kleine Trupps an seichten Meeresbuchten. Im Binnenland selten. Im Sommer ist die gesamte Unterseite des ♂ rostrot, ♀ orangebraun, dabei deutlich größer und mit längerem Schnabel. Jungvögel und Vögel im Schlichtkleid etwa wie Brachvogel gezeichnet. Schnabel nicht ganz so lang wie bei Uferschnepfe und aufgeworfen, Beine kürzer. Weißer Keil auf dem Rücken und weiße Schwanzbasis, Schwanz dicht schwarz gebändert. Kein weißer Flügelstreif. Rufe quiekend, nasal. Zugruf »kä-kä«, am Brutplatz schleppend oder in schneller Folge »ku**wei**-ku**wei**-...« oder »ku**wi**ku**wi**ku**wi**...«. **Z**

Großer Brachvogel
Regenbrachvogel
adult
Dünnschnabel-Brachvogel
adult
Uferschnepfe
♂ Sommer
Winter
juv.
♀
♂
Pfuhlschnepfe
Winter
juv.

Wasserläufer (Familie Scolopacidae)

Mittelgroße, schlanke Watvögel mit recht langen, dünnen Schnäbeln und langen Beinen. Unruhig, knicksen und wippen häufig. Oft durch ihre Rufe zu bestimmen.

Flussuferläufer

Flussuferläufer *Actitis hypoleucos* L 20. Häufiger Brutvogel an Seen, Flüssen und Bächen sowie auf Inseln, der steinige, vegetationsarme Ufer bevorzugt. Auf dem Zug an der Küste und im Binnenland weit verbreitet. Steht in kennzeichnend waagerechter, geduckter Haltung und *wippt ständig mit dem Hinterteil.* Flug besonders charakteristisch: dicht über dem Wasser mit *raschen, flachen Flügelschlägen, von kurzen Gleitstecken unterbrochen; abwärts gebogene Flügel.* Oberseits graubraun mit weißer Flügelbinde, Brust recht kräftig graubraun. Sehr *langer Schwanz.* Fast immer am Wasser zu beobachten, nur auf dem nächtlichen Zug über Land zu hören. Zieht gewöhnlich einzeln oder in sehr kleinen Gruppen. Ruft dünn und hoch »hii-dii-dii«. Bei der Balz in schneller, rhythmischer Folge »hidii**dii**diidihidi**dii**diidi...«. Warnruf »hiiip, hiiip«. **BZ**

Drosseluferläufer *Actitis macularia* L 19. Seltener Ausnahmegast aus N-Amerika. Jungvögel sehr ähnlich Flussuferläufer, jedoch mit *auffälligerer heller Längsbänderung auf den Flügeldecken* (Mantel dagegen weniger gebändert) und *ungezeichneten braunen Brustseiten.* In allen Altersstufen *kürzere Flügelbinde, gelbliche Beine und kürzerer Schwanz.* Im Prachtkleid durch große dunkle Punkte unterseits und gelbliche Schnabelbasis leicht zu unterscheiden. Ruft ähnlich Flussuferläufer, aber gewöhnlich kürzer und leiser, leicht ansteigend »piit-wiit-wiiit«, gelegentlich sogar an Waldwasserläufer erinnernd. Manchmal ein artspezifisches »piit«. **A**

Waldwasserläufer

Waldwasserläufer *Tringa ochropos* L 23. Brütet in NO-Europa, weit verbreitet, aber nirgendwo häufig, in Wäldern mit kleinen Teichen und Sümpfen. Nutzt alte Drosselnester. Trifft früh mit der Schneeschmelze ein. ♀♀ ziehen sehr früh (im Juni) nach Süden ab. Auf dem Zug gewöhnlich einzeln oder 2–3 Individuen zusammen. Rastet an Teichen und Bächen, an Kanälen und Wasserüberläufen, normalerweise jedoch nicht in Seggensümpfen (und wenn, dann z.B. an einem kleinen Tümpel). Ähnelt Bruchwasserläufer, ist aber etwas größer mit breiteren Flügeln und stärker kontrastierendem Braun/Weiß. Rücken *dunkler braun* (recht kleine helle Punkte) und *auffällig weißer Bürzel und Oberschwanz,* weiße Unterseite schärfer gegen getüpfelte Brust abgesetzt. *Braunschwarze Unterflügel.* Beine graugrünlich, nicht ganz so lang wie beim Bruchwasserläufer. Füße ragen im Flug kaum über den Schwanz hinaus, sieht so hinten abgeschnitten aus (Bruchwasserläufer läuft spitz aus). Ruf dünn, aber deutlich, klingelnd »**tlu**ii**tu**ii-**tlu**ii**tu**ii-**tlu**ii-**tu**ii-...« oder »tii**tu**ii-tii**tu**ii-tii**tu**ii«, eingeleitet und unterbrochen durch den Warnruf »ti-tittit-tit«. **BZW**

Einsamer Wasserläufer *Tringa solitaria* L 21. Ausnahmeerscheinung aus N-Amerika. Ähnlich Waldwasserläufer (fast genauso dunkle Unterflügel), jedoch langflügelig, *Bürzel und Schwanzmitte dunkel.* Deutlicher weißer Augenring. Ruft dünn, oft 2- oder 3-silbig »biit-wiit-wiit«, ein bisschen wie Flussuferläufer.

Bruchwasserläufer

Bruchwasserläufer *Tringa glareola* L 22. In nördlichen Seggenmooren und Birkenwäldern recht häufig. Nistet gewöhnlich in Seggenbülte (ausnahmsweise in altem Drosselnest). Durchzug April/Mai (spärlich) und Juli (recht häufig) z.B. an sumpfigen Seeufern, meist einzeln, gelegentlich kleine Trupps. Grundsätzlich nicht so einzelgängerisch wie Waldwasserläufer, dem er am meisten ähnelt, *Rücken* jedoch *nicht so dunkel braun,* aber dichter und gröber hell gepunktet. Bürzel/Schwanz nicht so reinweiß, Brustfleckung lässt zu den Flanken hin nach und *Unterflügel relativ hell. Beine olivgelb.* Ruft ein aufgeregt wiederholtes »giff-giff-giff«, Balzruf ein schneller, wohltönender Jodler »**lii**ltii-**lii**ltii-**lii**l-tii-...«. Warnt »kip-kip-...«. **Z**

juv.
adult
Flussuferläufer
juv.
adult
Sommer
Drossel-uferläufer
Waldwasserläufer
Einsamer Wasserläufer
Bruchwasserläufer

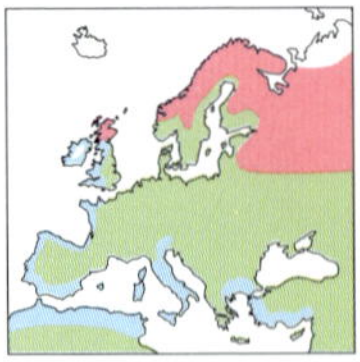
Grünschenkel

Grünschenkel ***Tringa nebularia*** L 32. Relativ häufiger Brutvogel des Nordens in offenen Moorgebieten und lichten Wäldern. Auf dem Zug regelmäßig an Seen des Binnenlands, an Küsten und in Feuchtgebieten (nicht wählerisch), gewöhnlich jedoch in kleinen Gruppen. Jagt im seichten Wasser zu Fuß Kleinfische. Unsere größte und robusteste *Tringa*-Limikole. *Schnabel relativ kräftig und etwas aufgeworfen.* Hals recht hell, Flügel dunkel graubraun, Schwanz-/Bürzelbereich leuchtend weiß, auf dem Rücken in einem breiten Keil auslaufend. Ruft kräftig, 3-silbig »tju-tju-tju«. Bei Singflugbalz aus großer Höhe rhythmisch »klju-hü klju-hü klju-hü ...«. Warnt schnell und heftig »kjukjukjukju...«. Z

Großer Gelbschenkel ***Tringa melanoleuca*** L 31. Seltener Ausnahmegast aus N-Amerika. Durch Größe (wie Grünschenkel), *leuchtend gelbe Beine* und weißen Bürzel *(ohne Keil auf den Rücken)* gekennzeichnet. Vom Kleinen Gelbschenkel (neben der Größe) durch ziemlich langen, *leicht aufgeworfenen »Grünschenkelschnabel«* (basaler Teil besonders bei Jungvögeln etwas aufgehellt) unterschieden. Charakteristischer Ruf 3- oder 4-silbig, ähnlich Grünschenkel, jedoch schneller, »volatiler« und oft bei der letzten Silbe abfallend »tju-tju-tio«.

Kleiner Gelbschenkel ***Tringa flavipes*** L 25. Seltener Ausnahmegast aus N-Amerika. Sehr ähnlich Bruchwasserläufer, aber etwas größer und schlanker, mit längeren Flügeln und längeren *gelben Beinen.* Schnabel ganz dunkel. Bürzel weißlich *(ohne Rückenkeil).* Vom Großen Gelbschenkel durch geringere Größe, kürzeren, *geraderen und dünneren Schnabel* sowie gewöhnlich helleren Rücken unterschieden, vom Teichwasserläufer durch helle Punkte auf der Oberseite, gelbe (nicht graugrüne) und verhältnismäßig nicht ganz so lange Beine sowie das Fehlen des weißen Keils auf dem Rücken. Ruf sehr weich wie Rotschenkel 1-silbig »tju«, aufgescheucht oft ein 2- oder 3-silbiger Pfiff. A

Teichwasserläufer

Teichwasserläufer ***Tringa stagnatilis*** L 23. Brütet an Steppenseen und in der Taiga O-Europas. Zieht in SO-Europa durch. Rastet meist im Binnenland an Teichen, auf Feuchtwiesen usw. Etwas größer als Bruchwasserläufer. Schlank. Beine auffällig lang, überragen im Flug den Schwanz um einiges. Sehr dünner Schnabel, ziemlich lang und gerade (bei manchen etwas aufgeworfen). Zeichnung ähnlich Grünschenkel: ziemlich heller Hals, bräunlich auf Rücken und Oberflügeln (ohne helle Punkte des Bruchwasserläufers, im Sommer jedoch mit schwarzen Flecken wie Kampfläufer-♀), weißer Bürzel und Rückenkeil. Stirn im Winter weiß. Ruft ähnlich Rotschenkel »**kju**« (oft 2-mal) sowie in einer schnellen Folge von Trillern »djujujuju...«, bei der Balz »kiu**tii**u-kiu**tii**u-kiu**tii**u-...«. Z

Terekwasserläufer

Terekwasserläufer ***Xenus cinereus*** L 23. Nistet an Tieflandflüssen und Seen in der russisch-sibirischen Taiga bis nach Finnland. Besucht flache, schlammige Ufer. Sporadischer Gast in W-Europa. Größe zwischen Flussuferläufer und Rotschenkel. Hält sich gewöhnlich ähnlich waagerecht und geduckt wie Flussuferläufer, wippt ebenfalls mit dem Hinterleib. Bei der Nahrungssuche geschwind und aktiv zwischen Steinen und Treibholz herumrennend und Insekten von der Oberfläche aufnehmend. Flug gewöhnlich direkt mit gleichmäßigen Flügelschlägen ähnlich Knutt, fliegt aber gelegentlich wie Flussuferläufer niedrig übers Wasser. Schnabel lang, ziemlich dünn und merklich aufgeworfen. Beine relativ kurz, gelblich oder orange. Oberseits recht hellgrau, Unterseite reinweiß. Zeigt im Flug weißen Flügelhinterrand (nicht so breit wie beim Rotschenkel, weniger kontrastierend). Bürzel und Schwanz weiß. Ruft oft schnell und schrill »**dü**düdü«, ähnlich trillernd wie Regenbrachvogel. Eine entspanntere Variante ist ein gepresstes »tschuhuhu« wie beim Rotschenkel, aber rascher. Balzt langsam, rollend und volltönend »klürrüh-klürrüh-klürrüh-...«, etwas an den Triel erinnernd. Warnruf »üüiit« in weichem Glissando. A

Grünschenkel
Sommer
juv.
Großer Gelbschenkel
juv.
Kleiner Gelbschenkel
juv.
Winter
Sommer
juv.
Teichwasserläufer
Sommer
Terekwasserläufer
juv.

Rotschenkel

Rotschenkel *Tringa totanus* L 27. Typischer Küstenvogel, häufigster Watvogel in Ästuaren und Marschland, auf dem Zug und im Winter oft in großen Scharen. Brütet in Feuchtwiesen, im Binnenland auch in Mooren und Sümpfen. Ziemlich einförmig graubraun mit *roten Beinen* (bei Jungvögeln orange); vgl. Kampfläufer-♀ und juvenile Dunkle Wasserläufer. Im Flug an *breitem weißen Flügelhinterrand* und auch auf größere Entfernung auffällig weißem Schwanz-/Bürzelbereich zu erkennen. Ruf flötend, weich und melancholisch »tiu-hu, tiu hu hu«, bei der Balz laut »**tuu**li-**tuu**li-**tuu**li-...tjü-tjü-tjü-...wii**ju**-wii**ju**-wii**ju**«. Warnt ausdauernd »kip-kip-kip-...«. **BZW**

Dunkler Wasserläufer

Dunkler Wasserläufer *Tringa erythropus* L 30. Brütet v.a. in offenen Nadelwäldern des hohen Nordens. Auf dem Zug und im Winter an Seeufern, Stauseen und auf Marschland anzutreffen. Watet weit ins Wasser hinaus, schwimmt gelegentlich. Flug schnell mit kraftvollen Flügelschlägen. Sommerkleid unverwechselbar rußschwarz (Beine auch schwarz). Jungvögel rotbeinig wie Rotschenkel, jedoch größer, schlanker mit *längeren Beinen* (stehen im Flug über den Schwanz hinaus) und *längerem Schnabel* (ziemlich dünn, gerade und mit *einer leichten Abwärtsbiegung an der Spitze);* aktiveres Verhalten. *Der weiße Flügelhinterrand fehlt,* »dafür« in allen Kleidern ein typischer weißer »Schlitz« auf dem Rücken oberhalb des dunkleren Schwanzes. Kontrastreicheres Gesicht (weiße Linie vor dem Auge) sowie stärker gebänderte Flanken. Winterkleid mit gleichem Grundmuster, jedoch statt braun grau und weiß. *Ruft schrill* »tju-**it**«. Beim Auffliegen glucksend »tschu-tschu«. Balzgesang wiederholt »trru**iih**-i trru**iih**-i«, Warnruf ein schnelles, trockenes und hartes »kekeke...«, an eine wütende Seeschwalbe erinnernd. **Z**

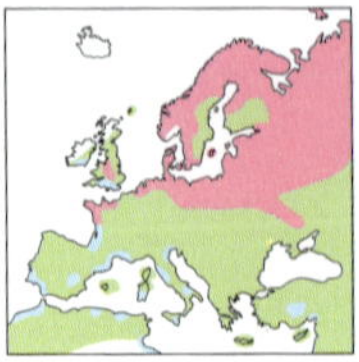

Kampfläufer

Kampfläufer *Philomachus pugnax* L ♂ 30, ♀ 23. Brütet in Seggensümpfen, am häufigsten in der Tundra. Auf dem Zug auf Feuchtwiesen, auch auf Feldern. Oft große, dichte Scharen, die gemeinsame Flugmanöver ausführen. ♂♂ sehr viel größer als ♀♀, Trupps scheinen aus 2 Arten zu bestehen. Von Mai bis Juni haben die ♂♂ große *Halskrausen und Ohr-Federbüschel* in verschiedenen Farbkombinationen. Sie versammeln sich auf traditionellen Balzarenen zu ihrer aufsehenerregenden Balz, bei der sie im einen Augenblick mit flatternden Flügelschlägen aufeinander losgehen, um im nächsten in einer tiefen Verbeugung zu erstarren. ♀♀ hellbraun mit großen, schwarzen Flecken auf der Oberseite, *orangeroten oder gelbbraunen Beinen.* Jungvögel im Spätsommer mit gelbbraunem Nacken und dunkelbraunem Rücken (durch helle Federränder geschuppt). Von großen *Tringa*-Arten unterschieden durch schmale Flügelbinde, *dunkle Linie in der Schwanzmitte und weiße Bürzelseiten,* die *bucklige Flugsilhouette* und gleichmäßigen Flug mit langen Gleitstrecken. Steht oft aufrecht; der Kopf wirkt dann klein und der Schnabel kurz im Vergleich zum langen Hals. Praktisch *stumm* (selten ein muffliges Krächzen). **BZ**

Grasläufer *Tryngites subruficollis* L 20. Seltene Ausnahmeerscheinung aus N-Amerika. Ähnelt kleinem Kampfläufer-♀, hat kurzen Schnabel, kleinen Kopf und steht oft *mit gestrecktem Hals aufrecht.* In allen Kleidern *auf der ganzen Unterseite rostgelb. Heller Augenring angedeutet.* Kopfseiten und Hals ungezeichnet braungelb. *Helle Beine.* Zeigt im Flug *weiße Unterflügel* mit kleinem dunklen Fleck an der Vorderkante (Handdecken dunkelgrau). Oberseite geschuppt wie beim Kampfläufer (inkl. Bürzel, keine weißen Seitenflecken). Keine Flügelbinde. Bevorzugt kurzrasige Wiesen, aber auch an Stränden. Ruft leise »prriit«. **A**

Prärieläufer *Bartramia longicauda* L 28. Seltene Ausnahmeerscheinung aus N-Amerika. Größe wie Rotschenkel, braun gefleckt mit sehr langem Schwanz und langen, zugespitzten, fein gebänderten Flügeln. Schmaler Hals, kleiner Kopf, gerader, relativ kurzer Schnabel. Flug schnell. Lässt sich oft auf Pfosten nieder, sogleich die Flügel kurz senkrecht hochstreckend. Verhalten wie Regenpfeifer, rastet häufig auf Flug- und Golfplätzen. Ruft schnell blubbernden Triller »puhuhhuhhuhu«.

Winter
Rotschenkel
Sommer
juv.
juv.
juv.
Winter
Dunkler Wasserläufer
Sommer
juv.
juv.
♀ Sommer
♂ Sommer
Kampfläufer
♀ juv.
Gruppenbalz
juv.
Grasläufer
juv.
Grasläufer
Prärie-
läufer
Präriеläufer

Säbelschnäbler und Stelzenläufer (Familie Recurvirostridae)

Elegante weiß-schwarze Watvögel mit sehr langen Beinen und langen, dünnen Schnäbeln.

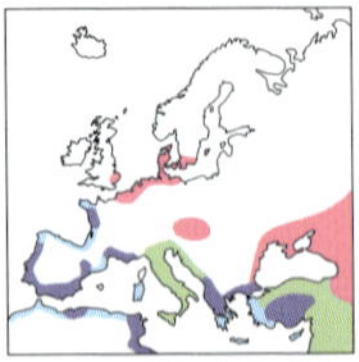

Säbelschnäbler

Säbelschnäbler *Recurvirostra avosetta* L 43. Brütet selten, obgleich lokal in ziemlich großen, lockeren Kolonien an seichten Meeresbuchten, Lagunen und Steppenseen. Strahlend weiß mit schwarzer Zeichnung. Schlank und grazil gebaut. Blaugraue Beine sehr lang. *Schnabel dünn, stark aufgeworfen*, wird bei der Nahrungssuche im Wasser hin- und hergeschwenkt. Schwimmt auch. Fliegt mit recht schnellen Flügelschlägen, nicht schneidig und nicht besonders fördernd. Geräuschvoll und unruhig. Ruf gewöhnlich kurz, flötend »kluit kluit kluit ...«, immer wieder energisch wiederholt. Bei Bedrohung der Jungvögel winseln die Altvögel scharf »griit« und verleiten mit ungewöhnlicher Intensität. **BZW**

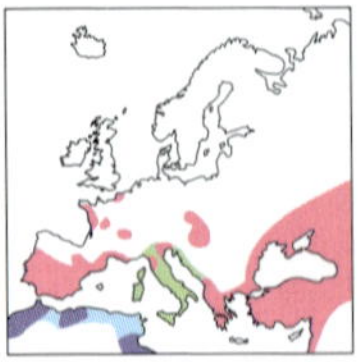

Stelzenläufer

Stelzenläufer *Himantopus himantopus* L 38. Nistet in kleinen, lockeren Kolonien in Marschland und seichten Lagunen S-Europs. In kleinen Gruppen anzutreffen. Unverwechselbar durch *unwahrscheinlich lange, blassrote Beine und dünnen, geraden Schnabel*, leuchtend weißes Gefieder, Flügel und Rücken dunkel. ♂ mit schwarzem, ♀ mit braun getöntem Rücken. Kopfzeichnung variiert bei beiden Geschlechtern. Reiches Rufrepertoire, darunter ein andauernd wiederholtes »krit krit krit ...«, sowohl an Säbelschnäbler als auch an Spornkiebitz erinnernd. Außerdem ein »kje« oder »kji« beinahe wie Heringsmöwe und Trauerseeschwalbe. **A**

Triele (Familie Burhinidae)

In Europa nur 1 Art, viele in Afrika. Große Augen (Anpassung an nächtliche Lebensweise) mit gelber Iris, recht kurzer, kräftiger Schnabel, lange, gelbe Beine und ein perfektes Tarnmuster.

Triel

Triel *Burhinus oedicnemus* L 40. Kommt in S- und Mitteleuropa spärlich auf trockenem Heideland mit sandigen oder steinigen Abschnitten vor. Ernährt sich von Würmern, Insekten usw., nimmt aber auch Mäuse. Hauptsächlich nachtaktiv, hat große gelbe Augen. Schwer zu entdecken, läuft mit eingezogenem Kopf und waagerechter Körperhaltung davon. Steht sehr aufrecht, um die Umgebung zu überschauen. Sitzt gerne auf dem Lauf (wie auf Kufen), nur der Unterschenkel senkrecht. Überrascht, drückt er sich mit ausgestrecktem Hals flach auf den Boden. Oft niedrig davonfliegend. Größe etwa wie Regenbrachvogel. Flugweise ähnlich Austernfischer: gebogene Flügel, recht schnell, flach und langsam geschlagen. *Weiße Binden und Flecken auf den Flügeln* auffällig. Ruft in und nach der Dämmerung melancholisch, pfeifend und rollend »pü **pürrr**-ü **pürrr**-ü **pürrr**-ü«, etwas an Großen Brachvogel erinnernd. Auch dünne »tü-lii«-Rufe wie beim Großen Brachvogel, dazu ähnlich dessen Warnruf »küwü**wi**-küwü**wi**-küwü**wi**-küwü**wi**-...« sowie ein »ku**biik**-ki**biik**-ki**biik**-...« wie der wütende Ausbruch eines Austernfischers. **A**

Rennvögel und Brachschwalben (Familie Glariolidae)

Rennvögel suchen buchstäblich laufend nach Nahrung. Im behandelten Gebiet nur 1 Art. Brachschwalben haben kurze Beine, lange, spitze Flügel, tief gegabelte Schwänze und kurze Schnäbel. Oft gruppenweise im Flug Insekten jagend. Gelege 2–3 Eier.

Rennvogel *Cursorius cursor* L 23. Brütet auf den Kanarischen Inseln und im Wüstengürtel von Marokko bis Pakistan. In den offensten, ödesten Gebieten anzutreffen. Sucht diese Landschaften im schnellen Lauf mit plötzlichem Anhalten nach Regenpfeifermanier ab (Nahrung weit verstreut; viel Gerenne). Versucht bei Störungen wegzulaufen. Auffallendes Profil: dünner Hals, ausgeprägter Hinterkopf, abwärts gebogener Schnabel, der »hochnäsig« gehalten wird. Sandfarben mit schwarzen und weißen Augenstreifen. Im Flug fallen die schwarzen Handschwingen und Unterflügel auf. Flügel zugespitzt, aber recht breit, Flugweise ähnlich locker wie bei Kiebitz. Ruf volltönend, etwas nasal »kwitt«. Beim Balzflug aus großer Höhe langsam wiederholte Rufe und ein seltsam tiefes »tschiah«. **A**

Säbelschnäbler
adult
juv.
Stelzenläufer
Triel
Rennvogel
adult
juv.
adult

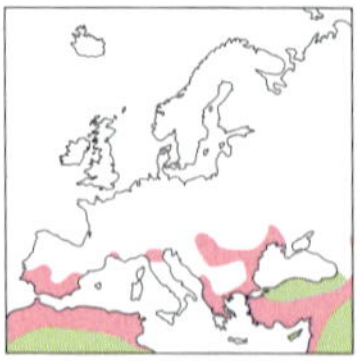
Rotflügel-Brachschwalbe

Rotflügel-Brachschwalbe *Glareola pratincola* L 25. Brütet in lockeren Kolonien auf trockenen Flächen (z. B. ausgetrocknete Schlammpfannen) in ausgedehntem Marschland S-Europas. Verbringt den größten Teil des Tages im Flug. Jagt in der Dämmerung in elegantem, schnellem Flug Insekten – oft in Gruppen und recht bodennah. Wirkt auf die Ferne braun mit hellem Bauch und *leuchtend weißem Bürzel/Schwanz. Unterflügel rotbraun* (auch bei Jungvögeln), dies jedoch in der südlichen Sonne schwer zu erkennen. Von der Schwarzflügel-Brachschwalbe unterschieden durch schmalen, aber *auffälligen weißen Armflügel-Hinterrand* (kann gelegentlich abgenutzt oder unscheinbar sein) und insgesamt etwas helleren Rücken und Oberflügeldecken, die etwas mit den dunklen Schwungfedern kontrastieren. Kann mit ihren kurzen, zerbrechlich wirkenden Beinen schnell laufen. Rufe schrill, nasal, am häufigsten ein 5-silbiges »**kürr**-ek-ek kit-**ick**« in eigenartig ruckartigem Rhythmus, in der Tonhöhe etwas an Zwergseeschwalbe erinnernd. Auch ein kürzeres, beiläufiges »kik«. A

Schwarzflügel-Brachschwalbe

Schwarzflügel-Brachschwalbe *Glareola nordmanni* L 25. In Erscheinung, Lebensgewohnheiten und Lebensraum sehr ähnlich Rotflügel-Brachschwalbe. Hat *tiefschwarze Unterflügel,* dunklere Oberflügel und *keinen weißen Armflügel-Hinterrand.* Man beachte, dass auch die Rotflügel-Brachschwalbe im gleißenden Sonnenlicht schwarze Unterflügel zu haben scheint und der weiße Flügelhinterrand abgenutzt sein kann, wodurch ein »Schwarzflügel-Eindruck« entsteht. Ruf wie Rotflügel-Brachschwalbe. A

Wassertreter (Familie Scolopacidae)

Kleine Limikolen mit Schwimmhäuten, hervorragende Schwimmer. ♀ prächtiger gefärbt.

Wilsonwassertreter *Phalaropus tricolor* L ♂ 21, ♀ 24. Seltene Ausnahmeerscheinung aus N-Amerika. Im Winter oberseits grau, mit weißlichem Hals und Gesicht. Jungvögel oberseits dunkelbraun, ohne hellere Streifen. In allen Kleidern *weiße Oberschwanzdecken; keine Flügelbinde. Schnabel lang, gerade und sehr dünn, Beine* lang und *auffällig dick.* Unterscheidet sich vom im Schlichtkleid ähnlichen Teichwasserläufer u. a. durch *Fehlen eines weißen Rückenkeils* sowie dickere und kürzere Beine. Sehr aktiv. Rennt oft an morastigen Ufern herum. A

Thorshühnchen

Thorshühnchen *Phalaropus fulicarius* L 19. Zirkumpolarer Brutvogel der Arktis, auch an einigen Küstenlagunen Islands. Überwintert im Südatlantik. Sporadischer Herbst- und Wintergast an den Küsten W-Europas – nach Stürmen oft zu Hunderten. Verhalten und Lebensweise wie Odinshühnchen, furchtlos und fast immer schwimmend zu sehen. Im Schlichtkleid wie Odinshühnchen, jedoch durch *dickeren und etwas kürzeren Schnabel* mit oft heller, gelbbrauner Basis sowie *einfarbig blaugrauen Rücken* unterschieden. Im Herbst ist der graue Rücken oft schwarz gefleckt, sie ähneln dann eher Odinshühnchen im vollständigen Winterkleid. Ruft ausgeprägt hoch »kit« und weicher »driit«. Z

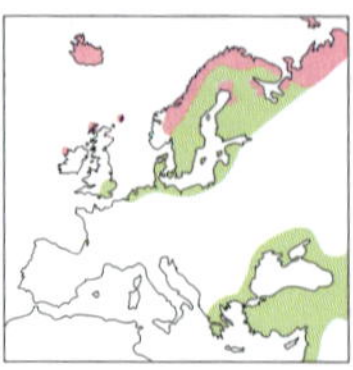
Odinshühnchen

Odinshühnchen *Phalaropus lobatus* L 23. Recht häufiger Brutvogel des hohen Nordens in sumpfigen Gebieten mit kleinen Tümpeln. Überwintert in großen Zahlen im Arabischen Meer. Auf dem Zug sehr selten. Fast stets schwimmend zu sehen: Kopf vorwärts geneigt wie Heringsmöwe, mit den Schwimmbewegungen nickend, hektisch betriebsam. Stöbert Kleintiere durch kreiselndes Schwimmen auf. Das prächtigere ♀ balzt und überlässt das Brutgeschäft dem berüchtigt furchtlosen ♂. Sommerkleid unverwechselbar (erscheint aus größerer Entfernung dunkel mit Kinn und Kehle hell). Jungvögel weiß an Kopf und Hals mit dunklen Flecken auf Scheitel und hinter dem Auge sowie 2 Paaren rostgelber Längsstreifen auf dem dunklen Rücken (wie Adulte im Sommerkleid und ganz anders als bei Thorshühnchen). Deutliche weiße Flügelbinde. Winterkleid (in Europa selten zu sehen) wie Jugendkleid, aber grauerer Rücken mit weißen Streifen. Ruf kurz, hart wie gezupfte Geigensaite »kett«, unter den Variationen auch ein »kereck« wie die Kurzausgabe eines Blässhuhnrufs. Z

adult Winter
Rotflügel-Brachschwalbe
Sommer
Schwarzflügel-Brachschwalbe
juv.
Sommer
1. Winter
♀
adult Winter
Wilsonwassertreter
juv.
♀
adult Winter
Thorshühnchen
Winter
juv.
Odinshühnchen
♀
♀ Sommer
Winter
juv.

RAUBMÖWEN (Ordnung Charadriiformes, Familie Stercorariidae)

Ähneln Möwe, sind aber im Flug überlegen, jagen Möwen und Seeschwalben die Beute ab. Im Winter auf dem Meer. Mittlere Steuerfedern bei 3 Arten leicht oder deutlich verlängert.

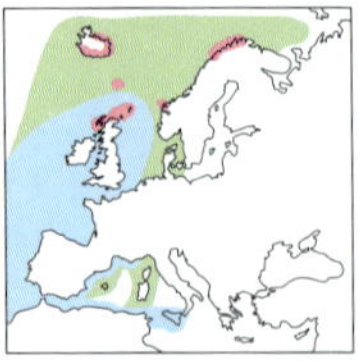
Skua

Skua ***Stercorarius skua*** L 59. Brütet auf Inseln des Nordatlantik, oft in Kolonien auf Hochlandmooren nahe Felsküsten. Verteidigt Nest mit heftigen Attacken gegen den Kopf des Eindringlings. Raubt anderen Seevögeln (besonders Basstölpeln) den Fisch, frisst aber mehr als andere Raubmöwen auch Aas und Abfall. Folgt Fischerbooten. Tötet kleine Möwen. Erinnert an eine große, dunkle Möwe (Verwechslungsgefahr mit verölten Möwen), hat jedoch viel *schwereren Körper* und *breiteren Flügelansatz*. Massive Robustheit beim Streckenflug steht im Gegensatz zur großen Beweglichkeit bei Verfolgungsflügen. Große reinweiße Flecken auf den Flügeln (ober- wie unterseits) fallen auch auf größte Entfernung auf. Z

Spatelraubmöwe

Spatelraubmöwe

Spatelraubmöwe ***Stercorarius pomarinus*** L 51. Bewohnt arktische Tundren. Im Winter auf der See, z.B. vor W-Afrika. Im Sommer haben Altvögel *lange, breite Mittlere Steuerfedern,* die um 90° gedreht sind, sodass die *Schwanzspitze von der Seite dick* aussieht. 2 Morphen, eine helle (bei Weitem die häufigste) mit oder ohne dunkles Brustband und eine dunkle. Das Fehlen des Brustbands weist auf ♂ hin. Im Winter sind die Mittleren Steuerfedern kurz, aber breit und nicht gedreht; die *Flanken sind grob gebändert*. Jungvögel sind juvenilen Schmarotzerraubmöwen sehr ähnlich, aber *größer* (= kleine Silbermöwe; Schmarotzerraubmöwe = Sturmmöwe) und *massiger, Flügelbasen* etwas *breiter* als Schwanzlänge. *Streckenflug kraftvoller und gleichmäßiger,* mit *Gleitstrecken auf stärker gebogenen Flügeln* an eine Großmöwe erinnernd. Gefieder gewöhnlich dunkel, aber mit *stärkerer heller Bänderung auf dem Bürzel* und *mehr Weiß auf den unteren Handdecken*. Schnabel größer. *Aufhellung auf dem basalen Teil. Mittlere Steuerfedern stumpf* und nur wenig verlängert. Z

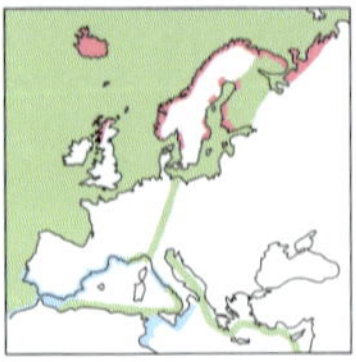
Schmarotzerraubmöwe

Schmarotzer-raubmöwe

Schmarotzerraubmöwe ***Stercorarius parasiticus*** L 46. Brütet in Mooren auf Felseninseln vor den Küsten des Atlantik, des Eismeers und der Ostsee. Trifft im April ein, arktische Brutvögel ziehen im Mai durch, Wegzug v.a. Aug./Sept. *Spannweite wie Sturmmöwe,* wirkt aber schlanker. 2 Farbmorphen, die dunkle im Süden häufiger, die helle im Norden; intermediäre Vögel kommen vor. Beide Formen haben ein dunkles Brustband. *Mittlere Steuerfedern dünn, verlängert und zugespitzt.* Gesamteindruck möwenartig, *wirkt* jedoch *stets dunkel* (auch helle Morphe). Durch überlegene Flugfähigkeit zwingt sie Möwen und Seeschwalben, Fisch herauszuwürgen. Auch normaler Flug angesichts der entspannten Flügelbewegungen auffällig schnell. Wassert jedoch eigenartig vorsichtig nach langem Gleiten. Jungvögel variationsreich gefärbt und schwer von Spatelraubmöwen zu unterscheiden (siehe dort), jedoch auf *Kopf/Hals häufig ockerfarben getönt, Breite des Flügelansatzes etwa wie Schwanzlänge* oder kürzer, *feinerer Schnabel nicht so deutlich 2-farbig.* Häufigster Ruf ein nasales, katzenartiges Miauen »ih-glau, ih-glau, ...«. Z

Falkenraubmöwe

Falkenraubmöwe

Falkenraubmöwe ***Stercorarius longicaudus*** L 53. Brütet auf Hochlandmooren und Tundra, gewöhnlich weitab vom Meer. Brutzahlen variieren mit Mäuse- und Lemmingzyklen. Parasitische Gewohnheiten im Winter auf dem Meer. *Kleinste und schlankste Raubmöwe. Flügel relativ lang und schmal, Mittlere Steuerfedern dünn und sehr lang* (15–20 cm). Flug schwungvoll. Rüttelt regelmäßig. Jagt Fluginsekten. Jungvögel äußerst variabel gefärbt, juvenilen Schmarotzerraubmöwen sehr ähnlich, jedoch *stets kalter Farbton, grau überflogen,* nie ockerbraun. Zudem Körper kleiner und Gestalt schlaksiger mit kräftiger Brust, aber *langem, schlankem Hinterkörper.* Mittlere Steuerfedern verlängert, mit *stumpfer Spitze.* Weiß gewöhnlich nur auf den Schäften der 2 äußersten Handschwingen. Flug schwächer als bei Schmarotzerraubmöwe. Ruft bei Balz-Verfolgungsflügen möwenartig »klii-aah«, warnt laut »kripp-kripp-...«. Z

juv.
adult
Skua
adult
Schwanz
adult
Winter
adult
Sommer
adult
Sommer
Spatelraub-
möwe
dunkel
juv. dunkel
juv. hell
adult
Sommer
hell
Schwanz
adult
Winter
adult
Sommer
dunkel
adult
Sommer
hell
Schmarotzer-
raubmöwe
juv. hell
juv. dunkel
Schwanz
adult
Winter
adult
Sommer
adult
Sommer
Falkenraub-
möwe
juv. hell
juv. intermediär
juv. dunkel
adult
Sommer

MÖWEN (Ordnung Charadriiformes, Familie Laridae)

Robuste Vögel mit Schwimmhäuten, langen, ziemlich schmalen Flügeln, kräftigen Schnäbeln und recht kurzen Schwänzen. Meist weiß, grau und schwarz. Geschlechter gleich. Immature gewöhnlich graubraun gefleckt. Adultkleid erst nach mehreren Jahren. Vielseitige Ernährung. Koloniebrüter. Gelege 2–3 Eier.

Fischmöwe

Fischmöwe juv.

Fischmöwe ***Larus ichthyaetus*** L 63, S 154. Brutvogel an südosteuropäischen Steppenseen und Küstenmarschland. Seltener Gast in Mitteleuropa. Altvögel im Sommerkleid durch *Mantelmöwengröße* und *schwarzen Kopf* gekennzeichnet, im Winterkleid durch *gelben Schnabel mit schwarzem Querband* und dunkle Kopfzeichnung. Im Flug kontrastiert das schwarz-weiße Handschwingenmuster mit grauen Flügeldecken und Rücken. Jungvögel von denen anderer Großmöwen durch *scharf abgesetzte, breite schwarze Endbinde auf weißem Schwanz* und die deutlich *gegen den weißen Bauch abgegrenzte grau gefleckte Brust* zu unterscheiden. Bereits im 1. Herbst werden Brust und Oberflügeldecken heller, nehmen trotz ihrer Größe Färbung des Adultgefieders fast so schnell wie Sturmmöwen an. Im 1. Winter/1. Sommer ähnlich Silbermöwe im 2. Sommergefieder, jedoch *größer und graugelber Schnabel mit schwarzer Spitze* wirkt länger, dazu *sanft ansteigende Stirn* und weiße Augenklammer (alle Kleider); *dunkelgraue Markierung hinter dem Auge;* Beine grünlich; *scharfe Grenze zwischen schwarzer Endbinde und weißer Schwanzbasis. Flügel* wirken im Flug *erstaunlich lang und spitz,* erscheinen von vorne stärker gekrümmt als bei Silbermöwe. Rufe heiser und krähenartig. **A**

Eismöwe

Eismöwe ***Larus hyperboreus*** L 61, S 150. Arktische Art. Im Winter selten, aber regelmäßig an Küsten, in Häfen sowie an Müllkippen und Stauseen. In allen Altersstufen von der Silbermöwe durch *helle Flügelspitzen* und annähernd Mantelmöwengröße unterschieden. Altvögel sind auf Rücken und Flügeln heller als Silbermöwe, und die Flügelspitze ist weiß. Im Herbst sind Kopf und Nacken heftig graubraun gefleckt. *Grundfarbe* des Gefieders im 1. Winter *kennzeichnend ocker getönt,* was sie auf große Distanz von immaturen Silbermöwen mit eher graubrauner Fleckung abgrenzt. Grundfärbung der Brust so intensiv, das eine 6 Monate alte Eismöwe von vorn dunkler als eine immature Silbermöwe wirkt. Dabei ist die Fleckung besonders am äußersten Schwanzende feiner, dieses nicht dunkler als die Schwanzbasis. In diesem Kleid *Schnabel hellrosa mit schwarzer Spitze.* Augen dunkel. Abweichende Silbermöwen sind ums Auge dunkel, haben etwas dunklere Flügelspitzen und erheblich dunkleren Schnabel. Albinotische Silbermöwen sind oft gänzlich weiß ohne das Fleckenmuster der Immaturen oder den grauen Mantel der Altvögel. Eismöwen im 2. Winter sind gewöhnlich *etwas* heller als Vögel im Jugendkleid und es fehlt ihnen deren Ockerton; in den meisten Fällen durch diffusere Musterung, auf Mantel und Flügeldecken durchscheinendes Perlgrau sowie gelblichbraune (nicht dunkle) Augen zu erkennen. Vgl. auch Polarmöwe. Rufe ähnlich Silbermöwe. **A**

Polarmöwe

Polarmöwe ***Larus glaucoides*** L 52, S 133. Brutvogel Grönlands. Im Winter selten an den Küsten NW-Europas, auf Abfallplätzen, Stauseen usw. In der Kleiderfolge (allmählicher Übergang von hellbraun zu grauweiß) wie Eismöwe, jedoch kleiner (etwas kleiner als Silbermöwe) mit *kleinerem und runderem Kopf* und *kleinerem Schnabel,* weshalb sie »netter« aussieht, mehr wie Sturmmöwe. Beine kürzer, Flügel länger, sodass ihre Spitzen den Schwanz deutlich überragen (Eismöwe gewöhnlich mit geringerer Flügelprojektion). Lässt Flügel oft leicht hängen. *Schnabel im 1. Winterkleid dunkler als bei Eismöwe:* mehr Schwarz auf der Spitze geht in hellere Basis über. Im 2. Winter gleicht das Schnabelmuster dem der Eismöwe. Wirkt im Flug ziemlich breitflügelig und kurzhalsig. Zu Verwechslung mit fehlfarbiger Silbermöwe siehe Eismöwe. **A**

Fischmöwe
adult Sommer
2. Winter
1. Winter
1. Winter
2. Winter
adult
Sommer

Eismöwe
adult Sommer
2. Winter
1. Winter
1. Winter
adult

Polarmöwe
adult Sommer
2. Winter
1. Winter
adult
1. Winter

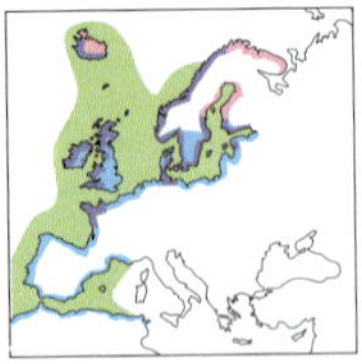
Mantelmöwe

Mantelmöwe ***Larus marinus*** L 63, S 155. Weit verbreiteter Brutvogel in Einzelpaaren oder in kleinen Kolonien (oft mit anderen Möwen) an Küsten NW-Europas, sporadisch auch an größeren Binnengewässern. Von der ziemlich ähnlichen Heringsmöwe wie folgt unterschieden: *größer, mächtigerer Schnabel, rosagraue Beine* und merklich *breitere Flügel*. Altvögel haben mehr Weiß auf der Flügelspitze, Oberflügel und Rücken in W-Europa dunkler als bei Heringsmöwen, die dort brüten, im Ostseeraum umgekehrt. Im Winter weitgehend weißer Kopf. Jungvögel ähneln jungen Heringsmöwen (hell gemusterte Große Flügeldecken, leicht aufgehellte innere Handschwingen), jedoch Größe und schwererer Schnabel gewöhnlich auffällig, Schwanzendbinde schmaler und durchbrochen, Kopf und Hals meist etwas heller (juvenile Silbermöwen sind oft grauer mit stärker geflecktem Muster). Im Herbst (= 1. Winter) werden *Kopf und Hals noch weißlicher, das Mantelmuster gröber und kontrastreicher* und die *Schirmfedern dunkel mit breiten, weißen Rändern*. Verwechslung mit kleineren und dunkleren juvenilen Heringsmöwen weniger wahrscheinlich (siehe dort). Rücken werden im 2. Winter schwarz, Oberflügel im 3. Winter. Flug deutlich schwerer als bei Silbermöwe, mit langsameren Flügelschlägen. Ernährt sich von Fischen, Abfall und Jungvögeln, kann auch mittelgroße Enten überwältigen. Heisere, rauere und tiefere Rufserien als bei Silbermöwe. Auch Balzruf eine langsamere, kürzere und tiefere Folge, der zudem der einleitende jammernde Ton fehlt. **JZW**

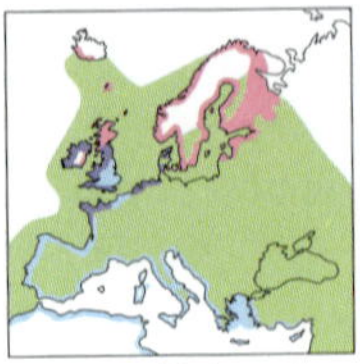
Heringsmöwe

Heringsmöwe ***Larus fuscus*** L 52, S 130. Brütet häufig an nord- und nordwesteuropäischen Küsten, lokal auch an Binnengewässern. 3 Unterarten: die etwas größere britische *L. f. graellsii* mit schiefergrauem Rücken und Oberflügeln, die baltische *L. f. fuscus* mit pechschwarzem Rücken und Oberflügeln (etwas kleiner) und die westskandinavische *L. f. intermedius*, die dazwischen liegt. Unterart *L. f. graellsii* ist Teilzieher, *L. f. fuscus* Langsteckenzieher, der Europa überquert, um im östlichen Mittelmeer und in O-Afrika zu überwintern. Altvögel ähneln Mantelmöwen (obwohl *L. f. graellsii* graueren, *L. f. fuscus* schwärzeren Rücken hat), aber im Flug fallen außer der geringeren Größe schmalere, spitzere Flügel auf, schwarze Flügelspitze nur mit 1 weißen Punkt. Gelbe Beine (nicht rosagrau), längliche Gestalt (große Flügelprojektion), kürzere Beine als Mantelmöwe, kleinerer Kopf und Schnabel sowie ganz schwarz wirkende Flügelspitzen. Altvögel im Herbst mit dunkler Strichelung an Kopf und Hals. Jungvögel ähneln jungen Silbermöwen, haben jedoch dunklere Schultern und Oberflügel; Schwungfedern einförmig dunkel ohne helles »Fenster« auf den inneren Handschwingen, auch die Großen Decken viel dunkler. Zudem sind die Unterflügel dunkler, und die Schwanzendbinde ist breit und durchgehend schwarz, stark mit dem weißlichen inneren Schwanz kontrastierend. Dunkler Rücken entwickelt sich ab dem 1. Sommer. Ruft etwas tiefer und nasaler als Silbermöwe. **BZW**

Tundramöwe

Tundramöwe ***Larus (fuscus) heuglini*** L 54, S 133. Brütet in NO-Europa (äußerster Norden Russlands, östl. Kolahalbinsel, nördl. Weißes Meer und weiter östlich) zumeist auf Inland-Tundra. Überwintert im Nahen Osten, Arabien, W-Indien. Zug folgt v.a. russischen Flüssen, einige Vögel besuchen Finnland und die Ostsee. Mit der Heringsmöwe eng verwandt. Der britischen Unterart *L. f. graellsii* mit genauso schieferfarbener Oberseite im Adultkleid äußerst ähnlich (einige sind etwas heller). Im Durchschnitt etwas größer, mit längeren Beinen und Flügeln, auch der Schnabel etwas länger und kräftiger. Vögel im 1. Winter ähneln mit weißem Bürzel, dunklem Schwanz, dunklen Schirmfedern und Schwungfedern sowohl Steppenmöwen als auch Heringsmöwen im selben Kleid. Unterscheidet sich generell von Heringsmöwe durch helleres Gefieder mit ziemlich hellem Kopf/Hals, eher stark gemusterte als ganz dunkle innere Große Decken und Schulterfedern (in dieser Hinsicht mehr wie Silbermöwe); jedoch gibt es einige Variationen und Überlappungen, die eine sichere Bestimmung erschweren. **A**

Mantelmöwe
adult
adult
1. Winter
1. Winter
2. Sommer
Heringsmöwe
L. f. intermedius adult
L. f. graellsii adult
L. f. fuscus adult
juv.
juv.
Tundramöwe
1. Winter
adult
adult

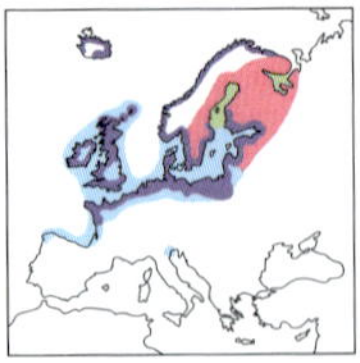

Silbermöwe

Silbermöwe ***Larus argentatus*** L 58, S 140. Brütet kolonieweise oder in einzelnen Paaren an Küste oder Binnenseen. Altvögel im Vergleich zur ähnlichen Sturmmöwe größer, haben breitere Flügel, *trägere Flügelschläge, gelbliche Augen* und *einen leuchtend gelben Schnabel mit rotem Gonysfleck. Beine graurosa.* Im Herbst ist der Kopf braungrau gestrichelt. Jungvögel unterscheiden sich von juvenilen Heringsmöwen durch hellere Flügel, besonders *hellere innere Handschwingen, die ein »Fenster« hervorrufen,* von juvenilen Mantelmöwen durch geringere Größe, weniger hohen Schnabel, etwas dunkleres und gefleckteres Gefiedermuster sowie breitere schwarze Schwanzendbinde mit weniger Kontrast zum hellen Bürzel. Dunklerer Kopf gutes Unterscheidungsmerkmal im 1. Herbst, wenn Mantelmöwen einen weißlichen Kopf haben. Perlgrauer Rücken entwickelt sich ab dem 2. Herbst. Folgt Fischerbooten. Oft in großer Höhe in lockeren, kreisenden Gruppen oder im Streckenflug von/zu den Nahrungsgründen/Rastplätzen zu sehen. Ruft gewöhnlich laut und wiederholt »**glia**-u«. Balzt mit einer Serie lachender Töne mit einleitendem, gezogen triumphierendem »aau... kjaah kja-kja-kja-kja-...«. Warnruf laut, genervt »gla-**uu** gla-**uu** gla-**uu** ...«. **JZW**

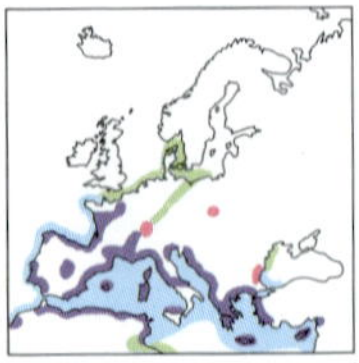

Mittelmeermöwe

Mittelmeermöwe ***Larus michahellis*** L 55, S 143. Brütet v.a. im Mittelmeerraum, ist aber bis in die Bretagne weit verbreitet. Vereinzelte Brutplätze in Mitteleuropa. Zieht nach der Brutzeit und im Winter weit herum und erreicht die Britischen Inseln und die Ostsee. Der Silbermöwe sehr ähnlich. Etwas abweichende Proportionen: *Flügelspitzen überragen* beim stehenden Vogel *den Schwanz weiter, längere Beine,* gedrungener *Schnabel mit ausgeprägterem Gonyseck.* Altvögel mit *gelben Beinen* und *leuchtend gelbem Schnabel mit großem rotem Gonysfleck* sowie etwas *dunkler grauen Oberflügeln, mehr Schwarz und kleineren weißen Punkten auf der Flügelspitze.* Kopf im Herbst v. a. bei Vögeln des östlichen Mittelmeers weiß, gestrichelter im Westen und im Atlantik. Iris gelb. Jungvögel weniger einförmig als junge Silbermöwen: *Kopf* (dunkles Feld ums Auge), *Vorderhals und Unterseite weißer* (dunkle Flecken auf Flanken und Brustseiten), *dunkle Schirmfedern mit weißen Spitzen* ohne helle Einkerbungen. Äußere Große Decken besonders an der Basis dunkel, und das helle »Fenster« der Silbermöwe fehlt oder ist nur schwach ausgeprägt. *Weißer Bürzel/Schwanz kontrastiert stark zur dunklen Schwanzendbinde, Flügel unterseits recht dunkel* und mit weißlichem Bauch kontrastierend. Jungvögel mausern früher als Silbermöwen: bereits im Okt. zeigt der Mantel frische gräuliche Federn mit Ankerzeichnung, und ganz graue Federn können im 1. Sommer erscheinen. Ruft nasaler und tiefer als Silbermöwe, an Heringsmöwe erinnernd. **BZW**

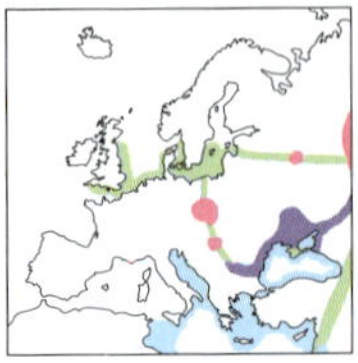

Steppenmöwe

Steppenmöwe ***Larus cachinnans*** L 55, S 145. Brütet an der Schwarzmeerküste (außer im Südwesten), am Kaspischen Meer, an Seen in O-Europa. Hat Verbreitung nach Westen ausgeweitet und brütet heute in Mittelpolen. Zieht wie Mittelmeermöwe nach der Brutzeit und im Winter weit umher, erscheint regelmäßig an der Ostsee und in Mitteleuropa. Hybridisiert in den Kontaktzonen mit Silber- und Mittelmeermöwe. *Stirn länger, flacher* als bei Silbermöwe, *Schnabel länger und in der Höhe gleichmäßiger,* an der *Spitze weniger scharf abwärts gebogen; Gonyseck schwach ausgeprägt. Flügel ragen* beim stehenden Vogel *weiter über den Schwanz* hinaus, *Beine und Hals sind länger.* Im Herbst kann man Altvögel unter Silbermöwen durch weißlichen Kopf und gewöhnlich *dunkle Augen* herausfinden und die Bestimmung mit Kopf- und Schnabelform absichern. Dann ist der Schnabel matter gelb (mit grünem Anflug), und *die Beine sind* nicht *so gelb* wie zur Brutzeit. Jungvögel haben *weißlichen Kopf und Hals,* eine *braun gestrichelte »Boa« am unteren Hals,* einen auffälligen Kontrast zwischen *weißlichem Bürzel und schwarzer Schwanzbinde, weißliche Unterseite und Unterflügel, dunkle Schirmfedern* mit breiten weißlichen Rändern. Große Flügeldecken an der Basis oft dunkel und so eine dunkle Binde hervorrufend. Rufe ähnlich Mittelmeermöwe. **ZW**

adult
Sommer
Winter
(N-Europa)
Silbermöwe
Winter
1. Winter
2. Sommer
adult
adult
Sommer
2. Winter
Winter
Mittelmeermöwe
1. Winter
adult
2. Winter
adult
1. Winter
1. Winter
Steppenmöwe

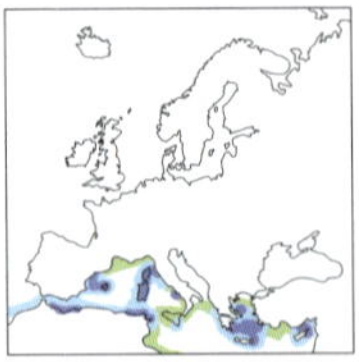

Korallenmöwe

Korallenmöwe ***Larus audouinii*** L 48, S 122. Brütet in kleinen Kolonien auf Mittelmeerinseln und 1 großen im Ebrodelta. Von der Mittelmeermöwe durch schlankere Gestalt, dunkleren Schnabel sowie nur *sehr kleine weiße Punkte an den Spitzen der dunklen Handschwingen* unterschieden. Aus der Ferne *wirkt der korallenrote Schnabel schwarz.* Das Grau des Rückens geht stufenlos in den weißen Hals und Schwanz über. *Weiße Endbinde der Armschwingen schmal.* Jungvögel mit weißlichem Gesicht und Scheitel, Schwungfedern wie die Großen Flügeldecken gleichmäßig dunkel. Schwanz schwärzlich mit feiner, weißer Endbinde. Erinnert im 2. Sommer an gleichaltrige Mittelmeermöwe: Rücken und Flügeldecken hellgrau, dunkle Hand, dunkler Armschwingen-Hinterrand, weißer Schwanz mit dunkler Subterminalbinde. *Kleiner* als Mittelmeermöwe mit *schmalerer Schwanzbinde.* Ruft schwach, heiser und nasal. **A**

Ringschnabelmöwe ***Larus delawarensis*** L 48, S 120. Seltene Ausnahmeerscheinung aus N-Amerika. Wie eine große Sturmmöwe bzw. eine kleine Silbermöwe. Altvögel haben gelblichen *Schnabel mit deutlicher schwarzer Querbinde.* Beine (grünlich-)gelb, *Iris hell.* Vögel im 1. Winter ähneln gleich alten Sturmmöwen, sind jedoch größer mit kräftigerem, *rosa Schnabel mit schwarzer Spitze,* heller grauem Mantel, *deutlicheren Flecken* (einige halbmondförmig) auf *unterem Hals, Brust und Flanken.* Auch anderes Schwanzmuster: *dunkles Subterminalband* durch schmale hellere Binden *unterbrochen,* besonders zum Ende hin; Ober- und Unterschwanzdecken recht deutlich gepunktet. Beine rosa. Vögel im 2. Winter von gleichaltrigen Sturmmöwen durch weiterhin vorhandene Flecken am unteren Hals, *Reste des schmalen dunklen Subterminalbands auf dem Schwanz* sowie bereits helle Iris zu unterscheiden. **A**

Sturmmöwe

Sturmmöwe ***Larus canus*** L 43, S 109. Brütet besonders in N-Europa an Küsten oder Binnengewässern. Bevorzugter Neststandort erhöht, z.B. auf großen, aus dem Wasser ragenden Steinen (auch auf Pfählen, sogar Hausdächern). Ganze Scharen suchen auf Feldern nach Regenwürmern. Altvögel wie Silbermöwe, aber kleiner und mit schmaleren Flügeln, fliegen schneller mit kraftvolleren Flügelschlägen, *Augen dunkel und schwächerer, grünlichgelber Schnabel ohne roten Punkt.* Von der Dreizehenmöwe durch weiße Flecken auf sonst schwarzen Flügelspitzen sowie langsamere Flügelschläge unterschieden. Jungvögel haben *scharf abgegrenzte schwarze Schwanzbinde,* braunen Rücken, der bereits im Herbst blaugrau vermausert wird, und braune Flügeldecken, die über den Winter erhalten bleiben. Rufe höher als Silbermöwe, laut und oft zu hören z.B. hoch keckernd »kakaka...«, gefistelt »kliii-a« sowie als Warnruf ein andauerndes »kli-**ju** klii-**ju**«. **JZW**

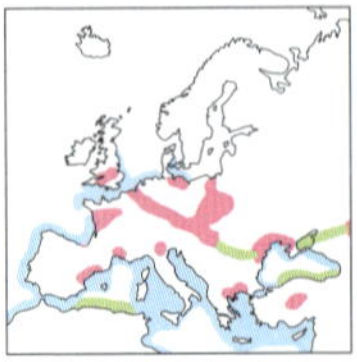

Schwarzkopfmöwe

Schwarzkopfmöwe ***Larus melanocephalus*** L 39, S 98. Nistet in Kolonien an Steppenseen in SO-Europa. Ausdehnung der Verbreitung nach Nordwesten. Vermehrt im Winter und auf dem Zug anzutreffen. Etwas größer als Lachmöwe, aber kleiner und kurzflügeliger als Sturmmöwe. Altvögel von Lachmöwen durch *kräftigeren, abgestumpften Schnabel* (dunkles Band vor der Spitze), *reinweiße Handschwingen* sowie im Sommergefieder durch schwarze (nicht braune), weiter auf den Nacken reichende Kapuze zu unterscheiden. Wenn die Kappe im Spätsommer verschwindet, wirken die Vögel *sehr weiß.* Jungvögel haben braunen Rücken, der bald in ein helles Grau vermausert wird. Vögel im 1. Winter ähneln Sturmmöwen im entsprechenden Gefieder, jedoch im Allgemeinen *etwas kleiner mit heller grauem Rücken* und kontrastreicheren Flügeln mit *reingrauem, durch Große Flügeldecken gebildetem Feld* zwischen den braun gestreiften Mittleren Armdecken und den *schwärzlichen Armschwingen.* Äußere Handschwingen schwärzlich (mit kleinen weißlichen Subterminalflecken, die sich nur am gespreizten Flügel zeigen). *Ohrdecken schwärzlich, Schnabel und Beine* ebenfalls *schwärzlich.* Ruf nasal, etwas an Schmarotzerraubmöwe erinnernd »geääh«. **BZW**

Korallenmöwe
adult
juv.
adult
adult
juv.
2. Winter
Ringschnabelmöwe
adult
1. Winter
adult
1. Winter
2. Winter
Sturmmöwe
adult
1. Winter
adult
1. Winter
2. Winter
Schwarzkopfmöwe
adult
1. Winter
adult
1. Winter

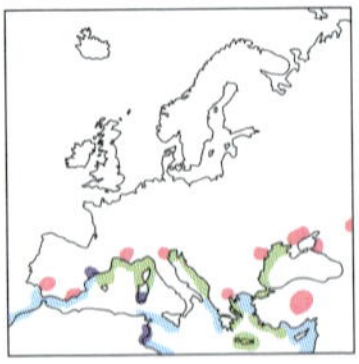

Dünnschnabelmöwe

Dünnschnabelmöwe ***Larus genei*** L 40, S 96. Brütet lokal in kleinen Zahlen an Seen und Küstenlagunen in S-Europa, in großen Kolonien vom Schwarzen Meer ostwärts. Ähnelt durch gleiches Flügelmuster Lachmöwe, ist jedoch größer und etwas schlanker gebaut: Schnabel, Hals, Flügel und Beine sind länger, Schwanz stärker gerundet, die *Stirn fällt flacher ab und geht gleichmäßig in den langen Schnabel über,* der ein wenig abwärts gebogen erscheint. Schnabel und Beine bei Altvögeln rot, auf die Ferne dunkel wirkend, zur Brutzeit aber tatsächlich dunkler werdend. Schnabel und Beine der Immaturen schmutzig gelb, Schnabel mit dunklerer Spitze. *Iris* der Altvögel *hell.* Immature Vögel, die wie manche Altvögel außerhalb der Brutzeit hinter dem Auge einen dunklen Fleck haben (wie Lachmöwe, aber heller), durch Größe (langsamere, kraftvollere Flügelschläge, größere Spannweite, vergleichsweise längerer Innenflügel) und – v. a. – Gestalt zu bestimmen (man beachte, dass gelegentlich immature Lachmöwen mit langen Schnäbeln vorkommen, was zu Verwirrungen führen kann). Ruft nasal, tiefer als Lachmöwe. **A**

Lachmöwe

Lachmöwe ***Larus ridibundus*** L 38, S 91. Nistet gewöhnlich in oft riesigen Kolonien (Tausende Brutpaare) an verschilften Seen und in Sumpfgebieten an der Küste und im Binnenland, auch auf flachen Inseln. In diesen Kolonien brüten oft auch Reiher, Tafelenten usw., die den Schutz vor Krähen schätzen. Häufig auch in Städten anzutreffen, wo sie aus Rasenflächen und dergl. Regenwürmer ziehen, in Häfen und auf Agrarland. Lachmöwen profitieren von der Landwirtschaft, und man sieht sie in großen Scharen zusammen mit Sturmmöwen Pflügen folgen. Fängt auch in Trupps Fluginsekten – tagsüber hoch am Himmel, abends flach über Schilfgebieten. An ruhigen Sommertagen sind fliegende Ameisen die bevorzugte Nahrung. Die Kolonien werden Ende Juli verlassen, und die meisten Brutvögel N-Europas ziehen nach Süden an Küsten und in die Kultursteppe, um im März an die Brutplätze zurückzukehren. Häufigste Möwe mit *dunkler Kapuze* (schokoladebraun, »zartbitter«), *Oberflügel* in allen Kleidern *mit dreieckigem, weißem Feld,* das von den äußeren 4–5 Handschwingen gebildet wird. *Unterflügel* stets *teilweise dunkelgrau mit breitem, weißem Vorderrand.* Altvögel haben dunkel rotbraunen Schnabel und Füße, im Sommerkleid lässt die Kapuze den Nacken weiß (auch etwas Weiß am Auge), im Winterkleid weißer Kopf mit dunklem Fleck hinter dem Auge. Jungvögel sind auf Rücken, Nacken und Scheitel rötlichbraun, vermausern dies aber bald in Grau und Weiß, behalten jedoch braune Flügeldecken und dunkle Schwanzbinde. Füße gelblichbraun, Schnabel ebenso mit schwarzer Spitze. Dünnschnabelmöwe im Jugend- und Winterkleid ähnlich (siehe dort). Ruf ein schreiendes, rollendes »krijäh«, »krre« usw. **JZW**

Lachmöwe juv.

Bonapartemöwe juv.

Bonapartemöwe ***Larus philadelphia*** L 33, S 82. Brütet in Einzelpaaren in entlegenen Nadelwäldern N-Amerikas. Nest hoch oben in Fichten. In Europa seltene Ausnahmeerscheinung, meistens im Winter und dann häufig unter Lachmöwen. Im Sommer durch *rußschwarze* (nicht braune) Kapuze und *gänzlich schwarzen Schnabel* von Lachmöwe zu unterscheiden. Beine leuchtend rot. In allen Kleidern sind die Handschwingen unterseits hell grauweiß, nicht weitgehend dunkel wie bei Lachmöwe. Auch kleiner und eleganter als diese, besonders im lebhaften Flug, der dem der Zwergmöwe ähnelt. Immature ähneln gleichaltrigen Lachmöwen, jedoch auf den äußersten, längsten Handschwingen mehr Schwarz (siehe Abb. links); wie den Altvögeln fehlt ihnen das dunkelgraue Feld auf der Handschwingen-Unterseite. Schnabel grauschwarz, Beine gelblich. Ruf ein leises, beinahe blässhuhnartiges Keckern. **A**

Dünnschnabelmöwe
adult
1. Winter
adult Sommer
1. Winter
juv.

Lachmöwe
adult Winter
adult Sommer
1. Winter
1. Winter
juv.

Bonapartemöwe
adult
Winter
adult Sommer
adult
Winter
1. Winter
1. Winter

Schwalbenmöwe

Schwalbenmöwe ***Xema sabini*** L 33, S 84. Brutvogel der Arktis. Überwintert gewöhnlich auf dem Meer vor S-Afrika und S-Amerika. Wird auf dem Herbstzug (erst Alt-, später Jungvögel) durch Stürme an westeuropäische Küsten verfrachtet, gelegentlich auch ins Binnenland. Altvögel im Sommer mit *schiefergrauer Kapuze* und schwarzem Schnabel mit gelber Spitze. Charakteristische *schwarze, weiße und graue* (adult) oder *braune* (juv.) *Bereiche auf dem Flügel.* Schwanz deutlich gegabelt. *Jungvögel recht einheitlich bräunlich auf Vorderflügel, Scheitel und Rücken inkl. Halsseiten* und nur weiße Stirn, »Augenlider« und Kehle ausnehmend. Von Ferne mit junger Dreizehenmöwe zu verwechseln. Flügelschläge aber etwas schneller und flacher, Kopf/Hals in Relation zu den Flügeln kleiner. Nahrungssuche vielseitig: läuft Beute hinterher, kreiselt auf dem Wasser, taucht. Ruft kratzend und seeschwalbenartig. **A**

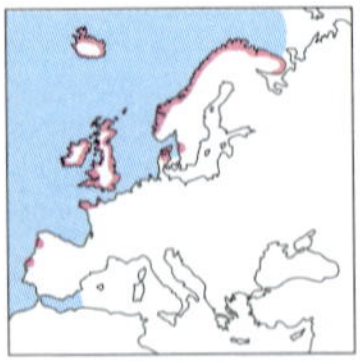
Dreizehenmöwe

Dreizehenmöwe ***Rissa tridactyla*** L 40, S 95. Brütet in großen Kolonien an den Steilhängen atlantischer Vogelfelsen, manchmal auch auf Häusern. Außerhalb der Brutzeit zumeist auf dem Meer. Schwärme begleiten Fischerboote. Durch Herbst- und Winterstürme gelegentlich in großer Zahl an die Küsten verfrachtet. Fliegt *schneller und* mit *mechanischer wirkenden Flügelschlägen* als Sturmmöwe, bei rauem Wetter eher wie Eissturmvogel. Schwanz gerade abgeschnitten oder leicht gegabelt. *Beine schwarz* und ziemlich kurz. Altvögel ähneln Sturmmöwe, haben jedoch *ganz schwarze Flügelspitzen* und sind oberseits 3-farbig: Flügelspitze schwarz, Außenflügel blassgrau, Innenflügel und Rücken dunkler grau. Im Gegenlicht wirkt der Außenflügel dünn und spitz. Immature erinnern mit ihrem Diagonalband auf dem Oberflügel an immature Zwergmöwen, unterscheiden sich aber durch breites, *schwarzes Nackenband* sowie durch *weißen Scheitel* und Armschwingen. Nackenband im 1. Sommer meist verschwunden und auf den Flügeldecken nur noch unsaubere dunkle Markierungen, kann dann mit Schwalbenmöwe verwechselt werden. Ruf in nasalem Falsett: »kitti-wäk«. **BZW**

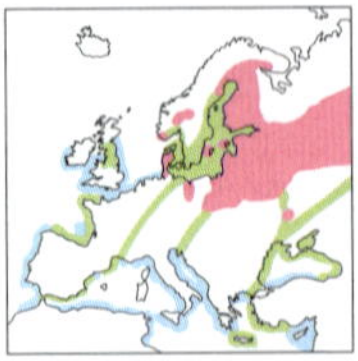
Zwergmöwe

Zwergmöwe ***Larus minutus*** L 26, S 63. Brütet in O-Europa an verschilften Seen und Tümpeln in Taigamooren. Auf dem Zug manchmal in großen Zahlen. Im Winter maritim. *Kleinste* europäische Möwe. Jagt abends wie Lachmöwe Fluginsekten, Flug jedoch rascher und eleganter. Nimmt auch Insekten von der Wasseroberfläche auf. Altvögel haben *gerundete Flügel* mit grauweißer Oberseite und *schwärzlicher Unterseite (mit auffällig weißer Endbinde),* im Sommer dazu noch eine pechschwarze Kapuze, die weit in den Nacken reicht. Jungvögel haben spitzere Flügel mit heller Unterseite und einem *schwarzen, gewinkelten Band oberseits.* Rücken, Mantel und Scheitel schwarzbraun. Rückengefieder wird im 1. Herbst grau, aber der dunkle obere Mantel bleibt länger stehen, dadurch *Ähnlichkeit mit Dreizehenmöwe.* Ist jedoch deutlich kleiner mit dunklen Armschwingen und oft rußgrauem Scheitel. Im folgenden Frühjahr/Sommer entwickelt sich die schwarze Kapuze, das gewinkelte Flügelmuster dann immer noch sichtbar. Ruft laut und nasal, oft in Serien wiederholt »kep«. Bei der Balz mit herabschlagenden Flügeln und gestrecktem Hals »ki-**käh** ki-**käh** ki-**käh** …«. **Z**

Rosenmöwe ***Rhodostethia rosea*** L 30, S 77. Brütet im östlichsten Sibirien. Winters wie sommers an der Packeisgrenze anzutreffen. An den Küsten Europas sehr seltene Ausnahmeerscheinung. So klein wie Zwergmöwe, jedoch mit *längeren und spitzeren Flügeln.* Dass der *Schwanz* keilförmig ist, ist schwer zu sehen, er *erscheint* aber *lang.* Altvögel im Sommer haben *unterseits rosa Tönung,* auch im Winter oft noch in Andeutungen. Schmales, schwarzes Nackenband diagnostisch. Flügelzeichnung ähnlich wie bei Zwergmöwe, inkl. *graue Unterseite* und *breiter weißer Hinterrand.* Jungvögel wie junge Zwergmöwen gezeichnet. Flug leicht, seeschwalbenartig. Abseits der Brutgebiete schweigsam. **A**

Schwalbenmöwe
adult Winter
adult Sommer
juv.
juv.
adult Winter
Dreizehenmöwe
adult Sommer
1. Winter
juv.
Zwergmöwe
adult Sommer
adult Sommer
2. Winter
juv.
1. Winter
Rosenmöwe
adult Sommer
adult Winter
1. Winter
1. Winter

Aztekenmöwe ***Larus atricilla*** L 39, S 105. Sehr seltene Ausnahmeerscheinung aus N-Amerika. Größe wie Sturmmöwe, jedoch mit *längeren, spitzeren Flügeln.* Recht kurzbeinig, was am Boden zum Eindruck eines gestreckten, schlanken Körpers führt. *Schnabel mächtig und lang, Oberschnabel abwärts gebogen.* Kann nur mit Präriemöwe verwechselt werden. Altvögel mit schwarzer Kapuze und weißen »Klammern« über und unter dem Auge, Mantel und Oberflügel aschgrau (Armschwingen und innere Handschwingen mit weißer Endbinde), *schwarze Flügelspitzen ohne jedes Weiß.* Vögel im 1. Winter auf der Oberseite, auf Brust und Kopf (abgesehen von heller Stirn, Kehle und Augenklammer) aschbraun; *Schwungfedern sehr dunkel* (innerer Flügel mit weißer Endbinde), Oberschwanzdecken weiß und Steuerfedern blassgrau mit breiter, schwarzer Endbinde. Unterflügeldecken und Achseln dunkelgrau gemustert. Vögel im 2. Winter unterscheiden sich von Altvögeln durch ausgedehnteres Schwarz auf den Flügelspitzen und durch Reste der dunklen Schwanzbinde. A

Präriemöwe ***Larus pipixcan*** L 34, S 87. Sehr seltene Ausnahmeerscheinung aus N-Amerika. Etwas kleiner als Lachmöwe und mit gerundeteren Flügeln. Eine charakteristische Art, die nur mit der Aztekenmöwe verwechselt werden kann. Hat in allen Kleidern *auffälligen weißen Halbmond über und unter dem Auge* (»Augenklammer«), stärker ausgeprägt als bei der Aztekenmöwe. Schnabel ziemlich kräftig, aber nicht so lang wie bei Aztekenmöwe. Altvögel mit schwarzer Kapuze, *Mantel und Oberflügel dunkelgrau,* deutlicher weißer Flügelhinterrand und *weißes Band vor schwarz-weißer Flügelspitze.* Schwanzmitte hellgrau. Vögel im 1. Winter haben wie Winter-Altvögel eine dunkle Kapuze (dunkler und gegen Nacken, Halsseiten und Ohrdecken deutlicher abgegrenzt als bei anderen Möwen im Winter), eine ziemlich *schmale, schwarze Subterminalbinde,* die nicht auf die äußersten Steuerfedern reicht (Aztekenmöwen im 1. Winter mit breiterer Schwanzbinde über alle Steuerfedern), sowie helle Unterflügel (Aztekenmöwe dann mit recht dunklem Muster auf Flügeldecken). Anders als andere Möwen durchläuft die Präriemöwe 2-mal im Jahr eine komplette Mauser, die 2. im Vorfrühling noch vor dem Heimzug, sodass vorjährige Vögel mit Flügeln ähnlich denen der Altvögel heimkehren, obwohl ihnen das weiße Band zwischen schwarzer Flügelspitze und restlichem Oberflügel fehlt. Hinterkante der Handschwingen schwärzlich; dunkle Kapuze zur Hälfte oder fast komplett. A

Elfenbeinmöwe

Elfenbeinmöwe ***Pagophila eburnea*** L 44, S 107. Arktische Art. Brütet in kleinen, lockeren Kolonien auf Kiesstränden und Felsvorsprüngen. Verteidigt Nest tapfer. Patrouilliert über immense Packeisflächen und Eisränder, selten südlich des Eisgürtels zu sehen. Ernährt sich von den Resten von Eisbären getöteter Robben, von Fisch, Aas und Abfall, sogar von Robben- und Eisbär-Exkrementen. Nimmt Nahrung von der Wasseroberfläche auf, lässt sich aber ungern auf dem Wasser nieder. Bemerkenswert furchtlos, besucht immer wieder menschliche Camps. Es wird berichtet, dass sie in die Richtung abfliegen, aus der Gewehrschüsse zu hören sind. Etwas größer als Sturmmöwe. *Altvögel weiß mit gelblichem Schnabel mit blaugrauer Basis.* Immature Vögel *oberseits spärlich schwarz gefleckt* mit dunklerem Schnabel und *»schmutzigem«* Gesicht. *Kurze Beine* in allen Kleidern *schwarz.* Flug leicht und elegant, Flügel lang mit recht breitem Arm und langer, schmaler Hand. Ruf erinnert an Pfeifenten-Erpel: »pfiioo«, auch »pfrriioo«. A

Aztekenmöwe
adult Sommer
1. Winter
adult Winter
1. Winter
juv.
Präriemöwe
adult Sommer
1. Winter
adult Winter
1. Winter
juv.
Elfenbeinmöwe
adult
adult
1. Winter
1. Winter

SEESCHWALBEN (Ordnung Charadriiformes, Familie Sternidae)
Seeschwalben fangen Fische oder picken Insekten von der Oberfläche seichter Gewässer auf und legen weite Strecken zwischen Brut- und Überwinterungsgebieten zurück. Sie sind schlank, haben lange, schmale und spitze Flügel sowie gegabelte Schwänze. Spitze Schnäbel, kleine Füße und weiße, graue und schwarze Gefiederfärbung. Im Allgemeinen Koloniebrüter, die an geeigneten Stellen große Kolonien bilden (Zweck: Verteidigung). Gelege 2–3 Eier. Mehrere Arten ziehen für den Winter auf die Südhalbkugel.

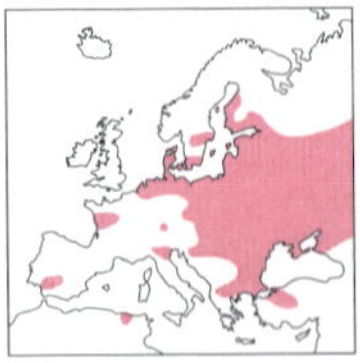
Trauerseeschwalbe

Trauerseeschwalbe ***Chlidonias niger*** L 24. Brütet kolonieweise in Schwingrasen-Sümpfen und Niedermooren. Außerhalb der Brutsaison v.a. an Küsten anzutreffen. Ernährt sich hauptsächlich, indem sie aus graziösem, spielerischem Flug Insekten von der Wasseroberfläche aufliest. Oft »hängt« sie flatternd dicht über Schwimmblattflächen. Fängt auch Fluginsekten. Taucht nicht wie die weißen Seeschwalben, wenigstens nicht in der Brutzeit. Im Sommerkleid unverkennbar: außer *hellgrauen Unterflügeln* und *weißen Unterschwanzdecken völlig dunkles* Gefieder (dunkelgrau, Kopf und Brust fast schwarz). Im Winter- und Jugendkleid von Weißflügel-Seeschwalbe v.a. durch *dunklen Fleck an den Halsseiten*, etwas *dunklere Oberflügel* sowie graue, nicht weißliche Oberschwanzdecken (Vorsicht: gelegentlich sind Jungvögel hier heller und können im Feld fast weiß wirken), dazu einen gleichmäßig grauen Schwanz zu unterscheiden. Außerdem ist die Kappe praktisch einfarbig dunkelgrau. Häufigste Rufe ein kurzes, schrilles, nasales »kjäh« und ein beiläufiges »klit«. **BZ**

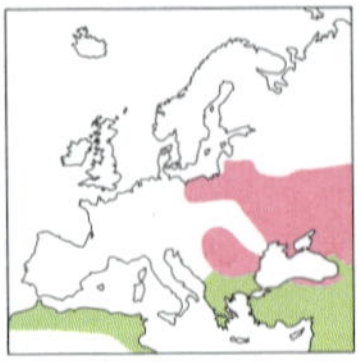
Weißflügel-Seeschwalbe

Weißflügel-Seeschwalbe ***Chlidonias leucopterus*** L 24. Brütet in Sumpfgebieten SO-Europas. Im Verhalten der Trauerseeschwalbe sehr ähnlich. Altvögel im Sommerkleid auch auf große Entfernung an *pechschwarzem Körper und Unterflügeldecken, strahlend weißem Schwanzbereich und weißlichen Oberflügeldecken* zu erkennen. Etwas kürzerer Schnabel als Trauerseeschwalbe, breitere Flügel und kürzerer Schwanz – ist kompakter. Im Jugend- und Wintergefieder durch *Fehlen des Brustseitenflecks*, etwas *hellere Oberflügel*, generell (aber nicht immer offensichtlich) helleren, weißlichen Bürzel-/Oberschwanzdeckenbereich, *weißliche Schwanzkanten*, die mit hellgrauem Schwanz kontrastieren, sowie hellere Kappe unterschieden (Kappe läuft vorn in dunklen Flecken auf weißem Grund aus). Jungvögel zeigen *stärkeren Kontrast zwischen rußbraunem Rücken* (»Sattel«) und *hellen Flügeln und Schwanz*. Altvögel im Winterkleid sehr ähnlich Weißbart-Seeschwalbe (siehe dort). Ruft trocken und rau »kesch«, im Tonfall wie Rebhuhn. Auch kurze weiche Rufe »kek«. **Z**

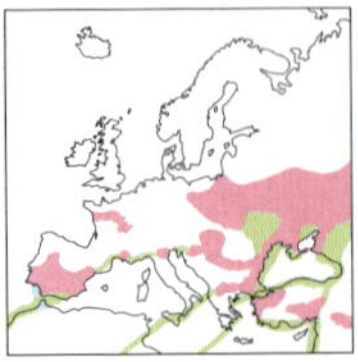
Weißbart-Seeschwalbe

Weißbart-Seeschwalbe juv.

Weißflügel-Seeschwalbe juv.

Weißbart-Seeschwalbe ***Chlidonias hybrida*** L 25. Brütet in S-Europa in Sumpfgebieten. Ähnlichkeit mit Trauerseeschwalbe zeigt sich am rastlosen, akrobatischen Herumfliegen, gewöhnlich über Schwimmblattfluren und überschwemmten Wiesen, wo sie Wasserinsekten aufpickt (taucht auch aus dem Flug heraus). Gefieder (adult Sommer) erscheint aus der Ferne weißlich wie bei den *Sterna*-Seeschwalben, und in starkem Sonnenlicht kann die dunkle Färbung auf der Unterseite als Schatten wahrgenommen werden. Unterscheidend bleibt: *gesamte Unterseite vom Bauch bis zum Kopf rußgrau. Kopf bis auf die schwarze Seeschwalbenkappe weiß.* Im Winterkleid der Trauerseeschwalbe sehr ähnlich, kann aber manchmal durch Größe *(größer), längeren und kräftigeren Schnabel* sowie das Fehlen des hinter den Ohrdecken nach oben ragenden weißen Keils unterschieden werden. Jungvögel juvenilen Weißflügel-Seeschwalben sehr ähnlich, jedoch weißes *Nackenband schmal oder durchbrochen* und weißer, in das Dunkel der Ohrdecken ragender Keil nur angedeutet (siehe Abb. links). Mantel/Rücken grob rußbraun/gelblichweiß geschuppt (wird früh in hellgraue 1. Winterfedern vermausert, jedoch bleiben die – *subterminal dunkel gefleckten – Schirmfedern* länger stehen). *Flügel hell, ohne den markanten dunklen Vorderrand des Armflügels.* Bürzel weißlich, Schwanz hellgrau, mit schmalem Subterminalband. Häufigster Ruf ein kurzes, lautes, kratzendes »krrsch«. **Z**

**Trauer-
seeschwalbe**

**Weißflügel-
Seeschwalbe**

**Weißbart-
Seeschwalbe**

Brandseeschwalbe

Brandseeschwalbe ***Sterna sandvicensis*** L 40. Brütet lokal in Kolonien auf küstennahen Inseln, gewöhnlich auf Sandflächen. Beim Zug an die See gebunden. Jagt weiter draußen auf dem Meer und taucht aus größerer Höhe als andere Seeschwalben. Macht oft durch ihre *Rufe* auf sich aufmerksam, zu erkennen ist sie an ihrem *hellen Gesamteindruck, langen, schmalen Flügeln,* kurzem Schwanz, kraftvollem Flug mit tiefen, recht eiligen Flügelschlägen, dem *langen, schwarzen Schnabel* (mit gelber Spitze) sowie, am Boden, durch die *kurzen Beine* und die Andeutung eines Schopfs. Im Winterkleid (oft ab Juli) ist die Stirn weiß (nicht der gesamte Scheitel wie bei der Lachseeschwalbe, von der sie auch durch langen, schlanken Schnabel und etwas schmalere Flügel zu unterscheiden ist). Jungvögel gewöhnlich mit ganz dunklem Schnabel, Weiß auf die Stirn beschränkt (bei der juvenilen Lachseeschwalbe Scheitel zum größten Teil weiß), Rücken und Kleine Armdecken dunkel gemustert. Altvögel, die ihren Nachwuchs im Spätsommer beim Fischen begleiten, haben dunkelgrau abgesetzte äußere Handschwingen und oft eine der Mauser geschuldete abweichende Flügelform. Ruft laut, durchdringend und ständig wiederholt »kärr-**rick**«. Immature rufen reiner, klingelnder »srü-sri«. **BZ**

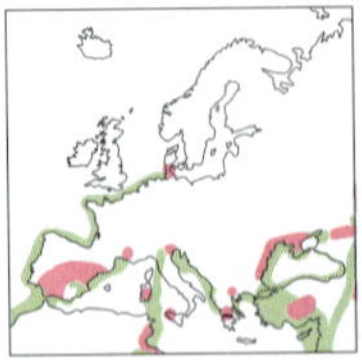

Lachseeschwalbe

Lachseeschwalbe ***Gelochelidon nilotica*** L 38. Brütet selten und lokal auf Küstenmarschen und Sandstränden in W- und S-Europa. Weniger ans Meer gebunden als andere Seeschwalben, jagt hauptsächlich über Land, etwa über Küstensümpfen und Weideland. Ernährt sich vornehmlich von Insekten – Heuschrecken und Grillen, Käfern und Libellen –, aber auch von Fröschen, Reptilien, Mäusen und kleinen Krabben. Hauptmerkmal ist der *möwenartige, dicke, schwarze Schnabel.* Der gemächliche, gleichmäßige Flug erinnert an die Raubseeschwalbe, jedoch sind die Flügel sehr lang, schmal und zugespitzt, ähnlich Brandseeschwalbe. Kein Kontrast zwischen dunklen äußeren und hellen inneren Handschwingen wie bei Brandseeschwalbe. Dunkler Hinterrand der Handschwingen unterseits schmal, aber auffällig. Schwanz kurz und flach gegabelt. Kennzeichnend *lange, schwarze Beine.* Bürzel und Oberschwanz hellgrau. Im Winterkleid nur wenig Schwarz hinter dem Auge (Brandseeschwalbe hat Schwarz auf dem Nacken), *Kopf* wirkt daher *beinahe vollständig weiß.* Jungvögel unterscheiden sich von jungen Brandseeschwalben durch weißlichen Scheitel und dunkle Zeichnung ums Auge, kürzeren und dickeren Schnabel sowie abweichende Flügelform. Ruf charakteristisch, nasal »kä-**wick**«. Warnruf eine Folge nasaler, fast lachender Laute »käwi-käwi-käwi-käwi«, ganz anders als die Verwandten (jedoch Balzgesang der Pfuhlschnepfe ähnlich). Junge betteln piepend »piuu«. **BZ**

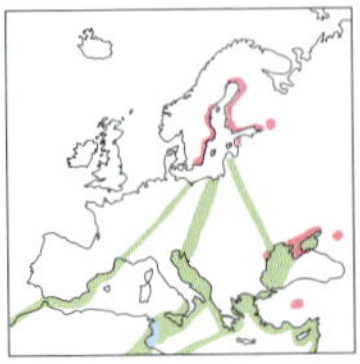

Raubseeschwalbe

Raubseeschwalbe ***Hydroprogne caspia*** L 53. Brütet in Europa in Kolonien verschiedenster Größe, v. a. im Ostseeraum auf den äußersten vorgelagerten Schären, und sucht besonders zwischen den Felsinseln und auf größeren Binnenseen nach Nahrung (fliegt daher täglich zig km hin und her). Vögel der Ostseepopulation meiden das Land nicht so sehr wie die Brandseeschwalbe und ziehen auf dem Weg zu den Überwinterungsgebieten in Afrika zum Teil über den Kontinent zum Mittelmeer. Taucht nach Fischen. Sehr groß, *fast so groß wie Silbermöwe.* Großer, leuchtend roter, auch auf große Distanz auffallender *Schnabel* (»Möhre«) zusammen mit dem *Ruf* und dem *fast möwenartig lässigen Flug* das beste Feldkennzeichen. Im Flug wirkt die Kopfpartie auffällig groß, der *Hals lang und dick, weit nach vorne ragend,* der *Schwanz dagegen kurz.* Beine schwarz. Flügel oberseits hellgrau, jedoch mit schwarzem Keil auf der Unterseite. Jungvögel von Adulten durch eher *orangefarbenen Schnabel* mit dunkler Spitze, dunkelbraune (weiß gefleckte) Kappe, die weiter herabreicht, variables dunkles *Schuppenmuster* auf Rücken und Flügeln, *oberseits dunkle Handschwingen* sowie helle Beine unterschieden. Ruf sehr tief, laut und reiherartig rau »krräh-ak«. Bettelruf der Jungvögel (oft im Spätsommer auf dem Zug zu hören) »swii-wii«. **BZ**

Brandseeschwalbe

Lachseeschwalbe

Raubseeschwalbe

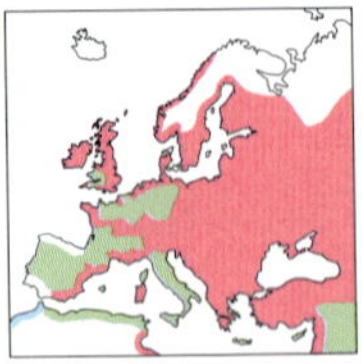

Flussseeschwalbe

Flussseeschwalbe ***Sterna hirundo*** L 35. Brütet an den Küsten und auf Inseln sowie am Ufer von Binnenseen. Von der ähnlichen Küstenseeschwalbe durch folgende Merkmale zu unterscheiden: *kürzere Schwanzspieße*, breitere Flügel, *schnellerer Flug mit weit ausholenden, starren Flügelschlägen* (dennoch recht elegant und beim Balzflug mit langsamen Flügelschlägen wie Küstenseeschwalbe), größerer Kopf *(Hals und Schnabel länger)*, längere Beine. *Äußere Handschwingen oberseits etwas dunkler grau als innere*, der Übergang wirkt wie eine *Einkerbung am Hinterrand des Flügels* (bei der Küstenseeschwalbe einfarbig grau). Flügel von unten nicht so durchscheinend (meist nur die inneren Handschwingen). *Dunkel orangeroter Schnabel fast immer mit schwarzer Spitze.* Jungvögel haben *graue Armschwingen* (mit weißen Spitzen) und oberseits deutlich hervortretenden, *dunkelgrauen Flügelvorderrand.* Rücken kräftig in Wellen rußfarben und gelbbraun gebändert. Innerer Teil des Schnabels gewöhnlich orange (nicht ganz dunkel wie bei Küstenseeschwalbe). Stimme tiefer als bei Küstenseeschwalbe. Ruft beim Fischen, Balzen und Zanken kurz und scharf »kitt«, rasch »kjikjikjikji...« sowie »kirri-kirri-kirri-...«. Warnruf bei menschlichen Eindringlingen ein gezogenes »**krii**-äh«, bei Krähen »tschip«. **BZ**

Küstenseeschwalbe

Küstenseeschwalbe ***Sterna paradisaea*** L 38. Brütet auf Inseln, grasbewachsenen Dünen usw. an Klarwasser-Küsten, aber auch an kleinen Hochlandtümpeln. Geht weniger auf Fischfang als Flussseeschwalbe und ernährt sich mehr von Fluginsekten. Von der Flussseeschwalbe zu unterscheiden durch *längere Schwanzspieße*, schmalere Flügel, noch eleganteren Flug mit *gemächlichen, elastischen Flügelschlägen*, kleinen Kopf *(Hals und Schnabel kurz), sehr kurze Beine.* Oberflügel einförmig hellgrau, *ohne »Einkerbung«* im Hinterrand. Im Flug von unten *erscheinen alle Schwungfedern durchscheinend.* Blutroter Schnabel normalerweise ohne schwarze Spitze. Hals kehlseitig mit grauer Tönung, die von der schwarzen Kappe durch breites, weißes Band getrennt wird. Jungvögel durch *fast weiße Armschwingen* (bei der Flussseeschwalbe grau mit weißen Spitzen) und *nicht so dunkelgrauen Flügelvorderrand* zu bestimmen; auf dem Rücken nur Anflug einer gewellten, grauen Bänderung; Schnabel ganz schwarz. Rufe ziemlich wie Flussseeschwalbe, nur bei Balz und Gezänk kreischender und reiner (»pi-pi-pi-pi«, pfeifend »**prii**-eh«) oder auch härter und ratternd (»kt-kt-kt-krrr-kt-kt-«). Warnt vor Krähen und Mardern mit lautem, scharfem »klju«. **BZ**

Rosenseeschwalbe

Rosenseeschwalbe ***Sterna dougallii*** L 38. Brütet in W-Europa spärlich und lokal an Küsten, oft mit Fluss- und Küstenseeschwalben vergesellschaftet. *Oberseits heller* als diese, praktisch weiß. Flügel relativ kürzer, *Schwanzspieße* normalerweise *sehr lang und reinweiß. Schnabel lang und schwarz, nur an der Basis rot. Beine länger* als bei Flussseeschwalbe. Im Stehen zeigt sie *auf den Handschwingen breite weiße Innenränder.* Im Frühjahr ist eine zarte Rosatönung auf der Brust erkennbar. Im Winterkleid wie Flussseeschwalbe, aber im Gesamteindruck weißer, und die Schwanzspieße sind länger. Jungvögel mit weniger Weiß auf der Stirn, Rückenmusterung wie bei juvenilen Brandseeschwalben, Handschwingen ohne dunklere Spitzen, Beine schwarz. Im Flug gewöhnlich sofort durch schnelle, flache, mechanische Flügelschläge zu bestimmen. Rufe ein rasches, weiches »tschi-**wik**« und ein breites, heiser raspelndes »srrääääch«. **A**

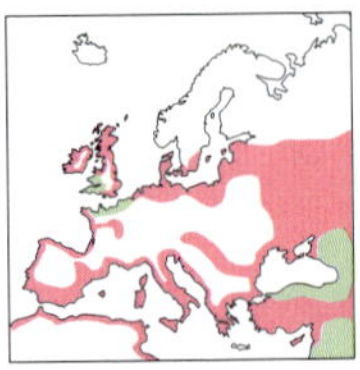

Zwergseeschwalbe

Zwergseeschwalbe ***Sternula albifrons*** L 23. Seltener Brutvogel auf flachen sandigen oder kiesigen Küsten (im Binnenland gelegentlich auch an seichten, sandigen Seen). Kleinste europäische Seeschwalbe. Weiße Stirn (in allen Kleidern), gelber Schnabel mit schwarzer Spitze (im Frühjahr und Frühsommer) und gelbe Beine (ganzes Jahr). Kurzschwänzig. Fliegt zügig mit schnellen Flügelschlägen. Beim Rütteln wirkt sie schmetterlingshaft. Taucht oft aufgeregt in schneller Folge immer wieder. Lebhaft und geräuschvoll, ruft heiser, schrill »prit-prit«. **BZ**

Flussseeschwalbe
1. Winter
juv.
adult
adult
Küstenseeschwalbe
1. Winter
juv.
adult
adult
Rosenseeschwalbe
1. Winter
juv.
adult
adult
Zwergseeschwalbe
juv.
juv.
adult
adult

ALKE (Ordnung Charadriiformes, Familie Alcidae)
Schwarz-weiße Seevögel mit kurzen Schwänzen und schmalen Flügeln. Flug schnell, dicht über dem Wasser, Flügelschläge flatternd. Außerhalb der Brutzeit stumm. Kommen nur zum Brüten an Land. Nisten in großen Kolonien an Steilküsten (wirken wie wimmelnde Bienenstöcke). Schwimmen mit Hilfe der Flügel unter Wasser, Füße dienen als Ruder. Winter- und Sommergefieder unterschiedlich. Jungvögel ähneln Altvögeln im Schlichtkleid. Gelege 1–2 Eier.

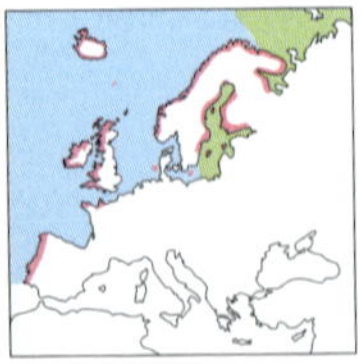

Trottellumme

Trottellumme *Uria aalge* L 40. Nistet in großen Kolonien (zu Tausenden) auf Felsbändern an Festland- oder Insel-Steilküsten. Legt 1 birnenförmiges Ei direkt auf das schmale Felsband. Eltern erkennen ihr Ei am Aussehen, ihr Küken an den Rufen. Die Jungen stürzen sich alle mehr oder weniger zum selben Zeitpunkt (in der Dämmerung einiger weniger Juliabende) noch flugunfähig in die Tiefe. Der Jungvogel wird dann vom Männchen aufs offene Meer geleitet. Schwerer Körper, schmale Flügel, fliegen schnell mit flatternden Flügelschlägen dicht über dem Meer, oft mehrere Individuen in einer Linie (Tordalk und Dickschnabellumme ebenso). *Schnabel recht lang und dünn,* unterscheiden sich vom Tordalk durch längeren, schlankeren Hals und kürzeren Schwanz. Südliche Population (Irland, S-Schottland südwärts) matt schwärzlichbraun auf dem Rücken, erscheint im Sonnenlicht graubraun, ein Unterscheidungsmerkmal zum pechschwarzen Tordalk. Die nördliche Form (Schottland und N-Europa) ist dunkler, mehr wie Tordalk. Einige Individuen, als »Ringellumme« bekannt, haben einen weißen Augenring und eine weiße Linie hinter dem Auge. Im Flug wird der Kopf eingezogen, wirkt im Vergleich zum Tordalk bucklig. Hinterleib erscheint länger, Füße gut sichtbar; *viel weniger Weiß auf Steißseiten,* Unterflügeldecken nicht reinweiß, sondern mit etwas Dunkel darin. Siehe auch Dickschnabellumme. Im Winterkleid von Tordalk und Dickschnabellumme dadurch unterschieden, dass das *Weiß an den Kopfseiten weiter hinaufreicht* und durch einen (hier dunklen) »Ringellummen«-Augenstreif geteilt wird. Außerdem sind die *Körperseiten gestreift.* Ruf knurrend »a-orr«, etwas »freundlicher« als Tordalk. BW

Dickschnabellumme

Dickschnabellumme *Uria lomvia* L 39. Nistet wie Trottellumme in großen Kolonien an steilen Küstenfelsen, hat jedoch eine nördlichere Verbreitung. Von der Trottellumme unterschieden durch *kürzeren und etwas dickeren Schnabel* mit feinem, *weißlichem Strich im Schnabelwinkel* (oft schwer zu sehen) sowie ungestreifte *Körperseiten* (Trottellumme stets mit Flankenstrichelung). Unterflügeldecken und Achseln erscheinen weiß. Oberseits auch *dunkler,* fast schwarz wie Tordalk. Im Flug vor hellem Hintergrund durchaus auch aus der Ferne zwischen Trottellummen und Tordalken durch folgende Merkmale herauszufinden: *kürzer, kompakter, »aufgepumpter« Körper, bucklig* (mehr noch als Trottellumme); Schnabel etwas abwärts gehalten (Tordalk gerade, Trottellumme dazwischen); wie Tordalk *viel Weiß auf den Steißseiten;* Füße sichtbar. Im Winterkleid an Kinn und Kehle weiß, jedoch bedeckt Schwarz große Teile der Ohrdecken (bei Trottellumme nicht der Fall). Ruft mit »boshaftem« Unterton. A

Tordalk

Tordalk *Alca torda* L 38. Nistet in Felsenkolonien (nicht so große wie bei Trottellumme). Legt das 1 Ei unter Felsbrocken, braucht auch nicht solche Steilwände wie Trottellumme. Außerhalb der Brutzeit weit draußen auf dem Meer. *Schnabel mächtig,* an den Seiten abgeflacht, wird angehoben gehalten, ebenso wie der recht lange Schwanz beim Schwimmen. Dickerer und kürzerer Hals als Trottellumme. Von südlichen Trottellummen auf große Entfernung durch *pechschwarzen, nicht bräunlichen Kopf und Rücken* zu unterscheiden. Unterflügeldecken reinweiß. Von nordatlantischen, dunkelrückigen Trottellummen durch *mehr Weiß auf den Bürzelseiten* zu unterscheiden: weißer Bürzel mit schwarzer Mittellinie, eigentlich wie Eisente. *Hält* auch *Kopf und Schwanz höher* und wirkt nicht so bucklig wie Trottellumme, Füße vom Schwanz verborgen. Balzflug überraschend: fängt plötzlich an, in Zeitlupe zu fliegen. Ruf ein grunzendes, misstönendes »urrr« in melancholischer Tonlage. BW

Trottellumme

Dickschnabellumme

Tordalk

Krabbentaucher

Krabbentaucher *Alle alle* L 20. In der Arktis überaus zahlreich, wo er in riesigen Kolonien in den Geröllhalden der Berghänge nistet, nicht nur an der Küste, sondern auch an eisfreien Stellen im Binnenland. Das 1 Ei wird in eine Erdhöhle gelegt. Eine der individuenreichsten Arten der Welt. Wie ein Insektenschwarm fliegen die Vögel über ihrem Brutplatz. Sehr geräuschvoll, hohe trillernde und nasal lachende Rufe vereinigen sich zu einem dröhnenden Chor: »kirrr, käh äh äh äh äh«. Fliegt in Scharen in großer Höhe hinaus aufs Meer, fischt nach Plankton, fliegt in gewellten Linien mit bis zum Anschlag gefülltem Kehlsack flach über dem Wasser zurück. Lebt außerhalb der Brutsaison draußen auf dem Meer, aber Stürme können Tiere an die Küste (wo sie gelegentlich in Häfen Schutz suchen), aber auch tief ins Binnenland verfrachten. Viel *kleiner* als andere Alke, gerade mal so groß wie ein großer Star. Mit jungen Papageitauchern (dunkelgraue Unterflügel) besteht Verwechslungsmöglichkeit, wenn man einen einzelnen Vogel in einiger Entfernung vorbeifliegen sieht. *Schwirrende Flügelschläge, Unterflügel dunkel.* Kurzer Schnabel. Erscheint im Flug extrem *kurzhalsig.* Schwimmt gewöhnlich mit eingezogenem Kopf und sieht ziemlich halslos aus. Gelegentlich streckt er sich auf und zeigt dann einen erstaunlich langen Hals. Ruhend treibt er wie ein Korken weiß schimmernd hoch im Wasser, in Pausen zwischen Tauchgängen jedoch »tiefer gelegt«, mit ins Wasser hängenden Flügeln. **ZW**

Gryllteiste

Gryllteiste, juv.

Gryllteiste *Cepphus grylle* L 33. Nistet in Einzelpaaren oder kleinen Gruppen, lokal auch kleinen Kolonien unter Steinblöcken an Felsenküsten. Weniger ans offene Meer gebunden als andere Alke, bleibt das ganze Jahr über in Küstennähe. Im Sommer unverwechselbar durch *schwarzes Gefieder mit großem, ovalem, weißem Flügelfeld.* Man beachte im Flug den spindelförmigen Körper sowie *schwirrende Flügelschläge.* Leuchtend karminrote Füße. *Schwirrt immer flach über dem Wasser dahin.* Im Winterkleid graubraun meliert weiß, jedoch bleibt das weiße Flügelfeld dunkel eingefasst. Jungvögel stärker grau gefleckt (auch auf dem Flügelfeld; siehe Abb.), bei einigen Individuen erheblich. Vögel im 1. Sommer können völlig schwarz aussehen (Körpergefieder vermausert, Flügelfeld nicht). In der Paarungszeit sitzen Gryllteisten in Gruppen und geben strandpieperähnliche »siip-siip-siip-...«-Rufe und langgezogene, dünne, aber weit tragende »elektronische« Piepser von sich, wobei sie ihren Schnabel weit öffnen (Schlund rot). Heben dabei auch ihre Flügel an und zeigen weißes Flügelfeld und Unterflügel. **W**

Papageitaucher

Papageitaucher *Fratercula arctica* L 30. Nistet in Kolonien, die oft Tausende von Brutpaaren umfassen, im Nordatlantik auf felsigen Inseln und Steilküsten. Nest in einem Erdloch oder unter einem Stein. Zieht im Winter weit aufs Meer hinaus, weiter als jeder andere Alk außer dem Krabbentaucher. Auffällig sind »schmerbäuchige« Gestalt, großer Kopf und außerordentlich *hoher, seitlich stark zusammengedrückter,* gefurchter und lebhaft gefärbter *Schnabel.* Am Brutplatz kann man die Altvögel mit dem Schnabel voller kleiner Fische sehen, was sie bärtig erscheinen lässt. Regelmäßig werden sie von Schmarotzerraubmöwen um ihre Beute gebracht. Die äußeren Schichten des Schnabels werden im Sommer abgeworfen, wodurch der etwas weniger hohe Schnabel des Winterkleids entsteht. Schnabel der Jungvögel noch kleiner. Die grauweißen Wangen werden im Winterkleid dunkler. Hält die Brust beim Schwimmen weiter aus dem Wasser heraus als andere Alke, was ihm eine charakteristische Silhouette verleiht. Gewöhnlich in Trupps zu beobachten. Fliegt in kurzen Linien flach übers Wasser. Im Flug sind *großer, heller Kopf,* geringe Größe und kurzer Schwanz auffallend. Der große Schnabel wird leicht abwärts gehalten. *Unterflügel ziemlich dunkel,* jedoch nicht so sehr wie beim Krabbentaucher. Ruf (nur in der Brutkolonie zu hören) besteht aus unmusikalischen »aaah«-Lauten, knarrenden und grölenden Geräuschen. **A**

Winter, bereit zum Tauchen
Krabben-
taucher
Winter, ruhend
Winter
Gryllteiste
1. Sommer
Fische tragend
juv.
Papageitaucher
adult Winter
juv.

TAUBEN (Ordnung Columbiformes, Familie Columbidae)
Mittelgroße, recht schwere Vögel mit spitzen Flügeln und relativ langen Schwänzen. Ernähren sich am Boden. Flug rasch und ausdauernd. Beim Auffliegen ist oft ein klatschendes Flügelgeräusch zu hören, das als Warnsignal dient. Können mit eingetauchtem Schnabel trinken (andere Vögel füllen den Schnabel und neigen den Kopf dann zurück). Gelege mit 2 weißen Eiern. Die Jungen werden mit einer besonderen Flüssigkeit, der »Kropfmilch«, gefüttert.

Felsentaube

Felsentaube *Columba livia* L 33. In W- und S-Europa lokal häufig, in Großbritannien z. B. auf die Westküste Irlands und Schottlands beschränkt. Nistet in Bergregionen und oft an Steilküsten, wo das Nest in Höhlen oder auf Felsbändern angelegt wird. Straßentauben (siehe unten) stammen von dieser Art ab und sind ihnen in der Erscheinung ähnlich. Manche Straßentauben beinahe genauso gefärbt wie das Original: hellgraue Oberseite mit *leuchtend weißem Bürzel und 2 schwarzen Flügelbändern. Unterflügel weiß* (bei der Straßentaube grau). Proportionen und Flug wie Straßentaube, d. h. kleiner, kompakter als Ringeltaube, außerdem schnellere Flügelschläge; Flug sehr schnell. Gewöhnlich in kleinen Trupps anzutreffen. Das Gurren besteht wie bei der Straßentaube aus einer Serie gedämpfter »dru**oo**-u«-Laute.

Straßentaube *Columba livia* (domest.) L 33. Brütet praktisch europaweit in Städten und Ortschaften und geht auf verwilderte Haustauben zurück. Lebt in Türmen, Gebäudenischen und auf Dachböden, brütet mehrmals im Jahr. Furchtlos, sucht Nahrung in Straßen und auf Marktplätzen, kann sehr zahlreich auftreten. Enorme Variationen vom ursprünglichen Felsentaubengefieder mit *weißer Schwanzbasis* und *2 schwarzen Flügelbändern* bis hin zu *rotgelblichen, weißen, stark bunt gescheckten oder schwarzen Individuen.* Flug und Silhouette genau wie Felsentaube. Standvogel, Brieftauben können aber wie »auf dem Zug« wirken. Ruf wie Felsentaube. Jungvögel betteln mit langgezogenem, dünnem Piepsen. **J**

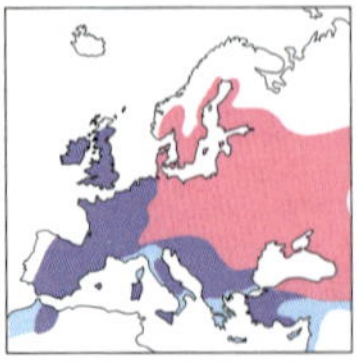
Hohltaube

Hohltaube *Columba oenas* L 33. Recht häufig und weit verbreitet in Parks, auf Ackerland und an Waldrändern, manchmal in Ruinen und an Felswänden. Höhlenbrüter. Sucht meist in kleinen oder mittelgroßen Trupps (manchmal mit Ringeltauben und oft weit vom Nest entfernt) auf Feldern Nahrung. *Kleiner und kompakter als Ringeltaube,* fliegt mit rascheren Flügelschlägen und auffallend schneller. Kräftiger grau als Ringeltaube, ohne weiße Zeichnung, erscheint recht einfarbig, aber *heller graues Flügelfeld und Hinterrücken.* An der Flügelbasis nicht besonders auffällige Ansätze dunkler Binden. Pfeifendes Flügelgeräusch. Balzflug mit tiefen, gleichmäßigen Flügelschlägen und langen Gleitstrecken auf angehobenen Flügeln (wie Straßentaube). Ruft monoton »**uu**-ue, **uu**-ue, **uu**-ue, …«, eher wie Straßen- als wie Ringeltaube. **BZ**

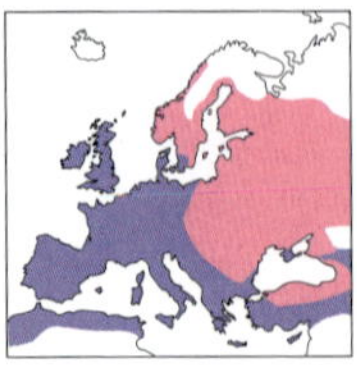
Ringeltaube

Ringeltaube *Columba palumbus* L 40. Häufigste und am weitesten verbreitete europäische Taube. Auf Ackerland, in Parks, Gärten und jeder Form von Wald anzutreffen. In viele größere Städte eingewandert, wo sie sich furchtlos unter die Straßentauben mischt. Leicht an Größe, *weißen Flecken auf den Halsseiten* (fehlen bei Jungvögeln) sowie *breiten, weißen Querbinden auf den Oberflügeln* zu erkennen. Außerhalb der Brutzeit gewöhnlich in Trupps (gelegentlich erheblicher Größe). Beim Auffliegen lautes Flügelgeräusch. Flügelschläge lockerer als bei Hohltaube, *Schwanz* vergleichsweise etwas *länger* (nicht immer auffällig wegen Variation). Balzflug ein kurzes Ansteigen, Flügelklatschen am höchsten Punkt, gefolgt von einem kurzen Herabgleiten auf halb geschlossenen Flügeln. Gedämpftes, etwas heiseres Gurren besteht aus 5 Silben, wobei die 1. betont wird »**duuuh**-duu, duu-duu, du«, die letzte Silbe kurz und unvollständig; die Tonfolge wird 3- bis 4-mal ohne Pause wiederholt, sodass die letzte Silbe die erste Phrase beschließt und gleichzeitig die nächste eröffnet. Auch ein rollendes Geräusch wie »Magenknurren«. **BZW**

Straßentauben auf Nahrungssuche
Felsentaube
Hohltaube
Ringeltauben
juv.
Ringeltaube
adult

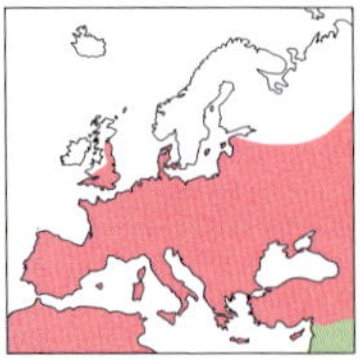
Turteltaube

Turteltaube *Streptopelia turtur* L 26. In S- und Mitteleuropa recht häufig auf landwirtschaftlichen Flächen mit Gehölzgruppen. Sommergast, überwintert im tropischen Afrika. Scheu und argwöhnisch (stark bejagt). Deutlich kleiner und dunkler als Türkentaube, nicht so langschwänzig. Im Flug an *hellem Bauch, recht dunkel blaugrauen Unterflügeln, geringer Größe* und *schnellen, ruckartigen Flügelschlägen* zu erkennen. Hat dunklen Halsseitenfleck aus schwarzen und weißen Streifen (mit aschblauem Anflug), der Jungvögeln fehlt. Schwanz dunkel mit *breiter weißer Endbinde*. Roter Lidring auffallend. Ähnelt Palmtaube, die jedoch kleiner ist, Proportionen wie die Türkentaube (kurzflügelig, langschwänzig) und dazu große, blaue Flügelfelder hat (Flügelfelder der Turteltaube kleiner und heller graublau). Ruf tief, trocken rollend »tuurrrr, tuurrrr, tuurrrr«. **BZ**

Türkentaube

Türkentaube *Streptopelia decaocto* L 32. Hat sich seit 1930 vom Balkan aus nach W-Europa ausgebreitet und ist jetzt häufig und weit verbreitet. Eng mit Siedlungen verbunden, wo sie in Parkanlagen und Gärten brütet. Legt mehrmals im Jahr. Bei der Nahrungssuche an Getreidespeichern usw. oft mit Straßentauben vergesellschaftet. Im Flug gewandt wie Turteltaube, jedoch gedrungener und *auffallend langschwänzig*. Vorwiegend *sandfarben* mit *schmalem Nackenband*. Äußere Hälfte des Unterschwanzes weiß, innere schwarz. Oberschwanz sandfarben mit großen, weißen Eckenflecken. Ruft von Warten (z. B. Fernsehantennen) aus 3-silbig »duu-**duuh**-du«. Außerdem ein miauendes, »genervtes« »chriiä«. **J**

Palmtaube

Palmtaube *Streptopelia senegalensis* L 25. Jüngst über Istanbul nach Europa eingewandert. Nicht scheu. *Langschwänzig* und *kurzflügelig* wie Türkentaube, jedoch viel kleiner und *dunkler*, v. a. *rotbraun mit blaugrauen Gefiederpartien*, auf den ersten Blick eher wie Turteltaube. Viel mehr Weiß auf dem äußeren Schwanz als diese, jedoch mit größerem und dunklerem blauen Flügelfeld und *charakteristischer Brustzeichnung* (schwarz gepunktetes »Halstuch«). Gurrt zügig, rhythmisch, gedämpft 5- oder 6-silbig »do-do-do**dodo**-do«.

FLUGHÜHNER (Ordnung Pteroclidiformes, Familie Pteroclididae)

Erinnern in der Gestalt an Tauben und sind auch eng mit diesen verwandt. Gesellig. Vögel der Steppen und Wüsten. Fliegen lange Strecken zu Wasserstellen. Flug rasch. Fliegende Trupps rufen andauernd. Mehrere Arten können im Bauchgefieder Wasser zu ihren Jungen in der Wüste bringen.

Sandflughuhn

Sandflughuhn *Pterocles orientalis* L 35. Bewohnt trockene Ebenen auf der Iberischen Halbinsel, in der Türkei sowie Steppen am Kaspischen Meer. *Gedrungene Gestalt*, am Boden an ein Raufußhuhn, fliegend an eine Taube erinnernd. Flug schnell. Ganzer *Bauch schwarz. Unterflügeldecken weiß, Schwungfedern schwarz. Keine verlängerten Schwanzspieße.* Kopf und Brust des ♀ fein gepunktet. Fliegt weit zu Wasserstellen. ♂ schafft im Bauchgefieder Wasser für die Jungen heran. Charakteristischer Ruf ein weit tragendes »churrrl«, entfernt an das Schnauben eines Pferdes erinnernd. Auch ein klares »tschiiio«, fast wie von einem Steinkauz.

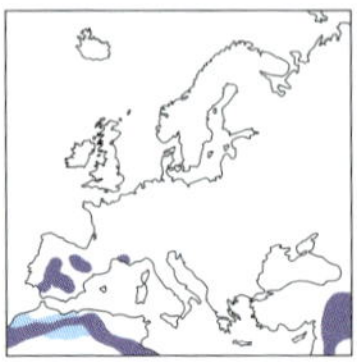
Spießflughuhn

Spießflughuhn *Pterocles alchata* L 30 (plus ca. 7 für Schwanz). Recht seltener Bewohner iberischer Steppenlandschaften, lokal auch in S-Frankreich. Kurze Beine und meist geduckte Haltung, Hals kann jedoch ziemlich gestreckt werden. Kleiner und schlanker als Sandflughuhn. *Mittlere Schwanzfedern* bei beiden Geschlechtern *verlängert*. Erinnert im Flug an Goldregenpfeifer und *erscheint halslos. Weißer Bauch* kennzeichnend, Unterflügeldecken ebenfalls weiß. Gefieder trotz auffälliger Farben und Muster hervorragend tarnend. Nur ♂ hat *schwarze Kehle*. Kann sich außerhalb der Brutzeit in großen Scharen versammeln. Flugruf ein nasales weit tragendes »kjah, kjah, ...« (oder ein mehr aus der Nähe zu vernehmendes, leicht vibrierendes »grau, grau, ...«).

adult
juv.
Turteltaube
juv.
adult
Türkentaube
adult
Palmtaube
Sandflughuhn
♀
♂
♀
Spießflughuhn
♂

KUCKUCKE (Ordnung Cuculiformes, Familie Cuculidae)

Mittelgroße, langschwänzige Vögel mit spitzen Flügeln. 2 Zehen weisen nach vorne, 2 nach hinten. Einige Arten (darunter die 3 europäischen) sind Brutparasiten.

Kuckuck

Kuckuck *Cuculus canorus* L 33. Recht häufig in den verschiedensten Landschaften von Waldgebieten über offenes Land bis hinauf ins Gebirge. Selten in unmittelbarer Nachbarschaft dicht besiedelter Gebiete, recht scheu. Frisst v. a. behaarte Schmetterlingsraupen. Brutparasit, der jeweils 1 Ei in die Nester anderer Vogelarten legt. Zu den Arten, die oft parasitiert werden, gehören Bachstelze, Wiesenpieper, Dorngrasmücke, Grauschnäpper und verschiedene Rohrsänger. Jedes Kuckuck-♀ ist auf eine Wirtsvogelart spezialisiert, deren Eiern die seinen farblich gleichen. Der frisch geschlüpfte Jungkuckuck stemmt die Eier/Jungvögel der Wirtsvögel aus dem Nest und profitiert allein vom Füttereifer der Stiefeltern. ♂ *aschgrau auf Kopf, Brust und Rücken, auf dem Bauch gesperbert.* ♀ normalerweise bis auf *die Andeutung einer rostfarben getönten Bänderung der Oberbrust* (graue Morphe) genauso gemustert, einige adulte ♀♀ stattdessen aber *oberseits leuchtend rostrot* gefärbt (rotbraune Morphe). Jungvögel oberseits ziemlich dunkel bräunlich, einige grauer, andere mehr rostfarben, jedoch nicht so klar in 2 Farbvarianten getrennt wie die adulten ♀♀, werden also nicht so rostrot und sind auf Kopf/Hals stets dunkler braungrau. Ein *weißer Nackenfleck* ist ein sicherer Hinweis auf einen Jungvogel. Größe sowie der niedrige und unauffällige Flug erwecken in Kombination mit dem *langen Schwanz* einen sperberartigen Eindruck (♀♀ der rotbraunen Morphe wie Turmfalke). Jedoch sind die schnellen Flügelschläge recht schwach, die *spitzen Flügel werden (ohne Gleitstrecken einzulegen) kontinuierlich* und *meist unterhalb der Horizontalen geschlagen*, wobei der *kleine Kopf* mit dem feinen Schnabel *deutlich aufwärts gehalten* wird. Oft von aufgeregten Kleinvögeln verfolgt. Ruf des ♂ das vertraute, weit tragende und in langen Serien wiederholte »kuu-kuu«, das beim Verfolgen eines Rivalen durch ein gereiztes »guchtschä-tschä« ersetzt wird. ♀♀ trillern ähnlich Regenbrachvogel und Zwergtaucher brodelnd »pühühühühühühü«. Bettelruf der Jungvögel wie der anderer Kleinvögel, aber sehr penetrant »srii, srii, ...«. **BZ**

Horsfieldkuckuck

Horsfieldkuckuck *Cuculus optatus* L 30. Scheuer Vogel der Taiga O-Russlands und Sibiriens. Langstreckenzieher (überwintert in Australasien), könnte auf dem Heimzug durchaus W-Europa erreichen (in Lettland bereits nachgewiesen). Ruft anders als Kuckuck, *2-silbig in gleicher Tonhöhe und Betonung*, etwas wie Wiedehopf »puu-puu«, 7- bis 8-mal wiederholt in *schnellerem Tempo* als Kuckuck. Die Serie wird oft (beim Abfliegen) mit 5–7 »puu«-Rufen in gleichmäßiger, schneller Folge eingeleitet. Anders sehr schwer zu bestimmen: etwas kleiner als Kuckuck, jedoch mit etwas größerem Schnabel, auf dem Bauch gröbere Bänderung, oberseits (Scheitel, Rücken) eine Schattierung dunkler und kälter grau, Unterseite häufiger rostgelblich getönt als bei Kuckuck. ♀♀ können auch rötlichbraun sein (schwarze Bänderung breiter und stärker kontrastierend).

Häherkuckuck

Häherkuckuck *Clamator glandarius* L 40. Brütet in SW-Europa und Thrakien in offenen Landschaften (Sträucher, Olivenhaine usw.). Parasitiert v. a. Elstern. Schafft unter diesen große Unruhe, wenn das ♂ sie abzulenken versucht, um dem ♀ die Chance zur Eiablage zu eröffnen. Nestjunge werfen die Wirtsbrut nicht aus dem Nest, sondern setzen sich bei der Fütterung mit überlegenem Bettelverhalten durch. Altvögel brechen vom frühen Juli bis Aug. nach Afrika auf. Ähnelt Kuckuck in Gestalt und Flugweise, ist jedoch erheblich *größer*, hat einen *Schopf* und *breite, weiße Federränder auf der ansonsten recht dunklen Oberseite*. Jungvögel oberseits schwarzbraun mit rostfarbenen Handschwingen. Der häufig zu hörende Ruf des ♂ ist, ganz anders als der des Kuckucks, ein ratterndes, lautes Gackern, »tjerr-tjerr-tje-tje-tje-tje-tje«, an Steinwälzer oder junge Spechte erinnernd. **A**

Kuckuck

Horsfieldkuckuck

Häherkuckuck

EULEN (Ordnung Strigiformes, Familien Tytonidae, Schleiereule, und Strigidae)
Eulen haben große Köpfe und scheinbar kurze Hälse, sind Beutegreifer, die meist bei Nacht jagen. Beide Augen sind nach vorne gerichtet, was ihnen stereoskopisches Sehen ermöglicht. Kopf kann bis zu 270° gedreht werden. Geräuschloser Flug. Geschlechter gleich. Viele Arten nisten in Höhlen. Einige Arten attackieren Eindringlinge vehement.

Schleiereule

Schleiereule ***Tyto alba*** L 32. Bewohnt offenes Kulturland, nistet oft in Scheunen und Kirchtürmen. Hat in Europa stark abgenommen. Helles, *herzförmiges Gesicht.* Flug und Flügelform ähneln Waldohreule, *Flügelschläge* jedoch *schneller,* Gefieder insgesamt *sehr hell.* Lässt *Füße* im Flug oft *baumeln.* Vögel in W- und S-Europa östlich bis Italien unterseits und im Gesicht reinweiß *(T. a. alba),* Vögel in Deutschland, Skandinavien, Mittel- und SO-Europa ockerbraun *(T. a. guttata).* Revierruf des ♂ langgezogene heisere, gurgelnde Schreie. Verfügt über viele weitere scharfe, fauchende und schnarchende Rufe (einige bei Nacht ziemlich »gespenstisch«). **J**

Zwergohreule

Zwergohreule ***Otus scops*** L 20. Brütet in S-Europa in Baumgruppen, Gärten, auch in Städten. Nistet in Baumhöhle oder Gebäudenische. Recht einfarbig braungrau oder rotbraun. *Klein. Breit angesetzte Federohren.* Schlanker als Steinkauz, aufrechter sitzend. Flügel ziemlich lang. Zugvogel, ernährt sich v.a. von großen Insekten. Streng *nachtaktiv,* fällt meist durch ihren Ruf, ein tiefes, flötendes »kjok« auf, das alle 2–3 Sekunden wiederholt wird (wird gern mit den Rufen der Geburtshelferkröte *Alytes obstetricans* verwechselt). ♀ ruft höher als ♂, oft im Duett. **A**

Sperlingskauz

Sperlingskauz ***Glaucidium passerinum*** L 17. Recht häufig in ausgedehnten Nadelwäldern. Nistet in Spechthöhlen. *Kleinste* europäische Eule, kaum starengroß. Jagt kleine Nagetiere und Kleinvögel (im Winter auch an Futterstellen). Legt oft in Nistkästen »Speisekammern« an. Tagaktiver als andere Eulen. Braunes Gefieder *fein weiß gesprenkelt.* Weiße Überaugenstreifen bilden einen Winkel, was einen *besorgten* Gesichtsausdruck hervorruft. Relativ *kleinköpfig.* Flug spechtartig wellenförmig. Revierruf in der Morgen-/Abenddämmerung (zumeist von einer Baumspitze) ein kurzes, weiches, rhythmisch alle 2 Sekunden wiederholtes »hjük«. Bei Aufregung wird zwischen die einzelnen Rufe ein stotterndes »tititi« eingefügt. ♀ antwortet mit höherer, nasaler Version »hjülk« oder mit einem dünnen, gezogenen »psiiii«. Herbstruf eine kurze Folge schriller, ansteigender Laute (»Tonleiter«). **J**

Steinkauz

Steinkauz ***Athene noctua*** L 23. In S- und Mitteleuropa häufig in oft felsigem, offenem Terrain, auch in Städten. Nistet in Baumhöhlen, Felsen oder Gebäuden. Gedrungener Körper, *breiter Kopf mit flachem Scheitel, lange Beine.* Haltung gewöhnlich nicht so aufrecht wie bei anderen Eulen. Bei Aufregung wippt er mit dem Körper und knickst. Nutzt gern Zaunpfähle usw. als Ausguck. Wellenförmiger Flug wie Spechte. Kann rütteln. Beute umfasst Nagetiere, Vögel, Insekten, Regenwürmer. Tag- und nachtaktiv. Revierruf langgezogen und gegen Ende ansteigend »guuuuuk«. Ein wiederholtes, lautes, durchdringendes Miauen »**kii**oo« ebenfalls oft zu hören. Warnruf schrill, explodierend seeschwalbenartig »kjitt, kjitt«. **J**

Raufußkauz

Raufußkauz ***Aegolius funereus*** L 25. Nicht selten in ausgedehnten Nadelwäldern. Nistet in Schwarzspechthöhlen. Viel größer als Sperlingskauz und abweichend in Gestalt *(»großkopfert«),* Gesichtsausdruck (schaut etwas *»überrascht«)* und Verhalten (streng *nachtaktiv,* meidet exponierte Sitzwarten). *Gesicht hell, aber dunkel eingerahmt.* Jungvögel dunkelbraun. Revierruf eine rasche Folge kurzer, tiefer, gewöhnlich 7- bis 8-silbiger Rufe, am Ende ansteigend »pu-pu-pupupupupupopo«. Bis zu 3 km weit zu hören. Große individuelle Variabilität in Tonhöhe, Tempo und Zahl der Silben. Ruft oft ohne Unterlass durch große Teile der Nacht. Ein nasales, trompetendes »kuu-**wä**uk« ist ebenfalls zu vernehmen, dazu (besonders in Herbstnächten) ein schrilles, scharfes »tschi-**ak**« (etwas wie Eichhörnchen). **J**

Schleiereule

Sperlingskauz

Zwergohreule

Raufußkauz

Steinkauz

Uhu

Uhu *Bubo bubo* L 69. Lokal, meist selten, in Gebirgen oder felsigem Gelände, bewaldet oder nicht. Scheuer als andere Eulen, schätzt aber Teile der Kulturlandschaft (Müllkippen). Standvogel. Nistet gewöhnlich auf Felsvorsprung, gelegentlich auch auf Bäumen. *Größte* Eule Europas. Fängt Ratten, Mäuse, Krähen, Möwen, Enten, sogar Hasen und Greifvögel! Hauptsächlich nachtaktiv. Wird wütend von Krähen und Möwen gemobbt. Flug rasch mit recht flachen Flügelschlägen. Oberseits braun (wie Kiefernborke), Unterseite rostgelb. Große Federohren (im Flug nicht zu sehen). Revierruf, zumeist in den Dämmerungen, ein kräftiges, wiederholtes »**huu** oh« (bis zu 5 km hörbar, nur der 1. Ton weit tragend). ♀ antwortet in einer höheren, heiseren Version, aber auch mit einem gezogenen, bellenden »**rhä**-uh«. Warnt unter Schnabelknappen schrill, nasal, wütend »ki-ki ki**kaju**«. Junge betteln bis in den Sept. mit rauen, kratzenden Rufen »tschu**ii**sch« (»hobeln Holz«). **J**

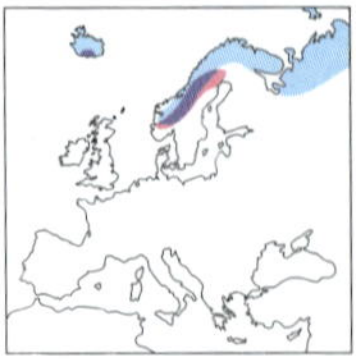

Schneeeule

Schneeeule *Bubo scandiacus* L 61. Seltene arktische Eule. Nistet auf bültenreichen Hochlandmooren. Als Tageule bekannt, ist sie dennoch nach Sonnenuntergang am aktivsten. Nutzt Hügel und Felsen als Ansitz. Relativ scheu, aber das ♂ kann üble Wunden verursachen, wenn es das Nest verteidigt. Brütet in Lemming- und Wühlmausjahren, setzt dazwischen aus. Kann im Winter weit nach Süden ziehen, ernährt sich dann von größerer Beute. Kräftigerer Flieger als die meisten Eulen. Alte ♂♂ fast ganz weiß, ♀♀ (viel größer) mit feinen, schwarzen Flecken, junge ♂♂ ebenso, während junge ♀♀ dichter gefleckt sind. Balzruf ein dumpfes, weit tragendes »gooh«, z. B. in 4-Sekunden-Intervallen wiederholt. Warnruf des ♂ »krek-krek-krek-…«, einem aufgeregten Stockerpel frappierend ähnlich. ♀ warnt falsettartig bellend »pjiij, pjiij, pjiij, pjiij« kombiniert mit einem pfeifenden »siiijuii«. **A**

Bartkauz

Bartkauz *Strix nebulosa* L 65. Seltener Brutvogel der Taiga. In der Größe wie Uhu, jedoch nur halb so schwer und von Wühlmäusen abhängig. Nistet in alten Greifvogelnestern oder auf einem Baumstumpf, d. h. *sichtbar. Enormer Kopf,* unverwechselbares Gesicht. Weitgehend *graues Gefieder.* Flügel breiter und stärker gerundet als beim Uhu, Flug wie in Zeitlupe. Schwanz relativ lang und stumpf zugespitzt. Manövriert in dichtem Wald gemächlich, aber geschickt. *Breite dunkle Binde an der Schwanzspitze* sowie große, helle, *rostgelbe Felder auf der Oberseite der Handschwingen* im Wegflug diagnostisch. Balzruf eine Serie von 8–12 extrem tiefen und dumpfen Schreien, die alle 0,5 Sekunden »hervorgepumpt« werden und zum Ende hin in Tonhöhe und Intensität abfallen, generell höchstens 400 m weit zu hören. ♀ antwortet erstaunlich matt »tji**epp**-tji**epp**-tji**epp**« (ein bisschen wie das Betteln großer Waldkauz-Jungvögel). Verfügt auch über einen gezogenen, extrem tief knurrenden, grunzenden, leisen, aber eindringlichen Warnruf »grrruuuu«. Am Nest ruhig oder aggressiv, aber stets furchtlos. Bettelrufe der Jungen ähneln dem Ruf des ♀, sind aber heiserer.

Bartkauz

Habichtskauz

Habichtskauz

Habichtskauz *Strix uralensis* L 57. Seltener Brutvogel der Taiga, in O-Europa in Laubwäldern. Jagt auf Lichtungen, in Waldsümpfen usw. Nistet gewöhnlich in von Stürmen geknickten Baumruinen, aber auch in alten Bussardnestern (Jungvögeln sollte man sich tunlichst nicht nähern – sie werden mit großer Entschlossenheit verteidigt, und die Eulen gehen dabei stets auf die Augen!). Vorwiegend nachtaktiv, Standvogel. Viel größer als Waldkauz, jedoch nicht so riesig wie Bartkauz. Schwanz relativ lang und in stumpfem Winkel zugespitzt, Flügel gerundet. *Blass graubraun.* Gesicht ungezeichnet gelblichgrau. Balzruf tief, weit tragend »**whuu**huu … (4 Sek. Pause) … whuuhuu uwhuuhuu«. Äußert dumpfe Folgen von etwa 8 Silben »puupuupupuu…«, schroffer als bei der Sumpfohreule und zum Ende hin leicht ansteigend. ♀ verfügt über raue Versionen dieser beiden Rufe und bettelt mit reiherartig krächzendem »ku**wäh**«. Warnruf wie Hundebellen »wuff«, Betteln der Jungen wie bei jungen Waldkäuzen. **J**

Uhu
juv. ♀
adult ♂
Schneeeule
adult ♀ Sommer
Bartkauz
angreifend
Habichtskauz

Waldohreule

Waldohreule ***Asio otus*** L 34. Nistet in alten Krähennestern in Nadelwäldern, oft auch in Baumgruppen im Kulturland. Im Winter Einflüge aus dem Norden, mehrere nutzen dann oft denselben Tageseinstand. Bei Gefahr nimmt sie gestreckte Körperhaltung an und sieht dann wie ein Aststumpf aus. Meistens nachtaktiv, kann aber am Tag bei der Jagd beobachtet werden. Flügel lang und ziemlich schmal, gemächlicher Flug ähnelt dem der Sumpfohreule, wenn auch nicht so beharrlich umherstreifend. Bei Tageslicht starke Ähnlichkeit mit fliegender Sumpfohreule – dass die Flügel kürzer und stumpfer sind, fällt kaum auf; *feinere und dichtere Bänderung von Flügelspitze und Schwanz* sowie *fehlender weißer Flügelhinterrand* oft noch die besten Merkmale. Rücken düster mittelbraun und unterseits einförmigere Strichelung als Sumpfohreule. *Iris orange*. Lange Federohren, im Flug nicht sichtbar und auch im Sitzen oft angelegt. Balzflug mit gleichmäßigen Flügelschlägen (1 pro Sek.). Revierruf des ♂ tief heulend »ooh«, gedämpft (klingt sehr schwach, ist jedoch noch in 1 km zu hören). ♀ antwortet in höherer Tonlage oder mit einem entspannten, nasalen »pääh«. Warnruf »kwäck-kwäck«. Bettelruf der Jungen gezogen, traurig »pii-ih«. **JZW**

Sumpfohreule

Sumpfohreule ***Asio flammea*** L 35. Subarktische Eule, deren Zahl mit den Nagerzyklen fluktuiert. Nistet in Sümpfen und Mooren. Ähnelt im Flug Waldohreule, hat aber *längere und schmalere Flügel, die sie langsam,* wie rudernd mit einem *angedeuteten Aufwärtsruck schlägt.* Auch tagaktiv. Wirkt *im Flug hell.* Brust kräftig gestreift, Bauch heller, fast ungestreift. Flügelmuster ähnlich Waldohreule (deutliches dunkles Komma auf der Handwurzel unterseits, großer Handwurzelfleck auf der Oberseite), jedoch *Bänderung der Flügelspitze dunkler und gröber. Armschwingen mit weißen Spitzen. Schwanz mit deutlichen und gleichmäßig verteilten Bändern* (Schwanzbänderung der Waldohreule dünner und dichter). Iris gelb. Kleine Federohren, die bei Aufregung aufgestellt werden. ♂ ruft bei der Balz aus hohem Flug und schwer zu lokalisieren gedämpft »duu-duu-duu-duu-duu-...«. Auch kurzes Flügelklatschen. ♀ antwortet mit heiserem »tjäää-opp«. Warnt rau »tjäff-tjäff«. Junge betteln zischend mit einer Version des »tjäää-opp« ihrer Mutter in höherer Tonlage. **BZW**

Waldkauz

Waldkauz ***Strix aluco*** L 42. Häufigste und am weitesten verbreitete Eule Europas. In alten Wäldern, Parks und großen Gärten. Nistet in Höhlen oder Nistkästen. Verteidigt seine Jungen vehement und zielt mit den Krallen auf die Augen des Eindringlings! Normaler Flug mit Serien recht schneller Flügelschläge und langen Gleitstrecken. *Flügel breit und stumpf, Kopf groß,* insgesamt sehr kompakt. Gefieder rotbraun, graubraun oder irgendetwas dazwischen. Wahrhaft nachtaktive Eule. Wie Katzen ein Ansitzjäger. Balzruf ist das bekannte »**huuuuuuh** ... (4 Sek. Pause) ... hu hu**huu**'u'u'u'u« (letzte Töne zitternd). ♀ kann eine heisere, gebrochene Version rufen, antwortet aber auch katzenartig »kju**wiit**«. Zitternde Triller »o'o'o'o'o'o'o'o'o'o'o« gibt das ♂ besonders in der Paarungszeit von sich. Revierkämpfe können von wüsten, katzenartigen Schreien begleitet sein. Warnruf rasch, explodierend »ku-**wit** ku-**wit**«. **J**

Sperbereule

Sperbereule
2. Dunenkleid

Sperbereule ***Surnia ulula*** L 37. Ein Vogel v. a. der oberen Nadelwald- und unteren Birkenwaldzone Skandinaviens und Russlands. Nistet in hohlem Baum. Am Nest oft aggressiv. Bestände fluktuieren stark mit den Wühlmäusen, kann, wenn die Beute ausbleibt, weit nach Süden ausweichen. *Längerer Schwanz* als andere Eulen, Flügel nicht so gerundet. Erinnert im *raschen und direkten Flug* mit relativ schnellen Flügelschlägen an großen Sperber. Lässt sich nach steilem Aufstieg auf erhöhtem Ansitz nieder. Tagaktiv, aber Balzruf v. a. in dunklen Nächten zu hören: ein gezogener und rasch bebender Triller, entfernt dem Trillerruf des Waldkauzes ähnelnd, aber im Tonfall mehr wie Kuckuck-♀. Etwa 1 km weit zu hören. ♀ antwortet (und Junge betteln) mit gedehntem heiseren »kschi**ii**lipp«. Warnt schrill »kwi-kwi-kwi-kwi-kwi«, an Merlin erinnernd, aber langsamer. **A**

Waldohreule
Sumpfohreule
rotbraune Morphe
Waldkauz
graue Morphe
1. Dunenkleid
Sperbereule

NACHTSCHWALBEN (Ordnung Caprimulgiformes, Familie Caprimulgidae)

Nachtaktive Insektenjäger mit großen, flachen Köpfen, kleinen Schnäbeln und sehr großen Schlünden. Steife Borsten am Schnabelwinkel unterstützen die Jagd nach Fluginsekten. Gefieder braun meliert tarnfarben. Am Tag schwer auszumachen, wenn sie am Boden oder längs auf einem Ast sitzen. 2 Eier werden direkt auf den Boden gelegt.

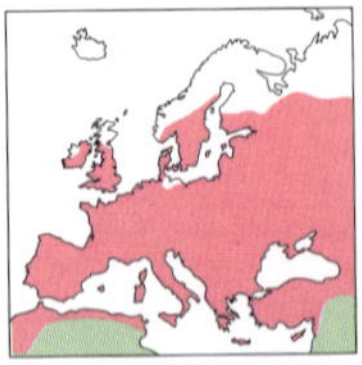
Ziegenmelker

Ziegenmelker ***Caprimulgus europaeus*** L 28. Verbreitung nur lokal und selten in hellen, trockenen, offenen Waldgebieten, auch auf Lichtungen in dichteren Nadelwäldern sowie in Heidegebieten. Ruht am Tag und ist schwer auszumachen, wenn er flach längs auf einem Ast sitzt und das fein gemusterte braun-graue Gefieder den Eindruck eines Borkenstücks erweckt. Beim ♂ *weiße Flecken auf Flügeln und Schwanz.* Gewöhnlich in der Dämmerung bei der Insektenjagd zu sehen. *Gestalt wie Turmfalke.* Flug geräuschlos und schwungvoll mit steifen Flügelschlägen. Segelt häufig mit zum V angehobenen Flügeln, steigt hoch und wendet mit großer Leichtigkeit, bleibt gelegentlich für einen Augenblick auf flatternden Flügeln an einer Stelle stehen. Wirkt schwerelos. Ist ziemlich neugierig und kehrt oft zurück, um sich den Eindringling anzuschauen, kommt dann manchmal sehr nahe und rüttelt mit pendelartig herabhängendem Körper und Schwanz. Balzflug mit eingestreutem Flügelklatschen (Flügel werden über dem Körper zusammengeschlagen). Winziger Schnabel, aber riesiger Schlund – lebt von Nachtfaltern und kann sogar Maikäfer verschlingen. Außer auf dem Zug ungesellig, kann dann aber in Trupps auftreten. Nachtzieher. Oft wird man durch den weit tragenden Gesang aufmerksam, der sich ohne Unterbrechung von der Abenddämmerung durch die Frühsommernacht zieht, ein charakteristisch trockenes, hohles, schnurrendes Rollen in 2 Tonarten »errrrörrrrrerrrrrr...«. Sitzt beim Singen gewöhnlich frei, häufig sehr hoch. Beim Balzflug steigt das ♂ auf und lässt sich unter rhythmischen Flügelschlägen herabsinken, wobei es ein intensives »fi**orr**-fi**orr**-fi**orr**-...« ausstößt, das (unter fortgesetztem Flügelklatschen) in ein schwaches, tiefes und raues »örr rrr...« übergeht und plötzlich abbricht – als wäre es des Ziegenmelkers letzter Atemzug! Ruft froschähnlich »krruit«. **BZ**

Rothals-Ziegenmelker

Rothals-Ziegenmelker ***Caprimulgus ruficollis*** L 30. Brütet auf der Iberischen Halbinsel, dort in immergrünen Wäldern, besonders mit Pinien, sowie auf verbuschten Steppen anzutreffen. Nachtvogel, der dem Ziegenmelker sehr ähnelt, jedoch größer, mit längerem Schwanz, etwas hellerem Gefieder, *rötlichem Nackenband* und oft etwas größerem weißen Kehlfleck (oft in der Kehlmitte durch Braun unterbrochen). Weiße Flecken auf Flügeln und Schwanz deutlich und bei beiden Geschlechtern vorhanden (vgl. Ziegenmelker), beim ♀ aber schwächer. Viel größer und dunkler als der seltene Pharaonenziegenmelker. Gesang des ♂, ganz anders als beim Ziegenmelker (hat nur in seinem hohlen Klang Gemeinsamkeiten), die in die Länge gezogene, oft minutenlange Folge eines wiederholten, 2-silbigen »kjo**tok**-kjo**tok**-kjo**tok**-...«. ♀ gibt ein raspelndes, weniger weit tragendes »tsche-tsche-tsche-...« (»Dampflok«) von sich. Auch Flügelklatschen.

Pharaonenziegenmelker

Pharaonenziegenmelker ***Caprimulgus aegypius*** L 25. Sehr seltene Ausnahmeerscheinung in S-Europa aus den Brutgebieten in Afrika und Asien. In Wüstengebieten gewöhnlich in der Nähe von Wasser anzutreffen. Sitzender Vogel *viel heller* und einfarbiger als Ziegenmelker und Rothals-Ziegenmelker, denen er in der Silhouette ähnelt. Die Farben sind perfekt an den trockenen Wüstenboden angepasst und verleihen dem ruhenden Tier eine hervorragende Tarnung. Im Flug kontrastieren die dunklen Handschwingen mit der ansonsten fahleren Oberseite. Weißes Kehlabzeichen gelegentlich sehr unauffällig. Gesang liegt zwischen dem Schnurren des Ziegenmelkers und dem rhythmischen »Morsen« des Rothals-Ziegenmelkers: ein hohl klingendes »kru-kru-kru-kru-...« in langen Serien, dabei getaktet wie ein alter Schiffsdiesel.

Ziegenmelker
Rothals-Ziegenmelker
Balzflug
Pharaonenziegenmelker

SEGLER (Ordnung Apodiformes, Familie Apodidae)

Segler ähneln Schwalben, haben aber längere, schmalere und, in Anpassung an ein Leben in der Luft, sichelförmigere Flügel. Ernähren sich ausschließlich von Fluginsekten. Geschlechter gleich. Nisten unter Dachvorsprüngen, an Felsen und in Höhlen. Gelege 2–3 weiße Eier.

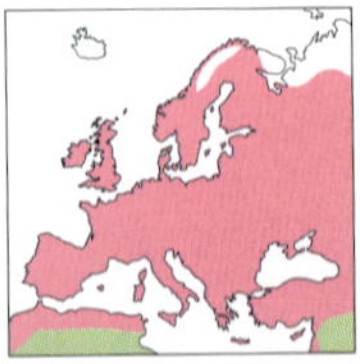
Mauersegler

Mauersegler *Apus apus* L 17. Häufig. Praktisch überall in der Luft zu beobachten, besonders über Städten und Ortschaften. Nistet in kleinen Kolonien, normalerweise unter Dachvorsprüngen und in Luftschächten, aber auch in Kirchtürmen und abseits von Siedlungen in Spechthöhlen. Ernährt sich von Luftplankton, das in Höhen bis zu 4 km gesammelt wird. Schlechtes Wetter, das die Jagd unmöglich macht, führt oft zu Massenwanderungen in andere Landesteile, während dieser Zeit fallen die Jungen in einen Halbschlaf. *Einfarbig matt bräunlichschwarz* mit heller Kehle (vgl. Fahlsegler). Deutlich größer als Rauch- oder Mehlschwalbe, mit längeren, schmaleren, steiferen, sichelförmigen Flügeln (extrem lange Hand, kurzer Arm) und stromlinienförmigem Körper. Überragende Flugfähigkeiten. Standardflug rasch mit schnellen Flügelschlägen (Flügel scheinen alternierend geschlagen zu werden). Jagt – oft in schreienden Schulen nahe über den Dächern – in irrsinnigem Tempo, ohne dass dabei die Genauigkeit leidet, sodass Mauersegler buchstäblich in ihre Nesthöhle schießen. Oft jedoch auch hoch in der Luft gemütlich seine Kreise ziehend. Kann im Flug schlafen. Paart sich sogar in der Luft. Hat Schwierigkeiten, vom Boden aufzufliegen. Ruf schrill »srrriiiii«. **BZ**

Kaffernsegler

Kaffernsegler *Apus caffer* L 14. Hat seit den 60er-Jahren einige kleine Kolonien in S-Spanien gegründet. Nistet in alten Rötelschwalbennestern. Deutlich kleiner als Mauersegler. Schwarz mit heller Kehle, *schmalem weißen Bürzel und auffällig gegabeltem Schwanz.* Armschwingen mit weißen Spitzenflecken. Ruf eine laute Stakkato-Serie »tschitt-tschitt-tschitt-...«.

Haussegler

Haussegler *Apus affinis* L 12. Bewohnt Städte und Dörfer, auch Felswände. Kleine Kolonie in S-Spanien. Vom größeren Kaffernsegler durch *gerade abgeschnittenen Schwanz* und *rechteckiges, weißes Bürzelfeld* unterschieden. Ruf ein klares, fast lerchenartiges Zwitschern. **A**

Fahlsegler

Fahlsegler *Apus pallidus* L 17,5. In S-Europa an Felsküsten, in Gebirgen und Städten recht häufig. Oft in Gesellschaft von Mauer- und Alpenseglern. Ähnelt Mauersegler sehr. Gefieder insgesamt etwas blasser, brauner und nicht so rußfarben, was sich beim direkten Vergleich von oben deutlich zeigt. Von unten lassen sich die Farben kaum unterscheiden, mit Erfahrung kann man aber oft sehen, das die *inneren Handschwingen und Armschwingen* des Fahlseglers *einen Hauch heller und durchscheinender* sind; die *äußeren Handschwingen sind dunkler* und rufen einen *Kontrast* hervor, der stärker als beim Mauersegler ausfällt. Außerdem ist die *dunkle Augenmaske* (»Sonnenbrille«) deutlicher, und der *Bauch* hat ein (von hellen Federrändern herrührendes) *schwaches Schuppenmuster* (junge Mauersegler sind freilich ebenfalls geschuppt). Hat auch etwas breitere Flügel, weshalb *er die Flügel* angesichts seiner Größe *etwas langsamer schlägt* als Mauersegler. Scheint auch mehr zu segeln als sein dunklerer Verwandter. *Ruft tiefer* und etwas *rauer und gepresster* »vrii-je« mit einer leichten Abwärts-Modulation (stärker als bei Mauersegler). **A**

Alpensegler

Alpensegler *Apus melba* L 23. Brütet v. a. in S-Europa. In Gebirgen und Städten (auch auf Seehöhe) anzutreffen. Nistet kolonieweise. Viel größer als die anderen Segler, mit weißer Unterseite, braunem Brustband und etwas längerem Schwanz. Im Flug schnell und gewandt. Deutlich langsamere Flügelschläge als Mauersegler – bei der Größe kein Wunder –, fliegt dabei aber noch schneller. Kann sogar an einen kleinen Falken erinnern. Jagt wie der Mauersegler besonders morgens und abends in großen, zwitschernden Trupps. Ruft in schnellen, schwätzenden Serien, ansteigend und wieder fallend, beschleunigend und wieder verlangsamend »tititit...«. Klingt manchmal recht heiser wie von einem Kleinfalken. **BZ**

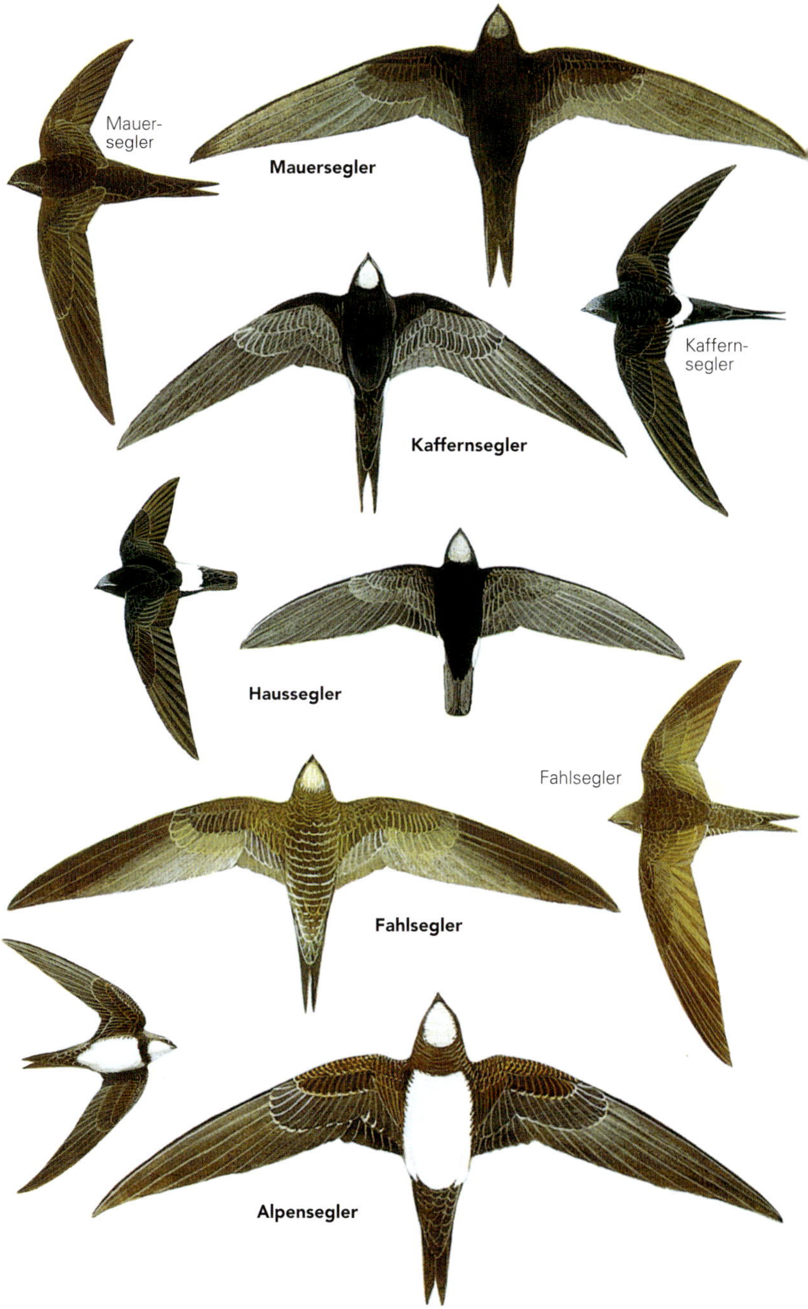
Mauer-
segler
Mauersegler
Kaffern-
segler
Kaffernsegler
Haussegler
Fahlsegler
Fahlsegler
Alpensegler

RACKEN- UND HOPFVÖGEL (Ordnungen Coraciiformes und Upupiformes)

Diese Vogelgruppe wird hier durch 4 farbenfrohe Arten vorgestellt.

EISVÖGEL (Familie Alcedinidae) sind Fischjäger mit großen Schnäbeln und kleinen Füßen.

SPINTE (Familie Meropidae) fangen im Flug Insekten. Lange, dünne Schnäbel.

RACKEN (Familie Coraciidae) jagen von Ansitz Insekten am Boden. Kräftige Schnäbel.

WIEDEHOPFE (Familie Upupidae) suchen am Boden laufend nach Insekten.

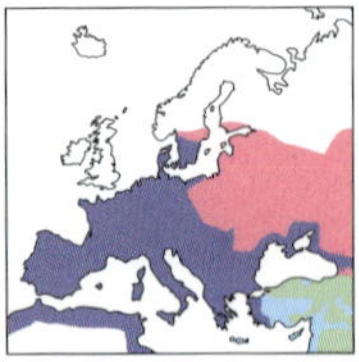

Eisvogel

Eisvogel ***Alcedo atthis*** L 18. Brütet an ruhigen Flüssen und Bächen mit steilen Ufern, in die die Nesthöhle gegraben wird. 2–3 Bruten im Jahr. Großer Kopf, langer Schnabel, kurze Flügel, kurzer Schwanz und sehr kurze Beine. Oberseits *blau und grün schimmernd,* Rücken und Schwanz scheinen zu leuchten. Unterseite *rötlichorange.* Schnabel des ♂ ganz schwarz, ♀ mit roter Unterschnabelbasis. Sitzt auf über das Wasser hängenden Ästen an, auf Brücken (oft auch unter ihnen) usw., oft für lange Zeit völlig reglos und schwer aufzuspüren. Taucht mit dem Kopf voran nach Fischen, gewöhnlich vom Ansitz aus, aber auch nach kurzem Rüttelflug. Von den Farben ist dann nicht viel zu sehen, aber *Rücken/Schwanz schimmern hell.* Auch dann schwer zu entdecken, verrät aber seine Anwesenheit durch hohe, durchdringende »tssiii«-Rufe. **JZW**

Bienenfresser

Bienenfresser ***Merops apiaster*** L 28. In offenen Landschaften S-Europas recht häufig. Nistet in kleinen Kolonien in selbst gegrabenen Höhlen in Sandgruben, an Ufern oder in flachem Grund. Gefiederfarben hell, aber nicht leuchtend. Ziemlich scheu. Gesellig. Sitzt häufig auf Telegrafendrähten. Fängt im Flug Insekten, oft in großer Höhe. Erinnert dabei an große Mehlschwalbe, segelt auf gestreckten Flügeln, flattert schnell. Drosselgroß, langschwänzig, Flug leicht gewellt. *Schnabel lang, schmal,* etwas nach unten gebogen. *Mittlere Steuerfedern verlängert.* Jungvögel matter gefärbt mit hauptsächlich grüngrauem Rücken, auch fehlen die Schwanzspieße. Ruf charakteristisch, nicht laut, aber weit tragend und schwer zu lokalisieren, ein häufig wiederholtes »prütt«. **BZ**

Blauracke

Blauracke ***Coracias garrulus*** L 30. Brütet spärlich in S- und O-Europa. In Abnahme begriffen; Verbreitungsgebiet hat sich deutlich verkleinert. Bevorzugt offene, trockene Landschaften mit großen, hohlen Bäumen. Nistet in Baumhöhlen, an Ufern, Ruinen usw. Das *helle Blau von Körper und Flügeln* hat Strahlkraft, in starkem Sonnenlicht erscheint es weißlich-azurblau, in der Abendsonne grünlichblau. Flügelbug und Unterseite der Schwungfedern dunkelviolett. Jungvögel etwas matter und brauner. Sitzt frei auf abgestorbenem Ast oder auf Telegrafenleitung, fliegt herab zum Boden und nimmt Insekt oder Eidechse auf. Flug wie Dohle, aber schneller und mit rascheren Flügelschlägen. Zum Balzen gehören Sturzflüge, bei denen sich das ♂ wie ein Kiebitz von einer Seite auf die andere wirft. Ruft »**tschack**-ack« (wie Elster und Dohle), »rrak-rrak-rrih« (wie eine genervte Aaskrähe oder ein Eichelhäher) sowie Varianten davon. **A**

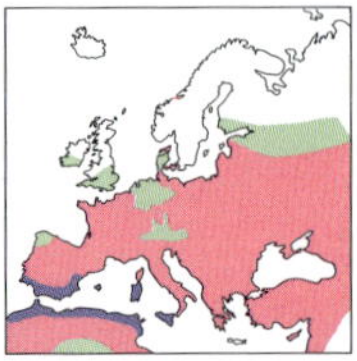

Wiedehopf

Wiedehopf ***Upupa epops*** L 28. Bewohnt offene Landschaften mit Gehölzen und Ackerland in S- und Mitteleuropa. Nistet in Baumhöhlen, Mauern usw. Ziemlich scheu. Geschlechter gleich: *hell rötlichsandfarben mit auffälliger schwarz-weißer Bänderung auf Flügeln und Schwanz,* aufstellbare Federhaube, *langer, abwärts gebogener Schnabel.* Etwa so groß wie Misteldrossel, erscheint aber wegen der breiten Flügel größer im flatternden und unsteten Flug, der mit seinen unregelmäßigen Wendungen und der niedrigen Flughöhe an einen Eichelhäher erinnert. Auf der Suche nach Insekten zumeist am Boden, wobei er sich oft scheinbar unentschlossen verhält und die Richtung ständig ändert. Gesang des ♂ kennzeichnend: ein wiederholtes, 3-silbiges, dumpfes, gewöhnlich aus der Deckung einer Baumkrone vorgetragenes »pu pu pu«, das aus der Nähe schwach klingt, aber weit zu hören ist. Gibt auch ein misteldrosselartiges »terrr« sowie ein raues »schaar« (an Eichelhäher und Star erinnernd) von sich. **BZ**

Eisvogel
rüttelnd
♂
Bienenfresser
adult
Blauracke
juv.
Wiedehopf
Haube
aufge-
richtet
Haube angelegt

SPECHTE (Ordnung Piciformes, Familie Picidae)

Meist mittelgroße Vögel. Ernähren sich v. a. von den Larven holzbohrender Insekten, die mit den kraftvollen Schnäbeln herausgehämmert werden. Nutzen den steifen Schwanz als Stütze beim Klettern an Bäumen (Wendehals klettert nicht). Trommeln (beider Geschlechter) ersetzt oft den Gesang. Außer dem Wendehals zimmern sich alle ihre Nester in Baumstämmen.

Grünspecht

Grünspecht *Picus viridis* L 34. Häufig in Laubwäldern mit größeren Lichtungen. Oft am Boden bei der Suche nach Ameisen zu sehen (daher der grün-tarnfarbene Rücken). Gräbt sich im Winter zu Ameisenhügeln durch. *Grüne Oberseite mit leuchtend grünlichgelbem Bürzel.* Grauspecht genauso gefärbt, Grünspecht jedoch größer, mit längerem Schnabel, vollständig roter Kappe (beide Geschlechter) und *mehr Schwarz im Gesicht.* Schwarzer Bartstreif beim ♂ mit rotem Zentrum (iberische Unterart *P. v. sharpei:* fast völlig rot). Jungvögel (anders als die des Grauspechts) auf Kopf, Hals und Unterseite deutlich gefleckt und mit rotem Scheitel. Scheu und wachsam. Fliegt in langen Wellen, wobei die Flügel ein hörbares Geräusch hervorrufen. Wirkt im Flug langhalsig. Im Frühjahr und Herbst sehr vokal und geräuschvoll. Frühjahrsgesang beider Geschlechter (oft im Duett) eine Serie kräftiger Lacher »aus vollem Hals«: »klü-klü-klü-klü-...«, beschleunigt und gegen Ende leicht abfallend. Flugruf ein schrilles, kurzes, vehementes »kjükjükjü**kjük**«, das oft wiederholt wird. Warnt eher verhalten »kjakjakja«. Bettelruf der Jungen raspelnd wie Schmirgelpapier auf Holz. Flügge Jungvögel rufen mit Dohlenstimme »kja«. Trommelt nur selten und wenn, dann fast so schnell wie Buntspecht, aber doppelt so lange und schwächer. **J**

Grauspecht

Grauspecht *Picus canus* L 29. Brütet quer durch Mitteleuropa, aber viel weniger häufig als der Grünspecht im Westen. Bevorzugt höhere Lagen als dieser. Brütet zudem in der Taiga (die der Grünspecht meidet). Im Tiefland auch in kleineren Wäldern, z. B. Auwäldern. Erdspecht, aber nicht so auf Ameisen spezialisiert wie Grünspecht, sucht sich auch in Bäumen große Teile seiner Nahrung. Scheu und wachsam. Verrät sich im Frühjahr durch wiederholtes Rufen; im Sommer schwer aufzuspüren, erscheint im Winter auch an Vogelfütterungen mit Talg. Ähnelt Grünspecht, jedoch kleiner, mit deutlich *kürzerem Schnabel, grauerem Gesicht* (nur Zügel und Bartstreif schwarz). ♂ nur auf der Stirn rot, ♀ ohne jedes Rot. Jungvögel nicht gefleckt wie die des Grünspechts, und nur die ♂ mit einem Tupfen Rot auf der Stirn. Gesang gleicht dem des Grünspechts, jedoch ist die Stimme klarer und schwächer, fast flötend (durch Pfeifen leicht zu imitieren, was die Vögel hervorlocken kann). Die Rufe »kii-kii-kii kii kii kü kö« folgen nicht so dicht aufeinander, das Tempo lässt zum Ende hin nach, und der Tonabfall ist deutlicher. Ruft auch wie Buntspecht und ein an Wacholderdrosseln erinnerndes, schnelles und heiseres »tschetschetsche«. Anders als Grünspecht trommelt er regelmäßig in raschen, anderthalb Sekunden langen Wirbeln, dabei erheblich lauter als dieser. **J**

Schwarzspecht

Schwarzspecht *Dryocopus martius* L 44. Nicht selten in reifen Wäldern (oft mit Kiefern und Buchen). *Größter* europäischer Specht. Leicht an Größe und völlig *schwarzem Gefieder* zu erkennen. Flug mit kräftigen, unregelmäßigen Flügelschlägen, aber nicht wellenförmig wie bei anderen Spechten, am ehesten noch wie Tannen- oder Eichelhäher. Flugruf ein weit tragendes »krrrii-krrrii-krrrii-krrrii-...«, das auch als Warnruf dient. Im Sitzen ein charakteristisches, langgezogenes, lautes und klares »kliii-öö«. Im frühen Frühjahr ein lautes »kwii-kwii-kwii-kwii-..., das (zusammen mit Trommeln) als Gesang dient und dem des Grünspechts ähnelt, jedoch ohne dessen Beschleunigung und Tonabfall. Bei der Balz äußert er einen Laut, der glucksendes Geräusch und nasales Quieken in einem ist. Trommelt häufig mit langen Wirbeln (1,8–3,2 Sek., ♀ kürzer), sehr kraftvoll und »artikuliert« wie eine MG-Salve. **J**

Grünspecht

Grauspecht

Schwarzspecht

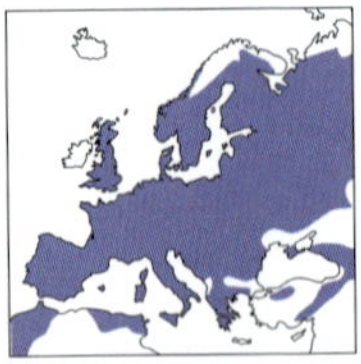

Buntspecht

Buntspecht *Dendrocopos major* L 25. Häufiger Brutvogel in Laub- und Nadelwäldern, Gärten und Parks (der wachsamste der schwarz-weißen Spechte). Ernährt sich von den Larven holzbohrender Insekten, die er aus Stämmen und Ästen herausmeißelt, hat dabei aber einen umfänglicheren Speiseplan als seine Verwandten. Lebt im Winter zum großen Teil von Fichten- und Kiefernsamen, die er in »Spechtschmieden« aus den Zapfen, die er in Spalten und Baumstümpfen fixiert, herausarbeitet. Abhängig von der Samenproduktion unternimmt er eruptive Wanderungen. Nimmt auch Fett, das an Vogelfütterungen angeboten wird. In einem gewissen Maß leckt er im Frühjahr auch Baumsäfte. Hat ein *großes, weißes Schulterfeld, Steiß und Unterschwanz* sind *leuchtend rot,* Flanken ungestreift und am Kopf sehr wenig (♂) oder kein (♀) Rot – das ♂ *zeigt am Übergang vom Scheitel zum Nacken ein kleines rotes Feld.* Ähnelt am meisten dem Blutspecht (siehe dort). Jungvögel ähneln mit ihrem blassroten Steiß und Unterschwanz und viel Rot auf dem Scheitel (aber nicht bis zum Nacken) mehr dem Mittelspecht, ihnen *fehlt jedoch die Flankenstrichelung,* und sie haben *das schwarze Band vom Schnabel zum Nacken* (ihn aber nicht erreichend). Ruf hoch, kurz und scharf »kick«, kann in Serien mit 1 Sekunde langem Intervall gerufen werden; gibt auch sehr schnelle, schimpfende Folgen von sich. Trommelt häufig mit typisch kurzen Wirbeln (0,4–0,75 Sek.), laut und unglaublich schnell und dann plötzlich beendet. JW

Blutspecht

Blutspecht *Dendrocopos syriacus* L 23. Brütet in SO-Europa in vergleichsweise offenen Landschaften: Parks, Obst- und Weingärten, Pappelalleen usw. Im letzten Jahrhundert starke Ausweitung des Verbreitungsgebiets nach Nordwesten. Dem Buntspecht sehr ähnlich, jedoch durch *fehlende schwarze Linie vom Bartstreif in Richtung Nacken bis hinter die Wangen* unterschieden. Mehr Rot auf dem Hinterscheitel (♂), weißere Stirn, weniger Weiß auf den Steuerfedern, Unterschwanz statt scharlachrot rot wie Gimpel-♂. Jungvögel unterscheiden sich von jungen Buntspechten durch dieselben Merkmale, von Mittelspechten durch den bis zum Schnabel reichenden Bartstreif. Auf den Flanken kann eine leichte Streifung angedeutet sein. Auch weisen manche auf der Brust eine rötliche Tönung auf. Der »kick«-Ruf ist dem Warnruf des Rotschenkels »kip-kip-kip-...« erstaunlich ähnlich. Trommelt schnell wie Buntspecht, aber länger, etwa 1 Sekunde. J

Mittelspecht

Mittelspecht *Dendrocopos medius* L 20. Brütet in Mitteleuropa in reifen Laubwäldern, besonders mit Eichen und Hainbuchen. Schnabel relativ schwach, mehr zum Bohren als zum Hacken geeignet. Bewegt sich gewöhnlich in den Baumkronen. Leckt im Frühjahr Ahornsaft. Hat wie Buntspecht weiße Schulterfelder, aber in allen Kleidern auch *roten Scheitel* (♀ etwas matter). Man beachte, dass Jungvögel von Bunt- und Blutspecht einen, wenn auch nicht *vollständig* roten Scheitel besitzen, Mittelspecht unterscheidet sich jedoch durch mehr Weiß auf Kopfseiten und Hals (Bartstreif erreicht weder Schnabel noch Nacken), *gestrichelte Flanken* sowie hell*rosa Unterschwanz* ohne scharfe Grenze zum *Bauch,* der *gelblichbraun* getönt ist. Statt zu trommeln, ruft er in der Brutzeit nasal, gequetscht und langsam »gwääk, gwääk, gwääk, ...«, häufig auch in verhaltenem Tempo eine ganze Reihe von »kick-ük-ük-ük-ük-...«, wobei der 1. Ton »kick« höher als die folgenden ist. Trommelt äußerst selten, die Wirbel dann schwach wie beim Kleinspecht. J

Buntspecht

Blutspecht

Mittelspecht

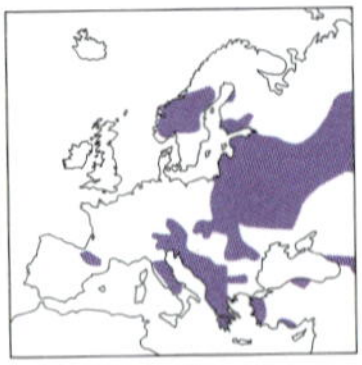

Weißrückenspecht

Weißrückenspecht ***Dendrocopos leucotos*** L 27. Selten und rasch abnehmend wegen seiner besonderen Habitatanforderungen: Laub- und Mischwälder mit breitem Angebot an Baumruinen (v. a. Pappel, Erle, Birke). Südliche Unterart *D. l. lilfordi* in alpinen Fichtenwäldern anzutreffen. Oft furchtlos. Sucht häufig in der untersten Waldschicht nach den Larven baumbewohnender Insekten, so auf vom Sturm geworfenen Bäumen und in alten Baumstümpfen. Schnabel lang und kräftig. Schlägt tiefe, kegelförmige Löcher in Faulholz. Größter der schwarz-weißen Spechte mit deutlich weißem Hinterrücken und Bürzel, nicht immer offensichtlich (Dreizehenspecht noch weißrückiger); *breite, weiße Querbinde zum Flügelrand* dann das beste Kennzeichen. *Steiß und Unterschwanz blassrot*, was sich zum Bauch und den *gestrichelten Flanken* hin verliert. Scheitel des ♂ rot, des ♀ schwarz, Jungvögel haben nicht so viel Rot wie das ♂. Der »kick«-Ruf ist leiser und tiefer als beim Buntspecht, »kück« oder »kock« eher wie eine Amsel. Trommelt mächtig, ca. 1,7 Sekunden lang beschleunigt und gegen Ende matter (wie ein Tischtennisball, der noch ein paar Mal aufdotzt). J

Kleinspecht

Kleinspecht ***Dendrocopos minor*** L 15. Brütet recht spärlich in Laub- und Mischwäldern, Parks und subalpinen Birkenwäldern. Besonders gerne gewässernah in üppigem Blättergewirr. Gelegentlich in Obstgärten, im Winter in Schilfgebieten, wo er Insektenpuppen aus den Halmen pickt. *Kleinster* europäischer Specht. Ähnelt im stark wellenförmigen Flug am ehesten einem gewöhnlichen Kleinvogel. *Rücken stark weiß gebändert*, kann vorwiegend weiß erscheinen. *Kein Rot auf Steiß und Unterschwanz*. Häufigster Ruf eine Folge schrill piepsender »kie-kie-kie-kie-kie«-Laute. Ruft auch »kik«, aber mit leiserer Stimme als seine Verwandten. Trommelt häufig, aber langsamer (»klappert«) und schwächer als Buntspecht, auch länger (ca. 1,2 Sek.). Die Lautstärke der Trommelwirbel variiert oft; sie sind meist matter in der Mitte und lauter am Anfang und am Ende, können auch von einer kurzen Pause unterbrochen sein. Typischerweise wird das *Trommeln in viel kürzeren Abständen wiederholt* als bei anderen Spechten. JW

Dreizehenspecht

Dreizehenspecht ***Picoides tridactylus*** L 22. Nicht selten in alten Fichtenwäldern. Ebenso in alpinen Birkenwäldern. Spärlich in Nadelwäldern der Gebirge Mittel- und SO-Europas. In der Regel der unerschrockenste Specht. Sucht oft bodennah nach Nahrung. Hackt wie in einem Ring Löcher in die Stämme großer Fichten, um an die Baumsäfte zu gelangen. Auch Kiefern können »geringelt« werden. Kopf dunkel mit weißem Kinn, Scheitel beim ♂ *messinggelb*, beim ♀ schwarz-weiß gestrichelt. Flanken sehr grau. Breiter weißer »Strahler« den Rücken hinab. Ruf weich und ähnlich Rotdrossel »kjük«, manchmal auch scharf und schrill wie Buntspecht »kik«. Trommelt kraftvoll, länger als Buntspecht (ca. 1,3 Sek.) und deutlich langsamer (»zum Mitschreiben«), etwa wie ein kleiner Schwarzspecht. J

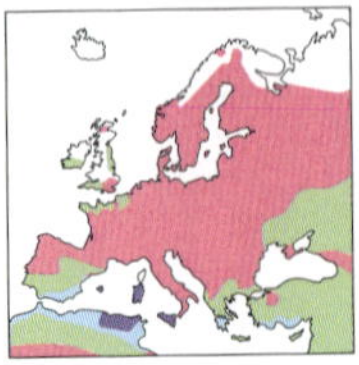

Wendehals

Wendehals ***Jynx torquilla*** L 17. In offenen, sonnendurchfluteten Waldgebieten (Lichtungen), Parks und Gärten recht häufig. Kehrt im April/Mai zurück und zieht im Aug./Sept. nach Afrika. Kein klassischer Specht – klettert nicht an Baumstämmen oder meißelt in Holz, trommelt auch nicht. Erinnert auf den ersten Blick an einen »normalen« Kleinvogel (große Grasmücke). In angespannten Situationen verteidigt er sich mit schlangenartigen Drehbewegungen des Halses (Name!). *Gefieder wie Flechten graubraun gemustert mit 2 dunkleren Bändern* entlang Kopf und Rücken. Schwanz lang, Schnabel relativ kurz. Auf Ameisen spezialisiert. Verbringt die meiste Zeit vom Laub verborgen in Bäumen, besucht aber auch den Boden und hüpft dort herum. Würde oft unerkannt bleiben, wenn er sich nicht durch seinen Ruf verriete, eine Serie lauter, nasaler, leicht krächzender oder klagender »**tii**-e **tii**-e **tii**-e **tii**-e ...«-Laute, die an einen Kleinfalken erinnern. Bettelruf der Jungen ein rasches, hoch tickendes »zizizizizizi...«. BZ

Weißrückenspecht
Kleinspecht
♂
♀
♂
♀
Dreizehenspecht
♂
♀
Wendehals

SPERLINGSVÖGEL (Ordnung Passeriformes)

Sperlingsvögel – die in Europa vorkommenden Arten gehören zur Unterordnung **Singvögel** (Passeres) – reichen in der Größe vom Goldhähnchen bis zum Kolkraben und bilden von der Zahl der Arten wie der Individuen her die größte Ordnung, sodass es praktisch ist, sich die Merkmale der Familien einzuprägen. Gute Hinweise bieten Schnabelform, Gefiederfärbung und Verhalten. Die Schnabelform zeigt oft die Nahrungsgewohnheiten an: Insektenfresser haben normalerweise dünne und recht schwache Schnäbel, Körnerfresser gedrungene, kegelförmige. Auch die Rufe und Gesänge sind für die Bestimmung wichtig.

Heidelerche

Rauchschwalbe

Schwarzkehlchen

Blaumeise

LERCHEN (Familie Alaudidae) sind klein oder mittelgroß mit vorwiegend brauner Färbung. Sie laufen am Boden und werden oft in Scharen gesehen, meist in offenen Landschaften. Kräftiger gebaut als die recht ähnlichen Pieper. Bodennest. 9 Arten. **S. 196.**

SCHWALBEN (Familie Hirundinidae) sind klein, langflügelig und haben gegabelte Schwänze. Hervorragende Flieger, die im Flug Insekten fangen. Bauen typische Nester, oft in Kolonie. 5 Arten. **S. 202.**

PIEPER UND STELZEN (Familie Motacillidae) ähneln mit ihrer terrestrischen Lebensweise den Lerchen. Pieper sind auch braun, aber schlanker und langschwänziger. Stelzen sind auffällig gefärbt und haben lange Schwänze. Man begegnet ihnen häufig in offenem Gelände, gelegentlich in Trupps. 12 Arten. **S. 204.**

Die **WASSERAMSEL** (Familie Cinclidae) ist ein mittelgroßer, gedrungener, vorwiegend schwarz-weißer Vogel, der an Wasserläufen lebt. Nistet am Wasser. **S. 212.**

Der **ZAUNKÖNIG** (Familie Troglodytidae) ist ein sehr kleiner, rundlicher, brauner Vogel, der im Gestrüpp lebt. Baut backofenförmiges Nest. **S. 212.**

BRAUNELLEN (Familie Prunellidae) sind kleine, graue und braune Vögel, die auf den ersten Blick wie Sperlinge wirken, aber dünne Schnäbel haben. Im Wald ebenso wie in Strauchvegetation und in Berggebieten anzutreffen. Nest in Büschen und am Boden. 2 Arten. **S. 212.**

DROSSELN (Familie Turdidae) sind mittelgroße oder kleine, v. a. Insekten fressende Arten, die viel Zeit am Boden verbringen. Jungvögel haben geflecktes Gefieder. Dazu zählen Schmätzer, Rotschwänze, Rotkehlchen, Nachtigall und viele weitere, recht unterschiedliche Arten. Nest am Boden, in Büschen, Bäumen oder Höhlungen. Gute Sänger. 25 Arten. **S. 214.**

ZWEIGSÄNGER (Familie Sylviidae) sind kleine, schlanke Vögel mit feinen Schnäbeln und braunem, grünem oder grauem Gefieder. Viele Arten ähneln sich sehr und sind schwer auseinanderzuhalten; Gesänge und Rufe sind bei der Artbestimmung von großer Bedeutung. Von Schilfgebieten bis zu Wäldern, stets in dichter Vegetation. Nest in dichter, bodennaher Vegetation oder in Büschen. 47 Arten. **S. 228.**

FLIEGENSCHNÄPPER (Familie Muscicapidae) sind kleine Vögel mit dünnen Schnäbeln. Bewohnen Parklandschaften und Wälder, fangen im Flug Insekten. Im Allgemeinen Höhlenbrüter. 5 Arten. **S. 254.**

MEISEN (Familie Paridae) sind kleine, kurzschnäblige, lebhafte Vögel mit charakteristischen Kopfzeichnungen. Alle Höhlenbrüter. Zumeist in bewaldeten Gebieten anzutreffen. 9 Arten. **S. 256**

Die **SCHWANZMEISE** (Familie Aegithalidae) ist langschwänzig und hell gefärbt. Baut in Astgabeln ein kunstvolles Nest. **S. 260.**

Die **BARTMEISE** (Familie Timaliidae) ist ein kleiner, brauner, langschwänziger, meisenähnlicher Vogel, der in Schilfgebieten lebt. **S. 260.**

Die **BEUTELMEISE** (Familie Remizidae) ist ein kleiner, meisenartiger Vogel, der ein Hängenest baut. **S. 260.**

KLEIBER (Familie Sittidae) haben lange, spitze Schnäbel und so kräftige Füße, dass sie an senkrechten Oberflächen auf- und abwärts klettern können. Nisten in Baumhöhlen oder Felsspalten. 4 Arten. **S. 262.**

Kleiber

Der **MAUERLÄUFER** (Familie Tichodromadidae) ist ein leuchtend gefärbter, rundflügeliger Vogel felsiger Gebirgsregionen. **S. 264.**

BAUMLÄUFER (Familie Certhiidae) sind klein und braun mit langen, abwärts gebogenen Schnäbeln. Klettern Baumstämme hinauf. Vögel der Waldgebiete. Nest in Borkenspalten und hinter abgelöster Rinde. 2 Arten. **S. 264.**

Pirol

WÜRGER (Familie Laniidae) sind mittelgroße, auffällig gefärbte Vögel mit Hakenschnäbeln und langen Schwänzen. Sitzen ziemlich aufrecht. Man kann sie in gebüschreichen, halboffenen Landschaften sehen. Nest in einem Strauch. 6 Arten. **S. 266.**

Der **PIROL** (Familie Oriolidae) ist ein mittelgroßer, drosselartiger Vogel, gelb und schwarz (♀ grünlich), den man in Wäldern und Parks findet. Offenes Nest in Astgabel. **S. 268.**

STARE (Familie Sturnidae) sind mittelgroße, kurzschwänzige und vorwiegend schwarze Vögel. Sehr gesellig. In aufgelockertem Wald und offenen Landschaften anzutreffen. Höhlenbrüter. 3 Arten. **S. 268.**

Nebelkrähe

Der **SEIDENSCHWANZ** (Familie Bombycillidae) ist ein mittelgroßer, graubrauner Vogel mit einer Haube. Ernährt sich von Beeren und Insekten. Lebt in Waldgebieten. **S. 268.**

KRÄHEN (Familie Corvidae) sind große, oft dunkel gefärbte Vögel mit gerundeten Flügeln. Allesfresser. Oft gesellig. Kommen in den meisten Lebensräumen vor. Nest in Bäumen oder an Felsen. 12 Arten. **S. 270.**

SPERLINGE (Familie Passeridae) sind kleine, braun und schwarz gefärbte Vögel. Körnerfresser. Der Haussperling ist der bekannteste. Nisten in Höhlungen oder bauen in Bäume oder Sträucher ein überdachtes Nest. Gesellig. 5 Arten. **S. 276.**

Stieglitz

FINKEN (Familie Fringillidae) haben kräftige, kegelförmige, an Körnerkost angepasste Schnäbel. Viele Arten haben ein buntes Gefieder. Geschlechter unterschiedlich. Außerhalb der Brutsaison gesellig. Zumeist Waldbewohner. 22 Arten. **S. 270.**

AMMERN (Familie Emberizidae) sind mittelgroße braune, gelbe und schwarze Vögel mit kräftigen, kegelförmigen Schnäbeln. Vorwiegend in offenen oder halboffenen Landschaften. Bei den meisten Arten Geschlechter unterschiedlich. Teilweise gesellig außerhalb der Brutzeit. Nisten auf dem Boden oder in niedrigen Büschen. 15 Arten. **S. 288.**

Grauammer

Lerchen (Familie Alaudidae)

Kleine und mittelgroße, recht einfarbige, v.a. braune Vögel, von denen man die meisten in den offenen Landschaften S-Europas antrifft. Piepern nicht unähnlich, jedoch gedrungener und mit breiteren Flügeln und kürzeren Schwänzen. Geschlechter meist gleich. Singen sehr gut, gewöhnlich während ausgedehnter Singflüge in großer Höhe. Fressen Insekten und Körner. Nisten am Boden. Gelege 3–5 Eier.

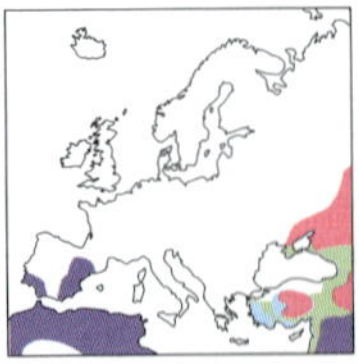

Stummellerche

Stummellerche ***Calandrella rufescens*** L 14. Brütet lokal in trockenen, offenen Landschaften SW- und SO-Europas, gewöhnlich auf trockeneren Böden mit weniger Vegetation als Kurzzehenlerche. Dieser sehr ähnlich, jedoch sind Altvögel *auf der Brust* und (etwas schwächer) auf den Seiten *deutlich gestrichelt*, dazu etwas dunkler und *eher graubraun*, haben *kürzere Schirmfedern, die die Handschwingenspitze* bei angelegtem Flügel *nicht erreichen*. Ruf trocken surrend »drrrr-drr« oder einfach »prrrrt«. Gesang kann dem der Kurzzehenlerche sehr ähneln, ist aber gewöhnlich *lang, abwechslungsreich*, wohlklingend und *voll treffender Nachahmungen*. Klingt oft wie eine Haubenlerche, die sie meisterlich imitiert, wechselt hinüber zu Trillern der Kalanderlerche, verfällt dann auf Flussuferläufer, Bluthänfling und andere, immer wieder unterbrochen vom arteigenen Ruf. Eröffnet den Vortrag oft beim Aufsteigen mit piepsenden, flötenden Tönen. Beim Singflug lässt sie sich in ziemlich großer Höhe mit zeitweise langsamen und bedächtigen Flügelschlägen mal hierhin und mal dorthin treiben – ähnlich wie eine Kalanderlerche. A

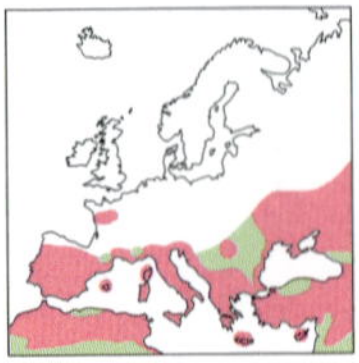

Kurzzehenlerche

Kurzzehenlerche ***Calandrella brachydactyla*** L 15. Brütet in S-Europa in offenen, trockenen Landschaften, oft auf ausgetrockneten Schlammflächen. Wie eine kleine, *blasse* Feldlerche mit proportional stärkerem Schnabel. Deutlicher *heller Überaugenstreif*. Im frischen Gefieder gewöhnlich rostfarbener Scheitel. Dunkel grundierte Mittlere Armdecken heben sich klar von den sandfarbenen Kleinen Decken ab und bilden (ähnlich wie beim Brachpieper) ein gut *erkennbares, dunkles Band*. Unterseite *ungestreift* bis auf einzelne diffuse Brustflecken bei Jungvögeln (bis Aug./Sept.). Der dunkle Halsseitenfleck der Altvögel ist im Feld schwer zu erkennen und kann ganz fehlen. Der Stummellerche sehr ähnlich, Altvögel können jedoch durch das Fehlen einer Bruststrichelung, hellere und rostfarbige Töne und oft auch dunklen Halsseitenfleck sowie *längere Schirmfedern* (bedecken die Handschwingenspitze) unterschieden werden. Ruf ähnelt dem der Feldlerche, jedoch *trockener schnalzend* »drrüit-it-it« oder »drrü-i« usw. Der Gesang ist aus kurzen, einfachen Phrasen mit *wenig Variation* und spärlicher eingestreuten Imitationen zusammengesetzt, zumeist ein trockenes Schnalzen wie beim Ruf. Die Phrasen beginnen in der Regel zögerlich und werden dann beschleunigt, *dauern 1 Sekunde lang* und werden mit *Pausen von gut 1 Sekunde* unterbrochen. Singflug wellenförmig nach Jojo-Manier – wie bei der Feldlerche folgt *flatternden Flügelschlägen* ein Sinkflug mit angelegten Flügeln. Flug dabei in großer Höhe ziellos umherwandernd. A

Kalanderlerche

Kalanderlerche ***Melanocorypha calandra*** L 19. Brütet in S-Europa in trockenen, offenen Landschaften, besonders in Steppe oder Kultursteppe, wobei sie grasbewachsene Flächen bevorzugt. Sehr *groß* mit verhältnismäßig kurzem Schwanz und im Flug *breiten, langen Flügeln mit weißem Hinterrand* und typischen *dunklen Unterflügeln. Schnabel groß. Großer, schwarzer Halsseitenfleck*, beim ♀ weniger auffällig. Schwanz wie bei der Feldlerche dunkel mit weißen Rändern. Fliegt gewöhnlich niedrig und gewellt mit relativ langsamen Flügelschlägen. Ruf kräftig und *heiser, trocken rollend* »tschrriit« (wie streitende Stare). Der melodische Gesang, während gemächlicher Kreisflüge mit *langsamen Flügelschlägen* aus großer Höhe vorgetragen, erinnert an Feldlerche, ist aber kräftiger und enthält mehr Imitationen. Bei Wind bleibt sie gelegentlich an einer Stelle im Himmel mit tiefen, langsamen Flügelschlägen stehen und kann dann eigenartig groß wirken (fast wie ein kleiner Greifvogel). A

Stummellerche
Färbungs-
varianten
Kurzzehenlerche
Färbungs-
varianten
Kalanderlerche
am Boden singend

Haubenlerche

Haubenlerche ***Galerida cristata*** L 17. Recht häufig in trockenen, offenen Landschaften mit spärlicher Vegetation, an Straßenrändern und auf urbanen Brachen. Oft in der Nähe von Getreidesilos, an Dämmen und (in Küstenregionen) in Hafenanlagen. Oftmals wenig scheu. Läuft rasch. *Auffällige, zugespitzte Haube* (auch die Feldlerche kann ihren Scheitel gelegentlich zu einer stumpfen Haube aufstellen), die sie von allen anderen Lerchen außer der Theklalerche unterscheidet (siehe dort). *Schnabel* ziemlich hell, *lang und kräftig,* zugespitzt und ein »grimmiges« Aussehen verleihend, Schnabelspitze *gerade oder abwärts gebogen.* Hellbraun (leichte Ockertönung) mit diffuser Rückenzeichnung. Erscheint im Flug *großflügelig* und *kurzschwänzig. Kein weißer Flügelhinterrand,* Schwanzseiten ocker. Jungvögel mit kürzerer Haube und hellem Schuppenmuster auf dem Rücken. Ruf klar, melancholisch und ein wenig sehnsüchtig »dii dii düh«. Gibt auch heiser miauendes »djuii« sowie ein knarrendes, rollendes »dwuii« von sich. Gesang teilweise wenig entwickelt, mit Pausen, Kombinationen reiner Ruflaute, zumeist von einer erhöhten Warte, teilweise flüssig mit vielen Imitationen im Singflug vorgetragen. **J**

Theklalerche

Theklalerche ***Galerida theklae*** L 16. Brütet in SW-Europa in trockenen, offenen Landschaften mit spärlicher Vegetation. Bevorzugt gewöhnlich felsigere und höher gelegene Gebiete als Haubenlerche, kommt aber auch in ähnlichen Habitaten vor. Einen Hauch kleiner als Haubenlerche mit *kürzerem und etwas dunklerem Schnabel (Unterschnabel konvex,* bei der Haubenlerche gerade), Gefieder oberseits gewöhnlich grauer, unterseits heller mit *deutlicherer Bruststrichelung* und graubraunen Unterflügeln (hell braunrosa bei Haubenlerche). Oberschwanzdecken normalerweise rostfarben getönt und mit den graueren Bürzel- und Steuerfedern kontrastierend (bei der Haubenlerche nur schwach rostfarben und wenig Kontrast), dies jedoch im Feld schwer auszumachen. Fliegt oft auf Bäume, was die Haubenlerche selten tut. Ruf oft 5-silbig »tju-telli-**tju**-tilli **tii**«, was kürzer ausfallen kann, aber stets weicher (erinnert an Waldammergesang) und schwächer als bei der Haubenlerche klingt. Gesang ähnelt dem der Haubenlerche, jedoch weicher und melodischer mit mehr Variationen und höherer Komplexität.

Dupontlerche

Dupontlerche ***Chersophilus duponti*** L 18. Seltener, meist standorttreuer Brutvogel in Zentralspanien und N-Afrika. Lebt auf Trockensteppen mit Gras oder niedrigwüchsiger Vegetation, z. B. vereinzelten Bülten. Berüchtigt für die Schwierigkeit, sie zu Gesicht zu bekommen. Versteckt sich wie eine Ralle in der schütteren Vegetation, läuft bei Annäherung in der Deckung rasch davon und fliegt nur sehr unwillig auf. Steht *aufrechter* als andere Lerchen. Recht *langer, schlanker und abwärts gebogener Schnabel.* Keine Haube, aber Andeutung eines helleren Scheitelstreifs. Heller Überaugenstreif und weiße Schwanzkanten. Ziemlich kurzer Schwanz, der zusammengelegt sehr schmal erscheint. *Kein weißer Flügelhinterrand.* Auch im Erwachsenengefieder (ehe es abgetragen ist) weiße Spitzen der Oberseitenfedern, was einen fast bunten Eindruck hervorruft. Singt im Flug (mit zusammengelegtem Schwanz) eine kurze, recht monotone, traurig klingende Phrase, die über Minuten in langsamem Tempo unablässig wiederholt wird und mit einem gezogenen, gequetschten »trü-tri-trü-**wiiüüih**« ausklingt. Singt zumeist spätnachts, wenn die Sterne zu sehen sind, aber auch am frühen Morgen. Anhand des Gesangs äußerst schwer zu lokalisieren, da er vom Boden aus vorgetragen scheint, auch wenn er aus 100 m Höhe erklingt!

Haubenlerche

Theklalerche

Dupontlerche

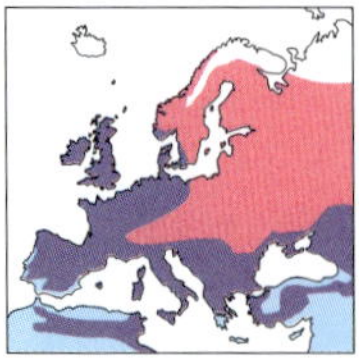

Feldlerche

Feldlerche *Alauda arvensis* L 18. Sehr häufiger Brutvogel offener Natur- und Kulturlandschaften. Bodenbewohner. Hellbraun, dunkel gefleckt mit *weißlichem Flügelhinterrand* und mittellangem Schwanz mit weißen Kanten. Hat eine kleine Haube (Haubenlerche hat viel längere und spitzere Haube). Jungvögel tragen bis in den Spätsommer ein schuppig gemustertes Federkleid, ihnen fehlt der weiße Flügelhinterrand. Üblicher Ruf ein trockenes, volles Schnalzen wie »prriee« oder »prriit« usw.; Gesang ein *endloser Erguss* auf der Grundlage hoher, rollender Töne, die in langen Folgen wiederholt werden, wobei oft Imitationen eingestreut sind. Ab Tagesanbruch wird nach einem erstaunlich gleichzeitigen Massenstart gesungen, und das dann den ganzen Tag. Der Gesang beginnt im Allgemeinen am Boden oder von einem Zaunpfahl aus, wird dann aber gewöhnlich den größten Teil des Tages hoch am Himmel vorgetragen, 10–15 Minuten am Stück. Dann hängt die Lerche auf flatternden Flügeln in der Höhe und ist schwer auszumachen. Zum Spätsommer hin verstummt der Gesang. Im Herbst in lockeren Trupps auf Stoppelfeldern. Im Winter können im Tiefland größere Scharen angetroffen werden, in harten Wintern kann es zu massenhaften Fluchtbewegungen kommen. **JZW**

Heidelerche

Heidelerche *Lullula arborea* L 15. Spärlicher Brutvogel in Heidegebieten mit vereinzelten Bäumen, auch auf Rodungs- und Brandflächen. Ähnelt der Feldlerche, jedoch viel *kürzerer Schwanz*. Deutliche weiße Überaugenstreifen, die im Nacken praktisch zusammenlaufen. Kurze Haube, die aber gewöhnlich nicht aufgestellt wird. Höchst charakteristisch für die Art ist *ein von Bräunlich und Weiß eingeschlossener schwarzer Fleck an der Vorderkante des Flügels* (oberseits). Flug wellenförmiger als bei Feldlerche und wirkt von unten mit den breiten, gerundeten Flügeln und dem kurzen Schwanz etwas fledermausartig. Schwanz ohne weiße äußere Federn, dafür aber mit hellen Spitzen. Sitzt oft auf Bäumen und Sträuchern (exponiert am Astende, auf der Spitze usw.), ernährt sich aber am Boden. Gesang besteht aus Läufen weicher Töne mit lieblichem Klang, die zögernd anheben, sich beschleunigen und an Intensität zunehmen, während sie gleichzeitig in der Tonhöhe sinken: »lii lii lii lilililililülülülululu, **ii**lü, **ii**lü **ii**lü-**ii**lü ...«. Der Gesang ist besonders am frühen Morgen und abends zu vernehmen, im Juni (2. Brut) manchmal auch mitternachts – dann der einzige Sänger! Zumeist Singflug aus großer Höhe (und dann oft außer Hörweite verdriftend), jedoch auch von einer Sitzwarte (Baum, sogar vom Boden) aus. Ruf ein weiches, leises, melodisches »düdluu**ii**« oder mehr wie der Gesang »**tlu**ii- **tlu**ii«. Im Herbst kleine, artreine Trupps. **BZ**

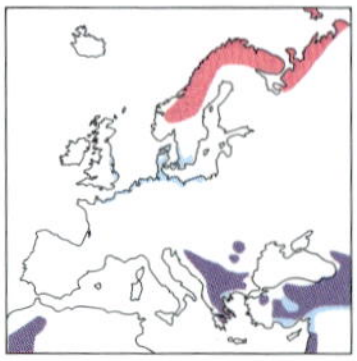

Ohrenlerche

Ohrenlerche *Eremophila alpestris* L 17. In Europa 1 Gebirgsart. Die nördliche Unterart *E. a. flava* hat in Fennoskandien stark abgenommen, Hand in Hand mit Rückgang der Zahlen in den westeuropäischen Überwinterungsgebieten. Nistet in trockenen Bergheidegebieten, oft an den höchsten Stellen. Im Winter an der Küste und auf Feldern, ungefähr im selben Habitat wie Schneeammer. Leicht an der schwarz-gelben Kopfzeichnung zu erkennen; Füße schwarz. Jungvögel ganz anders: Rücken, Scheitel und Wangen dunkelbraun mit cremefarbigen Flecken, Überaugenstreif und Kehle ebenfalls cremefarben, breites, braun getupftes Brustband. Ohrenlerchen des Balkans und der Türkei *(E. a. penicillata)* haben auf dem Kopf mehr Schwarz (siehe Abb.) und sind oberseits einheitlicher grau gefärbt. Im Flug von der Feldlerche durch stärkeren Kontrast zwischen hellem Bauch und schwärzlichem Unterschwanz zu unterscheiden. Flug wie Feldlerche, schlüpft aber gewöhnlich nach Strandpieperart davon. Ruf fein »**iih** diidü« (1 quietschender Ton und 2 weiche in rascher Folge). Gesang kurz, klingelnd und unregelmäßig, dem von Sporn- und Schneeammer nicht unähnlich, aber stoßartiger; hebt fast wie bei der Grauammer an, es fehlen die gezogenen, klirrenden Töne der Spornammer sowie die weiche Stimme der Schneeammer. Gesang sowohl von einer Sitzwarte als auch aus kreisendem Singflug mit ausgestreckten Flügeln; Schwanz wirkt dann erstaunlich lang. **W**

Feldlerche
adult
juv.
Heidelerche
Ohrenlerche
juv.
adult
♂
E. a. penicillata

Schwalben (Familie Hirundinidae)

Schwalben haben lange, spitze Flügel und oft deutlich gegabelte Schwänze. Ihr Flug ist schnell und elegant, die Flügelschläge beweglicher als bei den sonst recht ähnlichen Seglern. Beine und Schnabel kurz, Rachen weit (fangen im Flug Insekten). Oft auf Leitungsdrähten sitzend, selten am Boden. Langstreckenzieher, die überwiegende Mehrzahl verlässt Europa, um in Afrika zu überwintern. Treten oft in großen, gemischten Scharen auf. Die meisten Arten bauen Nester aus mit Speichel verklebtem Lehm und Grashalmen. Gelege 4–7 Eier.

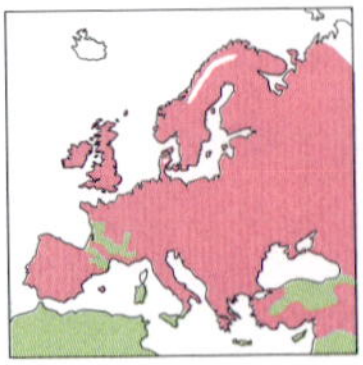
Uferschwalbe

Uferschwalbe ***Riparia riparia*** L 13. Recht häufiger Koloniebrüter in steilen Flussufern, Kiesgruben usw., wobei die Niströhre in die Steilwand gegraben wird. Erscheint ab Mitte März in Mitteleuropa, etwas vor den anderen Schwalben. Auf dem Zug wird oft in riesigen Schwärmen in Schilfgebieten gerastet. Kleinstes Mitglied der Familie. *Oberseite braun* ohne jedes Weiß. Typisch für die Art ist das *braune Brustband.* Vgl. auch Felsenschwalbe. Ruf ein unmusikalisches Kratzen. **BZ**

Felsenschwalbe

Felsenschwalbe ***Ptyonoprogne rupestris*** L 15. Nistet lokal kolonieweise in Bergregionen und an Felsküsten in S-Europa. Felsenschwalben der Alpen wandern für den Winter nach Süden, spanische Brutvögel können ausharren. Nest wird auf Felsen angelegt. Größer und gedrungener als Uferschwalbe, *ohne Brustband. Unterflügeldecken ausgesprochen dunkel,* bilden einen deutlichen Kontrast zur restlichen Unterseite. *Flügel breiter* als bei der Uferschwalbe, Schwanz nur leicht gegabelt. Fliegt rastloser und akrobatischer als die anderen Schwalben. In Kurven wird der Schwanz gespreizt und zeigt *kennzeichnend weiße Punkte.* Ruf ein recht schwaches »tschrii«. **BZ**

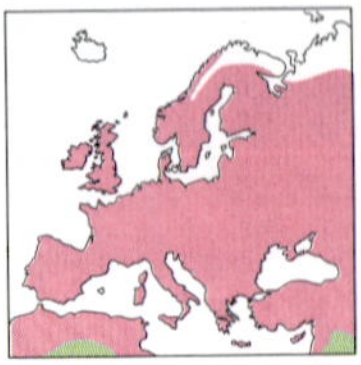
Rauchschwalbe

Rauchschwalbe ***Hirundo rustica*** L 19. Brütet häufig in offenem Kulturland, in Einzelpaaren oder kleinen, lockeren Kolonien. Nest wird gewöhnlich aus Lehm und Stroh in Gebäuden (Ställen) oder unter Brücken gebaut. Auf dem Zug große Rastplatzgesellschaften in Schilfzonen. *Äußere Steuerfedern schmal und stark verlängert.* Rote Stirn und Kehle gutes Merkmal, aber oft schwer zu sehen – man achte daher lieber auf *völlig dunklen Kinn-/Kehlbereich. Kein weißer Bürzel.* Flug fahrig und reißend (Gleitstrecken auf gestreckten Flügeln relativ kurz und schnell, anders als Mehlschwalbe). Ruf kurz »witt«, »witt-witt«. Warnt »flitt-flitt«. Mit einem scharfen »si-**flitt**« werden Eindringlinge gemobbt. Gesang ein rasch vorgetragenes Schwätzen mit eingestreuten pfeifenden Lauten. **BZ**

Rötelschwalbe

Rötelschwalbe ***Cecropis daurica*** L 18. Recht häufig in offenen, vorzugsweise felsigen Landschaften S-Europas. Das Nest mit röhrenförmigem Eingang wird vollständig aus Lehm unter einem überstehenden Felsen, einer Brücke oder an einem Gebäude angelegt. Einzelpaare oder kleine, lockere Kolonien. Ähnelt der Rauchschwalbe, jedoch *Bürzel und Nackenband rostfarben, helles Kinn* und nicht ganz so stark verlängerte Steuerfedern. *Unterschwanzdecken pechschwarz* (bei Rauchschwalbe weiß). (Achtung: Hybriden aus Rauch- und Mehlschwalbe können der Art ähneln.) Gleitet im Flug auf gestreckten Flügeln wie Mehlschwalbe. Flugruf nasal »twejk«, ähnlich Feldsperling. Warnruf ein scharfes »kiir«. Der Gesang erinnert an Rauchschwalbe, jedoch langsamer, kratzender und oft in kürzeren Phrasen vorgetragen. **A**

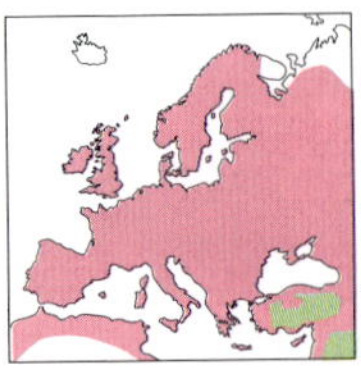
Mehlschwalbe

Mehlschwalbe ***Delichon urbicum*** L 14. Nistet gewöhnlich in Kolonien, v.a. in Dörfern und Städten, aber auch im Gebirge. Kugelförmiges Nest aus Lehm unter überstehenden Dächern oder an Felshängen. Rastet im Nest oder in Bäumen (nicht im Schilf). Typisch die Kombination von blau schillernder, schwarzer Oberseite mit weißem Bürzel und weißer Unterseite. Schwanz kurz und nur leicht gegabelt. Fliegt flatternder als Rauchschwalbe, mit ziemlich langen Gleitphasen auf gestreckten Flügeln (kein ruckartiges Flügelschlagen). Ruf ein trockenes Zwitschern »priiit« (nicht so kratzend wie bei Uferschwalbe). Warnruf ein wiederholtes hohes »siirr«. Gesang zwitschernd, in der gleichen Tonhöhe wie Ruf. **BZ**

Uferschwalbe
Felsenschwalbe
adult
Rauchschwalbe
Rötelschwalbe
Mehlschwalbe

Pieper und Stelzen (Familie Motacillidae)

Kaum sperlingsgroße Vögel, schlank gebaut mit langen Schwänzen (weiße Kanten) und dünnen, zugespitzten Schnäbeln. Lebhaft und stets in Bewegung, zumeist am Boden. Insektenfresser. Stelzen wippen mit ihrem Schwanz. Der Schwanz dient auch dazu, bei flotten Spurts das Gleichgewicht zu halten. Pieper sind braun und gestreift und durch ihre schlankere Gestalt und den längeren Schwanz von Lerchen zu unterscheiden. Gelege 4–7 Eier.

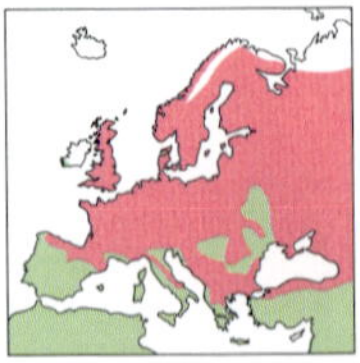
Baumpieper

Baumpieper ***Anthus trivialis*** L 15. Ziemlich häufig in offenen Wäldern an den Rändern von Kahlschlägen und in offeneren Landschaften mit Bäumen und Sträuchern. Ähnelt Wiesenpieper, aber durch etwas *stärkere gelblichbraune Färbung* (nicht so graugrün), *weißeren Bauch* (nicht gelblich), *deutlicheren dunklen Kinnstreif, feiner gestrichelte Flanken,* beinahe völlig ungestreiften Bürzel, etwas stärkeren Schnabel und verhältnismäßig kurze, gebogene Hinterzehenkralle zu unterscheiden – *am besten aber durch die Stimme.* Ruf heiser »spiiz«. Warnt leise, aber deutlich und langsam wiederholt »sit«. Der Gesang wird manchmal von einer Baumspitze aus vorgetragen, gewöhnlich aber aus einem kurzen Singflug, bei dem der Vogel auf steifen Flügeln absteigt. Gesang eine laute Wiederholung kurzer Tonfolgen mit variierendem Tempo »tsja-tsja-tsja-tsja wiiwiiwiiwii trrrrr uii uii uii uii, uuii **tsii**a-**tsii**a-**tsii**a«. BZ

Waldpieper

Waldpieper ***Anthus hodgsoni*** L 14,5. Brütet in der Taiga NO-Russlands und Sibiriens. In NW-Europa seltener Gast im Herbst. Ähnlich Baumpieper, aber etwas kleiner, *oberseits* mehr *olivgrün* mit einer *undeutlicheren Rückenstrichelung; Unterseite stärker gestrichelt.* Überaugenstreif breit und deutlich, *lebhaft braungelb vor dem Auge.* Dunkle Scheitelseitenstreifen. Bei den meisten Individuen *kleiner weißer und kleiner dunkler Fleck hinter den Ohrdecken.* Bürzel ungestreift, Schirmfedern mit wenig kontrastierenden olivgrauen Rändern (beim Baumpieper gewöhnlich helle Schirmfederränder). Ruf ein feines »psiit«, etwa wie beim Baumpieper, aber nicht so rau. Singt von einer Sitzwarte aus einen baumpieperähnlichen Gesang mit weniger Variation. Wird bei dem gezogenen »**tsii**a« nicht langsamer wie der Baumpieper, wechselt die Phrasen rascher und fügt trockene Triller ein, die an Rotkehlpieper erinnern. A

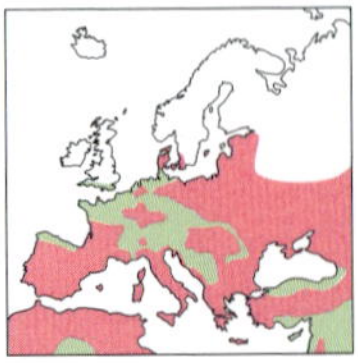
Brachpieper

Brachpieper ***Anthus campestris*** L 16,5. Lokal häufiger Brutvogel in offenen und sandigen Landschaften mit spärlicher Vegetation, in S-Europa gelegentlich in reinen Bergheidegebieten. *Sandfarben, ober- wie unterseits ziemlich undeutlich gestrichelt* und groß. *Heller Überaugenstreif* und *dunkler Zügel* im Allgemeinen gut zu erkennen, *Mittlere Flügeldecken* dunkel, im frischen Gefieder mit hellen Spitzen. Jungvögel im Sommer und Frühherbst oberseits gestreift und auf der Brust gefleckt wie Spornpieper, jedoch schwächerer Schnabel, *dunklere Zügel,* kürzere Beine und Hinterzehenkralle sowie anderer Ruf, dem »tschilp« des Haussperlings (mit abweichender »Aussprache«) sehr ähnlich. Gesang vom Ansitz oder aus dem Flug ein langsam wiederholtes »tsiir**lii**«. Varianten kommen vor, so ein vibrierend trillerndes und in der Tonhöhe absteigendes »sr-r-rii-üh«. BZ

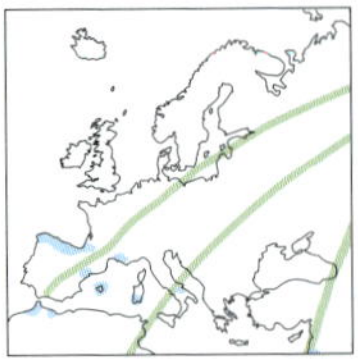
Spornpieper

Spornpieper ***Anthus richardi*** L 18. In W-Europa seltener, aber alljährlicher Gast aus Brutgebieten in Asien, v. a. Ende Sept. und Okt. Einige überwintern auf der Iberischen Halbinsel, in Italien usw. Oft auf küstennahen Wiesen und trockenen Getreidefeldern anzutreffen. *Groß und langbeinig, aufrechte Haltung, sehr lange Hinterzehenkralle,* gestrichelte Oberseite und ein Band aus kurzen Stricheln über der Brust. *Schnabel lang* und gedrungen, kann aber weniger auffallend sein. Am leichtesten mit Brachpieper zu verwechseln, der im Sommer und Frühherbst auch eine gestrichelte Brust hat, Unterscheidung durch *Ruf,* Hinterzehenkralle, relativ helle Zügel sowie oft durch Beinlänge und Haltung. Rüttelt gewöhnlich kurz vor der Landung knapp über dem Boden (was Brachpieper nur sehr selten tut). Ruf beim Starten oder im Flug ein explosives, lautes, raues »pschriep«, das sich aus der Ferne wie ein gezischtes »psch« anhört. A

Baumpieper
Waldpieper

juv.
adult
Brachpieper

adult
Spornpieper
juv.

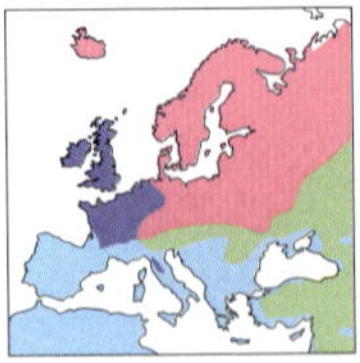

Wiesenpieper

Wiesenpieper ***Anthus pratensis*** L 14,5. Brütet häufig in Mooren, Wiesen, Salzwiesen, Dünen, zahlreich auch in Gebirgen N-Europas auf Heiden oberhalb der Baumgrenze. Im Winter oft auf Feldern, in Feuchtgebieten, an den Küsten. Ähnelt Baumpieper, jedoch etwas kleiner, *mehr graugrün, weniger deutlicher Kinnstreif,* etwas stärkere Flankenstrichelung, dünnerer Schnabel und geradere, längere Hinterzehenkralle. Bürzel nur schwach gestreift, deutlich weniger als Rücken. Beine rosa, hell. Steigt fast senkrecht vom Boden auf und gibt ein dünnes »ist-ist«, 2- oder 3-silbig von sich, ganz anders als Baum- und Rotkehlpieper, eher schon wie Strandpieper (siehe dort). Warnt 2-silbig zitternd »tirri«. Macht kurze Singflüge. Gesang einfach: ein paar schnelle Folgen scharfer Töne, z.B. »zi zi zi-zi-zi-zi-zi-zü-zü zürrrrr siia siia siia siia siia siia siia«, abschließende Serie gezogener Töne beim Absteigen zum Boden auf steifen Flügeln. BZW

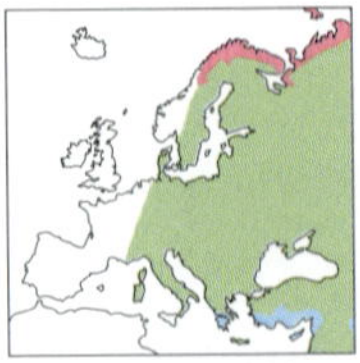

Rotkehlpieper

Rotkehlpieper ***Anthus cervinus*** L 14,5. Brütet spärlich in *Salix*-Gestrüpp auf subarktischen Mooren, v.a. oberhalb der Baumgrenze. Zieht durch O- und Mitteleuropa nach Süden, im Westen Ausnahmeerscheinung. Im Sommer durch *rostrote Kehle, Wangen und Oberbrust* leicht von anderen Piepern zu unterscheiden. Altvögel behalten Kehlfarbe bis in den Herbst (dann etwas matter und gelblicher). Jungvögel ähneln Wiesenpieper, jedoch *stark gestreifter Bürzel, rostfarbener* und *2 helle Streifen auf dem Rücken* sowie dunkler Kinnstreif. *Ruf* sehr dünn, gezogen »psiii«. Warnruf »tschüp« wie Ortolan. Der oft im Flug vorgetragene Gesang wie bei Baumpieper, jedoch feiner, umfasst birkenzeisigartige trockene Triller und ein dünnes, gezogenes »psiiiü-psiiiü-psiiiü-...«. Z

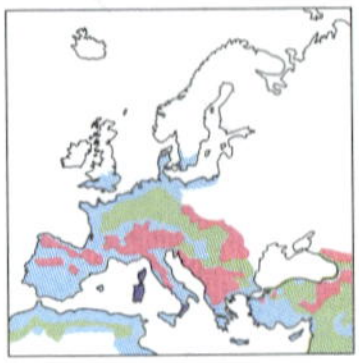

Bergpieper

Bergpieper ***Anthus spinoletta*** L 16. Brütet in den Gebirgen Mittel- und S-Europas über der Baumgrenze auf alpinen Matten. Steigt im Winter herab in die Niederungen und erreicht auch die Küsten. Erscheint dann auf Feuchtwiesen und an verschiedenen Wasserflächen. Im Sommergefieder *Scheitel und Nacken grau, Rücken, Flügel und besonders der Bürzel warmbraun,* Rücken dabei schwach gestrichelt. Deutlicher weißer Überaugenstreif. *Unterseits ungestrichelt* (jedenfalls fast) mit mehr oder weniger *rosa Tönung.* Helle Flügelbinde recht deutlich. *Äußere Steuerfedern reinweiß* (Ausnahmen möglich). Dunkelbraune Beine. Gelegentlich haben Strandpiper-♂♂ im Sommer eine fast ungestrichelte, rosagelbliche Unterseite, sind aber durch einheitlicher oliv getönte Oberseite und düstere äußere Steuerfedern zu unterscheiden. Im Winter im Unterschied zu Strandpiepern starker Kontrast zwischen Ober- und Unterseite: *oberseits graubraun* mit schwacher Strichelung, *unterseits weißlich* mit deutlicher und ziemlich grober Strichelung auf Brust und Flanken. Heller Überaugenstreif, dunkle Beine. Stimme wie Strandpieper (siehe dort). BZW

Strandpieper

Strandpieper ***Anthus petrosus*** L 16. Recht häufig an Felsküsten in Großbritannien und NW-Frankreich; skandinavische Unterart *A. p. littoralis* erscheint ab Okt. an den Küsten von Nord- und Ostsee. Im Sommerkleid *oberseits ziemlich einfarbig grauoliv,* nur ein wenig braun getönt (wird durch Abtragen grauer), Rücken schwach gestreift; Überaugenstreif und Flügelbinde *undeutlich;* Brust und Flanken gewöhnlich *deutlich, aber auf dem düster gelblichen Untergrund doch diffus gestrichelt; äußere Steuerfedern kennzeichnend düster oder grauweiß* (bei *A. p. littoralis* etwas heller). Eine Variante des Sommerkleids von ♂♂ ist beim Bergpieper beschrieben. Von Wiesen- und Baumpieper durch *dunkelbraune Beine* (bei Jungvögeln im Sommer und Herbst jedoch oft rötlichbraun), größeren Schnabel und stärkere diffuse Strichelung auf düstererem Grund unterschieden. Gesang schlicht wie bei Wiesenpieper, aber mehr rollende Töne und rhythmischere Struktur. Ruf wie Wiesenpieper, jedoch nicht so kurz und aufgeregt, sondern entschiedener und gewöhnlich nur ein Einzel- oder Doppellaut: »wiisst« oder »wiistä-wiisst«. Warnruf ein baumpieperartiges »sit, sit«. W

adult
Wiesenpieper
Singflug
Rotkehlpieper
♂
Frühjahr
adult
Herbst
1. Winter
Bergpieper
adult Winter
♂ adult Sommer
Strandpieper
adult Herbst
Strandpieper
A. p. littoralis
adult Sommer ♂

Unterarten der Schafstelze ***Motacilla flava***

Unterart	♂ im Sommerkleid	Verbreitung
Motacilla f. flava	blaugrauer Kopf, gelbe Kehle, weißer Überaugenstreif	S-Fennoskandien, W-Europa ohne Britische Inseln und Iberische Halbinsel
M. f. thunbergi	dunkelgrauer Kopf, schwärzliche Ohrdecken, gelbe Kehle, kein Überaugenstreif	N-Fennoskandien und Russland
M. f. flavissima	grünlichgelber Kopf, gelbe Kehle, gelber Überaugenstreif	Großbritannien und lokal an gegenüberliegenden Küsten
M. f. iberiae	grauer Kopf, weiße Kehle, schmaler weißer Überaugenstreif	Iberische Halbinsel, S- und SW-Frankreich, Balearen
M. f. cinereocapilla	grauer Kopf, weiße Kehle, meist kein Überaugenstreif	Italien, Inseln des zentralen Mittelmeers, Albanien
M. f. feldegg	schwarzer Kopf, gelbe Kehle, kein Überaugenstreif	Balkan und Schwarzmeerküste
M. f. beema	grauer (oft heller) Kopf, weißer Überaugen- und Wangenstreif	SO-Russland
M. f. lutea (nicht abgebildet)	gelber Kopf, gelbe Kehle, blass gelbgrüne Ohrdecken	äußerstes SO-Russland (untere Wolgaregion)

Der Schafstelzen-Komplex gehört für Taxonomen zu den am härtesten zu knackenden Nüssen. Einige befürworten z.B. die Abtrennung von *M. f. flavissima* und *M. f. lutea* als Unterarten einer eigenen Art, *M. lutea*. Im Verbreitungsgebiet einer Unterart werden häufig ♂♂ beobachtet, die denen anderer Unterarten ähneln. Das können Irrgäste, aber auch Färbungsvarianten der lokalen Unterart sein. Im Feld sollte man entspannt an die Unterartbestimmung herangehen, zumal an den Verbreitungsgrenzen auch intermediäre Formen auftreten, die schwer zuzuordnen sind.

Schafstelze

Schafstelze ***Motacilla flava*** L 16,5. Recht häufiger Brutvogel in Feuchtwiesen, Unterart *M. f. thunbergi* (Thunbergschafstelze) in Flussdeltas, auf Mooren, ausgedehnten Freiflächen in Wäldern. Sucht auf dem Zug Anschluss an Weidevieh auf der Jagd nach Insekten. Flug gewellt. Sammelt sich vor dem Zug oft in großen Schlafplatzgesellschaften im Schilf. Verlässt die Brutgebiete Aug.–Okt., kehrt März/April zurück. Langer Schwanz, *gelbe Unterseite* und *grünlicher Rücken* typisch. Kopffärbung bei ♂♂ im Sommerkleid variiert nach Unterart (vgl. Farbtafel), ♀♀ aller Regionen weitgehend gleich. Einige ♀♀ im 1. Winter unterseits verwirrend hell, aber gewöhnlich mit etwas Gelb auf dem Steiß. Jugendkleid oberseits graubraun, schmutzig weiß unterseits, Kehle von bräunlichschwarzem Brustband und Kinnstreif eingerahmt, heller Überaugenstreif mit dunklen Rändern. Ruf hoch »psiit« oder voller »**tsliii**«, Unterart *M. f. feldegg* (Maskenschafstelze) »psrriit«. Gesang ein scharf kratzendes »srrii-s**rrit**« (auch 3-silbig), oft von exponierter Stelle vorgetragen. **BZ**

Zitronenstelze

Zitronenstelze ***Motacilla citreola*** L 18. Brütet auf Feuchtwiesen in NO-Europa, auch in der Taiga; hat ihr Verbreitungsgebiet nach W ausgedehnt und bereits in Deutschland gebrütet. In W-Europa Ausnahmeerscheinung. ♂ unverkennbar mit *gelbem Kopf* und schwarzem Nackenband, grauem Rücken und *2 breiten, reinweißen Flügelbinden.* ♀ auf Scheitel und Wangen (diese völlig gelb eingefasst) graubraun, schwarzes Nackenband höchstens angedeutet. Jungvögel oberseits grau (leicht braun, nicht grünlich) mit kräftigen weißen Flügelbinden, schwärzlichen Oberschwanzdecken sowie gelegentlich etwas heller braun getönter Stirn; unterseits weißlich mit gelbbraunem Anflug auf der Brust (manchmal gefleckt), *Unterschwanzdecken und Steiß weiß* (bei Schafstelze fast immer hellgelb), Flanken oft grau wie bei der Trauerbachstelze. Schwanz länger als bei Schafstelze. Zugruf ähnlich Schafstelze, aber durchdringender, dazu direkter und rauer (Andeutung eines »r«-Lautes) »tsriip« als Spornpieper. **A**

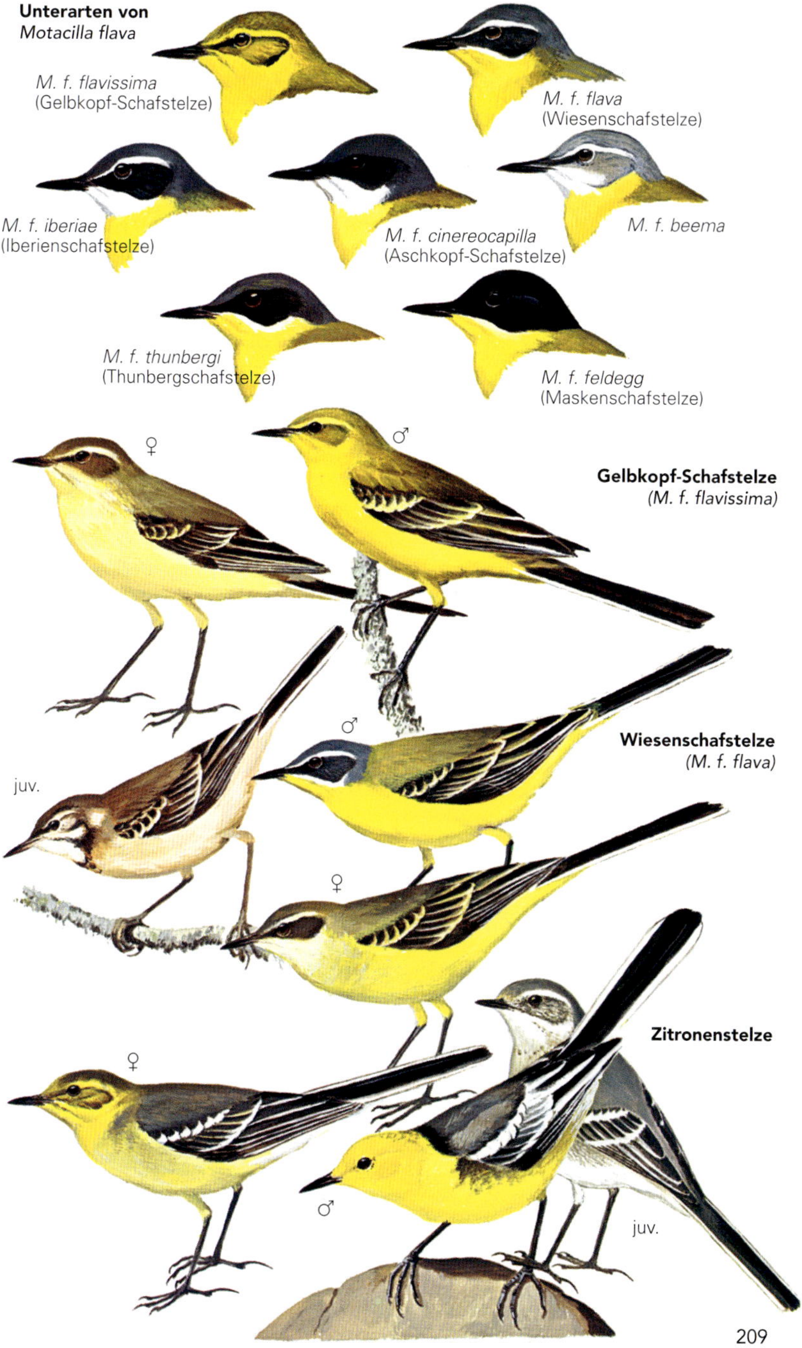
Unterarten von
Motacilla flava
M. f. flavissima
(Gelbkopf-Schafstelze)
M. f. flava
(Wiesenschafstelze)
M. f. iberiae
(Iberienschafstelze)
M. f. cinereocapilla
(Aschkopf-Schafstelze)
M. f. beema
M. f. thunbergi
(Thunbergschafstelze)
M. f. feldegg
(Maskenschafstelze)
♀
♂
Gelbkopf-Schafstelze
(M. f. flavissima)
juv.
♂
Wiesenschafstelze
(M. f. flava)
♀
Zitronenstelze
♀
♂
juv.

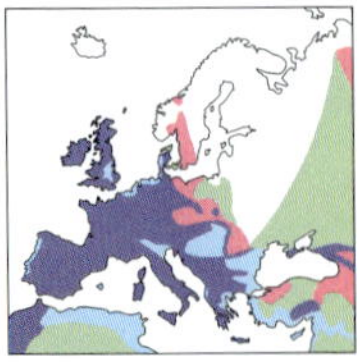
Gebirgsstelze

Gebirgsstelze *Motacilla cinerea* L 18. Brütet an Bächen und rasch fließenden Gewässern in höheren Lagen, aber auch an Seen und langsam fließenden Flüssen. In S- und W-Europa recht häufig. Das Nest wird auf einem Felssims, unter einer (Stein-)Brücke oder an vergleichbaren Stellen angelegt. Außerhalb der Brutzeit weniger spezialisiert, dann auch an Küsten, Seen, Klärteichen, Wasserüberläufen, im Kulturland usw. Hat *sehr langen Schwanz,* länger noch als Bachstelze. *Unterseits gelb,* besonders intensiv auf dem Steiß, oberseits grau (Schirmfedern mit weißen Rändern), ♂ im Sommer mit schwarzer Kehle, ♀ hier matter oder auch stark schwarz gefärbt. Beim Auffliegen werden der *gelbliche Bürzel* und die durch die *weißen* Basen der Schwungfedern hervorgerufene *Flügelbinde* sichtbar. *Flügelbinde von unten durchscheinend* und *noch deutlicher.* Jungvögel nur auf Bürzel und Steiß gelb, Brust bräunlichgelb. Von jungen Schafstelzen durch gelblichen Bürzel, extrem langen Schwanz, bräunlichrosa Beine (schwärzlich bei anderen Stelzen) unterschieden. Weiße Flügelbinde auch bei Jungvögeln vorhanden. Der lange Schwanz beeinflusst alle Bewegungsabläufe: So ist der *Flug noch gewellter* als bei der Bachstelze, am Boden erscheint sie noch *stärker wiegend und wippend.* Rennt und hüpft geschickt zwischen Steinen und fließendem Wasser herum, rüttelt auf der Insektensuche oft über der Wasserfläche und lässt sich öfter als die Bachstelze auf überhängenden Ästen nieder. Ruf ähnelt normalerweise dem der Bachstelze, klingt jedoch deutlich metallischer und höher »zi zi«, was sie zusammen mit Flügelbinde, extrem langem Schwanz und stark gewelltem Flug auch im Überflug verrät. Warnt »**süü**-iht«. Gesang besteht aus kurzen Folgen wiederholter scharfer Töne. **JZW**

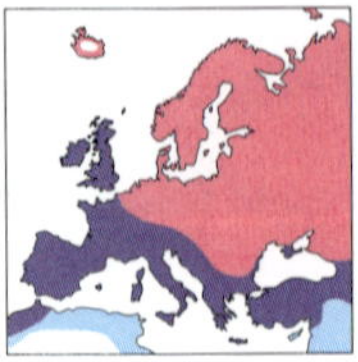
Trauerbachstelze und Bachstelze

Trauerbachstelze *Motacilla alba yarrellii* L 18,5. Britische Unterart der Bachstelze, brütet sporadisch auch an gegenüberliegenden Küsten: in Norwegen, Deutschland, Holland, Belgien und NW-Frankreich. Brütet in offenen Landschaften, um Bauernhöfe, in Städten, gewöhnlich in Wassernähe. Nistet in Nischen oder Höhlen, oft unter hervorstehenden Dächern und in Mauern, unter Steinen, sogar auf vertäuten Kähnen. *Schwarz, dunkelgrau und weißes Gefieder* sowie *ständig wippender Schwanz* heben sie von allen anderen Vogelarten ab. ♂ oft vom ♀ durch völlig schwarzen Rücken zu unterscheiden (beim ♀ gewöhnlich dunkelgrau). Jungvögel im Gesicht grau und mit grauem Band über der Brust. Mausern Ende des Sommers in das 1. Wintergefieder mit mattgelblichem Gesicht und *deutlichem schwarzen (liegenden) Halbmond auf der Oberbrust.* Altvögel im Winter ähnlich, aber mit Weiß auf Gesicht und Kehle. Jungvögel mit recht ungezeichnet grauem Kopf und dunklem Band über der Brust. Vögel im 1. Winterkleid und ♀ im 1. Sommer ähneln Bachstelzen (siehe unten), jedoch *Bürzel fast schwarz,* nicht grau, und die *Flanken dunkelgrau* (mit grünlicher Tönung), nicht hell aschgrau. Außerhalb der Brutzeit gewöhnlich in kleinen Trupps, gelegentlich auch in großen Scharen im Schilf, in Obstgärten usw. rastend. Ernährt sich von Insekten, die am Boden oder nach Fliegenschnäpperart im Flug erbeutet werden. Läuft sehr schnell. Wippt beim Laufen mit dem Schwanz und nickt mit dem Kopf. Flug stark wellenförmig. Ruf 2-silbig, wie mit eigenem Echo »tslii-**witt**« sowie Varianten davon. Gesang unauffällig, einige wenige Töne variierend und wenig zusammenhängend. Beunruhigt eine alternative Variante, ein längeres, lebhaft aufgeregtes Zwitschern, das auch zu hören ist, wenn sie einen Kuckuck oder kleinere Greifvögel verjagt. **Z**

Bachstelze *Motacilla alba alba* L 18. Nominatform der Bachstelze, brütet über ganz Europa außer im Verbreitungsgebiet der Trauerbachstelze. ♂ durch mittelgrauen, stark mit schwarzem Nacken kontrastierenden Rücken leicht von Trauerbachstelze zu unterscheiden. ♀ ähnlich, aber grauer Rücken geht gewöhnlich unmerklich in schwarzen Scheitel über. Manchmal fehlt ♀♀ jede Spur von Schwarz auf dem Scheitel. Jungvögel im Feld von juv. Trauerbachstelzen nicht zu unterscheiden (Vögel im 1. Winter oft schon unterscheidbar – siehe oben). Ruf wie Trauerbachstelze. **BZ**

Gebirgsstelze
♂ Sommer
♀ Sommer
juv.
♂ Winter
Trauerbachstelze
♀ Winter
♂ Sommer
♀ Winter
♂ Winter
Bachstelze
♂ Sommer
juv.

Wasseramseln (Familie Cinclidae)

Die Wasseramsel ist aufgrund kräftiger Füße, soliden Skeletts und einer speziellen Öldrüse an ein Leben im Wasser bestens angepasst. Geschlechter gleich. 4–6 Eier werden in ein großes Kugelnest an Fließgewässern gelegt.

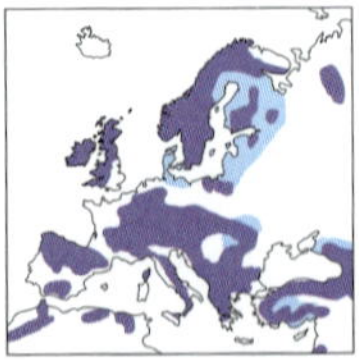
Wasseramsel

Wasseramsel ***Cinclus cinclus*** L 18. Nistet an schnell fließenden Gewässern, zumeist in bergigen Regionen. Im Winter spärlich die Flüsse entlang verteilt, jedoch eine robuste Art, die auch ausharrt, wenn die Flüsse halb zugefroren sind. Sitzt auf Steinen usw. wippend und knicksend, den Schwanz gestelzt. Weiße Brust auffällig. Springt ins Wasser, schwimmt, taucht nach Würmern usw., schwimmt unter Wasser mit kraftvollen Flügelschlägen. Kann auch am Gewässergrund laufen. Singt selbst mitten im Winter ihren ruhigen, kratzend piepsenden Gesang. Fliegt niedrig, schnell und ziemlich direkt geradeaus. Gibt dann kurze, raue »zritts«-Rufe von sich, die das Rauschen von Sturzbächen durchdringen. Vögel N-Europas unterseits schwärzer, ohne das kastanienbraune Band. JW

Zaunkönige (Familie Troglodytidae)

Zaunkönige sind kleine, sehr aktive, braune Vögel. Der fein gebänderte Schwanz wird gewöhnlich gestelzt. Geschlechter gleich. Die 5–7 Eier in großem kugelförmigen Nest.

Zaunkönig

Zaunkönig ***Troglodytes troglodytes*** L 10. Kommt in einer großen Bandbreite von Lebensräumen vor (Waldgebieten, Gärten, Schilfzonen, Hochlandmooren, Felsregionen usw.) – überall, wo niedrigwüchsige Vegetation Deckung bietet, selbst auf öden Hochseeinseln. *Geringe Größe, gestelzter Schwanz* und *rostbraunes Gefieder* kennzeichnend. (Mehrere Inselformen vor N- und W-Schottland.) Lebt bodennah, hält sich oft gut versteckt. Ruf trocken rollend »zerr«. Warnt laut metallisch »zeck, zeck ...«. Melodiöser und erstaunlich lauter Gesang besteht aus schnellen Folgen hoher, klarer Töne, z.B. »tii lü ti-ti-ti-ti ti türr-jü-tii-lii zü-zü-zü-zü-zü jü terrrrrrrrr-siwi«. Singt auch im Winter. JZW

Braunellen (Familie Prunellidae)

Kleine, graue und braune, dünnschnäblige, recht versteckt lebende Vögel. Ernähren sich am Boden. Meist einzeln zu sehen. Geschlechter gleich. 4–6 blaugrüne Eier.

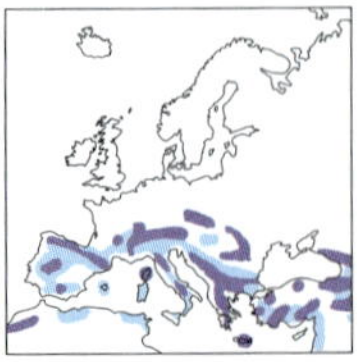
Alpenbraunelle

Alpenbraunelle ***Prunella collaris*** L 18. Brütet in den Hochgebirgen Mittel- und S-Europas über der Baumgrenze. Lerchengroß. Erscheint auf die Entfernung düster bräunlichgrau, fast wie Bergpieper (mit dem sie oft den Lebensraum, alpine Matten, teilt). Das auf den größten Abstand erkennbare Merkmal ist das *dunkle Band über den Flügel* (durch die Großen Flügeldecken hervorgerufen), dann die *deutliche kastanienbraune Fleckenzeichnung auf den Flanken*. Die fein gebänderte Kehlzeichnung ist nur aus der Nähe sichtbar. Schnabelbasis gelb. Geschlechter gleich. Äußert recht laut, rollend und lerchenartig »drrrüp-drrrüp-...« und drosselartige »tschep-tschep-tschep-...«-Rufe. Gesang zwischen Heckenbraunelle und Ohrenlerche, klangvoll und unschlüssig zwitschernd. J

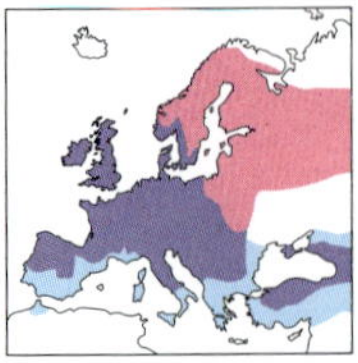
Heckenbraunelle

Heckenbraunelle ***Prunella modularis*** L 15. Häufiger Brutvogel in dichteren Gärten und Parks, in kultivierten Gebieten mit Sträuchern, in nachwachsendem Fichtenwald und subalpinem Birkenwald. Kopf und Brust schiefergrau, dazu warmbraun gestrichelte Oberseite. Dem Jugendkleid (nur im Sommer zu sehen) fehlt das Schiefergrau, es ist recht unscheinbar, oberseits und unterseits braunschwarz und gelblichbraun gestrichelt. Sucht oft am Boden Nahrung. Heimlichtuerisch, singt aber von exponierten Stellen wie Strauch- und sogar den obersten Spitzen von Fichten aus. Gesang ein charakteristisch hoch tönendes Klingeln, etwas zögerlich und typisch zyklisch wiederkehrendes »tütili**tii**tilli**tii**tütilli**tü**telli**tii**«. Häufiger Ruf (Aufregung und Warnen) ein lautes Flöten »tiih«. Flugruf (auf dem Zug) ein dünnes, zart klingendes »sissississ«. JZW

Wasseramsel
Nordeuropa
sonstiges Europa
juv.
Zaunkönig
Alpenbraunelle
adult
Heckenbraunelle

Drosseln, Steinschmätzer und Verwandte (Familie Turdidae)

Die eigentlichen Drosseln werden ab S. 224 behandelt. Hier folgt mit einer Ausnahme (Heckensänger, S. 246) ein bunt zusammengewürfelter Haufen kleinerer Vögel aus mehreren Gattungen, die hier als »Kleine Drosseln« zusammengefasst werden, neuerdings aber zu den »Schnäpperverwandten« (Familie Muscicapidae) gestellt werden. Bei mehreren Arten sind die ♂♂ hervorragende Sänger. Jungvögel sind gefleckt. Die Nester werden in niedrige Bäume, Büsche oder Höhlen gebaut. Gelege 4–7 Eier.

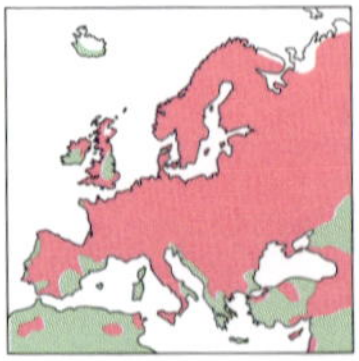

Gartenrotschwanz

Gartenrotschwanz *Phoenicurus phoenicurus* L 14. Brütet in Parks und offenen Wäldern, in Vororten ebenso wie in der Taiga. Nistet in Baumhöhlen und Nistkästen. ♂ im Sommer schwarz, weiß, aschgrau und orangerot. Vor dem Wegzug im Sept. werden die Farben durch die hellbraunen Federränder des frischen Gefieders gedämpft. ♀ abgesehen vom Schwanz bräunlich. Ständig zitternder, *orangeroter Schwanz*. Gartenrotschwanz-♀ ähnelt dem Hausrotschwanz-♀, ist unterseits aber heller und insgesamt wärmer getönt. Sehr wendig, fängt oft Insekten in Fliegenschnäppermanier. Warnt ähnlich Fitis, am Ende jedoch mit tickenden Lauten: »**hü**iit-tick-tick«. Gesang kurz und melodisch »**siih trü**ii-**trü**ii-**trü**ii si si si siwöi ...«, ständig in Details variiert. **BZ**

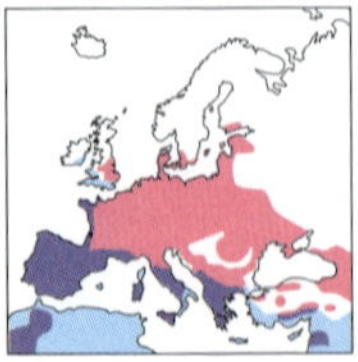

Hausrotschwanz

Hausrotschwanz *Phoenicurus ochruros* L 14. Häufiger Brutvogel im Gebirge, aber auch in Städten. Adulte ♂ *schwärzlich mit orangerotem Schwanz und weißem Flügelfeld*. ♀ ähnlich Gartenrotschwanz-♀, jedoch besonders unterseits etwas dunkler und grauer. 1-jährige ♂♂ wie ♀♀, aber oft mit etwas Schwarz auf der Kehle oder Weiß auf dem Flügel. Warnt mit trockener, zitternder Stimme »wiit, tk-tk-tk«. Singt besonders nachts und in der Dämmerung von erhöhter Warte eine kurze, schnelle und laute Phrase mit einer Pause, in der er ein *kratzendes Geräusch* produziert: »ti ti srrüi **till-till-till-till** ... (krzschkrzschkrzsch) ... **srü**wii-wii-wii«. **BZ**

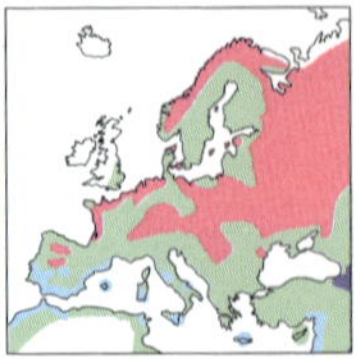

Blaukehlchen

Blaukehlchen *Luscinia svecica* L 14. Die skandinavische Unterart *L. s. svecica* (Rotsterniges Blaukehlchen) ist in feuchten Weidendickichten und subalpinen Birkenwäldern häufig. Hüpft regelmäßig am Boden herum. Zuckt mit dem Schwanz. Hat in allen Kleidern kennzeichnende *rostrote Felder an der Schwanzbasis. Deutlicher Überaugenstreif.* Die *kornblumenblaue Kehle* der ♂♂ zeigt emailartigen Glanz. Kehle adulter ♀♀ cremefarben mit einem variierenden Anteil von Blau und Schwarz, gelegentlich auch etwas Rostrot. Jungvögel wie beim Rotkehlchen erdbraun, mit rostgelblichen Flecken, vor dem Wegzug wird dieses Gefieder ins 1. Winterkleid vermausert. Gesang meisterlich zusammengesetzt aus Imitationen und den artspezifischen klingelnden Lauten, die in Tempo und Intensität ansteigen. Ruf »track« (wie eine kleine Wacholderdrossel). Warnruf wie beim Steinschmätzer »hiit«. Südliche Unterart *L. s. cyanecula* (Weißsterniges Blaukehlchen) brütet in verschilften Sümpfen und erscheint sporadisch weiter nördlich (singt nachts). Im Brutkleid kleiner weißer Brustfleck. Bestimmung der Unterart im Herbst meistens unmöglich. **BZ**

Rotkehlchen

Rotkehlchen *Erithacus rubecula* L 14. Brütet häufig in Gärten, Wäldern, Parks und Heckenreihen. Recht unauffällige Lebensgewohnheiten, aber nicht scheu. Hüpft in weiten Sprüngen am Boden, erstarrt in aufrechter Haltung, knickst. Altvögel auf der *gesamten Brust* und über die Stirn kennzeichnend *rostorange*. Jungvögel braun mit dichter gelblichbrauner Fleckung und dunklem Schuppenmuster, mausern bis zum Sommerende ins Adultgefieder. Singt von niedriger Warte, oft aus der Deckung, aber auch von Strauch- und Baumspitzen aus. Der kristallklare Gesang hebt mit sehr hohen Tönen an, geht dann in eine schnelle Folge überschwänglich plätschernder Laute über, hält inne und beginnt wieder von vorn. Herbst- und Wintergesang ruhiger, melancholischer. Typischer Ruf eine Serie harter, nachdrücklicher Klickgeräusche »tick-ick-ick ...«. Dazu ein extrem hohes, dünnes »tsiih« (vgl. Amsel und Beutelmeise). Nachtzieher aus N- und O-Europa rufen dünn, schwach, etwas rau »ts**ii**-e«. **JZW**

♂
♀
Garten-
rotschwanz
♀
(und immat. ♂)
♂
Hausrotschwanz
♂ rot-
sternig
♂ weiß-
sternig
♀
Blaukehlchen
juv.
juv.
Rotkehlchen

Blauschwanz

Blauschwanz *Tarsiger cyanurus* L 14. Brütet in NO-Europa in dichten Nadelwäldern, oft auf zerklüfteten Böden. Adulte ♂♂ mit leuchtend blauen oder graublauen Oberschwanzdecken und Schwanzseiten sowie in allen Kleidern *orange getönten Flanken.* ♀♀, Jungvögel und ♂♂ im 2. Kalenderjahr (diese halten bereits Reviere) sind schlicht wie Fliegenschnäpper-♀♀, besonders da das Blau auf dem Schwanz im Feld schwer zu erkennen ist – der Schwanz sieht einfach dunkel aus. *Schmaler weißer,* grau eingefasster *Kehlfleck.* Oberseite olivbraun. Oberseite adulter ♂♂ dunkel graublau mit kobaltblauem Handwurzelbereich. Ähnelt im Verhalten am meisten Gartenrotschwanz, ist aber häufig am Boden zu sehen und zittert nicht, sondern zuckt mit dem Schwanz. Scheu, hält sich in der Regel gut verborgen, singt aber meistens von der Spitze einer Fichte, oft hoch oben auf steilen Hängen. Gesang laut, zwitschernd, dem des Gartenrotschwanzes noch am ähnlichsten in seiner dünnen, melancholischen Tonlage mit 4 oder 5 Silben, gelegentlich in einem Triller endend. Aufgeregt ruft er kurz »wit« oder ein scharfes »träck«. A

Nachtigall

Nachtigall *Luscinia megarhynchos* L 16,5. Brütet in S- und W-Europa in Dickichten, im feuchten Unterwuchs von Wäldern und Parks. Recht groß und langschwänzig. Einfarbig braun mit *rötlichbraunem* Schwanz in allen Kleidern. Im Feld sehr schwer vom Sprosser zu unterscheiden, jedoch wärmer brauner Rücken (nicht grau getönt), röterer Schwanz, und es *fehlt die deutliche Sprenkelung auf unterer Kehle und Brust.* Jungvögel sind wie junge Rotkehlchen ganz getüpfelt. Vorsichtig, bleibt in den Sträuchern verborgen. Öfter zu hören als zu sehen. Warnruf ein schrilles, langgezogenes, etwas ansteigendes »(u)**iihp**«. Singt oft nachts, aber auch am Tag aus dem Dickicht heraus ihren lauten, anrührend trällernden Gesang. Im Vergleich zum Sprossergesang wehmütiger und schwächer, nicht ganz so kraftvoll, umfasst typische Crescendi weich flötender Töne: »diu diu djü djü lii liiii«. Außerdem sind die Strophen kürzer und ohne die raueren, eher ratternden Tonfolgen des Sprossers wie etwa »srr-srr-srr-srr-...«. BZ

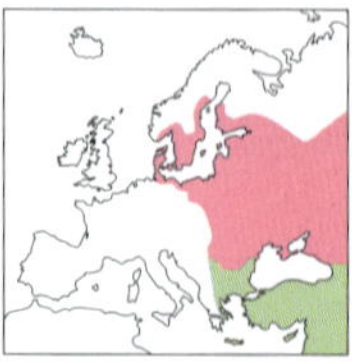
Sprosser

Sprosser *Luscinia luscinia* L 16,5. Brütet relativ häufig in O-Europa und im Ostseegebiet in Laubgehölzen und ausgedehnten schattigen Dickichten entlang Seeufern. Hat sich in den letzten Jahrzehnten nach Nordwesten ausgebreitet. Der Nachtigall sehr ähnlich, kann aber manchmal anhand des graueren Rückens und des weniger lebhaft roten Schwanzes sowie diffuser grauer Melierung der unteren Kehle und der Brust bestimmt werden. Jungvögel sehen aus wie junge Nachtigallen (s. o.). Singt von versteckter Warte aus beinahe den ganzen Tag, besonders aber nachts. Gesang gleicht mit Serien rasch wiederholter Töne strukturell dem der Nachtigall, ist jedoch kraftvoller und weniger melodiös, umfasst mehr ratternde Motive und charakteristische, sehr weit tragende, schnelle Folgen von »tschuck«-Lauten. Warnt hart, schrill, langgezogen und andauernd wiederholt »iiht«, höher als Nachtigall und ohne am Ende anzusteigen (dem Warnruf des Halsbandschnäppers nicht unähnlich). Ein weiterer Ruf ist ein hart rollendes »errr«. BZ

Rubinkehlchen *Luscinia calliope* L 15. Brütet in Nadelwäldern mit reichem Unterwuchs, in dicht bewaldeten Parks und an ähnlichen Stellen in der sibirischen Taiga. In W-Europa sehr seltene Ausnahmeerscheinung. ♂ an *rubinroter Kehle, weißem Überaugenstreif, weißem Bartstreif* und *gänzlich dunklem Schwanz* leicht zu erkennen. Rubinkehlchen-♀♀ von ♀♀ und Jungvögeln des Blaukehlchens durch ganz dunklen Schwanz und fehlendes schwarzes Brustband zu unterscheiden. Gelegentlich weisen ♀♀ ein wenig Rosa an der Kehle auf. Ähnelt im Verhalten Sprosser (scheu, versteckt). Gesang kräftig und melodisch, ruhig und geschwätzig, umfasst sowohl klare und harte Töne als auch hervorragende Imitationen. Ruft laut flötend »ii-lü« und »tschack« (»Miniaturausgabe« der Wacholderdrossel). A

Blauschwanz
♀ (und
immat. ♂)
♂
juv.
Nachtigall
Sprosser
♂
Rubinkehlchen
♀

Steinschmätzer (Familie Turdidae, Gattung *Oenanthe*)
Steinschmätzer sind v. a. bodenbewohnende Vögel offener, steiniger Landschaften. Sie knicksen und schlagen mit dem Schwanz, der ein jeweils typisches Schwarz-Weiß-Muster aufweist. Gesang kurze und rasch zwitschernde, kratzende Phrasen, oft nachts vorgetragen. Fangen zumeist am Boden Insekten, die sie von einem Ansitz aufspüren. Nest in Bodenhöhlung, zwischen Steinen oder in einem Felsspalt. Gelege bestehen aus 4–6 bläulichen Eiern. Die vielen Steinschmätzerarten ähneln sich sehr, und besonders ♀♀ und Jungvögel sind oft schwer zu bestimmen. Das Schwanzmuster gibt einen Anhaltspunkt, und man sollte auf die Breite der schwarzen Endbinde im Verhältnis zur Gesamtlänge des Schwanzes achten.

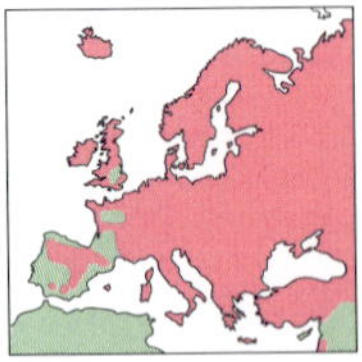
Steinschmätzer

Steinschmätzer *Oenanthe oenanthe* L 14,5. Brütet gewöhnlich in offenen, steinigen Landschaften und bevorzugt Bereiche mit spärlicher Vegetation. *Schwanz* hat in allen Kleidern typisches *Schwarz-Weiß-Muster*. ♂ im Sommerkleid an *aschgrauem Rücken und Scheitel*, schwarzem Augenstreif und reinweißem Überaugenstreif zu erkennen. Der leicht rosagelbliche Anflug auf der Unterseite gerade eingetroffener Vögel verblasst im Sommer zu Weiß. ♀ oberseits bräunlichgrau mit schwach entwickeltem dunklen Augenstreif, aber deutlichem creme-weißen Überaugenstreif, der vor dem Auge in Gelblichbraun übergeht. Jungvögel mit ungezeichnetem Kopf, oberseits heller Fleckung sowie auf der Brust einer dunkel gewellten Bänderung. Die grönländische Unterart *O. o. leucorrhoa* ist etwas größer, mit stärkerem Schnabel, oberseits brauner und auf der Unterseite rostbeige getönt; sie überwintert in NW-Afrika und erscheint auf dem Zug regelmäßig an der Nordseeküste. Ruf scharf »hiit« und hart »tschack«. Singt von einem Stein aus oder im Flug, oft nachts. Gesang besteht aus einer kurzen, knirschend plätschernden Strophe in raschem Tempo, darin stets der »hiit«-Ruf eingeflochten. **BZ**

Isabellsteinschmätzer

Isabellsteinschmätzer *Oenanthe isabellina* L 16. Brütet in den Steppen und Halbwüsten SO-Europas. Groß, »uni« sandfarben, mit helleren Flügeln als andere Steinschmätzer (v. a. im Flug auffällig). Besonders die Kleinen und Mittleren *Armdecken* sowie die *Handdecken sind hell gelblichbraun, sodass* die *braunschwarze Alula sich* davon gut *abhebt*. (Beim Steinschmätzer, der im Herbst verwirrend ähnlich aussehen kann, haben die Flügeldecken dunkle Federzentren und die Alula kontrastiert nicht.) Schwanz mit mehr Schwarz als beim Steinschmätzer. Langer und verhältnismäßig kräftiger Schnabel. Geschlechter normalerweise gleich, ♂♂ im Durchschnitt mit schwarzem Zügel etwas kontrastreicher. Überaugenstreif weißlich, besonders vor dem Auge (vgl. Steinschmätzer). *Steht* oft *etwas aufrechter*, als Steinschmätzer das gewöhnlich tun. Ruf hoch und metallisch flötend »tschiip«. Gesang in der Länge (kann 15 Sek. dauern), seinem schwätzenden Charakter und seinen Nachahmungen ganz anders als bei anderen Steinschmätzern. Oft eingefügt Serien klarer »wii-wii-wii-wii«-Töne. **A**

Trauersteinschmätzer

Trauersteinschmätzer *Oenanthe leucura* L 18. Brütet in SW-Europa in trockenen, felsigen Bergregionen. Einziger *einfarbig schwarzer* Steinschmätzer Europas; ♂♂ pechschwarz, ♀♀ und Jungvögel bräunlichschwarz. Alle haben nach Steinschmätzerart Weiß auf Bürzel und Schwanz. *Deutlich größer* und schwerer als die anderen Arten. Gibt ein »tschett tschett« sowie ein schrilles, abfallend moduliertes »piüp« von sich, manchmal gereiht. Gesang ein variierter, kurzer Triller, tiefer als bei anderen Steinschmätzern, ein wenig an Steinrötel erinnernd.

Steinschmätzer
♂
♀
juv.
Isabellstein-
schmätzer
♂
♂
♀
Trauersteinschmätzer

Nonnensteinschmätzer

Nonnensteinschmätzer *Oenanthe pleschanka* L 14,5. Brütet in SO-Europa auf steinigen, trockenen Hängen und Erosionsrinnen, im Westen bis nach Bulgarien. Sitzt oft erhöht auf Bäumen, Telegrafendrähten usw., von wo er sich in Würgermanier auf Insekten am Boden stürzt. *Rücken* des ♂ *schwarz, geht an den Halsseiten in den schwarzen Kehllatz über.* Schwanzmuster etwa wie bei Steinschmätzer, jedoch ist die *schwarze Endbinde im Allgemeinen schmaler* und kann durchbrochen (Weiß reicht bis zur Schwanzspitze), andererseits aber auch an den Schwanzseiten ausgedehnter sein. ♀ dem des Mittelmeer-Steinschmätzers der östlichen Form (Balkansteinschmätzer) sehr ähnlich, jedoch auf dem Rücken eher düster graubraun (nicht so warm orangebraun), mehrheitlich mit deutlicherem dunklen Kehllatz (nur selten bei Balkansteinschmätzer) sowie einem gelbbraunen Brustband unter dem dunklen Kehllatz (bei Balkansteinschmätzer eher orangebraun). Im Herbst (frisches Gefieder) zeigt das erdbraune Körpergefieder helle Federränder, was einen leicht geschuppten Eindruck hervorruft. Zum Ruferepertoire gehören ein hartes »tack« und ein typisches rau surrendes »brrzü«. Gesang sehr ähnlich wie der des Balkansteinschmätzers, kurze, zwitschernde Phrasen, manchmal mit eingeflochtenen Nachahmungen. A

Mittelmeer-Steinschmätzer

Mittelmeer-Steinschmätzer *Oenanthe hispanica* L 14,5. Brütet häufig in offenen, steinigen oder felsigen Landschaften, darunter Macchien und Weingärten, in tieferen Lagen als der Steinschmätzer. Schwanzmuster wie Nonnensteinschmätzer. Wird heute oft in 2 eigene Arten »gesplittet«: den westlichen **Maurensteinschmätzer** *(O. hispanica)* und den **Balkansteinschmätzer** *(O. melanoleuca)* im Osten. ♂♂ treten jeweils in 2 Farbmorphen auf, eine mit schwarzer, die andere mit heller Kehle. Schwarzkehlige Morphe vom Nonnensteinschmätzer durch *orangegelben,* nicht schwarzen *Rücken,* vom Wüstensteinschmätzer durch viel Weiß im Schwanz und eine helle Lücke zwischen Kopf und Flügeln unterschieden, ♀ vom Steinschmätzer-♀ durch undeutlichen Überaugenstreif, durchschnittlich *brauneren,* weniger grauen *Rücken,* oftmals hellere Zügel, stärker orangebraunes Brustband, etwas mehr Weiß im Schwanz und, bei einigen Individuen, grau marmorierte Kehle. ♀♀ des Balkansteinschmätzers, der in SO-Europa und Kleinasien brütet, sind auf dem Rücken graubraun (nicht so orangebraun wie der westliche Maurensteinschmätzer), und es bedarf großer Umsicht und Bestimmungsfähigkeiten, um sie nicht mit dem Nonnensteinschmätzer-♀ zu verwechseln. Zu den Rufen gehört ein hartes »tack«, dem gewöhnlich flötende Töne folgen. Singt (deutlich häufiger als Steinschmätzer) im Flug, aber auch von einer Warte aus. Gesang wie beim Steinschmätzer, obwohl individuell stark variabel, gelegentlich vorwiegend trocken zwitschernd, dann wieder recht klar und drosselartig. A

Wüstensteinschmätzer

Wüstensteinschmätzer *Oenanthe deserti* L 15. Sehr seltener Herbstgast von den Brutplätzen in Afrika und Asien. Bewohnt trockene, steinige Landschaften. ♂ ähnelt dem der schwarzkehligen Morphe des Mittelmeer-Steinschmätzers, jedoch ist nur der Bürzel weiß – die *Steuerfedern sind fast ganz schwarz.* Außerdem sind Kleine und Mittlere Armdecken weitgehend hell sandfarben (dunkel bei den Mittelmeer-Steinschmätzern) und bilden ein *helles Feld unterhalb der Schultern,* das Schwarz des Flügelbugs ist mit dem des Kopfes verbunden. Große Flügeldecken und Schirmfedern in der Regel mit breiteren weißen Rändern als bei den Mittelmeer-Steinschmätzern, auch im abgetragenen Gefieder länger sichtbar bleibend. ♀♀ ähneln denen von Mittelmeer- und Nonnensteinschmätzern, es fehlt jedoch der helle Überaugenstreif oder eine andere auffällige Musterung des gelbbraunen Kopfes, sie haben aber den arttypischen schwarzen Schwanz und dasselbe helle Feld auf den Kleinen Flügeldecken wie die ♂♂ (obgleich weniger deutlich). Gewöhnlich mit heller Kehle, nur bei einigen ist diese grau gesprenkelt. Ruf gezogen und schrill pfeifend »piieh« und hart klickend »tsak«. Gesang ein kurzer, absteigender, klagender Triller. A

Nonnensteinschmätzer
♂
♀
Mittelmeer-Steinschmätzer
♀
♂
weißkehlige
Morphe
schwarzkehlige
Morphe
♂
♀
♂
Wüstensteinschmätzer

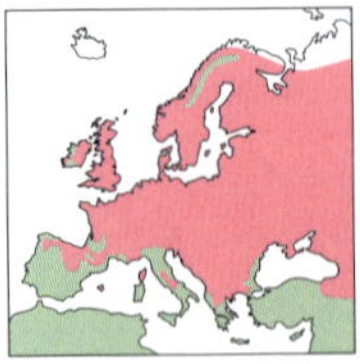
Braunkehlchen

Braunkehlchen *Saxicola rubetra* L 12,5. Brütet recht häufig in Feuchtwiesen mit eingestreuten Sträuchern, in Mooren und Heiden sowie niedriger, bachbegleitender Vegetation. ♂ mit deutlichem *weißen Überaugenstreif* und klar *weiß* gegen sehr dunkle Wangen und Zügel *abgesetzter rostorangefarbener Kehle*. Weiße Flügelabzeichen. ♀ matter gefärbt. In allen Kleidern vom Schwarzkehlchen durch *weiße Basis der äußeren Steuerfedern* unterschieden (im Flug bemerkbar, aber kaum auffallend, und bei ♀♀ gelegentlich fehlend); Bürzel und *Oberschwanzdecken stets* braun *gestrichelt*. Sitzt aufrecht, meist auf der Spitze eines Strauches, einer Distel oder eines Zaundrahts. Zuckt oft mit dem Schwanz. Warnt mit weichem Pfeifen und »Zungenschnalzen«: »ju tick, ju tick-tick«. Gesang kurz und schnell, plötzlich beginnend und ebenso plötzlich abbrechend, ein paar reine Töne mit eingewobenen kratzenden Lauten. Phrase variabel mit vielen Imitationen. Singt meist nachts. **BZ**

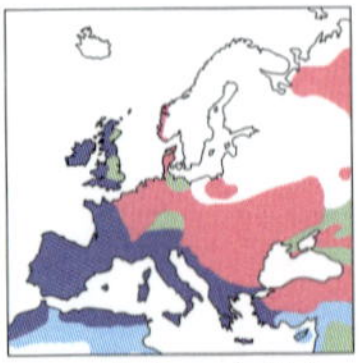
Schwarzkehlchen

Schwarzkehlchen *Saxicola torquatus* L 12. Brütet in Mittel-, W- und S-Europa auf Heiden und Grasland mit Büschen, oft mit Stechginster. Bevorzugt unebenere Habitate als Braunkehlchen. Charakteristisch sind *ganz schwarzer Kopf* und Kehle des ♂. ♀ mit matter braunem Kopf. Beide Geschlechter haben *auf dem Innenflügel etwas Weiß*, ♂♂ auch auf dem *Bürzel*. Weißer Bürzel oft etwas dunkel gestrichelt, aber bei einigen ♂♂ im abgetragenen Sommergefieder weitgehend ungestrichelt. *Kein Weiß im Schwanz* (Ausnahme: Schwarzkehlchen aus der Kaspischen Region und dem Iran). Das sibirische **Pallasschwarzkehlchen** *(S. t. maurus)* – in W-Europa seltener Herbstgast – hat *ungezeichnet reinweißen Bürzel* und ist im frischen Herbstgefieder fast so hell wie Braunkehlchen-♀; heller Überaugenstreif (nicht so deutlich wie bei Braunkehlchen) und hell sandfarbene Kehle kontrastieren mit der dunkler gelblichbraunen Brust; Bartstreif des Braunkehlchens fehlt. Schwarzkehlchen sitzen aufrecht, erscheinen dabei kurzschwänzig und rundköpfig. Warnen mit schrillem Flöten und schmatzendem Geräusch »wiist träck träck«. Gesang kurz und mit Elementen, die von Heckenbraunelle (piepsende Stimme) und Dorngrasmücke (Phrasierung) stammen könnten. **BZ**

Steinrötel

Steinrötel *Monticola saxatilis* L 19. Brütet in S- und Mitteleuropa in felsigen Gebirgsregionen, gewöhnlich in recht großer Höhe. Zugvogel, der in Afrika überwintert. ♂ im Sommer durch hübsches, buntes Gefieder zu erkennen. ♀ bräunlich mit geschuppter Bänderung. Im Schlichtkleid gleicht das ♂ mehr dem ♀, jedoch aus der Nähe durch angedeutete *blaugraue und weiße Federn auf Kopf bzw. Rücken* zu bestimmen. In allen Kleidern ist der *orangerote Schwanz* kennzeichnend. Kann wie ein Rotschwanz mit dem Schwanz zittern. Unauffällig, versteckt sich oft hinter Felsen. Ruf kurz »tschak«. Singt von einer Warte oder aus dem Singflug eine klangvolle, flötende Phrase, die sehr variabel ausfällt. Kann aus der Ferne an Amselgesang erinnern, ist aber schneller, abwechslungsreicher und mit mehr Ausschmückungen. **BZ**

Blaumerle

Blaumerle *Monticola solitarius* L 22. Brütet in S-Europa (kleine Brutpopulation im Tessin) besonders an sonnenexponierten Steilwänden und in Ruinen, gewöhnlich in tieferen Lagen als der Steinrötel. ♂ durch *blaues Gefieder* problemlos zu bestimmen. *Auffällig langer Schnabel*. Im Winter wird das Blau mehr grauschwarz. ♀ mit geschuppter Bänderung wie Steinrötel-♀, aber mit *dunkel graubraunem*, nicht rostbraunem *Schwanz*. Manche ♀♀ oberseits und an den Kopfseiten mit bläulichgrauer Tönung, jedoch stets mit graubrauner Sprenkelung auf Kehlmitte und Brust. Sitzt häufig frei auf einer Felsspitze, aber gewöhnlich nur aus der Ferne zu beobachten, da sehr scheu. Verschwindet bei Annäherung wie der Steinrötel rasch hinter Felsen. Ruf hart »tick« und tiefer »tschack«. Gesang erinnert an Steinrötel, laut und klar, aber melancholischer. Oft erkennt man den Blaumerlengesang am Vibrato der Töne. Vorgetragen wird von einer Warte oder, seltener, aus dem Singflug.

Braunkehlchen
juv.
♀
♂
Schwarzkehlchen
♀
♂
juv.
Steinrötel
♀
♂
Blaumerle
♀
♂

Drosseln (Familie Turdidae, Gattung *Turdus*)
Die eigentlichen Drosseln sind mittelgroße Vögel mit recht schlanken, aber nicht schwachen Schnäbeln und mittellangen bis recht langen Schwänzen. Alle sind im Jugendkleid gefleckt, einige Arten auch darüber hinaus. Meist am Boden, aber auch in Bäumen. Ernähren sich von Würmern, Insekten und Beeren. Hauptsächlich Nachtzieher. Außerhalb der Brutzeit gesellig. Bauen in Bäumen und Büschen offene, becherförmige Nester. Gelege 3–6 Eier.

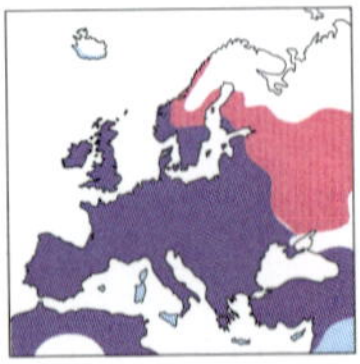
Amsel

Amsel *Turdus merula* L 24. Brütet häufig in Gärten, Parks und Wäldern. ♂ leicht an *pechschwarzem Gefieder* und leuchtend *gelbem Schnabel* zu erkennen. Schnabel wird im Herbst und Frühwinter dunkler. ♀ durch fast einfarbig dunkelbraunes Gefieder gekennzeichnet. Schnabel vorwiegend braun mit etwas Gelb an der Basis, nur bei einigen ist das Gelb ausgedehnter. Jungvögel sind heller und wärmer gefärbt und haben schmale, helle Tupfen oberseits. Schnabel stets dunkel. Nahrungssuche am Boden, auch fern von Deckung. Vom Star durch fehlende helle Punkte im Gefieder, *langen Schwanz* und zweibeiniges Hüpfen oder flinke Schritte unterschieden, denen ein plötzliches Erstarren (und Starren) folgt (nicht rastlos umherwatschelnd). Zu den Rufen gehören: eine Serie aufgeregt schnalzender »tjack-ack-ack-ack«-Laute, die sich zu einem intensiven, schrillen »pli-pli-pli-pli-...« steigern können (bevor es zum Schlafplatz geht oder angesichts z.B. eines Waldkauzes); ein tiefes, langsam wiederholtes »pock«; ein äußerst feines, hohes »tsiih« (ähnlich Rotkehlchen); ein leicht rollendes »srrii« (auch nachts von ziehenden Vögeln zu hören). Singt meistens in der Dämmerung von einer gut sichtbaren Warte. Der sehr wohlklingende Gesang besteht aus reinem Flöten, langsamen Übergängen zwischen hohen und tiefen Tönen, denen zumeist ein leiseres, kurzes Zwitschern folgt. **JZW**

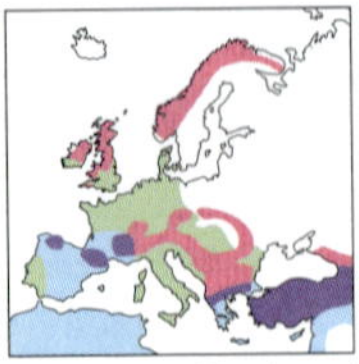
Ringdrossel

Ringdrossel *Turdus torquatus* L 24. Recht häufig in alpinen Fichtenwäldern. *Weißes, halbmondförmiges Brustband* kennzeichnet Altvögel. ♂ nicht so pechschwarz wie Amsel, besonders die *Flügel sind heller.* ♀ brauner gefärbt, und das weißliche Brustband ist braun meliert (einzelne Individuen sind ♂♂ aber zum Verwechseln ähnlich). Jungvögel sehen weniger einförmig aus als Amseljunge, z.B. haben sie eine weißlichgelbbraune Kehle und eine deutlich gefleckte Brust, die bis Ende des Sommers vermausert wird. Einige Vögel sind im 1. Winter verwirrend schwarz, obwohl sie eine Tendenz zu helleren Flügeln haben. Scheu und wachsam. Auf dem Zug Anschluss an andere Drosseln. Gibt ein hart klickendes »tock-tock-tock-tock«, aber auch ein weiches, eher wacholderdrosselähnliches Schwätzen von sich. Gesang mit Dialektvarianten, aber immer einfach und melancholisch, z.B »trrü-trrü-trrü« oder »tii**lü**-tii**lü**-tii**lü**«, gefolgt von einem leisen Gezwitscher, das gewissen Dialekten des Rotdrosselgesangs ähnelt, aber das Tempo ist gemäßigt wie bei der Singdrossel. **BZ**

Schwarzkehldrossel *Turdus (ruficollis) atrogularis* L 23. Brütet im östlichsten Europa und in der sibirischen Taiga sowohl in geschlossenen Waldgebieten als auch auf Lichtungen und an Waldrändern. Im Winter in offenerem Gelände und in Gärten anzutreffen. Seltener Gast in W-Europa, v.a. im Spätherbst und Winter. Für eine Drossel ziemlich *blass. Kehle, Halsseiten und Brust des ♂ schwarz,* mit scharfer Grenze zum *ungezeichnet weißen Bauch. Schwanz schwärzlich, Unterflügel orange.* ♀ ähnlich, jedoch ist der schwarze Latz des ♂ durch dunkle Strichel (Kehle) und Flecken (Brust) *mit viel Weiß auf Kinn und der Mitte der oberen Kehle* ersetzt. Im abgetragenen Sommergefieder erlangen alte ♀♀ ein breites schwarzes Band über der Brust. Im 1. Winter ähneln ♂♂ adulten ♀♀, jedoch sind Kinn und Kehle dicht dunkel gestreift. ♀♀ im 1. Winter sind auf dem ganzen Kehllatz spärlicher gestrichelt. Ruf wacholderdrosselartig piepsend »gwih« und hart »tschack«. Schwätzende Serien »tschett-tschett-tschett-...« wurden ebenfalls festgestellt. **A**

♂
Amsel
♀
juv.
♂ Winter
♀ Frühjahr
Ringdrossel
juv.
♂ 1. Winter
♂ 1. Winter
♀ 1. Winter
Schwarzkehldrossel

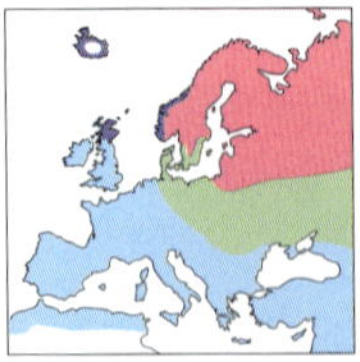
Rotdrossel

Rotdrossel *Turdus iliacus* L 20. Brütet im hohen Norden häufig in Bergbirkenwäldern, seltener in tieferen Lagen. Im Winter auf Feldern, oft in lockeren Trupps mit anderen Drosseln, und in offenen Wäldern. *Deutlicher Überaugenstreif,* gestrichelte Unterseite und *rostrote Flanken und Unterflügel.* Ruf »gack«, warnt anhaltend »trett-trett-trett-...«; auf dem Zug ein gedehntes, dünnes, etwas raues »tsiih«, das oft in Oktobernächten zu hören ist, nicht zuletzt über Dörfern und Städten, besonders bei Nebel. Der Gesang hat viele regionale Ausprägungen. Er besteht aus kurzen melancholischen, gewöhnlich absteigenden Tonserien, auf die ein leises, piepsendes Schwätzen folgt. Häufige Varianten sind »trü tra tro trü«, »tjirre-tjürre-tjorre« sowie sehr schnell »tül-lül-lül-lül-lül-...«, »v**idje**-vii-**djü**« sowie einfacher »trüi-trai«. Von rastenden Frühjahrstrupps ist ein surrender Chor zu hören. **ZW**

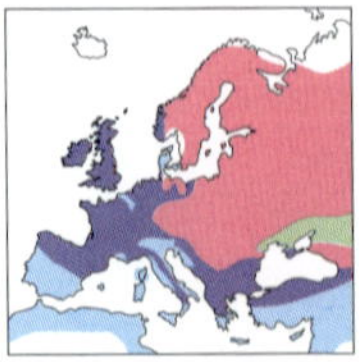
Singdrossel

Singdrossel *Turdus philomelos* L 22. Eine äußerst häufige europäische Art. Brütet gewöhnlich in Wäldern, Parks, Gärten, Hecken und in unebenem Gelände mit ausreichend Deckung sowie in den tiefen Wäldern Fennoskandiens. Weniger gesellig als Rotdrossel. *Einfarbig braune Oberseite* und getupfte Unterseite mit *ockergelben Unterflügeln* unterscheiden sie von allen anderen Drosseln. Ruf kurz und scharf »zit«, was man auch von nachts ziehenden Vögeln hört. Warnt eindringlich, scharf und schnell »tix-ix-ix-ix-...«. Kraftvoller Gesang mit Flötentönen, die sich mit schrillen, scharfen Lauten abwechseln. Viele Elemente werden, und das ist sehr charakteristisch, 2- bis 4-mal ruhig wiederholt, z. B. »kückli**wi** kückli-**wi** kückli**wi** ... trrü-trrü-trrü ... kwii-kwii ... **pii**oo **pii**oo **pii**oo ... tjüwü-**ii** tjüwü-**ii** ...« usw. Viele Imitationen. **BZ**

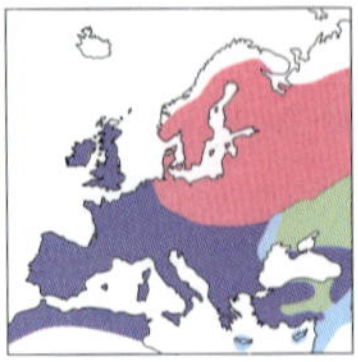
Misteldrossel

Misteldrossel *Turdus viscivorus* L 28. Brütet recht verbreitet in Wäldern, Parks und Gehölzen mit eingestreuten Koniferen. Scheu und wachsam. Im Winter oft auf Feldern, normalerweise in kleinen Zahlen, gesellt sich aber zu anderen Drosseln. Gelegentlich auch in größeren Gärten. *Groß,* unterseits markant gefleckt (Bauchpunkte gerundet) mit *weißen Unterflügeln,* einförmig *graubraune Oberseite* und weiße *Spitzen an den äußeren Steuerfedern.* Unterhalb des Auges Andeutung eines Tränenstreifs. Steht am Boden aufrechter als andere Drosseln. Ruf kennzeichnend trocken und zirpend »zerrrrr«. Gesang ähnlich Amsel, jedoch mit traurigem Klang, kürzeren Phrasen sowie schneller und mit kürzeren Pausen vorgetragen; auch fehlen die beachtlichen Tonhöhenwechsel und die abschließenden zwitschernden Töne der Amsel. Etwa: »trü**ii**trüju ... tjör**ii**trü tjü**wü**trü ... tjürüwü**trü** ...« usw. Schließt sich dem allgemeinen morgendlichen Drosselgesang nicht an, sondern singt an sonnigen Vor- und Nachmittagen, wo sie ihr Umfeld beherrscht. Warnt wie Wacholderdrossel, jedoch trockener, mit einem harten Rattern. **JZW**

Wacholderdrossel

Wacholderdrossel *Turdus pilaris* L 25. Häufiger Brutvogel in N- und W-Europa, wo verschiedene Waldtypen an offene Landschaften grenzen, so auch in Parks. In Skandinavien Charaktervogel subalpiner Birkenwälder. Nistet einzeln oder kolonieweise in Baumspitzen (im hohen Norden nistet häufig der Merlin in Wacholderdrosselkolonien). Robuster als andere Drosseln. Im Winter besuchen oft große Scharen Felder und räubern Ebereschen und andere beerentragende Bäume und Sträucher. Fliegt gewandter als die meisten anderen Drosseln, zieht am Tag in großen Scharen. Flug leicht gewellt. Groß. *Kopf und Bürzel grau, langer Schwanz dunkel, Rücken kastanienbraun, gelblichbraune Brust gefleckt,* Bauch hell. *Weiße Unterflügel.* Ruft laut und saftig »tschack-tschack« und dünn, etwas nasal und gepresst »gih«. Gesang unauffällig mit ein paar schwätzenden oder piepsenden Lauten, von kurzen Pausen unterbrochen. Als Alternative verfügt sie noch über ein unmusikalisches, piependes Schwätzen, das ohne jede Atempause beim Flug durch das Revier vorgetragen wird. Rattert hart, wenn sie Krähen mit Kotbomben zu vertreiben sucht. **JZW**

Rotdrossel

Singdrossel

Misteldrossel

Wacholderdrossel

Zweigsänger (Familie Sylviidae)
Kleine, sehr lebhafte, im Großen und Ganzen einförmig gefärbte Vögel mit schlanken, geraden und spitzen Schnäbeln. Bei den meisten Arten gleichen sich die Geschlechter. Artspezifische Gesänge, die sich oft auch zwischen nahe verwandten Arten stark unterscheiden. Einige Arten am besten durch den Gesang oder (in der Hand) durch die Flügelformel (relative Länge der Handschwingen gibt oft Aufschluss) zu bestimmen. Nicht gesellig. In dichter Vegetation zu finden. Insektenfresser, einige nehmen auch Beeren. Nachtzieher. Die Zweigsänger werden in Gattungen unterteilt. Jede Gattung vereinigt gewöhnlich Vögel mit Ähnlichkeiten hinsichtlich Gestalt und Gefieder, Lebensgewohnheiten und Habitatpräferenzen.

Feldschwirl
(Locustella)

Gattung *Locustella,* **Grassänger, Schwirle** (4 Arten). Schwanz breit und an der Spitze stark gerundet, schwach gebändert, braun gefärbt. Leben in offenen, sumpfigen Gebieten mit Seggen, Schilf, Büschen oder anderer dichter Vegetation. Nächtliche Sänger. Alle Arten geben einen mechanisch klingenden, insektenartig surrenden Gesang von sich.

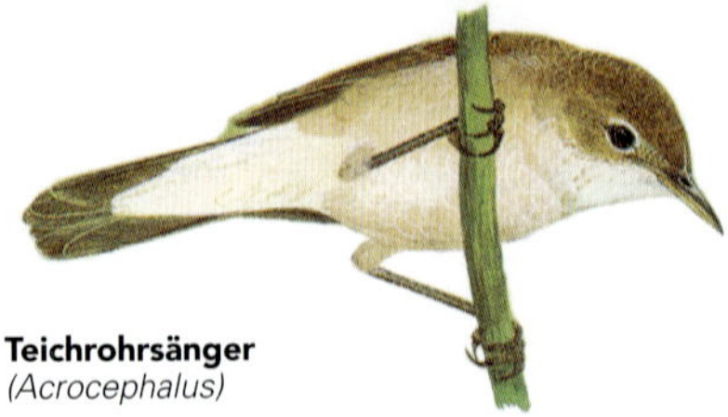

Teichrohrsänger
(Acrocephalus)

Gattung *Acrocephalus,* **Rohrsänger** (8 Arten). Alle sind oberseits bräunlich. Charakteristische Kopfform mit flacher Stirn und langem Schnabel. Zumeist im Ried oder in Sümpfen anzutreffen. Gesang laut und sich wiederholend, umfasst raue, nervöse Laute. Mehrere Arten können hervorragend Stimmen imitieren.

Seidensänger
(Cettia)

Gattung *Cettia,* **Buschsänger** (1 Art). Der Seidensänger hat einen kennzeichnenden großen, gerundeten Schwanz; in anderer Hinsicht Rohrsängern (Gattung *Acrocephalus)* sehr ähnlich. Kurze, explosive und laute Gesangsstrophe.

Zistensänger
(Cisticola)

Gattung *Cisticola,* **Halmsänger** (1 Art). Der Zistensänger ist klein, braun und gestrichelt und hat ebenfalls einen gerundeten Schwanz. Bewohnt offene Areale. Eigenartiger Gesang wird in ebensolchem Singflug vorgetragen.

Gattung *Hippolais,* **Spötter** (6 Arten). Eng mit den Rohrsängern (Gattung *Acrocephalus)* verwandt. Oberseits graugrün oder braun, unterseits gelb oder weiß. Schnabel lang mit breiter Basis, Scheitel hoch mit flach abfallender Stirn. In Gärten, Parks und Wäldern anzutreffen. Bei einigen Arten melodiöser Gesang mit vielen Nachahmungen.

Gelbspötter
(Hippolais)

Gattung *Sylvia,* **Grasmücken** (13 Arten). Haben abwechslungsreicher gefärbtes Gefieder als die anderen Zweigsänger, oft unterscheiden sich die Geschlechter. Schnabel kurz, aber kräftig, Kopfform gerundet. Recht scheu, gewöhnlich in strauchreichen Arealen in parkartigen Landschaften anzutreffen. Gesang melodiös und trällernd, gelegentlich drosselähnlich. Einige Arten nehmen neben Insekten auch Beeren und Blütenknospen.

Mönchsgrasmücke
(Sylvia)

Gattung *Phylloscopus,* **Laubsänger** (12 Arten). Klein und oberseits grün getönt. Kurzer, dünner Schnabel. Unterseite gelblich oder weiß, heller Überaugenstreif und bei einigen 1 oder 2 helle Flügelbinden. Die verschiedenen Arten sehen ähnlich aus, unterscheiden sich aber recht deutlich in ihrem Gesang. Waldbewohner.

Fitis
(Phylloscopus)

Gattung *Regulus,* **Goldhähnchen** (2 Arten). Sehr klein, grün mit charakteristischer Flügelzeichnung. Altvögel haben orange/gelbe Abzeichen auf dem Scheitel. Bewohnen dichte Wälder. Gesang hochtönend, nicht sehr auffällig.

Wintergoldhähnchen
(Regulus)

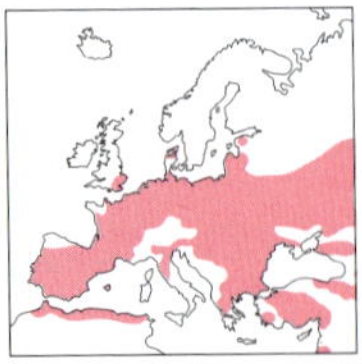
Rohrschwirl

Rohrschwirl *Locustella luscinioides* L 14. Brütet in S- und Mitteleuropa in dichten Schilfgebieten. *Ungestreift, rötlichgraubraun oberseits,* unterseits hell, dabei *Brust, Flanken und Steiß hellbeige.* Unterschwanzdecken hell rotbraun, bei einigen mit undeutlichen hellen Spitzen. *Schwacher Überaugenstreif.* Schwanz lang, breit und gerundet. Warnt »psst, psst«. Ruf auch »pix«. Gesang ähnelt dem des Feldschwirls, aber tiefere Tonlage, schneller und nicht so schwirrend und klingelnd, mehr ein hart surrendes »sörrrrr...«. Kann mit dem Zirpen der Maulwurfsgrille verwechselt werden. Gesang hebt oft recht sanft an. Singt häufig von exponierten Stellen in Schilf oder Gebüsch, besonders in der Dämmerung, aber ziemlich oft auch am Tag. **BZ**

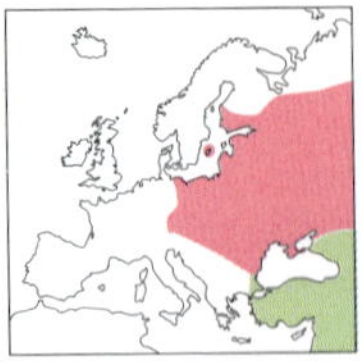
Schlagschwirl

Schlagschwirl *Locustella fluviatilis* L 13,5. Brütet in O-Europa, im Westen selten. Lebensraum Gesträuch und spärlicher Erlenaufwuchs mit dichtem Unterwuchs auf feuchten Böden. *Oberseite ungestrichelt olivbraun,* Unterseite mit etwas *diffuser Strichelung auf Kehle und Brust.* Wenig deutlicher Überaugenstreif. Schwanz breit und gerundet. Unterschwanzdecken hellbraun mit weißen Spitzen. Hält sich in dichter Vegetation versteckt. Ruf rau. Singt aus Strauch oder Baum. Typischer *Locustella*-Gesang mit Maschinen- bzw. Insektensound, aber durch den *raschen Auf-und-ab-Rhythmus einer Nähmaschine* mit sauber getrennten Silben ganz anders als beim Feldschwirl, nämlich »dze-dze-dze-dze-dze-...«. Aus der Nähe ist ein metallischer Unterton zu vernehmen. Singt meist in der Dämmerung. **BZ**

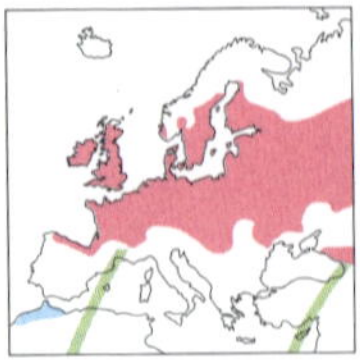
Feldschwirl

Feldschwirl *Locustella naevia* L 13. Lokal recht häufig in feuchten, offenen Landschaften mit dichter Bodenvegetation, bevorzugt naturnahe Wiesen mit eingestreuten Sträuchern. Kommt auch auf trockenerem Untergrund wie Nadelwaldaufwuchs und Getreidefeldern vor. Bestände unterliegen starken Schwankungen. Überwintert in Afrika, trifft April/Mai ein, zieht Aug./Sept. ab. Gefiederfärbung variiert ein wenig, typisch jedoch stark gestrichelte *olivbraune Oberseite, diffuser Überaugenstreif* und helle Unterseite, oft mit ein paar unauffälligen Stricheln auf der Brust. Der schwache Überaugenstreif ist zusammen mit dem stark gestreiften Rücken das beste Feldkennzeichen. Die Bestimmung baut am sichersten auf den Gesang. Lebt verborgen in der dichten Bodenvegetation. Fliegt bei Störungen nur unwillig auf, und dann möglichst kurze Strecken flach über dem Gras. Ruf kurz »tschik«. Singt zumeist in der Dämmerung von niedriger Warte. Gesang ein schnelles Sirren, über längere Perioden anhaltend. Scheint dabei in der Lautstärke zu variieren, was aber auf Kopfdrehungen des Vogels zurückgeht. Rohrschwirl singt ähnlich, aber kürzere Strophen in tieferer Tonlage, trockener und härter. Schlagschwirl langsamer wetzend. Vgl. Gesang des Strichelschwirls. **BZ**

Strichelschwirl

Strichelschwirl *Locustella lanceolata* L 12. Brütet im östlichsten Europa in dichter Sumpfvegetation, an Seeufern, oft auch in offenen, feuchten Taigaabschnitten mit dichter Krautschicht. In NW-Europa sehr seltener Herbst- und Frühjahrsgast. Ähnelt Feldschwirl, ist jedoch *kleiner* (kompakt!), *auf der gesamten Oberseite deutlich gestreift* (Streifung schwärzer und klarer hervortretend) und auch *kräftiger auf der Brust gestrichelt,* dazu oftmals einige deutliche Strichel auf den Flanken, gelegentlich auch auf der Kehle. (Die am stärksten gestrichelten Feldschwirle sind ähnlich, aber diese Strichel befinden sich v.a. auf der Kehle, jede Art von Flankenstrichelung ist hier verwaschen, nicht so fein gezeichnet wie beim Strichelschwirl.) *Schirmfedern fast schwarz mit schmalem, hellem Rand* (bräunlichgrau mit etwas breiterem und diffuserem Rand bei Feldschwirl). Überaugenstreif schwach ausgeprägt. Färbungsvarianten kommen vor. Lebensgewohnheiten und Ruf ähnlich Feldschwirl. Stets gut in der Vegetaton versteckt. Äußerst schwer zum Auffliegen zu bringen. Gesang etwa wie beim Feldschwirl »swirrrrr...«, aber etwas schärfer, höher und metallischer, mit leichten Anklängen an das Wetzen des Schlagschwirls. **A**

Rohrschwirl
Schlagschwirl
Feldschwirl
gelblicher Färbungstyp
Strichelschwirl

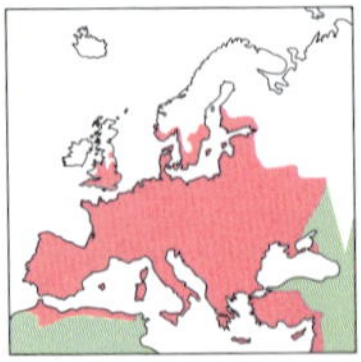

Teichrohrsänger

Teichrohrsänger *Acrocephalus scirpaceus* L 12,5. Häufiger Brutvogel in Schilfgebieten, kann auch in dichtem Gebüsch, strauchreichen Gärten usw. auftauchen. Webt zwischen 3 oder 4 Schilfhalmen ein kunstvolles Korbnest. Teichrohrsänger werden oft vom Kuckuck als Zieheltern seines Nachwuchses »missbraucht«. *Ungestreifte, braune Oberseite mit nur schwach angedeutetem Überaugenstreif* unterscheidet sie vom Schilfrohrsänger, der in ähnlichen Habitaten vorkommt. Oberseits wärmer braun als Sumpfrohrsänger, Bürzel stets rostfarben. Junge Sumpfrohrsänger sind oberseits fast so warm braun wie Teichrohrsänger und mitunter selbst in der Hand nicht zu unterscheiden. Der zumeist in der Dämmerung vorgetragene Gesang ist nicht so schnell und abwechslungsreich wie der des Schilfrohrsängers, dem er ansonsten ähnelt. Die *2- oder 3-mal wiederholten, vorwiegend rauen Töne* werden *aufgeregt plappernd* vorgetragen »trett trett trett tirri tirri trü trü ...« usw. Wie andere *Acrocephalus*-Arten imitiert er immer wieder die Rufe anderer Vögel. **BZ**

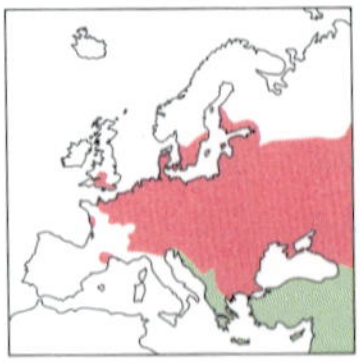

Sumpfrohrsänger

Sumpfrohrsänger *Acrocephalus palustris* L 13. Brütet im Pflanzengewirr feuchter Bereiche entlang Bächen und Gräben, aber auch in trockenen Schilfbereichen mit Stauden und Kräutern. Dem Teichrohrsänger sehr ähnlich, jedoch mit etwas kürzerem Schnabel, Altvögel oberseits eher *grünlichbraun*. Beine etwas heller, Handschwingenspitzen mit feinen hellen Rändern. Jungvögel oberseits warm braun. In der Regel gibt der unterschiedliche Lebensraum einen ersten Hinweis (Sumpfrohrsänger bekommt man in dichten Schilfgebieten kaum zu sehen). Gesang kunstvoll und ganz anders als beim Teichrohrsänger. Typisch ist, dass das *Tempo variiert* wird; manchmal wird der Gesang sehr langsam, verweilt bei wiederholten Rufimitationen (vgl. Buschrohrsänger), dann jedoch verrät der Vogel seine Artzugehörigkeit durch eine *Beschleunigung* und *meisterhafte Nachahmungen* (darunter Blaumeise, Elster, Rauchschwalbe, Buchfink, Amsel), die in Serien recht unmelodischer, trockener Triller (auch dies Imitationen, jedoch tropischer Arten) eingewoben werden. Ein kennzeichnendes, raues »zi-**tjäh** zi-**tjäh**« gehört zur Pflicht. **BZ**

Buschrohrsänger

Buschrohrsänger *Acrocephalus dumetorum* L 12,5. Brütet in NO-Europa an feuchten Waldrändern und auf Lichtungen mit dichtem Aufwuchs. In NW-Europa sehr seltener Sommergast. Ähnelt Sumpfrohrsänger, jedoch Bürzel rostfarbener getönt und Flügel stärker gerundet, sodass die Handschwingenprojektion kürzer ausfällt. Schnabel etwas länger als bei Sumpfrohrsänger, Überaugenstreif deutlicher und bis hinter das Auge reichend. Alula und Schirmfedern hellbraun, die Flügel zeigen daher noch weniger Kontrast als bei anderen *Acrocephalus*-Arten. Im Durchschnitt auch dunkler, mit grauer braunen Füßen. Der v. a. nachts zu hörende Gesang wird von hoher Warte aus vorgetragen. Hervorragender Stimmenimitator. Gesang in *ruhigem Tempo* und mit *häufiger Wiederholung der Phrasen*. Viele Individuen geben eine charakteristische »Tonleiter« von sich, ein klares, in großen Tonschritten ansteigendes »lo lü **lii**a«. Immer wieder wird *ein schnalzendes* »tscheck tscheck« *eingefügt*. **A**

Feldrohrsänger

Feldrohrsänger *Acrocephalus agricola* L 12. Ersetzt den Teichrohrsänger in Schilfgebieten am Schwarzen Meer und in den Steppen östlich des Kaspischen Meeres. In W-Europa seltener Ausnahmegast. Ähnelt Teichrohrsänger, ist aber *kleiner* und hat *deutlicheren, durch die dunkle Scheitelseite noch hervorgehobenen Überaugenstreif*. Schnabel relativ kurz, mit gewöhnlich dunklem Ober- und hellgelbem Unterschnabel, Schnabelspitze dunkel. Oberseite in der Regel heller als beim Teichrohrsänger. Kann mit dem Buschspötter (S. 138) verwechselt werden, hat aber gerundeteren Schwanz ohne Weiß, und der Bürzel hat stets einen rostbraunen Ton. Flügel stark gerundet. Der Ruf wird als »tschick« beschrieben. Gesang forciert und unstet, reich an Nachahmungen, recht leise und erinnert an Sumpfrohrsänger, es fehlen jedoch dessen Tempowechsel, Triller und das Crescendo sowie das typische »zi-**tjäh**«. **A**

Teichrohrsänger

Sumpfrohrsänger

Buschrohrsänger

Feldrohrsänger

Drosselrohrsänger

Drosselrohrsänger ***Acrocephalus arundinaceus*** L 19. Brütet sowohl in großen Schilfgebieten als auch in schmaleren Schilfstreifen entlang Kanälen usw. *Sehr groß* mit *langem, kräftigem Schnabel.* Sieht aus wie ein zu groß geratener Teichrohrsänger mit deutlicherem Überaugenstreif. Weniger zurückgezogene Lebensweise als andere *Acrocephalus*-Arten; sitzt besonders beim morgendlichen Singen oft exponiert. Gesang in seinem schwätzenden, wiederholungsreichen Charakter teichrohrsängerartig, jedoch *erheblich lauter und kraftvoller* (wie Sprossergesang) sowie mit wacholderdrosselähnlich knarrenden Elementen. Eine häufige Strophe geht etwa »trr trr trr **kar**ra-**kar**ra-karra **kriie-kriie-kri**ie trr-trr-**kriie-kriie**«. **BZ**

Schilfrohrsänger

Schilfrohrsänger ***Acrocephalus schoenobaenus*** L 12,5. Brütet häufig in Schilfgebieten und anderer dichter Vegetation an Seeufern und Flüssen, im hohen Norden spärlich in Weidenaufwuchs. Oberseite gestreift, wenn auch nicht besonders kräftig (im abgetragenen Gefieder ist der Rücken recht einfarbig graubraun). *Überaugenstreif* lang und *deutlich, gelblich oder schmutzig weiß.* Ähnelt Marisken- und Seggenrohrsänger (siehe dort). Bürzel ungestreift rostbraun. Jungvögel können schwach gestrichelte Brust und leichten Scheitelstreif haben, jedoch niemals so auffällig wie beim deutlich helleren und gelberen Seggenrohrsänger. Ruf »tsäck«. Warnruf ein hart rollendes »trrr«. Singt oft in pechschwarzer Nacht (Teichrohrsänger lieber in der Dämmerung). Vollführt am Tag oft einen kurzen senkrechten Singflug. Gesang formenreich, voller Nachahmungen und rauer, nervöser Rufe; ähnelt dem des Teichrohrsängers, im Tempo jedoch eiliger und unsteter, was ihm einen hektischen und ungeduldigen Charakter verleiht (Grundregel: Schilfrohrsänger singt begeistert – Teichrohrsänger entspannt). Oft an rasch beschleunigtem Crescendo aufgeregter Töne zu erkennen, die in klangvolles Flöten übergehen, z. B. »zrüzrü trett zrüzrüzrü trett, zrüzrüzrü psiit trutrutru-pürrrrrrrrrr-orrrrr wi-wi-wi lülülü zetre zetre ...« usw. **BZ**

Seggenrohrsänger

Seggenrohrsänger ***Acrocephalus paludicola*** L 12,5. Seltener und lokaler Brutvogel Mittel- und O-Europas in Feuchtwiesen mit niedrigem Bewuchs von *Carex*-Gräsern. Überwintert in Afrika, das er auf einer westlichen Route, die durch Frankreich führt, erreicht. Wie Schilfrohrsänger, jedoch mit heller gelbbraunem Gefieder und hellem Scheitelstreif. (Auch junge Schilfrohrsänger können einen hellen Scheitelstreif haben.) Deutlicher gelblichweißer Überaugenstreif. *Stark gestreifter Rücken* mit *hellen, gelblichbraunen Längsstreifen auf dem Mantel* sowie stark gestrichelter Bürzel. Altvögel haben oft deutliche schmale Strichel auf der Brust, während Jungvögel unterseits ungestreift sind oder nur einzelne graue Punkte aufweisen. Hält sich in der Vegetation versteckt. Gesang wie »schläfriger« Schilfrohrsänger. Am häufigsten zu hören ein trockenes »errr«, das die meisten Phrasen einleitet und oft über längere Perioden wiederholt wird – kann wie der Warnruf des Schilfrohrsängers klingen. Normale Strophen bestehen aus wenigen Motiven, stumpfen Trillern und verschiedenen flötenden Tönen »errrr ... didididi ... djü-djü-djü ...«. Gelegentlich, besonders bei kurzen Singflügen, werden die Strophen etwas länger. **BZ**

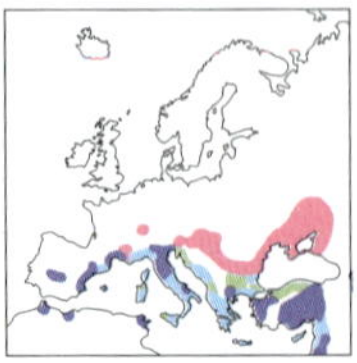
Mariskenrohrsänger

Mariskenrohrsänger ***Acrocephalus melanopogon*** L 12,5. Brütet in S-Europa in Schilfgebieten und Sümpfen mit dichter Vegetation, oft in Binsenbeständen. Ähnelt Schilfrohrsänger, hat jedoch *rötlicher braunen Rücken, dunkleren Scheitel und Ohrdecken,* die mit dem *reiner weißen Überaugenstreif* und der weißen Kehle kontrastieren. Flanken und Brustseiten rotbraun getönt. Überaugenstreif breit und gerade abgeschnitten endend. Stelzt gelegentlich leicht den Schwanz. Gesang, häufig von exponierter Warte aus, ähnelt dem des Teichrohrsängers, ist aber etwas weicher und lebhafter und kann früher oder später an einer Serie langgezogener, ansteigender, nachtigallartiger Flötentöne »wü wü wüi wi ...« erkannt werden. Warnt »trrrt«. **A** (aber Brutvogel am Neusiedler See)

Drosselrohrsänger

Schilfrohrsänger

Seggenrohrsänger

Mariskenrohrsänger

Seidensänger

Seidensänger ***Cettia cetti*** L 14. Brütet in S- und W-Europa in dichter, niedriger Vegetation an Gräben, Wasserläufen und Sümpfen. Hat sich in den letzten Jahrzehnten nach Nordwesten ausgebreitet und brütet in England. Hält sich stets gut versteckt und ist schwer zu sehen. Man beachte die *ungestreifte, dunkel rötlichbraune Oberseite,* die gräulichweiße Unterseite und den *schmalen weißlichen Überaugenstreif* (ein bisschen wie Zaunkönig). *Schwanz lang und gerundet.* Schnabel dünn und zugespitzt. Geschlechter gleich. Öfter zu hören als zu sehen. Gibt explosionsartig ein schnalzendes/knacksendes »pex« von sich. Warnt wutentbrannt »pexexex...«, ganz ähnlich Zaunkönig. Gesang beginnt abrupt und endet ebenso plötzlich, ist sehr laut und explosiv, auf halbem Weg im Fluss unterbrochen und etwa so ablaufend: »tsi-tsi-tjütt! **tjü**tti-**tjü**tti-**tjü**tti!«. Singt aus dichter Deckung heraus. **A**

Zistensänger

Zistensänger ***Cisticola juncidis*** L 10. Brütet in offenen Landschaften S-Europas, auf Ebenen mit hohem Gras, in Getreidefeldern usw. Zu erkennen an *geringer Größe,* deutlicher Scheitel- und Oberseitenstreifung und *sehr kurzem, gerundetem Schwanz* mit schwarzen und weißen Spitzen. Sehr unauffällig, hält sich gut versteckt, außer bei ausgiebigen, schwungvollen Singflügen (selbst in hochsommerlicher Mittagshitze) bis in ca. 10 m Höhe. Der Gesang besteht aus einer Folge langsam wiederholter, penetranter »dzip«-Töne, je 1 pro Aufschwung im wellenförmigen Flug. Warnt in rascher Folge »tschipp-tschipp-tschipp-...«. **A**

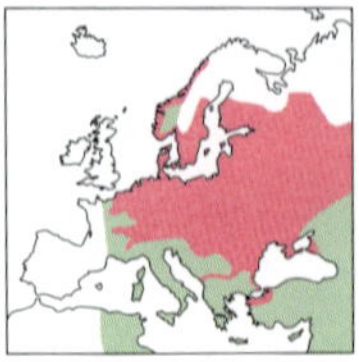
Gelbspötter

Gelbspötter ***Hippolais icterina*** L 13. Brütet recht häufig in Laubwäldern mit Unterwuchs, in großen Parks und Gärten der östlichen Hälfte Europas. Grünlichgraue Oberseite und gewöhnlich *rein hellgelbe Unterseite einschließlich Bauch* unterscheiden ihn von anderen Zweigsängern außer dem sehr ähnlichen Orpheusspötter, der ihn in SW-Europa ersetzt. Die hellen Ränder der Armschwingen bilden im frischen Gefieder ein *helles Feld am zusammengelegten Flügel.* Recht schlichtes Gesicht, dem dunkler Zügel und Augenstreifen fehlen. Langflügelig. *Beine blaugrau.* Sitzt aufrechter als die Laubsängerarten (Gattung *Phylloscopus)* und ist nicht so rastlos aktiv wie diese. Bei Aufregung sträubt er gern die Scheitelfedern. Warnt empört und in ziemlich unregelmäßigem Rhythmus mit einer Serie heiserer, nasaler, schnalzender Laute »tättättät-tätt...«. Diese werden auch in den Ruf, ein kurzes, musikalisches »titi- **lü**iit«, eingebaut. Gesang sehr abwechslungsreich und wohlklingend, voller meisterhafter Nachahmungen. Er umfasst auch quietschende Geräusche sowie ein die Art kennzeichnendes, *nasal miauendes* »**gii**ää«. Einige Individuen wiederholen die Strophen unablässiger als die anderen und werfen da und dort auch ein »tett« ein (können dann mit Buschrohrsänger verwechselt werden). Singt aus dem Kronenbereich eines Baumes, gewöhnlich nicht nachts. **BZ**

Orpheusspötter

Orpheusspötter ***Hippolais polyglotta*** L 13. Brütet in SW-Europa in offenen Laubwäldern mit reichem Unterwuchs, in Parks und Gärten sowie in gewässerbegleitendem Strauchwerk. Ähnelt Gelbspötter sehr, ist jedoch *unterseits* einen Hauch *gelber, oberseits brauner grau,* hat kürzere Flügel, oft *braune Beine* und *weniger hervortretende helle Armschwingenränder.* (Gelbe Unterseite nicht immer auffällig im Feld; kann dann sogar mit Sumpfrohrsänger verwechselt werden.) *Ruft wie Haussperling knarrend* »krrrrrr«. Gesang schneller und plappernder als beim Gelbspötter, umfasst auch nicht so viele Imitationen. Der ratternde Ruf wird in den Gesang eingeflochten, das nasale »**gii**ää« des Gelbspötters fehlt jedoch stets. Gelegentlich ist ein weniger inspirierter, langsamer und an Wiederholungen reicher Gesang mit Anklängen an den Gesang des Isabellspötters zu hören. **BZ**

Seidensänger

Zistensänger

Gelbspötter

Orpheus-spötter

Isabellspötter

Isabellspötter *Hippolais opaca* L 14. Brütet im Süden der Iberischen Halbinsel und in NW-Afrika in offenem Waldland, Macchie, Gärten und Obsthainen. Überwintert in W-Afrika. Galt bis vor Kurzem als Unterart des Blassspötters. Äußerst seltener Ausnahmegast nördlich seines Verbreitungsgebiets. Etwas größer als Blassspötter, hat *längeren Schwanz, Beine und Schnabel sind kräftiger,* der Schnabel dazu länger und breiter (in der Seitenansicht leicht konvex). Außerdem hält er den Schwanz ruhig, wenn er sich bewegt (schlägt ihn nicht abwärts). Oberseite hell sandbraun ohne deutliches helleres Flügelfeld. Beine graurosa, Unterschnabel rosagelb. Gesang kann an Schilfrohrsänger erinnern, ist vielleicht etwas langsamer als der des Blassspötters, strukturierter, abwechslungsreicher und gefälliger. Hebt oft mit einigen wiederholten »tscheck«-Rufen an. Außerdem ein genuschelter Triller »tschrit« wie beim Blassspötter.

Blassspötter

Blassspötter *Hippolais pallida* L 13. Brütet in SO-Europa in hohem Strauchwerk, Auwäldern, Parks und Gärten. Verbringt den Winter in O-Afrika. Oberseite gräulich mit olivgrünem Anflug im frischen Gefieder, Unterseite hell, Flügel und Schwanz dunkler grau. Es kann auch ein *helleres Armschwingenfeld angedeutet* sein und die Armschwingen können weiße Spitzen haben. Schnabel recht lang und zugespitzt, *Unterschnabel einfarbig rosagelb.* Beine grau mit schwacher rosiger Tönung. Schlägt beim Weg durch das Blätterdach *immer wieder den Schwanz abwärts* und gibt *dabei oft ein schmatzendes »tscheck«* von sich. Gesang eine ziemlich eintönige Phrase, in der tiefere kratzende Töne mit hohen, nasal quietschenden Lauten zu einem immer wiederkehrenden Muster verbunden werden. Tempo nicht rasch, aber energisch. Artikulation recht undeutlich, da die Töne ineinander übergehen. Neben dem schmatzenden »tscheck« ruft er gedämpft »tschrrrt«, was auch laut und gedehnt vorgetragen werden kann und dann an Orpheusspötter erinnert. **A**

Olivenspötter

Olivenspötter *Hippolais olivetorum* L 15,5. Größtes Mitglied der Gattung *Hippolais,* schlank mit langen Flügeln und langem Schwanz. *Handschwingenprojektion so groß wie Schirmfederlänge.* Schwanz und *sichtbare Handschwingen* oberseits sehr dunkel, Armschwingenränder im mittleren Bereich deutlich weiß (weißliches Feld, solange das Gefieder nicht zu abgetragen ist). *Sehr langer, zugespitzter Schnabel, Unterschnabel rosaorange.* Feine, helle Linie über dem Zügel und weißlicher Augenring, jedoch *kein wirklicher Überaugenstreif.* Bewegt sich selbstsicher, ohne Eile. Schwanz bewegt sich häufig seit- und abwärts, als wäre er nicht korrekt befestigt, kann aber auch in Blassspöttermanier abwärts geschlagen werden. Wirkt im Flug wie kleine Drossel, gleitet vor dem Landen auf gestreckten Flügeln. Gesang sehr tief und rau, stakkatoartig, und immer wieder von Neuem beginnend. Ruf tief, hart schnalzend »tschack!«. Bei Aufregung auch ein streitbares, nasales, aber hartes »kirrikikikik«, fast wie eine zu groß geratene Kohlmeise.

Buschspötter

Buschspötter *Hippolais caligata* L 11,5. Brütet in NO-Europa in verbuschtem Gelände, oft auf überwachsenem Brachland. Hauptverbreitung in den Steppen Zentralasiens. In den letzten Jahrzehnten Ausbreitung nach Westen. Seltener Herbstgast in W-Europa. Sucht oft in niedriger Vegetation oder am Boden Nahrung, hält sich dabei jedoch versteckt und ist schwer zu sehen. Kleiner als Blassspötter, an den er ansonsten erinnert; Flügel, Schwanz und Schnabel kürzer. *Oberseite »Tee mit Milch«-farbig,* unterseits weißlich mit *beiger Tönung auf Brust und Flanken. Heller Überaugenstreif* reicht etwas hinter das Auge. Seiten des gerade abgeschnittenen Schwanzes mit verwaschenen helleren Kanten. Unterschnabel hell, Schnabelspitze dunkel. Beine mattrosa, Zehen grauer. Schlägt den Schwanz nicht abwärts, *zuckt* aber bei der Fortbewegung oft wie Fitis *mit beiden Flügeln und dem Schwanz.* Gesang ein schnelles Zwitschern ohne klare Struktur, das *gedämpft startet, dann aber an Höhe und Lautstärke zunimmt.* Ruf schmatzend »tschrick«, etwas unrein mit einem »r«. **A**

Isabellspötter

Blassspötter

Olivenspötter

Buschspötter

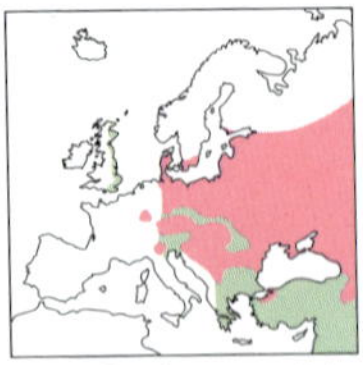
Sperbergrasmücke

Sperbergrasmücke ***Sylvia nisoria*** L 15,5. Brütet spärlich in der O-Hälfte Europas in offenen Landschaften mit Strauchgruppen und einzelnen Bäumen, oft im selben Terrain wie der Neuntöter. Altvögel mit *feiner wellenförmiger Bänderung unterseits* und *gelber Iris*, wobei die Bänderung im Feld oft schwer zu erkennen ist. Schirmfedern, Flügeldecken und Oberschwanzdecken mit weißen Spitzensäumen, *Ecken des recht langen Schwanzes ebenfalls weiß*. Jungvögel im Aug. haben dunkelbraune oder graue Augen, sind unterseits ungezeichnet und ähneln der Gartengrasmücke, sind aber größer mit längerem Schwanz und *weißen Spitzensäumen von Schirmfedern und Großen Flügeldecken*. Hält sich oft gut versteckt. Eine davonfliegende Sperbergrasmücke kann leicht für ein Neuntöter-♀ gehalten werden, der Rücken ist jedoch grauer und der Schwanz anders gezeichnet. Ruf ratternd und zum Ende hin langsamer werdend »trrrrr-tt-t-«. Gesang dem der Gartengrasmücke sehr ähnlich, jedoch etwas härter und mit kratzenderer Stimme, die Strophen oft kürzer, zudem wird häufig der ratternde Ruf eingefügt. Oft im Singflug zu sehen. **BZ**

Orpheusgrasmücke

Orpheusgrasmücke ***Sylvia hortensis*** L 15. Brütet in SW-Europa (inkl. Italien) in offenen Wäldern, Gehölzgruppen und Parks. *Groß mit dunkler Kappe, dunklen Ohrdecken*, schmaler *weißlicher Iris* (außer bei Jungvögeln und einigen ♀♀, die dunklere Augen haben) und Weiß auf den äußeren Steuerfedern. Oberseite matt dunkelbraun, Unterseite weißlich cremefarben mit *rosabraunem Anflug auf Flanken und Steiß*. Die ähnlich gefärbte Samtkopfgrasmücke ist deutlich kleiner und Altvögel haben einen roten Lidring. Jungvögel und einige ♀♀ können wie eine große Klappergrasmücke aussehen, aber 15–20 % Größenunterschied, der Schnabel ist erheblich größer und der Schwanz länger. Singt laut mit tiefer Stimme recht einfach gestrickt 1 oder 2 Motive, die ein paar Mal wiederholt werden, z. B. »**tii**ro-**tii**ro-**tii**ro«. Zu den Rufen gehört ein schnalzendes »tschack« sowie ein gerolltes, hartes »trrr«. **A**

Nachtigallengrasmücke

Nachtigallengrasmücke ***Sylvia crassirostris*** (nicht abgebildet) L 15,5. Brütet in SO-Europa von Slowenien ostwärts in Laubwäldern an Berghängen, in Obstgärten, Feldgehölzen und Parks. Eng mit der Orpheusgrasmücke verwandt und bis vor Kurzem als deren östliche Unterart angesehen. Auch in der Erscheinung sehr ähnlich und ohne Gesang und gute Sicht oft nicht zu bestimmen: *Unterseite weißer* (untere Flanken und Steiß aber graubraun), *Unterschwanzdecken mit dunklen Zentren* (jedoch schwer zu sehen), schwarze Kappe adulter ♂♂ etwas stärker abgesetzt und der Rest der Oberseite ein wenig grauer; Schnabel durchschnittlich etwas länger, Unterschnabelbasis etwas blasser grau (stärker kontrastierend), dabei aber viele Überschneidungen. *Gesang sehr viel kunstvoller und gefälliger*, erinnert sowohl an Nachtigall als auch an Amsel, z. B. »trü trü trü schiwü, jo-jo-jo-brü-triüh«. Ruf wie Orpheusgrasmücke.

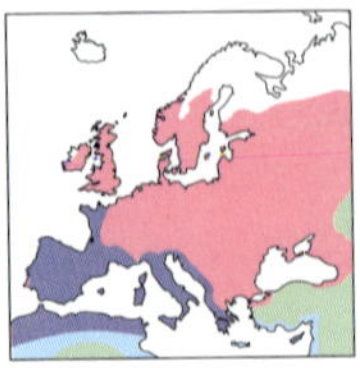
Mönchsgrasmücke

Mönchsgrasmücke ***Sylvia atricapilla*** L 14. Sehr häufiger europäischer Brutvogel üppiger Laubwälder, Parks und größerer Gärten, im Mittelmeerraum auch in höherer Macchie. Mittelgroßer grauer Zweigsänger. Die schwarze Kappe, die nur bis zum Auge reicht, zeichnet das ♂ aus, eine rötlichbraune Kappe ♀♀ und Jungvögel. (Im Herbst können junge ♂♂ bereits eingestreute schwarze Federn in der Kappe haben.) Leichter zu Gesicht zu bekommen als die scheue Gartengrasmücke, gleichwohl gewöhnlich in der Vegetation verborgen. Robust, kann Kälteperioden recht gut verkraften. Frisst oft Beeren und hängt nicht so sehr vom Insektenangebot ab. Singt normalerweise von gedeckten Singwarten aus. Gesang in der Tonlage wie bei der Gartengrasmücke, aber Strophen kürzer, und das anfängliche murmelnde Schwätzen *geht zum Ende über in einige klare und kraftvolle Flötentöne mit melancholischem Klang*. Ruf hart schmatzend »teck« wie Klappergrasmücke, aber lauter. Warnt mit einer Serie harter, schnalzender Laute: »teck-teck-teck-teck-...«. **BZW**

Sperbergrasmücke
1. Herbst
♂
adult
Orpheusgrasmücke
♂ 1. Winter
♀ Prachtkleid
♂ Prachtkleid
♂
Mönchsgrasmücke
♀
♀

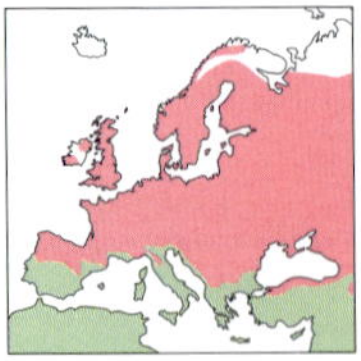
Gartengrasmücke

Gartengrasmücke *Sylvia borin* L 14. Brütet häufig in offenen Waldgebieten mit dichtem Unterwuchs, ebenso in größeren gehölzreichen Gärten und Parks. *Oliv getönte bräunlichgraue Oberseite* und *grauweißliche Unterseite*, Beine graubraun. Irgendwelche charakteristischen Merkmale fehlen. Am leichtesten mit Blass- und Buschspötter sowie Sumpfrohrsänger und junger Sperbergrasmücke zu verwechseln. Man beachte das gerundete Kopfprofil, den *kurzen, recht kräftigen Schnabel* und das beinahe völlige Fehlen eines Überaugenstreifs. Oft am Nacken und an den Halsseiten grau gefärbt. Hält sich auch beim Singen im Blattwerk versteckt. Gesang wie bei der Mönchsgrasmücke freundlich schwätzend, aber die Strophen sind länger, und es fehlen die klaren Töne, mit denen die Mönchsgrasmücke ihn ausklingen lässt. Stimmlage recht tief, und da es kein klares Finale gibt, wurde der Gesang mit dem Klang eines dahinplätschernden Baches verglichen. Warnt rau mit nasal schmatzendem Klang und endlos wiederholtem »tschäck-tschäck-tschäck-...«. **BZ**

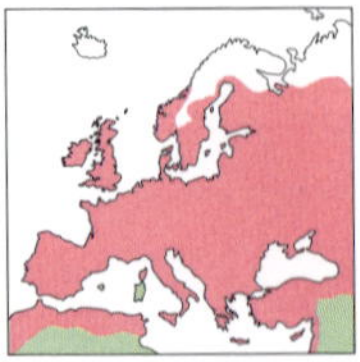
Dorngrasmücke

Dorngrasmücke *Sylvia communis* L 14. Brütet gewöhnlich in gebüschreichen Gebieten (häufig z.B. auf Heideland mit Brombeergestrüpp und niedrigen Wacholderbüschen) sowie im Kulturland, sobald mit Hecken und Gesträuch durchsetzt. Bevorzugt dichten Pflanzenwuchs, besucht aber auch offenere Habitate als Klappergrasmücke. *Weiße Kehle*, gelblichbraun getönte Brust (mit rosa Anflug beim ♂), braungrauer Kopf (grau bei adulten ♀♀), *hell rötlichbraune Flügel* und langer Schwanz mit hellen Kanten. Von der Klappergrasmücke am besten durch *hellere Beine* und *rötlichbraune Flügel* unterschieden. Iris hell graubraun bis ockerfarben. Meist angedeuteter weißer Augenring. Sehr lebhaft, ständig in den Sträuchern unterwegs. Ruf rau »wädd wädd wädd«. Warnt heiser und gedehnt »tschähr«. Gesang, von Busch oder Telegrafendraht vorgetragen, eine rasche, ziemlich kurze, sich überschlagene Strophe in rauem Tonfall, z.B. »**tschack**-a-ru-tschi **tschack**-a-ru«. Dann und wann fliegt die Dorngrasmücke einige Meter empor und trägt einen ekstatisch plappernden Fluggesang von allgemeinem Grasmückencharakter vor. **BZ**

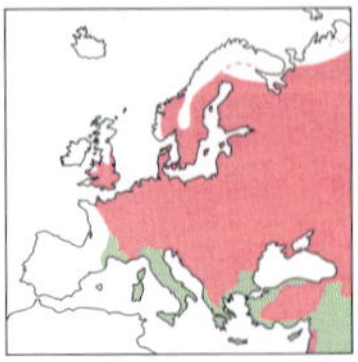
Klappergrasmücke

Klappergrasmücke *Sylvia curruca* L 13,5. Brütet recht häufig in Strauchdickichten, Gartenhecken und in Kiefernaufwuchs. Ähnelt Dorngrasmücke, jedoch etwas kleiner mit kürzerem Schwanz, graubrauner Oberseite und *dunkelgrauen Ohrdecken*. Flügel einfarbig graubraun, ohne rotbraune Federränder wie Dorngrasmücke. *Unterseite* größtenteils *sehr hell*, fast reinweiß, Brustmitte ohne gelblichbraunen Ton wie etwa bei Weißbartgrasmücken-♀♀, die im Mittelmeerraum eine Verwechslungsmöglichkeit darstellen. *Iris grau, Beine dunkelgrau*. Hält sich gern versteckt. Ruf kurz schnalzend »tett«. Auf dem Zug zahlreich in SO-Europa und Kleinasien, wo ein weiterer, blaumeisenartiger Ruf, ein schimpfendes »tsche-di-di-di«, zu hören ist. Der gewöhnlich von einer versteckten Warte aus vorgetragene Gesang besteht aus 2 Teilen: zunächst ein kurzes, gedämpftes Schwätzen, das dann in einen schnellen, laut ratternden Triller übergeht: »tellellellellellellell«. **BZ**

Brillengrasmücke

Brillengrasmücke *Sylvia conspicillata* L 12,5. Brütet in SW-Europa in offenen, trockenen Gegenden mit Gesträuch. Sieht aus wie Dorngrasmücke, aber kleiner, schlanker und hat feineren Schnabel (dunkel mit gelblichweißer Basis). Adulte ♂♂ haben dunkler grauen Vorderscheitel, der in *schwärzlichen Zügel- und Augenbereich* übergeht, *deutlicheren weißen Augenring* und dunkler pinkfarbene Brust (ein wenig gräulich auf unterer Kehle). ♀♀ sehr ähnlich. Von Weißbart-Grasmücken-♀♀ durch rötlichbraune Flügel zu unterscheiden, aber einige sind schwierig zu bestimmen, da ihnen das lebhafte Rotbraun abgeht. Ruf sehr trocken, klar und klapperschlangenartig »drrrrrr«. Gesang ein typisches Grasmückengeschwätz in schnellem Tempo mit recht kurzen Phrasen und hoher Stimme, gewöhnlich eingeleitet mit 1 oder 2 Tönen von Haubenlerchenklarheit. Singt von exponierter Warte oder aus Singflug. **A**

Gartengrasmücke
Dorngrasmücke
♂
♀
Klappergrasmücke
♂
♀
♂
Brillengrasmücke

Weißbart-Grasmücke

Weißbart-Grasmücke ***Sylvia cantillans*** L 12,5. Brütet in S-Europa in niedrigem Gesträuch und trockenen, verbuschten Arealen sowie auf Lichtungen mit Gestrüpp. ♂ oberseits blaugrau mit dunkler grauen Flügelfedern, unterseits *rostorange auf Kinn, Kehle, Brust und Flanken; deutlicher weißer Bartstreif* und roter Lidring. ♀ matter gefärbt, weniger blaugrau und rostorange, der helle Bartstreif ist aber gewöhnlich sichtbar; rötlichbrauner Lidring unauffällig, anders ein deutlicher *weißlicher Augenring.* ♀♀ und Jungvögel von Brillengrasmücke am besten an hellerer und braunerer Färbung zu unterscheiden, von der Klappergrasmücke an hellbraunen Beinen, hellem Augenring, gelblichbrauner Tönung der Unterseite und dem Fehlen dunkler Ohrdecken. Drückt sich gerne weg und bleibt dann im Gestrüpp verborgen. Rufrepertoire umfasst individuelle »tett«-Laute wie bei der Klappergrasmücke (nicht ganz so laut), dazu Serien schnalzender Töne, die gedämpfter als bei der Samtkopf-Grasmücke vorgetragen werden und trockener »tett-ett-ett-ett-ett« klingen. Oft werden am Ende noch 1 oder 2 verlangsamte »tett« angefügt. Vögel der Inseln des westlichen Mittelmeers verfügen über ein ratterndes »prrrrt«. Der Gesang ist am ehesten mit dem von Samtkopf- bzw. Maskengrasmücke zu verwechseln, aber die Strophen sind länger und abwechslungsreicher, tirilierend und plaudernd wie beim Bluthänfling. Singt von einer Buschspitze oder aus einem kurzen Singflug. A

Maskengrasmücke

Maskengrasmücke ***Sylvia rueppelli*** L 14. Brütet lokal in SO-Europa in Dornengestrüpp in vorwiegend felsigem Gelände. ♂ leicht an *schwarzer Kappe,* davon durch *deutlichen weißen Bartstreif* getrennte *schwarze Kehle* und graue Oberseite zu erkennen. ♀ hat eher dunkelgraue Kappe und oft verwaschen dunkel gefleckte Kehle, die durch eine dünne weiße Linie vom dunkleren Kopf getrennt ist; erscheint oberseits ganz grau mit *hellen Rändern an den sehr dunklen Schirmfedern* und einigen Großen Armdecken. Lidring und *Beine rötlichbraun* bei beiden Geschlechtern. Ruf spatzenartig ratternd wie bei der Sperbergrasmücke, jedoch schwächer und nicht zum Ende hin verlangsamt wie bei dieser, außerdem eine Serie hart schnalzender Laute, härter als die entsprechenden Rufe der Weißbart-Grasmücke und auch nicht so »mechanisch rasselnd« wie bei der Samtkopf-Grasmücke. Gesang dem der Samtkopf-Grasmücke sehr ähnlich, aber nicht so laut; eher »tuckernder«, wie ein pulsierendes Rattern, z. B. »prr-trr-trr prr-trr-trr sii-trii-wii-prr«. Singflug wie Grünfink in Zeitlupenmanier, wobei gelegentlich Gleitstrecken auf angehobenen Flügeln eingelegt werden.

Samtkopf-Grasmücke

Samtkopf-Grasmücke ***Sylvia melanocephala*** L 13. Brütet häufig in S-Europa in Buschlandschaften in offenem oder felsigem Gelände, auch in Wäldern mit Unterwuchs. Typisch für das ♂ die *pechschwarze Kappe* und der auffällige *rötlichbraune Lidring.* ♀♀ und Jungvögel schwerer zu bestimmen, man beachte jedoch recht *dunkle Oberseite* und *graubraune Flanken* in Kombination mit *langem,* gerundetem *Schwanz,* der schwärzlich mit weißen Kanten ist (oft besonders im Flug auffallend). Unterseite sieht »schmutzig« aus und kontrastiert mit weißer Kehle. ♀ zeigt ebenfalls recht deutlichen rötlichbraunen Lidring, Jungvögel einen eher unscheinbaren braunen. Orpheus- und Nachtigallengrasmücke sind viel größer, mit kräftigeren, längeren Schnäbeln und ohne roten Lidring. Ruf ein explosiv schwätzendes, mechanisches Rattern wie »tschürr, trit-trit-trit-trit-trit« oder langsamer »tirüt tirüt tirüt tirüt«, auch, wenn erregt, Serien eher wetzender, schmatzender Töne oder manchmal laut und hart »tseck«. Gesang typisches Grasmückenplappern, zügig vorgetragen mit variierender Strophenlänge (normalerweise aber 2–5 Sek.), zusammengesetzt aus harten »trr-trr«-Tönen wie beim Rufen und untermischt mit äußerst kurzen Flötentönen. Singflug wie bei Dorngrasmücke. A

Weißbart-Grasmücke

Maskengrasmücke

Samtkopf-Grasmücke

Provencegrasmücke

Provencegrasmücke ***Sylvia undata*** L 13. Brütet in SW-Europa (bis hinauf nach England) in trockenem, strauchreichem Gelände, oft zwischen Stech- und Besenginster und Dornensträuchern. Hauptsächlich Standvogel. Im Norden des Verbreitungsgebiets drücken harte Winter stark auf die Populationen, und die Bestände fluktuieren erheblich. *Langschwänzig, oberseits sehr dunkel graubraun, unterseits dunkelrot, Kehle diffus weiß gestrichelt.* ♀♀ sehr viel matter grau. Dunkler als jede andere Grasmücke, außer Sarden- und Balearengrasmücke, die jedoch eine graue, nicht rotbraune Brust haben. Oft deutlich abgesetzter weißer Bauch. Schnabelbasis gelblich. Hält den Schwanz oft gestelzt und zuckt damit. Flug flach und schwach mit charakteristischen Auf- und Abbewegungen des Schwanzes. Hält sich gewöhnlich in der Vegetation verborgen. Im Winter gelegentlich in kleinen Trupps. Rufe rau, gedehnt und leicht moduliert »tjääähr-err«, bei Aufregung in gezogenem Tempo wiederholt, außerdem ein »tack«, das in einer raschen, ratternden Serie wiederholt werden kann. Gesang recht unmelodiös und mit rauer Stimme vorgetragen. Das ganze Jahr über zu hören, oft aus dem Singflug. A

Sardengrasmücke

Sardengrasmücke ***Sylvia sarda*** L 13. Brütet lokal auf Inseln des zentralen Mittelmeers (Korsika, Sardinien, Elba) in trockenem, strauchreichem, oft felsigem Gelände. Teilzieher, einige überwintern in N-Afrika. Ähnelt Provencegrasmücke, hat aber *graue*, nicht rotbraune *Unterseite*. ♀ oberseits etwas brauner, unterseits etwas heller, Jungvögel noch brauner bzw. blasser. Adulte ♂♂ von Provencegrasmücken-♂♂ auch durch *Fehlen des klar abgesetzten weißen Bauchs* sowie *nicht vorhandene weiße Kehlstrichelung* unterschieden. Langer, schmaler Schwanz und dunkle Färbung heben sie von allen anderen Zweigsängern außer der sehr ähnlichen Balearengrasmücke ab (siehe dort). Verhalten wie Provencegrasmücke, hält sich meist in Deckung. Gesang ein schnell zwitscherndes Trällern, das gewöhnlich in einem reinen Triller ausklingt. Ruf kehlig »tschreck«, fast wie Schwarzkehlchen.

Balearengrasmücke ***Sylvia balearica*** (nicht abgebildet) L 12. Brütet nur auf Mallorca und Ibiza. Standvogel. *Kleiner* und mit *längerem Schwanz* als die äußerst ähnliche Sardengrasmücke, von der sie kürzlich als eigene Art abgetrennt wurde. ♂♂ in der Regel etwas heller grau mit *weißlicher* (statt grauer) *Kehle*. Beine lebhafter orange getönt, auch bei Jungvögeln (juv. Sardengrasmücke hat matter braune Beine). Gesang ein kurzer und schneller Ausbruch wie bei der Sardengrasmücke, jedoch trockener und mechanischer auf- und abwärtsratternd, ein bisschen wie der Warnruf der Samtkopfgrasmücke. Ruf nasal, gedämpft »tsreck«.

Heckensänger (Familie Turdidae, Gattung *Cercotrichas*)

Heckensänger sind eng mit den Nachtigallen *(Luscinia)* und dem Rotkehlchen *(Erithacus)* verwandt. Sie ernähren sich häufig am Boden, haben kräftige Beine und lange Schwänze, die sie oft über ihrem Rücken spreizen und wieder zusammenlegen. Bewohnen offene Landschaften mit Büschen. Weitere Drosselvögel siehe S. 214–226.

Heckensänger

Heckensänger ***Cercotrichas galactotes*** L 15,5. Spärlicher Brutvogel in offenen, trockenen und gebüschreichen Habitaten S-Europas, bevorzugt dornenreiche Gehölzstreifen. Trifft im späten Frühjahr ein, nicht vor Mai. In Europa 2 deutlich differenzierte Unterarten: *C. g. galactotes* auf der Iberischen Halbinsel hat rötlichbraunen Scheitel und Rücken, während *C. g. syriacus* in SO-Europa heller und graubrauner ist. Kennzeichnend für beide Unterarten ist der *lange, rotbraune Schwanz* mit auffälligen *schwarzen und weißen Markierungen an der Spitze. Weißlicher Überaugenstreif* und dunkler Augenstreif. Recht furchtlos, steht er oft weitab jeder Deckung mit gestelztem und gefächertem Schwanz. Oft am Boden. Singt häufig, gewöhnlich von der Spitze eines Busches, gelegentlich aus pieperartigem Singflug. Gesang kann an Rotkehlchen oder Singdrossel erinnern. Ruft scharf »tack«. A

Provencegrasmücke
♂
juv.
Sardengrasmücke
♂
juv.
Heckensänger
C. g. syriacus (östl.)
C. g. galactotes
(westl.)

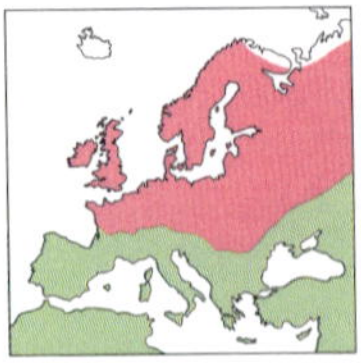

Fitis

Fitis ***Phylloscopus trochilus*** L 11,5. Sehr häufiger Sommergast in Laub- und Mischwäldern, von Gehölzen der Niederungen bis hinauf in die höchsten subalpinen Birkenwälder – mehr als einer Gruppe von Bäumen mit etwas Unterwuchs bedarf es nicht. Oberseits gleichmäßig graugrün. *Brust mit etwas Gelb.* Jungvögel sind unterseits kräftig gelb. Populationen im Norden und Nordosten im Schnitt graubrauner. Dem Zilpzalp ähnlich, aber gewöhnlich weniger braun getönt, mit deutlicherem Überaugen- und Augenstreif und in der Regel *hellere Beine.* Wie andere Laubsänger sehr lebhaft und rastlos, hüpft auf der Suche nach Insekten im Blätterwerk der Bäume umher. Ruft und warnt schwach, 2-silbig und weich »h**ü**itt«. Gesang etwas melancholisch, aber gefällig; beginnt mit einigen hohen, klaren Tönen, fällt in der Tonhöhe ab und verlangsamt sich, nimmt dann wieder Fahrt auf, um gleich erneut abzusteigen und in weichen, wehmütigen Tönen auszuklingen. **BZ**

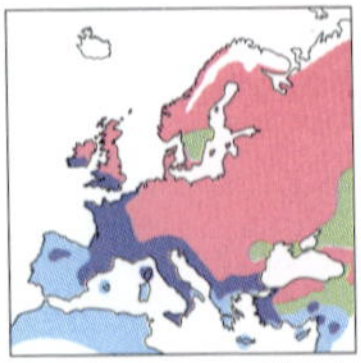

Zilpzalp

Zilpzalp ***Phylloscopus collybita*** L 11. Häufiger Brutvogel in Parks, Gärten und allen möglichen Waldformen, solange sie Unterwuchs bieten. Einzelne überwintern auch in Mitteleuropa. Ähnelt Fitis, aber im Allgemeinen etwas kleiner mit *stärkerer Graubraun-Tönung im Oliv der Oberseite,* Kopf und Brust etwas dunkler, *Überaugenstreif oft kürzer, Schnabel feiner und dunkler* und die Beine *dunkel graubraun oder schwärzlich* (Ausnahmen kommen vor). Anders als der Fitis *schlägt* er bei seinem Weg durchs Blätterdach *immer wieder den Schwanz abwärts.* Sibirische Unterart *P. c. tristis* (Taigazilpzalp) seltener, aber regelmäßiger Gast in W-Europa; bei ihm sind Überaugenstreif, Kehle und Brust statt gelb gelblichbraun oder ockerfarben; einzige gelbe Gefiederteile sind Flügelbug und Unterflügel. Oberseite graubraun mit leichtem grünen Anflug auf Rücken, Bürzel sowie Schwingen- und Schwanzkanten. Europäische Zilpzalpe rufen wie Fitis, jedoch nicht so deutlich 2-silbig, sondern mit einer Betonung auf der 2. Silbe etwas kräftiger »h**ü**i**tt**«. Taigazilpzalpe rufen 1-silbig, direkt und flötend »iihp«. Gesang in Europa in gemessenem Tempo »zilp zalp zelp zilp zalp zilp zilp ...«. **BZ**

Iberienzilpzalp

Iberienzilpzalp ***Phylloscopus ibericus*** L 11,5. Brütet im Westen der Iberischen Halbinsel. Eng verwandt mit dem Zilpzalp, als dessen Unterart er bis vor Kurzem angesehen wurde. Zugvogel, der im tropischen W-Afrika überwintert. V. a. in offenen Laubwäldern höherer Lagen anzutreffen. Wie eine Mischung aus Zilpzalp und Fitis: *oberseits grünlich, hellgelb und weiß auf der Unterseite,* praktisch ohne braune oder graue Tönung. Überaugenstreif gewöhnlich gelb, besonders vor dem Auge. Schnabel meist etwas kräftiger als beim Zilpzalp, mit mehr Hellbraun an der Basis. Beine braun, weder besonders dunkel noch hell. *Senkt den Schwanz immer wieder herab.* Der Gesang umfasst 3 Elemente (Abfolge kann wechseln, und nicht immer werden alle in jeder Strophe verwendet), ein Teil ähnlich wie beim Zilpzalp, ein stotternder und ein pfeifender Teil, z. B. »zilp zilp zilp zilp tr-tr-tr-tr swii swii swii«. Auch der Ruf ist diagnostisch, ein pfeifendes und nach unten moduliertes kräftiges »piü«. **A**

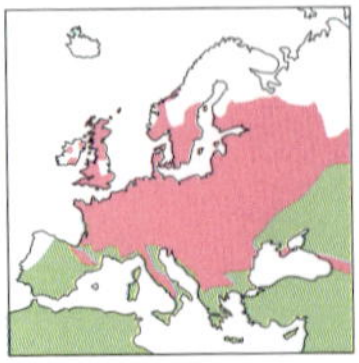

Waldlaubsänger

Waldlaubsänger ***Phylloscopus sibilatrix*** L 12. Recht häufig in Wäldern mit großen Bäumen und keinem oder nur spärlichem Unterwuchs (Hallenwälder), daher Charaktervogel reifer Buchenwälder. *Oberseits lebhaft leuchtend grün, zitronengelbe Kehle und Brust,* Bauch reinweiß. *Gelber Überaugenstreif auffallend,* verstärkt noch durch *dunklen Augenstreif.* Lange, spitze Flügel lassen den Schwanz kurz erscheinen. Gesang eine beschleunigte Folge scharfer »zip«-Töne, die in einem metallischen Triller ausklingen (»Drehmünze auf Marmorplatte«), »zip... zip... zip, zip, zip zip zip-zip-zip-**zip-zwürrrrrr**«. Häufig kurze, horizontale Singflüge, bei denen er »zip«-Laute äußert und den abschließenden Triller bei der Landung. Wechselt oft zu einem völlig anderen Gesang, einem melancholischen Flöten mit ansteigender Intensität »tjüh tjüh **tjüh-tjüh-tjüh**«. Ruf scharf »zip«, warnt mit einem »tjüh«. **BZ**

Fitis
adult
N-Europa
juv.
adult
N-Europa
adult Frühjahr
Zilpzalp
sibirische
Unterart
P. c. tristis
Iberienzilpzalp
Waldlaubsänger

Gelbbrauen-Laubsänger *Phylloscopus inornatus* L 10. Brütet in der Taiga des äußersten NO-Europas und Sibiriens. Seltener, aber regelmäßiger Herbstgast in NW-Europa, v.a. Ende Sept. und Okt. *Sehr klein* mit grünlicher Oberseite, weißlicher Unterseite, hell gelbweißem, *langem Überaugenstreif, 2 deutlichen Flügelbinden* (die untere breiter) und *breiten weißen Schirmfederrändern.* Die untere Flügelbinde wird durch die *schwarzen Armschwingenbasen* betont. Manchmal ist am hinteren Scheitel ein heller Mittelstreif leicht angedeutet (kein Vergleich mit Goldhähnchen-Laubsänger). Ohrdecken und Wangen weißlich, zart graugrün gefleckt (keine gelbbraune Tönung). Sehr lebhaft. Schließt sich oft anderen Laubsängern und Meisen an. Ruf immer wieder in hoher Tonlage gedehnt »tsu-iist«, etwas wie Tannenmeise, jedoch höher, länger und stets nach oben gezogen. Gesang ebenfalls sehr hoch und fein, nicht weit tragend, eine Mischung aus Haselhuhngesang und Rufen des Wintergoldhähnchens. **A**

Goldhähnchen-Laubsänger *Phylloscopus proregulus* L 9,5. Seltener, aber regelmäßiger Herbstgast aus Sibirien, v.a. Ende Sept. und Okt. in NW-Europa. Obwohl Brutvogel der Taiga, erscheint er auf dem Zug in Europa in Laubwäldern, Gärten. Sehr klein und den Goldhähnchen ähnlich, aber mit auffälligem, *leuchtend gelbem und scharf abgesetztem Bürzelfleck,* der besonders gut im Flug oder beim Rütteln zu erkennen ist. Hat wie der Gelbbrauen-Laubsänger *2 weiße Flügelbinden* (die untere recht breit) und *weiße Schirmfederränder,* unterscheidet sich aber durch Bürzelfleck und *schmalen gelblichen Scheitelstreif. Scheitelseiten und Augenstreif sehr dunkel olivgrau. Vorderteil des langen und hervorstechenden Überaugenstreifs chromgelb,* die ganze Stirn oft gelb getönt. Schließt sich auf dem Zug Meisen und Goldhähnchen an. Lebhaft, bewegt sich viel, rüttelt, klettert sogar kopfüber im Geäst wie eine kleine Meise. Auf dem Zug recht schweigsam. Ruf aufwärts moduliert »tjuiit«, ein bisschen wie Zilpzalp, aber piepsender und nasal. **A**

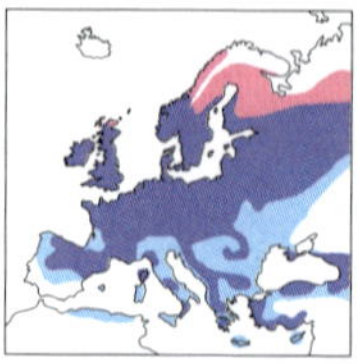
Wintergoldhähnchen

Wintergoldhähnchen *Regulus regulus* L 9. Brütet häufig in Fichtenwäldern, aber auch in anderen Nadelwäldern und sogar Mischwäldern, ja Gärten. Die hohen, feinen Rufe werden gemeinhin in vielen alten Fichtenwäldern von hoch aus den Bäumen vernommen. Sie zu Gesicht zu bekommen, fällt schon schwerer; sie schlüpfen gewöhnlich in großer Höhe herum, hüpfen und klettern rasch die Äste entlang, flattern für einen Augenblick vor der Spitze eines Zweiges usw. Das Wintergoldhähnchen ist der kleinste Vogel Europas. Es hat ein *einfaches, grüngraues Gefieder,* das jedoch mit einem *breiten gelben, schwarz eingefassten Scheitelstreif* geschmückt ist. ♂♂ haben zusätzlich einen Schuss *Orange im Gelb.* Jungvögeln fehlt das leuchtende Kopfmuster. Außerhalb der Brutzeit ziehen Goldhähnchen in lockeren Gruppen herum. Ruf hoch, schrill, meist 3-mal wiederholt »sri-sri-sri«. Warnt durchdringend »tsiit«. Gesang ebenso hoch und dünn, einige Töne in wiederkehrender Folge und abgeschlossen mit einer zarten Fanfare: »zizu**zi**-zizu**zi**-zizu**zi**-zizu**zi**-zizu**zi**-zizu**zi**-zuzizii**swirrr**«. **JZW**

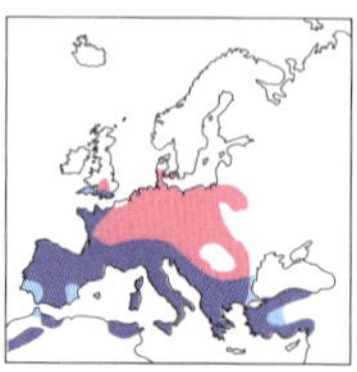
Sommergoldhähnchen

Sommergoldhähnchen *Regulus ignicapilla* L 9. Brütet in Mittel- und S-Europa in Laub-, Nadel- und Mischwäldern sowie in Parks. Ähnelt Wintergoldhähnchen, unterscheidet sich jedoch in allen Kleidern durch *deutlichen weißen Streif über dem Auge* und *schwarzen Augenstreif.* Schultern und Halsseiten ziemlich auffällig und kennzeichnend bronzegrün (beim Wintergoldhähnchen matt graugrün wie der Rücken). Vom Goldhähnchen-Laubsänger durch Fehlen des scharf abgegrenzten Bürzelflecks zu unterscheiden. Verhalten wie Wintergoldhähnchen. Ruft noch schärfer und schriller als dieses, Klang intensiver und Tonhöhe wie Intensität steigen zum Finale hin leicht an: »züzizizii«. Gesang eine monotone Folge hoher Töne (nicht wiederkehrende Muster), die sich beschleunigen und leicht ansteigen; nicht so artikuliert wie beim Wintergoldhähnchen, das Tempo dafür etwas schneller. **JZW**

Gelbbrauen-Laubsänger
Goldhähnchen-Laubsänger
adult ♂
Wintergoldhähnchen
adult ♀
Sommergoldhähnchen
adult ♂
adult ♀

Fliegenschnäpper (Familie Muscicapidae)

Kleine Vögel, die im Flug Insekten fangen. Meist Höhlenbrüter. Gelege 4–9 Eier.

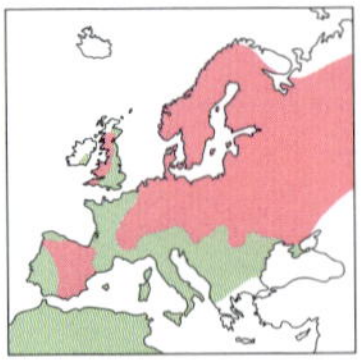

Trauerschnäpper

Trauerschnäpper ***Ficedula hypoleuca*** L 13. Brütet gewöhnlich in Wäldern mit wenigstens einem gewissen Laubholzanteil, in Parks und Gärten. Nimmt bereitwillig Nisthilfen an. Nicht ganz so auf das Fangen von Fluginsekten spezialisiert wie der Grauschnäpper. Zuckt mit den Flügeln (oft mit einem höher als mit dem anderen) und stelzt beim Ansitzen den Schwanz. Einige ♂♂ (besonders in O-Europa, gelegentlich auch weiter westlich) sind brauner, haben aber stets den *weißen Stirnfleck* (♀♀ niemals). ♂♂ leicht, aber ♀♀ im Feld sehr schwer vom entsprechenden Geschlecht des Halsbandschnäppers zu unterscheiden (siehe dort). Gesang recht kraftvoll, lebhaft und rhythmisch z. B. »tsi tsi**wii** tsi**wii** tsi**wii** ju lii tsi**plii** tsi**plii** tsi**plii** tsi**plii**«. Warnt anhaltend, kurz und metallisch »wick, wick, wick ...«. Äußert auch ein ruhiges, schnalzendes »tett«. **BZ**

Halsbandschnäpper

Halsbandschnäpper ***Ficedula albicollis*** L 13. Brütet v. a. in Laubwäldern und Gärten in Mittel- und SO-Europa. ♂ vom Trauerschnäpper-♂ durch breites, *weißes Halsband, großen weißen Stirnfleck,* merklich mehr Weiß auf den Flügeln sowie *grauweißlichen Bürzel* zu unterscheiden. Viele ♀♀ können anhand von grauerer Oberseite und mehr Weiß auf dem zusammengelegten Flügel von Trauerschnäpper-♀♀ unterschieden werden *(Reinweiß auch auf den Handschwingenbasen;* bei Trauerschnäpper-♀♀ kein oder nur ein wenig Weiß auf den inneren Handschwingen). Gesang besteht aus gedehnten, quietschenden Tönen. Warnt beständig wiederholend laut »iihp«, kann aber auch leise schnalzend rufen. **BZ**

Halbringschnäpper

Halbringschnäpper ***Ficedula semitorquata*** L 13. Brütet spärlich in SO-Europa (Bulgarien, Griechenland). ♂ ähnelt Trauerschnäpper-♂, hat aber mehr Weiß auf dem Flügel, darunter *Mittlere Armdecken mit weißen Spitzen* sowie ein *größeres weißes Feld auf den Handschwingenbasen.* Auch *am Schwanz mehr Weiß* und etwas größerer weißer Stirnfleck. Einige ♂♂ haben sichtbar *mehr Weiß auf den Halsseiten* als Trauerschnäpper-♂♂, andere nicht. ♀♀ denen des Halsbandschnäppers sehr ähnlich und oberseits gräulichbraun getönt. Ruf gewöhnlich ein direkter, flötender Ton »tüüp«, an Taigazilpzalp erinnernd. Gesang umfasst sowohl rhythmische als auch gepresste Laute. Schwach, nicht weit tragend.

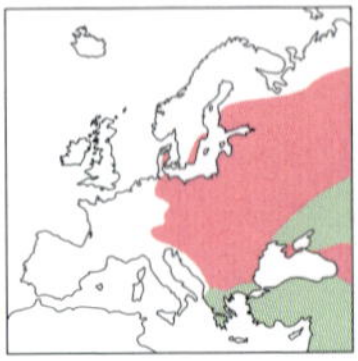

Zwergschnäpper

Zwergschnäpper ***Ficedula parva*** L 11,5. Recht häufig, aber lokal in üppigen, schattigen, oft etwas feuchten Teilen von Laub- oder Mischwäldern. Nistet in Baumspalten. Verhalten wie Laubsänger, streift lebhaft durch das Blattwerk. Stelzt den Schwanz. *Weiße Felder auf den Schwanzseiten.* Adulte ♂♂ mit *rostoranger Kehle.* ♀♀ unscheinbar bräunlichweiß auf Kinn und Brust, teilen aber mit den ♂♂ das typische Schwanzmuster. ♂♂ im 1. Sommer (singen und brüten) haben ein den ♀♀ ähnliches Gefieder. Gesang startet rhythmisch wie beim Trauerschnäpper und endet mit einer Folge absteigender (nicht ersterbender) Töne: »sri ... sri, sri, siwüt siiwüt siiwüt siiwüt wüt wüt wiü wiü wü«. Ruf trocken rollend »serrrt«, schwächer als Zaunkönig. Oft ist ein klares (warnendes, aufgeregtes) »**dii**lü« zu hören, ebenso ein klappergrasmückenartiges »teck«. **BZ**

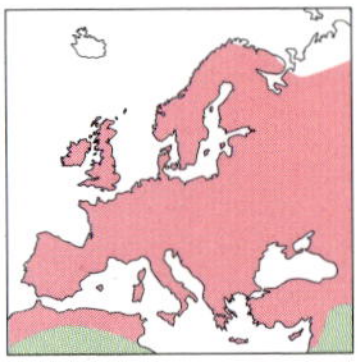

Grauschnäpper

Grauschnäpper ***Muscicapa striata*** L 14. Brütet in offenen Wäldern, an Waldrändern, in Parks und Gärten. Wie die anderen Fliegenschnäpper ein klassischer Sommergast und Langstreckenzieher, der in Zentralafrika überwintert. Nistet in Nischen, oft an unkonventionellen Stellen (Blumentöpfe, Fensterbretter usw.). Sitzt auf hervorragenden Ästen an, startet zu einem Ausfall und fängt kleine Fluginsekten. Aufrechte Sitzhaltung, zuckt mit den Flügeln. Gefieder *rein bräunlichgrau mit Strichelung* auf der Brust und (diagnostisch) *auf der Stirn.* Geschlechter gleich. Ruf scharf »zri«, warnt »**isst**-te«. Gesang äußerst simpel aus 3 oder 4 rufähnlichen Tönen. **BZ**

Halsbandschnäpper
Trauerschnäpper
♂
♀
Halsbandschnäpper
♂
♀
Halbring-
schnäpper
♂
Zwergschnäpper
♂
adult
Grau-
schnäpper
♀ (und immat. ♂)

Meisen (Familie Paridae)

Meisen sind kleine, kurzschnäbelige und lebhafte Vögel. Recht furchtlos. Geschlechter gleichen sich, und die Jungen ähneln den Altvögeln. Normalerweise Standvögel, aber mehrere Arten ziehen in manchen Jahren nach Süden oder Westen. Außerhalb der Brutzeit oft in gemischten Trupps anzutreffen (»Meisenschulen«), denen sich auch Kleiber, Baumläufer und Goldhähnchen anschließen. Besonders im Winter an Vogelfütterungen. Höhlenbrüter, die Nisthilfen annehmen. Gelege zwischen 5 und 16 Eiern. Eier weiß mit roten Punkten.

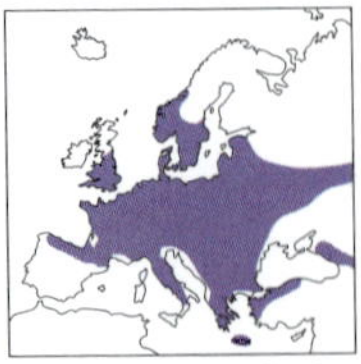
Sumpfmeise

Sumpfmeise ***Parus palustris*** L 12. Brütet häufig in Laub- und Mischwäldern und scheint von Dickichten und vernachlässigten Gärten besonders angetan. Nistet in Naturhöhle oder gelegentlich Nistkasten. Schließt sich den »Meisenschulen« nicht so gerne an wie Kohl- und Blaumeisen, sehr standorttreu und oft paarweise anzutreffen. Legt eifrig Nahrungsvorräte an und ist oft im Unterwuchs zu sehen. Ähnelt Weidenmeise, *Flügel jedoch einförmig gefärbt* und *ohne weißes Flügelfeld,* Kehllatz normalerweise kleiner, Wangen nicht reinweiß. Jungvögel sind durch bloßen Augenschein nicht sicher von jungen Weidenmeisen zu unterscheiden, am besten durch die Rufe. Diese sind kurz, explosionsartig »pi**tschä**« oder klar und volltönend »tschiü«, auch heisere, etwas blaumeisenartige, erregte Serien von »pitschä-dededededede«. Unterschiedliche Gesangsmuster, jedoch stets schnelle Folgen klangvoller und lauter Töne. Häufige Varianten sind »tjüpp-tjüpp-tjüpp-...« (an Grünfink erinnernd) und »**wi**ta-**wi**ta-**wi**ta-...« (»Sensenschleifen« à la Tannen- und Kohlmeise). J

Weidenmeise

Weidenmeise ***Parus montanus*** L 12. Brütet häufig in Nadel- und Mischwäldern, auch in Gebirgsregionen und subalpinen Birkenwäldern. Baut sich gewöhnlich selbst eine Nisthöhle in einen morschen Baumstumpf. Schließt sich im Winter »Meisenschulen« an. Von der Sumpfmeise am einfachsten durch Rufe zu unterscheiden (siehe oben), aber auch durch das *weiße Flügelfeld,* das durch helle Armschwingenränder am zusammengelegten Flügel entsteht, sowie gewöhnlich durch etwas größeren Kehllatz. Britische Unterart *P. m. kleinschmidti* mit gelblichbraunen Flanken (besonders auffällig außerhalb der Brutzeit). Fennoskandische und russische Form *P. m. borealis* etwas heller mit reiner weißen Wangen. Jungvögel optisch kaum zuverlässig von jungen Sumpfmeisen zu unterscheiden. Charakteristischster Ruf der Weidenmeise ist »zi zi **dääh dääh**«, wobei die beiden letzten Laute gedehnt und rau sind und stark betont werden. Gesang ein bedacht vorgetragenes und wohlartikuliertes »ziüh ziüh ziüh ...« (an Waldlaubsänger erinnernd), weniger häufig ein direktes »tih tih tih ...«. Gelegentlich ist eine weitere, kurze, schnell vorgetragene, freundlich glucksende Alternative zu hören. J

Balkanmeise

Balkanmeise ***Parus lugubris*** L 13,5. Brütet in SO-Europa in Laubwäldern (oft Eiche), auch in gebirgigen Gegenden. Groß, mit kräftigem Schnabel und an Kohlmeise erinnernd. Gefieder wirkt schäbig. *Sehr großer Kehllatz. Kappe matt braunschwarz* (bei ♀ brauner). Nicht gesellig und scheuer als andere Meisen. Einer der Rufe wie bei Schwanzmeise »zri-zri-zri« in scharf raspelndem Tonfall; ein anderer eine sehr haussperlingsähnlich schwätzende Reihe »tscher-r-r-r-r«. Gesang erinnert an Sumpfmeise, jedoch in schrofferer Tonlage und heiserer, dazu langsamer »tschriw-tschriw-tschriw-...«.

Lapplandmeise

Lapplandmeise ***Parus cinctus*** L 13. Brütet spärlich in den nördlichsten Nadelwäldern hinauf bis in den subalpinen Birkenwald. Zu erkennen an *rostgelben Flanken* (im Sommer weniger auffällig), mattbrauner Kappe und *großem Kehllatz.* Gefieder flaumiger als bei anderen Meisen (außer Lasurmeise). Häufigster Ruf ein rasches »zi-zi täh täh«, wobei die letzten Silben nicht so geradeaus und gedehnt vorgetragen werden wie bei der Weidenmeise. Gesang ein dünnes und schnell schnurrendes »tji-**ürr** tji-**ürr** tji-**ürr** tji-**ürr** tji-**ürr**«. Daneben kommen ein sumpfmeisenartiges »tje tje tje tje tje ...« und eine kurze, freundlich glucksende Phrase »zi zi djütwuj« vor.

Sumpfmeise

Weidenmeise

Balkanmeise

Lapplandmeise

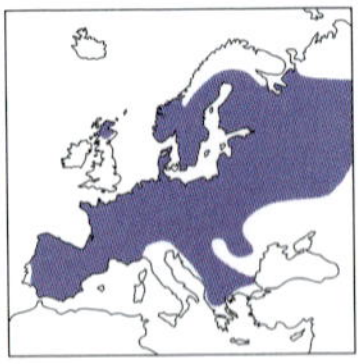

Haubenmeise

Haubenmeise ***Parus cristatus*** L 12. Brütet in Nadelwäldern, gerne mit Kiefern. Äußerst sesshaft. Nistet in Löchern morscher Bäume, kann aber auch eine Nisthöhle zimmern. Leicht an der *auffälligen Haube* zu erkennen. Schwarz-weiße Kopfzeichnung, die in allen Kleidern gleich ist. Manchmal mit Tannenmeisen vergesellschaftet, verbringt aber die meiste Zeit bodennah. Rufe ein charakteristischer, kurzer, schnurrender, perlender Triller »bürrür**ret**« (irgendwie an Scheeammer erinnernd) und ein dünnes »**zi**-lili«. Gesang rasch vorgetragen »**zi** bürrür**ret**-**zi** bürrür**ret**-...«. J

Blaumeise

Blaumeise ***Parus caeruleus*** L 12. Brütet häufig in Laub-, aber auch Mischwäldern, in Parks und Gärten. Besucht außerhalb der Brutzeit oft Schilfgebiete. *Gelbe Unterseite* wie bei Kohlmeise, jedoch mit *leuchtend blauem*, weiß umrandetem *Käppchen* und außerdem deutlich *kleiner*. Flügel und Schwanz blau. Jungvögel haben im Sommer gelbliche Wangen und gräulichgrüne Scheitelplatte. Sucht in typischer Manier an Ästen und Stämmen herumkletternd nach Insekten, weniger oft am Boden zu sehen. Verhält sich an Winterfütterungen sehr selbstbewusst und vertreibt oft die größere Kohlmeise. Großes Ruferepertoire, meist aber ein reines »sisisüdu« oder ein streitbares »terrrrr-errr-errr-ett«. Der Gesang besteht aus 2 dünnen, langgezogenen Tönen, denen ein kristallklarer Triller »siiih siih si-sürrr« folgt. Eine Variante ist das kurze, schnell aufeinanderfolgende »si-si-sürrr si-si-sürrr«. J

Lasurmeise

Lasurmeise ***Parus cyanus*** L 13. Brütet in O-Europa in Laub- und Mischwäldern, besonders an Flüssen und Seen. Sehr seltener Gast in Mittel- und W-Europa. Im Winter häufig in Schilfgebieten. Wirkt sehr weiß und flauschig. Schwanz ziemlich lang. *Weißer Kopf mit schwarzem Augenstreif* und Nackenband, *sehr breite weiße Flügelbinde, auf dem Schwanz viel Weiß*. Hybriden mit der Blaumeise kommen vor, haben stärkere Zugneigung und sind der Lasurmeise sehr ähnlich, haben jedoch eine angedeutete blaue Kappe (Lasurmeise mit weißem Scheitel) und auf Flügeln und Schwanz weniger Weiß. Alle Rufe ähneln denen der Blaumeise, darunter auch das zänkische »kerr-ek-ek-ek« sowie der hohe, reine Gesang »tsi tsi tetetetetetete«. A

Tannenmeise

Tannenmeise ***Parus ater*** L 11. Im Prinzip ein Vogel der Nadelwälder, kommt aber auch recht häufig in Gärten und Laubwäldern vor. Wenn die Fichtenmast ausfällt, kommt es in N-Europa zu massenhaften Fluchtbewegungen. Außerhalb der Brutzeit mit anderen Meisen vergesellschaftet. Schwarzer Kopf mit weißen Wangen und weißem Nackenfleck sind neben der bräunlichweißen Tönung der Unterseite kennzeichnend. Recht kurzschwänzig. Häufiger Ruf ein dünnes, reines, sehr melancholisches »**tih**-e, tü«. Daneben auch dünne Piepser wie von Goldhähnchen. Gesang schnell und behände »tsipi-**ti** tsipi-**ti** tsipi-**ti** ...« (sehr charakteristisch) oder ein wetzendes »si**tjü**-si**tjü**-si**tjü**-...«. J

Kohlmeise

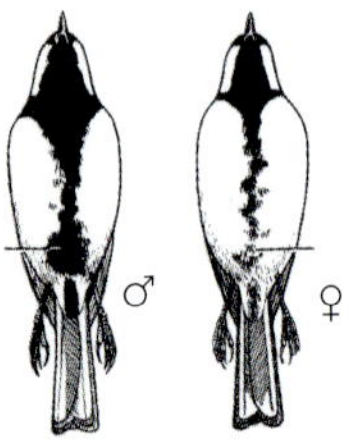

Kohlmeise ***Parus major*** L 14. Brütet häufig in allen Waldarten, Parks und Gärten. In manchem Herbst Evasionen nördlicher Populationen. Größe, *glänzend schwarzer Scheitel*, weiße Wangen und *schwarzes Mittelband längs über die gelbe Unterseite* (»Reißverschluss«) machen die Bestimmung leicht. »Reißverschluss« beim ♂ breiter und schwärzer, besonders auf dem Bauch (siehe Abb. links). Jungvögel haben im Sommer gelbliche Wangen ohne schwarze untere Begrenzung. Oft in gemischten Trupps mit anderen Meisen, ihre Größe lässt sie dann auf den ersten Blick herausstechen. Sucht oft in kleinen Sträuchern Nahrung, aber auch am Boden. Unzählige Rufe und gewöhnlich kräftiger als bei anderen Meisen, z.B. ein recht grünfinkartiges »ping-ping«, ein leicht überraschtes und melancholisches »ti tü tüh« (Herbstruf) sowie selbstbewusst und zügig »si-**chutti**-**chutti**«. Gesang eine sehr charakteristische, durchdringend wetzende Folge, z.B. »**ti**-ta **ti**-ta **ti**-ta ...« oder 3-silbig »ti-ti-**tü** ti-ti-**tü** ti-ti-**tü** ...«. J

Haubenmeise von unten
Haubenmeise
Blaumeise
Lasurmeise
Tannenmeise
juv.
Kohlmeise

Schwanzmeisen (Familie Aegithalidae)

Die Schwanzmeise ist eng mit den eigentlichen Meisen verwandt. Abgesehen vom langen Schwanz unterscheidet sie sich durch die Architektur ihres Nestes. Gelege 8–12 Eier.

Schwanzmeise

Schwanzmeise, Spanien

Schwanzmeise ***Aegithalos caudatus*** L 16. Brütet recht häufig in Laub- und Mischwäldern mit dichtem Gebüsch. Kunstvolles, überdachtes Nest in Sträuchern oder Astgabeln. Im Winter in Gesellschaft anderer Meisen anzutreffen, dabei aber stets in kleinen Trupps zusammen. *Sehr langer Schwanz*. Unterart der Britischen Inseln *A. c. rosaceus* hat (ähnlich wie die mitteleuropäische) *weißen Kopf mit breitem, schwarzem Streif über dem Auge*, eine kräftig rötlichgelbe Tönung auf Schultern, Bürzel und Steiß und ein weißliches Flügelfeld. Jungvögel haben dunkle Wangen, nur wenig Rotbraun und einen kürzeren Schwanz. Altvögel der nördlichen Form *A. c. caudatus* haben gänzlich weißen Kopf, weißere Flügel und wirken insgesamt weißer. Intermediäre Formen kommen vor. Spanische Schwanzmeisen sind sehr dunkel mit gestreiften Kopfseiten, weinroter Tönung auf den Flanken und fast ganz schwarzem Rücken. Ruf trocken schnurrend »zerr«, klickend »zepp« sowie hoch, schrill und 3-silbig »srih-srih-srih«. Normalerweise kein revieranzeigender Gesang. Aus Trupps ist gelegentlich ein heller, absteigender Triller zu hören, bei dem es sich um Warnrufe handelt. **JW**

Bartmeisen (Familie Timaliidae)

Die Bartmeise ähnelt den eigentlichen Meisen in vielerlei Hinsicht, gehört aber zur Familie der Drosselmeisen. Gelege mit 5–7 Eiern in offenem Nest niedrig im Schilf.

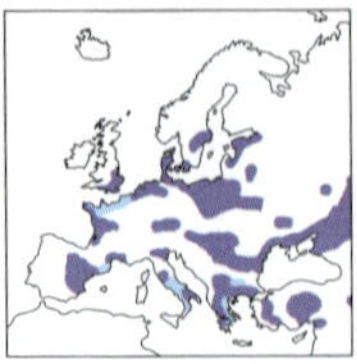

Bartmeise

Bartmeise ***Panurus biarmicus*** L 16,5. Zerstreut in Schilfgebieten Mittel- und S-Europas. Zunehmend und sich nach NW-Europa ausbreitend. Ernährt sich im Sommer von Insekten, im Winter von Schilfsamen. Leicht an *gelb- und zimtbrauner Färbung* und *sehr langem Schwanz* zu erkennen. ♂♂ mit deutlichem, schwarzem »Bart« und schwarzen Unterschwanzdecken, die bei ♀♀ und Jungvögeln fehlen. Jungvögel von ♀♀ durch schwarze Zügel (fehlen beim ♀), Rückenstreifen und Schwanzseiten unterschieden. Sehr lebhaft, klettert und hüpft durchs Schilf, oft dicht über dem Grund oder der Wasseroberfläche. Flug schwach mit sehr schnellen Flügelschlägen, gewöhnlich dicht über dem Schilf. Im Herbst jedoch in dichten Trupps hoch in den Himmel aufsteigend, um dann meist mit der ganzen Meute wieder ins Schilf einzufallen, manchmal auch, um fortzuziehen. Außerhalb der Brutzeit beinahe ausschließlich truppweise zu sehen. Ruft nasal, lebhaft und sehr typisch »dsching« und »dschü« (vom Teichrohrsänger meisterhaft imitiert!). Auch ein feines »djürrrr«. Gesang zwitschernd. **J**

Beutelmeisen (Familie Remizidae)

Die Beutelmeise ist ein kleiner Vogel mit dünnem, zugespitztem Schnabel. Geschlechter ähnlich. Fein gewobenes, geschlossenes Nest mit Eingangsröhre. 6–8 Eier.

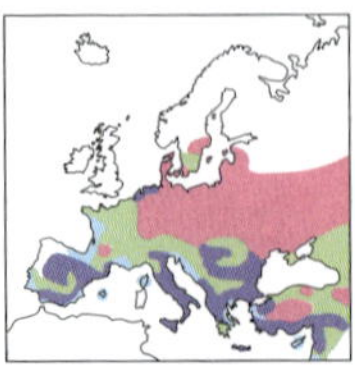

Beutelmeise

Beutelmeise ***Remiz pendulinus*** L 11. Brütet hauptsächlich in S- und O-Europa. Lokal häufig in Uferdickichten und Gebüsch in oder nahe Schilfgebieten. Breitet sich gegenwärtig nach Nordwesten aus. Baut in Wassernähe ein erstaunliches, taschenförmiges Nest, das vom letzten Ende eines Zweiges getragen wird (oft Weide oder Birke). Ein ziemlich kleiner Vogel, kleiner als Blaumeise. Schwarze Gesichtsmaske zeichnet Altvögel aus. ♂ mit kastanienbraunem Rücken, ♀ dort eher gelbbraun. Jungvögeln fehlt die schwarze Maske, und sie haben einen gleichmäßig sandfarbenen Kopf. Verhalten dem der eigentlichen Meisen ähnlich. Ruf sehr dünn, gedehnt »tsiiü«, so fein wie beim Rotkehlpieper, aber zum Ende hin leicht absteigend wie beim Rotkehlchen. Gesang leise und nur für kurze Augenblicke zu hören, etwas tannenmeisenartig »tsiü-siwit tsiü-siwit tsiü-siwit« und Varianten davon. **BZ**

Schwanzmeise
südliche Form
nördliche Form
Nest
Bartmeise
♂
♀
juv.
juv.
Nest
♂
Beutelmeise
Nest

Kleiber (Familie Sittidae)

Kleiber haben kräftige Füße, große Köpfe, kurze Schwänze. Klettern an Bäumen und Felsen. Picken mit dem langen, geraden Schnabel Insekten aus Spalten. Sehr beweglich, können sich an den Baumstämmen sogar kopfunter abwärts bewegen, was weder Baumläufer noch Spechte zustande bringen. Außerhalb der Brutzeit oft mit Meisen vergesellschaftet. Rufe laut und charakteristisch. Flug ruckartig und wellenförmig. Geschlechter gleich. Gelege mit 5–7 weißen, rot gepunkteten Eiern.

Kleiber

Kleiber ***Sitta europaea*** L 14. Brütet recht häufig in älteren Laubwäldern, Parks und Gärten. Regelmäßiger Besucher von Fütterungen. Nistet in Baumhöhle und verkleinert die Öffnung häufig mit Lehm als Mörtel. Hat eine ganz eigene Gestalt mit langem, spitzem Schnabel, kurzem Schwanz und geduckter Haltung. *Klettert kopfüber an Stämmen herunter. Rücken blaugrau, langer, schwarzer Augenstreif.* Unterseitenfärbung variiert bei Altvögeln von weiß bei *S. e. europaea* (Fennoskandien, N-Russland) bis hell rötlichbraun bei *S. e. caesia* (W-Europa). Intermediäre Formen kommen vor. Flanken der ♂♂ lebhaft kastanienrot, der ♀♀ matt rostbraun. Trommelt nicht wie Specht, hämmert aber oft auf Nüssen und verschiedenen Sämereien herum (»Spechtmeise«), um an den Inhalt zu kommen. Hat mehrere charakteristische, sehr *laute Rufe;* häufig ist ein scharfes, entschiedenes »ziit, ziit«. Warnt und schimpft aufgeregt »twett-twett-twett, twett ...«; bei etwas größerer Contenance auch »tschü**itt**, tschü**itt**, tschü-**itt** ...«. Gesang ein lautes, musikalisches Pfeifen, auch gedehnt »wü**ih** wü**ih** wü**ih** ...« (oder »**wi**üh **wi**üh **wi**üh ...«) sowie schnell »wiwiwiwiwi...«. Eine weitere Variante ist das oft zu hörende, rasche »djüdjü**djü** djüdjü**djü** ...«. J

Korsenkleiber

Korsenkleiber ***Sitta whiteheadi*** L 12. Brütet nur auf Korsika in Bergkiefernwäldern, wo er Standvogel ist. Sieht aus wie ein kleiner Kleiber, aber abweichende Kopfzeichnung mit *schwarzem Scheitel und Nacken* und einer deutlichen, *weißen Linie über dem schwarzen Augenstreif.* ♀♀ und Jungvögel dunkler gefärbt, jedoch mit gleicher Zeichnung. Verhalten wie Kleiber, aber schüchterner. Kann sich seine Nisthöhle selbst in einen Baum zimmern. Ruf heiser schimpfend »pschäh-pschäh-pschäh-...«. Der Gesang besteht aus reinen Tönen in sehr schnellen Trillern »dididid-did ...« oder einer Serie mehr gezogener Laute »djü-djü-djü-...«.

Türkenkleiber

Türkenkleiber ***Sitta krueperi*** L 12. Kleinasiatische Art. Brütet in Bergkiefernwäldern (in Europa nur auf der Ägäisinsel Lesbos). Eng mit dem Korsenkleiber verwandt und entsprechend klein. Pechschwarzer Scheitelfleck (reicht nicht bis auf den Nacken), schwarzer Augenstreif und blaugrauer Rücken wie Korsenkleiber, jedoch ist der Gesamteindruck des Gesichts heller und der Vogel vor allem am *rötlichbraunen Brustfleck* zu erkennen. Rufe im Wesentlichen wie beim Korsenkleiber. Darunter ein grünfinkenartiges »dwui« und ein heiser schimpfendes »zreh-zreh ...« sowie (im Flug) ein bergfinkenähnliches »jäck«. Gesang laut, eintönig und schnell »tütitütitüti...« oder Variationen mit buchstäblich nur 1 Ton »ti-ti-ti-...«.

Felsenkleiber

Felsenkleiber ***Sitta neumayer*** L 15. Brütet in SO-Europa an felsigen Hängen und in Gebirgen mit eingestreuten Büschen. Sieht aus wie ein großer, heller Kleiber, es fehlen ihm aber dessen weiße Punkte auf dem Schwanz, und er hat einen verhältnismäßig *längeren Schnabel.* Von Haltung und Bewegung her wie Kleiber, klettert aber eben an Felsen statt an Bäumen. Nistet in Steilhängen, wo er das umfangreiche Nest mit Lehm anbaut. Überaus »redselig«, mit lauten und hohen Rufen. Gesang sehr laut und zwischen den Bergwänden widerhallend; lange, sich verlangsamende Serien absteigender, reiner Töne, die oft in der Tonhöhe abnehmen (entfernt an die Struktur des Heidelerchengesangs erinnernd). Beide Geschlechter singen.

Kleiber
S. e. caesia
S. e. europaea
Korsenkleiber
Türkenkleiber
Felsenkleiber

Mauerläufer (Familie Tichodromadidae)

Der Mauerläufer ist ein naher Verwandter der Kleiber, hat aber langen, gebogenen Schnabel und verhält sich eher wie ein Baumläufer. Sperriges Nest in Felsspalte. 4–5 Eier.

Mauerläufer

Mauerläufer *Tichodroma muraria* L 16. Selten lokal im Hochgebirge bis zur Schneegrenze. Nistet in den Alpen gewöhnlich zwischen 1000 und 2500 m, aber man fand auch schon Nester in 350 m ü. NN. Im Winter steigt er von den Höhen herab und lässt sich an Kirchtürmen, Burgmauern und in Steinbrüchen beobachten. Größere Wanderungen sind selten (obwohl einige sogar Großbritannien erreicht haben). Erscheinung einzigartig und unverwechselbar: *Schnabel lang und etwas gebogen.* Form und Muster der *Flügel* sehr auffällig: *breit und gerundet mit großen, roten Feldern und weißen Punkten.* Oberseite grau, Kehle und Brust im Sommer schwarz, im Winter hellgrau. ♀♀ haben jedoch im Sommer nur einen schwarzen Fleck auf der Kehle. Flug charakteristisch flatternd und an einen Schmetterling erinnernd. Klettert auf der Suche nach Insekten in den Steilhängen, dabei unablässig mit den Flügeln zuckend, sodass das Rot aufleuchtet; benutzt dabei seinen Schwanz nicht als Stütze, wie es die Baumläufer tun. Ruf dünn und flötend, aber laut und in Variationen »tih«. Der Gesang besteht teils aus unbestimmt zwitschernden Reihen, teils aus (und das definitiv diagnostisch) merkwürdig betonten, gezogenen Lauten mit Glissando »tu...rruuüh...ziiiüüu...«, mehrmals wiederholt. J

Baumläufer (Familie Certhiidae)

Baumläufer sind kleine, kurzbeinige, braun gefleckte Vögel mit dünnen, gebogenen Schnäbeln. Klettern auf der Suche nach Insekten die Bäume hinauf. Gewöhnlich einzeln. Nest in Spalten oder Höhlen (oft hinter lockerer Rinde). 5–7 Eier.

Waldbaumläufer

Waldbaumläufer *Certhia familiaris* L 13. Brütet recht häufig in älteren Nadel- oder Laubwäldern, Parks und Gärten. In S-Europa zieht er dort, wo er mit dem Gartenbaumläufer gleichzeitig vorkommt, höher gelegene Nadelwälder vor. Klettert in Spiralen an Bäumen hinauf, wobei er stets unten anfängt. Außer vom Gartenbaumläufer sogleich von anderen Vögeln zu unterscheiden. Oft hat er einen *deutlicheren hellen Überaugenstreif* als jener, besonders vor dem Auge und über dem Zügel, der auch über der Schnabelbasis zusammenlaufen kann. Gewöhnlich fehlt die hellbraune Tönung auf den Flanken, und das *Gefieder ist etwas blasser und kontrastreicher,* dazu kommt ein mehr rötlicher Bürzel. Der Schnabel ist im Schnitt etwas kürzer als beim Gartenbaumläufer. Ruf wiederholt sehr hoch, dünn und scharf, jedoch rollend »srrri, srrri ...« oder rein und einfach »tiih« (ziemlich artikuliert, fast tannenmeisenartig, auch in Serien, aber nicht so rasch wie Gartenbaumläufer). Gesang scharf und dünn, recht leise, klare Liedchen, die sich beschleunigen, in der Tonhöhe abfallen und mit einem kurzen, melodischen Schnörkel abrupt enden, das Ganze mit einer blaumeisenklaren Stimme. J

Gartenbaumläufer

Gartenbaumläufer *Certhia brachydactyla* L 13. Brütet in Mittel- und S-Europa in älteren Laubwäldern, Parks und Gärten, gewöhnlich in tieferen Lagen als der Waldbaumläufer. Oft zu sehen, wenn er unterseits an waagerechten Ästen herumklettert. Dem Waldbaumläufer sehr ähnlich, jedoch einen *Hauch dunkler* und mit weniger Rosttönen oberseits, außerdem haben *die Flanken eine hellbraune Tönung.* Kralle der Hinterzehe etwas kürzer und stärker gebogen, während der Schnabel etwas länger als beim Waldbaumläufer ist. Ruf kraftvoll, klar und tannenmeisenartig in gleichen Abständen wiederholt »tüüt« oder in sehr typischer, sich zum Trabrhythmus steigender »Tropfen-Serie« (kristallklar mit durchdringender Stimme), die in der Tonhöhe abfällt; außerdem ein sehr waldbaumläuferartiges »srri«. Gesang »klagender« als beim Waldbaumläufer (eher wie Tannenmeise), eine kurze, klare Phrase mit etwas holprigem Rhythmus »**tü tü** titeroi **sri**«, wobei die abschließenden Töne schneller und höher werden. J

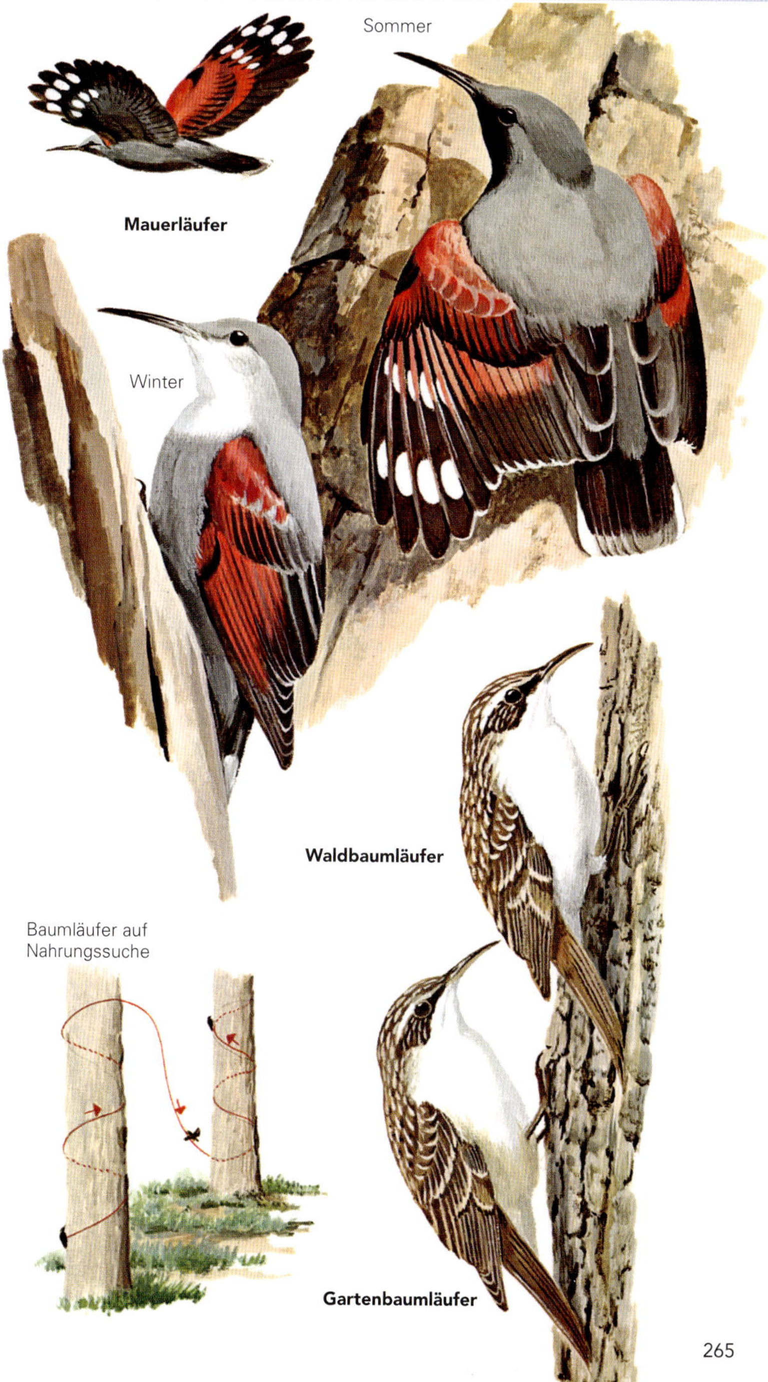
Sommer
Mauerläufer
Winter
Waldbaumläufer
Baumläufer auf Nahrungssuche
Gartenbaumläufer

Würger (Familie Laniidae)

Würger ernähren sich von Insekten, kleinen Vögeln und Säugetieren, die gelegentlich auf Dornen aufgespießt werden. Oft einzeln ansitzend zu sehen. 4–6 Eier.

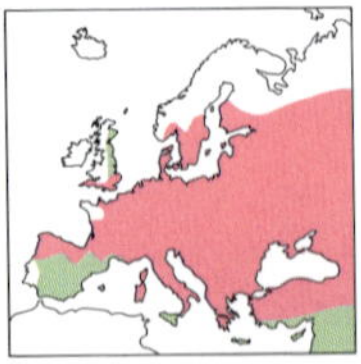

Neuntöter

Neuntöter *Lanius collurio* L 18. Brütet in offenen Landschaften. ♂ mit *braunem Rücken, grauem Scheitel und Nacken, schwarz-weißem Schwanz,* weißer Kehle und *apricotfarbener Brust.* ♀♀ und Jungvögel oberseits braun, auf der Unterseite cremeweiß, auf Brust und Flanken dicht dunkel gebändert. Alte ♀♀ ähneln den ♂♂, haben jedoch dunkelbraunen Schwanz mit nur sehr wenig Weiß auf den Kanten und unterseits stets mit schuppiger Bänderung. Ruf (auch als Revieranzeige) kurz, heiser »wäw«. Aufgeregte Serien eines heiseren »tschäk« sind oft zu hören. Gelegentlich auch trällernder Subsong, wohltönend und voller Imitationen. **BZ**

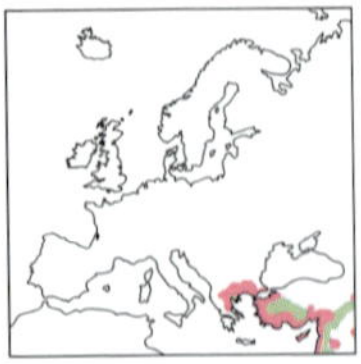

Maskenwürger

Maskenwürger *Lanius nubicus* L 18. Brütet in SO-Europa in halboffenem Gelände. Kleinster Würger Europas. *Schwarze* (♂) oder *dunkelgraue* (♀) *Oberseite* und *langer, schmaler, schwarz-weißer Schwanz. Große weiße Schulter-* und *Flügelfelder* (im Flug hervorstechend). Jungvögel gebändert und gräulich, ohne gelbliche Töne unterseits, am besten anhand von Größe und Gestalt sowie weißen Flügelfeldern zu bestimmen. Gesang recht monoton und kratzend, langsam vorgetragen.

Rotkopfwürger

Rotkopfwürger *Lanius senator* L 19. Brütet in Mittel- und S-Europa in offenen, trockenen Landschaften mit Bäumen und Sträuchern, gelegentlich in bewaldeteren Gegenden. Dunkle Oberseite mit weißem Schulter- und Flügelfeld, weißer Bürzel sowie auffällig braunroter Scheitel und Nacken (bei ♀♀ matter). Der Unterart *L. s. badius* (Balearen, Korsika, Sardinien) fehlt das weiße Flügelfeld. Jungvögel ähneln jungen Neuntötern, sind oberseits aber heller mit angedeutetem Schulterfeld und aufgehelltem Bürzel. Gesang voller Nachahmungen, aber auch kratzender Töne. **A**

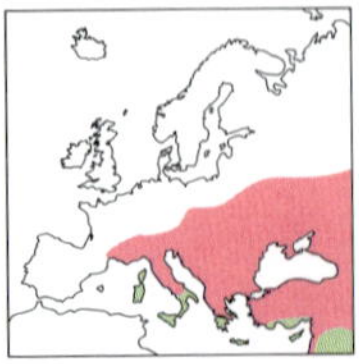

Schwarzstirnwürger

Schwarzstirnwürger *Lanius minor* L 20. Brütet in Mittel- und S-Europa in offenen Landschaften. Vom Mittelmeer-Raubwürger durch geringere Größe, etwas *kürzeren Schwanz, größere Handschwingenprojektion,* oft aufrechtere Haltung, *runderen Kopf, das Fehlen weißer Schulterfelder* und bei Altvögeln im Sommer durch *schwarze Stirn* (ausgedehnter bei ♂♂) zu unterscheiden; zudem fehlt ein weißer Überaugenstreif. Das weiße Flügelfeld fällt v.a. im Flug auf. Adulte ♂♂ haben im Sommer *rosa überhauchte Brust.* Bei Jungvögeln ist der graue Scheitel dunkel gebändert, die Unterseite jedoch ungebändert. Gesang ein papageienartiges »tschilip«, von exponierter Warte wiederholt vorgetragen. Ruf ein elsternartiger, rauer Doppellaut »tsche tsche«. **A** (**B** in O-Österreich)

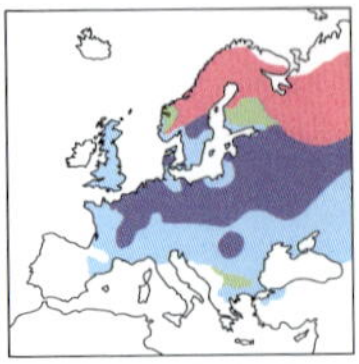

Raubwürger

Raubwürger *Lanius excubitor* L 24. Brütet auf Mooren, Lichtungen, Heiden und trockenem Ödland. Spärlicher Wintergast in offenen Landschaften. Sitzt meist exponiert auf Büschen und Bäumen an. *Größter Würger* und schon aus der Ferne *weiß schimmernd.* Flug stark wellenförmig, mit auffälligen *weißen Flügelfeldern.* Auch der äußere Schulterbereich weiß. Altvögel mit *schwarzer Gesichtsmaske* und *weißem Überaugenstreif.* ♀♀ unterseits fein gebändert. Rüttelt oft, geht auf Nagetiere. Verfolgt Kleinvögel im Flug. Gesang eine langsame, zeitlich sauber gegliederte Wiederholung sowohl rauer als auch wohltönender Laute. **BJW**

Mittelmeer-Raubwürger

Mittelmeer-Raubwürger *Lanius meridionalis* L 23. In Europa auf trockenen, felsigen Heiden S-Frankreichs und der Iberischen Halbinsel anzutreffen; in Afrika und Asien v.a. ein Vogel der Wüsten. Unterscheidet sich vom Raubwürger durch *kräftigere Füße, schmaleren, kürzeren Schwanz,* gewöhnlich keine *Bänderung* bei Jungvögeln und ♀♀. Die iberische Unterart *(meridionalis)* hat *rosagraue Brust, dunkelgrauen Scheitel und Mantel* sowie *schmalen Überaugenstreif.* Jungvögel der zentralasiatischen Form *pallidirostris* (Steppenraubwürger) mit *heller Schnabelbasis, hellem Zügel* und *sehr großem weißen Flügelfeld.* Ausnahmegäste in W-Europa.

juv.
♀
♂
Neuntöter
Maskenwürger
♀
♂
Maskenwürger
Rotkopfwürger
♂
juv.
Rotkopfwürger
Schwarz-
stirnwürger
juv.
Raub-
würger
♂
Schwarz-
stirn-
würger
Mittelmeer-
Raubwürger
♂
Raubwürger
Mittelmeer-Raubwürger
♂

Pirole (Familie Oriolidae)

Drosselgroßer, leuchtend gefärbter Vogel. Nest hoch in einer Astgabel. 3–5 Eier.

Pirol

Pirol *Oriolus oriolus* L 24. Brütet in Mittel- und S-Europa in Baumgruppen in der Kulturlandschaft, mit Vorliebe in älteren Laubgehölzen. Sehr scheu und Blicken geradezu ausweichend, verbringt er seine Zeit in den oberen Regionen des Laubwerks. Erscheint rastlos und ist viel in Bewegung. Adulte ♂♂ *auffallend gelb und schwarz*, ♀♀ und 1-jährige ♂♂ oberseits grünlich, unterseits gelblichweiß und gestrichelt. Flug ähnlich Wacholderdrossel. Gesang jodelnd, flötend wie bei einer Amsel »düh-dlüo-**dii**-dii**uu**« (»Vogel Bülow«, frz. Loriot) mit vielen Variationen, wobei ein und derselbe Vogel Details der Phrase modifiziert. »Nachdenklichere« ♂♂ können es auch bei einem leiseren »dü**oo**« belassen. Auch ein heiseres und nasales, eichelhäherartiges »wjääek« ist oft zu hören. **BZ**

Stare (Familie Sturnidae)

Mittelgroße, kurzschwänzige und gesellige Vögel. Die 4–6 Eier werden in Höhlen gelegt.

Rosenstar

Rosenstar *Sturnus roseus* L 21. Brütet in offenen Landschaften SO-Europas. Folgt den großen Heuschreckenschwärmen und kann in aufeinanderfolgenden Jahren massenhaft brüten und dann für Jahre völlig ausbleiben. In NW-Europa seltener Gast, zumeist im Sommer. Altvögel charakteristisch, können aber mit teilalbinotischen Staren verwechselt werden. Jungvögel ähneln jungen Staren, sind aber *deutlich heller, besonders auf Bauch, Bürzel und Zügel. Schnabel mit gelber Basis.* Gesellig und immer wieder mit Staren vergesellschaftet. Verhalten und Rufe wie Star. **A**

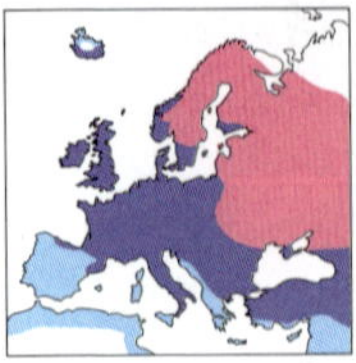
Star

Star *Sturnus vulgaris* L 21. Brütet in der Kulturlandschaft, auch in der Nähe menschlicher Siedlungen. Baut sein Nest in Nistkästen, Baumhöhlen und Mauernischen, unter Dächern usw. Kurzer Schwanz, *geflecktes Gefieder* und langer, spitzer Schnabel. Läuft auf der Suche nach Insekten flott und ohne Pause über Rasenflächen (vgl. Amsel). Flug rasch, Silhouette typisch mit kurzem Schwanz und *spitzen Flügeln*. Gesellig. Lärmende Trupps gelblichbrauner »Halbstarker« tauchen im Frühsommer auf. Flug in dicht gedrängten Scharen, gelegentlich versammeln sich nach der Brutzeit Tausende zum Übernachten im Schilf (oder in Innenstädten). Flugruf ein kurzes surrendes »tjürr«. Warnt hart »kjätt« und krächzt quäkend »stää«. Gesang mit Pfiffen, schmatzenden Geräuschen und vielen Nachahmungen durchsetzt und am winselnden, gepressten Tonfall sowie den wiederkehrenden abfallenden »siiuuh«-Pfiffen zu erkennen. **BZW**

Einfarbstar

Einfarbstar *Sturnus unicolor* L 21. Ersetzt den Star auf der Iberischen Halbinsel, auf Korsika und Sardinien. Ähnelt Star, *im Sommerkleid fehlen aber die hellen Flecken völlig.* Im Winter sind die hellen Punkte viel kleiner als die entsprechenden beim Star, auch der metallische Schimmer ist etwas schwächer. Beine heller rosa. Koloniebrüter. Gesang wie Star.

Seidenschwänze (Familie Bombycillidae)

Starengroße Vögel mit Haube. Geschlechter gleich. Baut offenes Nest in Baum. 3–5 Eier.

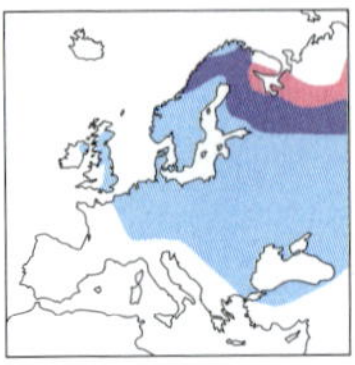
Seidenschwanz

Seidenschwanz *Bombycilla garrulus* L 18. Brütet in den Nadelwäldern Lapplands und weiter östlich. Im Winter häufig in Trupps in Gärten und Alleen, wo er besonders über die Vogelbeeren herfällt. In manchen Jahren Langstreckenzüge von Evasionscharakter. An der langen Haube und der *feinen kakaobraunen* (mit haselnussbraunen und grauen Nuancen) *Gefiederfärbung* zu erkennen. Altvögel haben gelbe und weiße V-Markierungen an den Handschwingenspitzen, während Jungvögel nur über eine weißliche gerade Linie verfügen. Flug gleichmäßiger gewellt als beim Star und dabei mit einer etwas schlankeren Silhouette. Ruf rein, hoch trillernd und glockenhell »sirrrr«. Gesang simpel, langsam und ruhig, aus dem Triller und einigen raueren Tönen bestehend. **W**

♂
Pirol
♀
(und immat. ♂)
juv.
adult
Rosenstar
Sommer
Star
juv.
Winter
Einfarb-
star
Sommer
Seiden-
schwanz
adult ♂
Einfarbstar
Winter

Krähenvögel (Familie Corvidae)

Eine erfolgreiche, recht hoch entwickelte Vogelgruppe mit annähernd weltweiter Verbreitung. Die Krähen und ihre Verwandten sind mittelgroße oder große gesellige, omnivore Singvögel mit kräftigen Schnäbeln und Beinen. Nehmen die Nester anderer Vögel aus, wenn sich die Möglichkeit bietet. Färbung zumeist schwarz, grau und weiß. Flügel gerundet. Geschlechter gleich. Rufe meist recht rau. Die 3–7 Eier sind gewöhnlich blaugrün und gefleckt.

Unglückshäher

Unglückshäher *Perisoreus infaustus* L 28. Recht häufiger bis spärlicher Brutvogel der nördlichen Nadelwälder (Taiga). Standvogel, der kaum jemals außerhalb seines Brutgebietes auftaucht. *Graubraun mit roströtlichen Elementen*, besonders am Schwanz. Furchtlos und neugierig, jedoch auch stets auf der Hut. Kommt geräuschlos herangeflogen und landet schon mal direkt neben einem Lagerfeuer, hüpft am Boden herum, um einen Bissen zu ergattern, oder klettert in den Randfichten, wobei er immer wieder auch wie eine gigantische Meise an den Ästen hängt. Fliegt mit Serien relativ schneller Flügelschläge und legt zwischendurch Gleitstrecken ein. Im Flug wird das Rostrot auf Bürzel, Schwanz und Flügeln besonders gut sichtbar. Recht schweigsam, bringt es aber zwischendurch zu lauten Ausbrüchen. Reiches Ruferepertoire, gewöhnlich miauend »geeäh«, rau »tjäh« und schrill »kiij, kiij«.

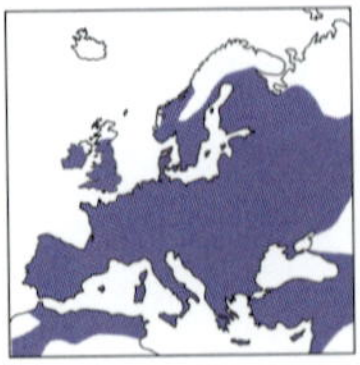
Eichelhäher

Eichelhäher *Garrulus glandarius* L 35. Häufig in Nadel- und Mischwäldern, wobei er eine Vorliebe für Eichen zeigt. Meidet menschliche Ansiedlungen nicht, ist aber wachsam. Am häufigsten bei Nahrungssuch-Ausflügen zu sehen, wenn er von Waldstück zu Waldstück wechselt, dann an den breiten, gerundeten Flügeln und dem schwerfälligen Flug mit ungleichmäßigen Flügelschlägen zu erkennen. Aus geringerer Distanz im Wald gesehen, fällt das *Weiß auf Bürzel und Flügeln* auf (das blaue Flügelfeld weniger). Verkündet seine Anwesenheit v. a. durch Rufe, zumeist das typische, plötzlich ausbrechende, heisere Kreischen »krschäh«, aber auch ein bussardartiges Miauen »piijäh«. Imitiert häufig das »kja-kja-kja-...« des Habichts und gibt auch gluckernde und perlende Laute von sich. **JZW**

Blauelster

Blauelster *Cyanopica cyanus* L 35. Seltsame Verbreitung: Iberische Halbinsel und O-Asien. Es wurden in Spanien fossile Knochen gefunden, sodass die dortige Population nicht auf Einbürgerung durch Menschen zurückgehen kann. Besonders in Steineichenwäldern anzutreffen. Baut ein offenes Nest in kleinen Kolonien. An *schwarzer Kappe, blauen Flügeln* und *langem, blauem Schwanz* zu erkennen. Tritt gewöhnlich in kleinen Trupps auf. Flug und sonstiges Verhalten ähnlich Unglückshäher. Lebhaft und rastlos, immer umherziehend und in den Kronen der Steineichen herumhüpfend, schießt blau schimmernd zwischen den Stämmen in gewelltem Gleitflug davon. Unter den Rufen ein eichelhäherähnliches, raues, aber hochtönendes »wriiü**iih**« mit leicht ansteigendem Diphthong sowie ein reines »kui«.

Elster

Elster *Pica pica* L 45 (wovon die Hälfte auf den Schwanz entfällt). Brütet häufig in der Nachbarschaft menschlicher Siedlungen. Das überdachte Nest wird in der Mitte der Krone eines Laubbaums angelegt und ähnelt einem riesigen, dunklen Ball. Baut jedes Jahr ein neues Nest. Sehr wachsam. Das Attribut »diebisch« ist höchstens teilweise gerechtfertigt – zwar trägt sie gelegentlich glitzernde Gegenstände ins Nest, aber belegte Vorkommnisse dieser Art sind äußerst rar. Das *schwarz-weiße Muster* und der *extrem lange Schwanz* mit dem metallischen Glanz machen die Elster unverwechselbar. Flug charakteristisch mit schnellen, flatternden Flügelschlägen und eingestreuten kurzen Gleitstrecken. Lebt paarweise, jedoch oft recht große Ansammlungen, z. B. im Winter und im Zusammenhang mit Schlafplätzen oder reichhaltigem Nahrungsangebot. Neben dem bekannten rauen, lachenden Ruf verschiedene schmatzende und klagende Laute; Gesang mit zirpenden und zwitschernden Tönen. **J**

Unglückshäher
Haube gelupft
Eichelhäher
Blauelster
Elster

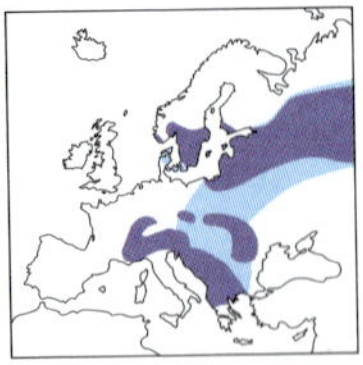
Tannenhäher

Tannenhäher ***Nucifraga caryocatactes*** L 33. Spärlicher Brutvogel der Gebirge Mitteleuropas, in Fennoskandien und Russland auch im Tiefland in Nadelwäldern mit Arven und Haselnusssträuchern. (Versteckt im Herbst Vorräte.) Am Brutplatz scheu. Fällt der Samen- und Nüsseertrag mager aus, kann es zu Evasionen der dickschnäbligen europäischen, aber auch der dünnschnäbligen sibirischen Unterart *N. c. macrorhynchos* kommen. Solche Vögel sind oft recht zutraulich und können Gärten besuchen. Dunkel*braunes, weiß gefllecktes Gefieder* und charakteristische Flugsilhouette mit aufwärts gehaltenem Körper, kurzem Schwanz und gerundeten Flügeln. Dunkle Schwanzbasis kontrastiert mit *Weiß von Schwanzspitze, Steiß und Unterschwanzdecken.* Flug erinnert an Eichelhäher. Ruf hart und rollender als Rabenkrähe »krrrrääh«, aber auch harte, dumpfe und trockene Töne. **JW**

Alpenkrähe

Alpenkrähe ***Pyrrhocorax pyrrhocorax*** L 40. Brütet in Gebirgen und entlang felsiger Steilküsten in S- und W-Europa. *Schimmernd schwarz* mit *langem, gebogenem roten Schnabel.* Jungvögel mit bräunlichgelbem Schnabel. Die Flügel mit kurzem Arm und langer Hand sind breit und haben 6 deutlich gespreizte Finger (viel deutlicher als bei Alpendohle). Schwanz relativ kurz und rechteckig »abgeschnitten«. Die schwarzen Unterflügeldecken dunkler als die Schwungfedern. Veranstaltet oft gruppenweise »Flugschauen« im Aufwind vor Steilwänden. Überragender Flugakrobat, stürzt sich kopfüber in halsbrecherischer Geschwindigkeit in die Tiefe. Ruf charakteristisch »tjiach«, ähnlich Dohle, aber erheblich rauer, »saftiger« und schärfer. **J** in der S-Schweiz

Alpendohle

Alpendohle ***Pyrrhocorax graculus*** L 38. Brütet in Hochgebirgen Mittel- und S-Europas bis zur Schneegrenze. Oft sind Gruppen über den Gipfeln kreisend oder bei der Nahrungssuche auf alpinen Wiesen zu sehen – weit oberhalb des Lebensraums der Dohle. Kann im Winter in Dörfern der Tallagen, aber auch dann noch an den obersten Bergstationen der Skigebiete angetroffen werden. Nistet kolonieweise in Felsspalten und Höhlen. Ähnelt der Alpenkrähe sehr, jedoch kürzerer, *gelber Schnabel,* nicht so glänzendes Gefieder, entschieden *weniger gefingerte Flügelspitzen* und *längerer Schwanz.* Rosa Beine (Jungvögel dunkler). Man beachte, dass junge Alpenkrähen auch einen gelben (bräunlich getönten) Schnabel zeigen. Auch auf die Ferne von der Dohle durch stärker gefingerte Flügelspitzen, etwas längeren, schmaler angesetzten Schwanz sowie (bei günstigen Lichtverhältnissen sichtbare) schwarze Unterflügeldecken (deutlich dunkler als die grauen Schwingen – bei Dohlen Unterflügel gleichmäßig grau) zu unterscheiden. Häufigster Ruf eigen- und einzigartig, ein reines, durchdringendes »**zii**-eh« (scharf anhebend, dann wimmernd). Außerdem ein rollendes »krrrü« (etwas wie lärmender Jungstar in der Nesthöhle). Beide Rufe mit einem elektrischen Knistern, wie wenn man einen Stein auf eine dünne Eisfläche wirft. Andere Rufe ähneln mehr denen der Alpenkrähe. **J**

Dohle

Dohle ***Corvus monedula*** L 33. Brütet häufig in der Kulturlandschaft, in älteren Laubwäldern, Städten, felsigen Gebirgen und an Steilküsten. Nistet (mit einer Neigung zur Koloniebildung) in Baumhöhlen, Steilwänden, Kirchtürmen und ähnlichen Bauwerken. Schwarz mit *grauem Nacken* und *silbergrauer Iris.* Flug kraftvoll und schnell, stets rascher und mit tieferen Flügelschlägen als Rabenkrähe, kann gelegentlich sogar an eine Taube erinnern. Sehr gesellig, fast immer paarweise oder in Trupps; Paarbindung auch innerhalb von Gruppen auffällig, die selbst schon enger zusammenhalten als etwa solche der Rabenkrähe. Sucht auf Feldern nach Nahrung, oft zusammen mit anderen Krähenarten und Staren. Sammeln sich im Herbst in ausgewählten Ortschaften an Schlafplätzen, die sie in der Abenddämmerung in Masseneinflügen unter geräuschvollem Gegackel aufsuchen. Ruf gewöhnlich laut kreischend nasal »kjä« und gedehnter »kjaar«. Vor Greifvögeln warnen sie heiser »tjäähr«. **J**

Tannenhäher
juv.
adult
Alpenkrähe
Alpendohle
Dohle

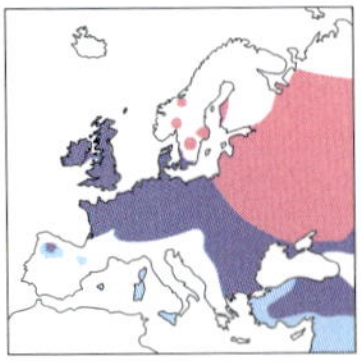

Saatkrähe

Saatkrähe *Corvus frugilegus* L 46. Typischer Vogel in Niederungen, wo sie kolonieweise in Baumgruppen und Wäldern brütet. Nester dicht nebeneinander in den Baumkronen. Das ganze Jahr über gesellig. Sucht in Gruppen auf Feldern nach Nahrung und vollführt gruppenweise Flugspiele über der Brutkolonie. Schwarzes Gefieder mit violettem Glanz, relativ langer, sich gleichmäßig verjüngender Schnabel sowie bei Altvögeln ein kennzeichnender *heller, unbefiederter Bereich um die Unterschnabelbasis.* Etwas zugespitzter Scheitel und buschige Hosen gewöhnlich, aber nicht immer auffallend. Flügel ein wenig länger und schmaler als bei Rabenkrähe, Flug eleganter mit etwas tieferen, elastischeren Flügelschlägen; segelt auch mehr. Jungvögel matter und ohne nackte Stelle am Schnabelgrund (kann Befiederung bis zum Alter von 1 Jahr behalten) und daher der Rabenkrähe äußerst ähnlich. Durch Schnabelform, aufgehellten Schnabelwinkel sowie Rufe jedoch zu unterscheiden (Unterschiede im Flugverhalten sind im Falle von einzelnen Individuen schwer einzuschätzen). Ruf nasaler und heiserer als Rabenkrähe, nicht so frei heraus, rau und rollend »gääh«. **JZW**

Rabenkrähe

Rabenkrähe *Corvus corone* L 46, S 85. Häufig in Mittel- und W-Europa in offenen Landschaften, auch in Dörfern und Städten. Baut ein offenes Reisignest in der Krone eines Baumes, gut versteckt und nicht so exponiert wie Elster. Sehr territorial, brütet nie in Kolonien. Schwarz mit *leicht bläulichem Glanz.* Von der Saatkrähe durch befiederten Schnabelgrund (junge Saatkrähen zeigen diesen allerdings auch), *gedrungeneren Schnabel,* der *zur Spitze hin stärker abwärts gebogen* ist, und durch viel raueren, weniger nasal krähenden Ruf zu unterscheiden. *Schnabelwinkel stets schwarz.* Keine Hosen. *Schwanz etwas kürzer und an der Spitze nicht so gerundet.* Handflügel etwas kürzer als bei Saatkrähe. Flügelschläge weniger engagiert und elastisch, eher beiläufig. Vom Kolkraben durch geringere Größe, kleineren Schnabel und eckigen Schwanz unterschieden. Sammelt sich außerhalb der Brutzeit in Scharen zur Nahrungssuche und an den Schlafplätzen. Omnivor, im Sommer Nesträuber, frisst aber auch oft Abfälle und Aas. Ruf oft mehrmals wiederholt, buchstäblich krähend »krraa«. Bei Streitereien mit Artgenossen, aber auch wenn sie vor »harmloseren« Greifvögeln warnt, anhaltend, schnarrend »krrrr«. Größere Greifvögel werden mit wütenden »krraa«-Rufen bedacht. **J**

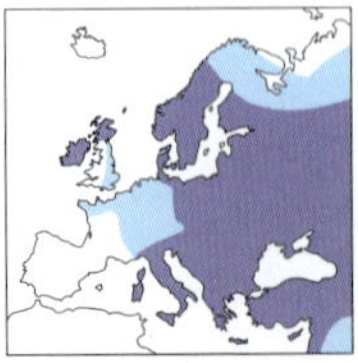

Nebelkrähe

Nebelkrähe *Corvus cornix* L 46. Diese grau und schwarze Krähe v.a. der östlichen Hälfte Europas ist eng mit der Rabenkrähe verwandt, wird aber inzwischen als eigene Art geführt. Brütet häufig, aber in Einzelpaaren in der Kulturlandschaft. Wachsam, an Menschen gewöhnt. Leicht an grauschwarzem Gefieder zu erkennen. Gleicht im Verhalten der Rabenkrähe, mit der sie sich in der Kontaktzone ihrer Verbreitungsgebiete vergesellschaftet und auch mischt. Flug wie Rabenkrähe, einzeln oder in lockeren Verbänden. Stimme wie Rabenkrähe. **JW**

Kolkrabe

Kolkrabe *Corvus corax* L 65, S 125. Brütet an Felsküsten, im Gebirge und in ausgedehnten Waldgebieten. Paare unterhalten lebenslange Partnerschaft. Auch außerhalb der Brutzeit oft paarweise anzutreffen. Kann sich aber auch in recht großen Gruppen versammeln. Nest auf Felsband oder Baum. Frühbrüter, der oft bereits im Feb./März »loslegt«. Ernährt sich von Kleintieren, Gammelfleisch und Abfall. Streift weiträumig umher, besucht Müllkippen, Schlachthäuser usw. *Größter* Singvogel, größer als Mäusebussard. *Gänzlich schwarzes Gefieder,* mächtiger Schnabel und *langer, keilförmiger Schwanz* unterscheiden ihn von den kleineren Krähenarten. Flug mit gemessenen, aber sehr fördernden Flügelschlägen. Kreist häufiger als andere Krähen. Kann mit Greifvögeln verwechselt werden, hält jedoch seine Flügel niemals angehoben beim Kreisen. Vollführt auch im normalen Streckenflug oft »übermütige« Halbrollen. Scheu und wachsam. Ruf tief und volltönend »korrp«; Warnt »krack-krack-krack«. Im Frühjahr verschiedene glucksende Laute. **J**

Saatkrähe
juv.
Rabenkrähe
Nebelkrähe
Kolkrabe

Sperlinge (Familie Passeridae)

Kleine, dickschnäblige Vögel, untersetzter als die meisten Singvögel. Bei einigen Arten gleichen sich die Geschlechter. Gesellig, brüten meist kolonieweise. Nahrungssuche am Boden. Nisten in Höhlen oder bauen überdachtes Nest. 4–8 Eier. Der Schneesperling gehört zur Familie, wird aber mit der Schneeammer auf S. 296 behandelt.

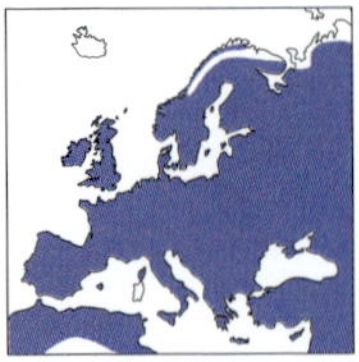

Haussperling

Haussperling *Passer domesticus* L 14,5. Eng mit menschlichen Ansiedlungen verbunden. Ausgesprochener Standvogel. Hat in den letzten Jahrzehnten stark abgenommen. Gesellig. Nistet unter Dachvorsprüngen, in Mauernischen usw. (baut auch im Freien ein großes, überdachtes Nest). Sammelt sich in lärmenden Gruppen in Hecken und Büschen. ♂♂ bei genauerem Hinsehen sehr hübsch: *Scheitel und Bürzel grau, »Schläfen« kastanienbraun, großer schwarzer Kehllatz.* ♀♀ und Jungvögel mehr einfarbig lehmfarben-graubraun, jedoch gelbbrauner Streif hinter dem Auge. Rufe rollend oder etwas unrein »tschilp«, »tschef«, »tschürp« usw. Warnt ungehobelt ratternd »tscherrrr-r-r-r«, zum Ende hin verlangsamt. Gesang besteht aus »tschilp«-Rufen, die beherzt in verschiedenen Tonhöhen aneinandergereiht werden. **J**

Italiensperling *Passer italiae* L 14,5. Eine bis zuletzt umstrittene Sperlingsform, die in der Schweiz, N- und Mittelitalien, auf Korsika und Kreta zu Hause ist und mal als Unterart des Haussperlings, mal als eine des Weidensperlings oder als stabile Mischpopulation angesehen wird. Das ♂ teilt mit dem Weidensperling den *völlig kastanienbraunen Scheitel,* unterseits aber mehr wie Haussperling mit *reiner weißen Wangen.* Verhalten und Rufe wie Haussperling. **BJ** in der S-Schweiz

Weidensperling

Weidensperling *Passer hispaniolensis* L 14,5. Auf der Iberischen Halbinsel, in N-Afrika und lokal auf Sardinien, in SO-Europa und der Türkei sehr häufig. Brütet in Kolonien in Bäumen in offenen Kulturlandschaften, oft in vom Wind umgeworfenen Bäumen, flussnahen Pappeln usw. Legt sein Nest auch gern in Storchennestern an. Teilzieher, wenigstens im nördlichen Teil des Verbreitungsgebiets; große Scharen können zur Zugzeit beobachtet werden. ♂♂ von denen des Haussperlings leicht an *größerem Kehllatz, schwarzer Flankenstrichelung, viel Schwarz auf dem Rücken* und *weißlichen Wangen* sowie gänzlich *kastanienbraunem Scheitel* zu unterscheiden. Kurzer *weißer Überaugenstreif.* Ausdehnung des Schwarz variiert, die meisten sind viel schwärzer als Italiensperlinge. ♀♀ und Jungvögel oft kaum von Haussperlingen zu unterscheiden, haben jedoch im Schnitt etwas deutlicher gezeichnete graue Strichel auf den Flanken, etwas stärkere Schnäbel und einen weißeren Bauch. Rufe und Gesang wie Haussperling, nur ein bisschen lauter und tiefer.

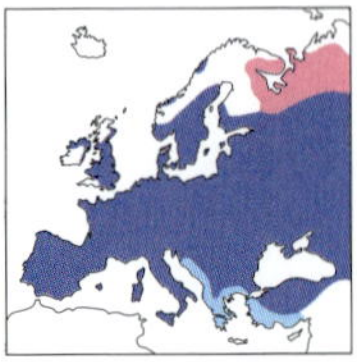

Feldsperling

Feldsperling *Passer montanus* L 14. Brütet in Parks, Gärten und baumbestandener Kulturlandschaft. Weniger an den Menschen gebunden als Haussperling. Nistet in Baumhöhlen oder Häusern, auch in Nistkästen. Kleiner und schlanker als Haussperling. *Weinrot-brauner Scheitel, kleiner Kehllatz* und *kleiner, schwarzer Fleck auf weißlicher Wange.* Ansatz zu einem weißlichen Halsband. Geschlechter gleich. Einige Rufe wie bei Haussperling, andere charakteristischer wie ein etwas nasales, 2-silbiges »tsu**witt**« und ein trockenes »tett«, im Flug oft zu kurzen Serien »tett-ett-ett-ett« ausgebaut. Gesang ein gereihtes Schilpen. **J**

Steinsperling

Steinsperling *Petronia petronia* L 16. Brütet in S-Europa lokal in felsigem Gelände. Nistet gelegentlich in Ruinen oder in hohlen Bäumen. Ähnelt Haussperlings-♀ mit seinem *breiten, hellen Überaugenstreif,* hat jedoch einen *hellen Scheitelstreif* und *weißliche Steuerfederspitzen* (fallen besonders im Flug auf). *Unterschnabel hell mit dunkler Spitze.* Kleiner, gelber Brustfleck nicht sehr auffällig und meist nur zu sehen, wenn das Gefieder aufgeplustert wird. Noch aktiver als Haussperling. Gewöhnlich in kleinen Trupps anzutreffen. Verschiedene kurze Rufe wie »wüitt« und »**dli**jo«. Gesang umfasst ein charakteristisches, sehr liebliches »pi**üü**-ii«.

Haussperling
♀
♂
Italien-
sperling
♂
Weidensperling
♂
♀
Feldsperling
juv.
Steinsperling

Finken (Familie Fringillidae)

Finken sind klein mit kurzen, kräftigen Schnäbeln. Körnerfresser. Besonders ♂♂ oft leuchtend gefärbt. Nisten in Bäumen, Sträuchern usw. Bauen napfförmige Nester. 3–6 Eier.

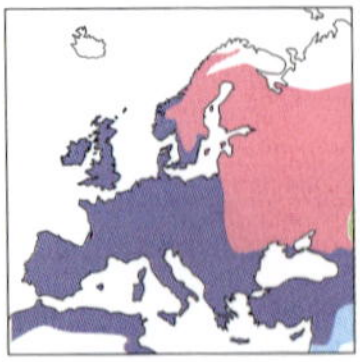

Buchfink

Buchfink ***Fringilla coelebs*** L 15. Einer der häufigsten Vögel Europas. Nistet in Laub- und Nadelwäldern, in Gärten und Parks. Nest meistens in einer Astgabel, kunstvoll gebaut und mit Moos und Flechten gut getarnt. Im Norden und Nordosten Zugvogel. Im Winter häufig in Trupps auf Feldern. Sehr von Buchenwäldern angezogen. ♂ auffällig gefärbt, ♀ und Jungvögel stumpf graubraun mit grünlicher Tönung. Alle haben deutliche *weiße Flügelbinden,* Weiß auf den äußeren Steuerfedern und einen grünlichen Bürzel. Einer der eifrigsten Sänger im Wald. Der von einer gut sichtbaren Warte aus vorgetragene Gesang ist laut und volltönend, kurz, aber kraftvoll (und in der Tonlage abfallend) schmetternd, um in einem Schnörkel zu enden, z.B. »zitt-zitt-zitt-zitt-sett-sett-sett-tjatt-tjiteriidia«; gelegentlich wird der Endschnörkel um ein spechtartiges »kick« ergänzt. Wiederholt auch oft einen lauten Ruf, der geografisch variiert: »hüitt« in N-Europa, »rrhü« in Mitteleuropa (auch als »Regenruf« bezeichnet) und in S-Europa »hiit« (wie der Warnruf des Sprossers). Warnt ungeduldig wiederholt »fink« (Name!). Flugruf ein kurzes, leises »jupp, jupp«. **JZW**

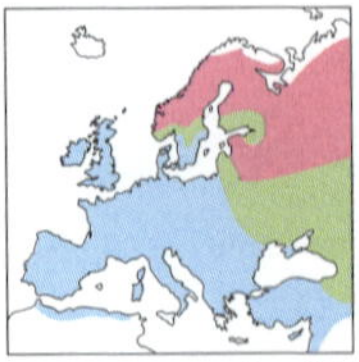

Bergfink

Bergfink ***Fringilla montifringilla*** L 15. Häufiger Brutvogel der Taiga und subalpiner Birkenwälder Skandinaviens und N-Russlands. Auf dem Zug und im Winter in Wäldern, Parks, Gärten und auf Feldern, normalerweise in Trupps, die enger zusammenhalten als die ziehender Buchfinken, mit welchen er oft vergesellschaftet ist. *Weißer Bürzel, dunkler Rücken* und *weiße Flügelbinden.* In Evasionsjahren können Scharen mit Tausenden, ja Millionen Vögeln in Buchenwaldgebieten auftauchen – Bucheckern sind ihre Vorzugsnahrung. Gesang ein monoton wiederholtes, rollendes und schnarrendes »rrrrhüh« (hört sich aus der Ferne etwas an wie eine Kreissäge). Singt von exponierter Warte aus. Flugruf »jäck, jäck« wie Buchfink, aber nasaler und etwas härter. Warnt am Brutplatz fein und klar »slitt, slitt«. **ZW**

Gimpel

Gimpel juv.

Gimpel ***Pyrrhula pyrrhula*** L 16. Brütet recht häufig in Laub- und Nadelwäldern, auch in Gärten und Obstplantagen. *Unterseite beim ♂ rot,* gräulichbraun beim ♀. Beide haben eine *schwarze Kappe,* grauen Rücken, *weißen Bürzel* und eine *weiße Binde auf schwarzem Flügel.* Schnabel kurz und kräftig. Jungvögel hellbraun, ohne Schwarz im Gesicht. Ruhig und unauffällig. Im Winter manchmal in kleinen Trupps, im Sommer sehr scheu und zurückgezogen. Frisst Beeren, Knospen und Sämereien. Ruf weich, schwermütig, melodisch »püh«; beim Sitzen ein mehr abwärts moduliertes »pjüh-u«. Einige nordöstliche Vögel (aus Finnland und Russland?) rufen statt »püh« nasal, surrend, wie aus einer Spielzeugtrompete. Gesang leise, unmelodisch: Rufe mit flötenden Tönen gemischt, dabei oft 2 »püh«-Rufe in rascher Folge. **JZW**

Kernbeißer

Kernbeißer ***Coccothraustes coccothraustes*** L 18. Brütet spärlich in Laub- und Mischwäldern. Kirschkerne knackt er lässig mit seinem kolossalen Schnabel. Bucheckern bilden ebenfalls eine beliebte Kost. Leicht zu übersehen, da scheu, relativ schweigsam und zumeist weit oben im Blätterdach unterwegs. Sehr *großer, mächtiger Schnabel* (in der Brutzeit blaugrau, sonst gelblichweiß), kurzer Schwanz und *breite, weiße Flügelbinde.* ♀♀ im Wesentlichen wie ♂♂, haben aber am angelegten Flügel ein hellgraues Armschwingenfeld, sind weniger intensiv und warm gefärbt. Außer den weißen Feldern auf Flügeln und Schwanz sind Jungvögel einfach gelblichbraune Vögel (denen z.B. die schwarze Gesichtszeichnung der Altvögel abgeht). Geschlechtsbestimmung anhand der Armflügelzeichnung möglich. Rufe metallisch, sehr hart »picks!«, ein amselartiges »srrii« sowie ein raues »tschi«. Gesang besteht aus leisen, gequetschten, mit den Rufen kombinierten »zih«-Lauten. **JW**

♂ Winter
♂
Buchfink
♀
♂ Sommer
♀
♂ Sommer
Bergfink
♂
Winter
♂
♂
Gimpel
♀
♂
♂
adult
Kernbeißer
juv.

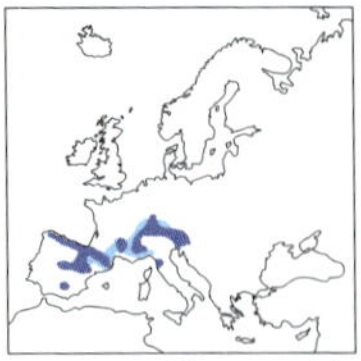
Zitronenzeisig

Zitronenzeisig ***Serinus citrinella*** L 12. Brütet in Mittel- und SW-Europa in Gebirgen mit Nadelwäldern. Von Fichtensamen abhängig, sucht aber auch auf alpinen Wiesen Löwenzahnsamen. Steigt im Winter in niedrigere Lagen ab. *Unterseite und Bürzel* der Altvögel *ungestreift grünlichgelb, Rücken* ebenfalls *ungestreift*, aber *graugrün, gelbliche Flügelbinden* und aschgrauer Nacken. Jungvögel brauner mit gelbem Anflug auf dem Bauch und stark gestreift. Gewöhnlich in Trupps. Ruf schnell, tremolierend, nasal »tetete« oder einfach »te«. Auch eher erlenzeisigartige Rufe. Warnt nachdrücklich, heiser »t**i**hah«. Gesang schnell, zwitschernd, an Gesang des Grünfinken erinnernd und oft im Singflug vorgetragen. **JZ**

Korsengirlitz

Korsenzeisig ***Serinus (citrinella) corsicanus*** (nicht abgebildet) L 12. Bis vor Kurzem als Unterart des Zitronenzeisig angesehen, nun oft als eigene Art anerkannt. Als Standvogel auf Korsika und Sardinien beschränkt, in Wacholdersträuchern und Heiden, im Gebirge, aber auch in tieferen Lagen. Dem Zitronenzeisig sehr ähnlich, jedoch *fahlbrauner Rücken mit verwaschener, dunkler Strichelung*. Gesicht und Unterseite des ♂ etwas gelber, nicht so grün getönt wie bei Zitronenzeisig. Ruft wie dieser, Gesang jedoch strukturierter, ein wenig wie Zaunkönig.

Girlitz

Girlitz ***Serinus serinus*** L 11. In Mittel- und S-Europa häufig, weiter nördlich unregelmäßiger Brutvogel. In Parks, Nadelwaldgebieten, Gärten und oft auch in Städten anzutreffen. Gestreiftes Gefieder, *Unterseite und Bürzel weitgehend gelb*. Wenn im Sommer die Federränder abgenutzt sind, kann der Kopf fast gänzlich gelb aussehen. Jungvögel gestreift, es fehlt ihnen aber das Gelb, sodass sie leichter an der *geringen Größe* und dem sehr *kurzen Schnabel* zu erkennen sind. Sucht oft am Boden Nahrung. Häufiger Ruf ein hohes, metallisches Zwitschern »gir-r-litz«. Gesang ein klingelndes, schilpendes und raues Zwitschern in schnellem Tempo, häufig von hoher, exponierter Warte oder aus grünfinkartigem Singflug mit verzögerten Flügelschlägen vorgetragen. **BZ**

Grünfink

Grünfink ***Carduelis chloris*** L 14,5. Brütet recht häufig in offener Kulturlandschaft mit trockenen, verbuschten Abschnitten, auch in Gärten und Parks. Regelmäßiger Gast an Winterfütterungen. Adulte ♂♂ unterseits *hübsch gelblichgrün*, oberseits olivgrün (Farben im Sommer am leuchtendsten). ♀♀ etwas matter und eher gräulichgrün, Jungvögel gräulichgrün und -braun *gestreift*. In allen Kleidern ist leuchtendes Gelb auf äußeren Steuerfedern und Handschwingenrändern kennzeichnend. Stämmig gebaut, mit *recht großem Kopf und kräftigem Schnabel*. Flug schnell, in weiteren und tieferen Wellen als etwa Buchfink. Flugruf ein rasches, rollendes »djüp-rüp-**rüp**« oder bloß kurze »jüpp«-Töne, nachdrücklicher als beim Buchfink. Sitzend warnt er häufig etwas heiser und kanarienvogelartig »**djü**wi«. Von erhöhter Warte (Baumspitze, Fernsehantenne) oder aus schmetterlingshaftem Singflug gibt er lautstark trillernd seinen Gesang von sich. Eine der Varianten ist ein lautes, gedehntes, krächzendes »dschrüüüjuh« (entfernt an Bergfinkengesang erinnernd). **J**

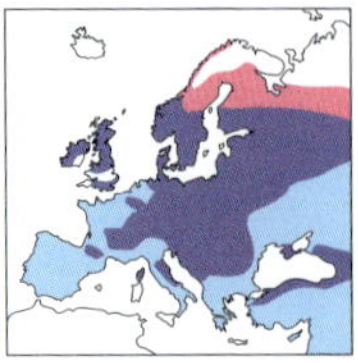
Erlenzeisig

Erlenzeisig ***Carduelis spinus*** L 12. Brütet recht häufig, aber lokal in Nadelwäldern, besonders in alten Fichtenwäldern. Bestandszahlen von der Samenmast abhängig. *Grünlich und gestreift* mit gelben Schwanzseiten und Flügelbinden. ♂ mit schwarzer Stirn und ebensolchem Kinnfleck. Außerhalb der Brutzeit in eng zusammenhaltenden Trupps, denen sich oft Birkenzeisige zugesellen. Bei der Nahrungssuche schweigsam, kopfüber im Birken- und Erlengeäst hängend, um dann plötzlich unter surrendem Gezwitscher in dichtem Schwarm zu einem kurzen Rundflug zu starten. Besucht im Winter immer wieder Gärten mit Erdnussspendern. Flug leicht in langen, tiefen Wellen. Ruf gezogen, rein und wehmütig »tlu**ii**« oder »**tlii**-ö« sowie trocken »tetete«. Gesang ein schnelles, zwitscherndes Schwätzen, das in einem erstickten, schnurrenden Laut ausklingt. Vollführt auch Singflüge. **JZW**

juv.
♂
Zitronenzeisig
adult
♂
Girlitz
♀
♂
♂
♀
Grünfink
♂
Grünfink, Balzflug
♂
♂
Erlenzeisig
♀

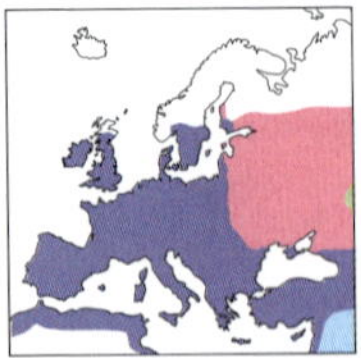

Stieglitz

Stieglitz *Carduelis carduelis* L 14. Brütet ziemlich häufig in offenem Gelände mit Anschluss an Wälder, auch in Parks und Gärten zu beobachten. In der Brutzeit leicht zu übersehen. Altvögel sofort an *rotem Gesicht* mit Weiß und Schwarz am übrigen Kopf zu erkennen. Flügel schwarz mit breitem, leuchtend gelbem Band, das besonders im Flug auffällt. *Bürzel weißlich.* Geschlechter im Feld nicht zu unterscheiden. Flügel- und Schwanzfedern der Jungvögel wie bei den alten (breite gelbe Binde leuchtend auf dem Außenflügel), ansonsten aber wenig aufregend graubraun mit dunkler Streifung. Das Kopfgefieder wird zuletzt vermausert. Außerhalb der Brutzeit gesellig und oft in kleinen Trupps auftretend. Auf Distelsamen spezialisiert, daher im Herbst und Winter gewöhnlich auf offenem, wildwüchsigem Wiesengelände mit vielen Disteln anzutreffen. Ruf kennzeichnend scharf und hoch »stige**litt**« (Name!), dazu kratzende uferschwalbenähnliche Rufe aus größeren Trupps. Gesang ähnelt dem von Grünfink und Erlenzeisig, zu unterscheiden an den eingeflochtenen Rufen sowie dem wohlklingenden miauenden Klang. **JZW**

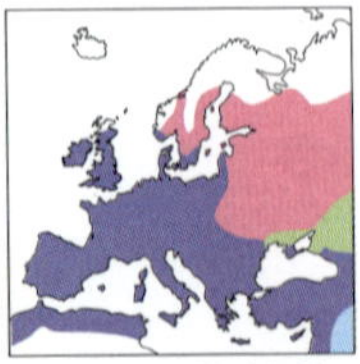

Bluthänfling

Bluthänfling *Carduelis cannabina* L 13. Brütet häufig in Heiden und offenen Landschaften mit Hecken und Buschwerk, in Parks und Gärten. Sehr oft paarweise anzutreffen. Sammelt sich im Spätsommer zu großen Schwärmen auf erntebereiten Rapsfeldern, Stoppelfeldern usw., oft zusammen mit Grünfinken. Bluthänflinge sind recht kleine Vögel. ♂♂ an *grauem Kopf, Himbeerrot auf Brust und Stirn, haselnussbraunem Rücken* sowie weißen Handschwingen- und Steuerfederkanten zu erkennen. Schnabel grau. Im Herbst ist das Rot durch matte Federränder abgeschwächt. ♀♀ und Jungvögeln fehlt das Rot, sie haben eine gestreifte Brust, weniger klare Farben und sind daher mit dem Berghänfling zu verwechseln. Das Risiko besteht aber eigentlich nur im Herbst und Winter, und dann verrät der dunkle Schnabel den Bluthänfling sogleich. Auch sind die *weißen Federränder der Handschwingen viel auffälliger,* während Flügelbinden praktisch fehlen, die Streifung auf Rücken und Brust ist schwächer und die *Kehle gräulichweiß* (mit feiner Strichelung im Zentrum) statt (ungestreift) gelblichbraun. Außerdem zeichnet beide Geschlechter ein insgesamt eigentümlicher Gesichtsausdruck aus, der von dem hellen Bereich mitten auf der dunkleren Wange herrührt. Sehr stimmfreudig, verfügt über ein reiches Ruferepertoire. Flugruf ziemlich nasal gequetscht »knet-**itt**« oder einfach »tett«, gelegentlich kombiniert mit kurzen Trillern oder dünnem, weichem Flöten, z. B. »piuuu«, »trrrüh« und »tu-ki-jüü«. Äußert von gut sichtbarer Warte sehr abwechslungsreiche, wohlklingende zwitschernde Strophen. **BZ**

Berghänfling

Berghänfling *Carduelis flavirostris* L 13. Brütet in Hochlandmooren, auch küstennah. Im Winter auf Niederungen, Müllplätzen, an flachen Küsten und ähnlichen Orten, wo er truppweise zwischen Wildkräutern Nahrung sucht. Furchtlos, aber rastlos und daher schwer zu beobachten, fliegt oft weit davon. Ähnelt auf den ersten Blick am meisten Birkenzeisig und Bluthänfling. Oft mit beiden Arten vergesellschaftet. Im Vergleich zum Birkenzeisig längerer Schwanz, stärker *gelblichbraun in der Tönung* und *ohne dunkle Bereiche auf Stirn und Kehle;* ähnelt Bluthänflings-♀, hat jedoch *leuchtend gelben Schnabel* (im Sommer graubraun wie beim Haussperlings-♀), Wangen und Brust gelber braun, *Kehle ungezeichnet gelbbraun* (nicht weißlich und gestreift), Flügel mit einer hellen Binde (wie beim Birkenzeisig, gebildet von den Spitzen der Großen Armdecken), nicht so viel Weiß auf den äußeren Handschwingen wie Bluthänfling. Beine schwarz. ♂♂ mit rosa Bürzel, im Feld schwer auszumachen, besonders im Herbst und Winter, wenn helle Federsäume den Eindruck verwischen. Häufigster Ruf ein nasales, heiseres, aber feines »tweeiht«, das besonders aus großen Trupps zu hören ist. Auch eher schwätzende Laute wie »jätt, jätt«, das irgendwie bzw. irgendwo zwischen Birkenzeisig, Bergfink, Bluthänfling und Grünfink angesiedelt, aber doch sehr bezeichnend ist. Gesang schwätzend mit eingeflochtenen Rufen. **W**

Stieglitz

Bluthänfling

Berghänfling

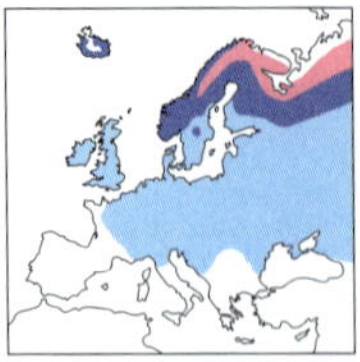
(Taiga-)Birkenzeisig

(Taiga-)Birkenzeisig ***Carduelis (flammea) flammea*** L 12,5. Brütet in der subalpinen Birkenzone N-Europas, besucht auch Nadelwälder. Von Birkensamen abhängig, kann es im Winter zu umfänglichen Wanderungen nach Süden kommen. Kleiner Fink mit *vorwiegend grauem Gefieder* (im Herbst wärmer bräunlich). Von anderen Arten durch *roten Vorderscheitel* und *kleinen schwarzen Kinnfleck* zu unterscheiden. Adulte ♂♂ auf Brust und Bürzel hellrot (im Sommer dunkler), Bürzel manchmal fast ungestreift. Eine große, dunkler braune und stark gestreifte Unterart *(C. f. rostrata)* brütet in Grönland. Gesellig, brütet häufig in lockeren Kolonien. Im Winter in dichten Trupps auf Birken und Erlen, auch auf Brachen mit Kräutern und Stauden Nahrung suchend. Ruf »tschett, tschett-tschett, tschett ...«, holprig mit metallischem Widerhall. Ein heiseres »djüih« wird oft eingeworfen. Fluggesang besteht aus dem Ruf, der mit einem langen, trocken trillernden Rasseln abwechselt: »tschett tschett tschett serrrrrrrr tschett tschett tschett ...«. **ZW**

Alpenbirkenzeisig

Alpenbirkenzeisig ***Carduelis (flammea) cabaret*** L 11,5. Eine kleinere Birkenzeisigform. Brütet in Großbritannien und Mitteleuropa östlich bis zu den Alpen; hat sich in den letzten Jahrzehnten nach S-Skandinavien ausgebreitet. In Wäldern und Baumgruppen in offenem Terrain sowie auf Küstenwiesen anzutreffen. *Kleiner, dunkler* und im frischen Gefieder *brauner* als (Taiga-)Birkenzeisig, außerdem *Strichelung von Oberseite und Flanken gewöhnlich stärker.* Typische Vögel können im Feld erkannt werden, viele sind jedoch vom (Taiga-)Birkenzeisig kaum zu unterscheiden. Stimme der des (Taiga-)Birkenzeisig sehr ähnlich. **BZW**

Polarbirkenzeisig

Polarbirkenzeisig ***Carduelis hornemanni*** L 12,5. Brütet spärlich in der subarktischen Region. Im Winter manchmal unter (Taiga-)Birkenzeisigen. Diesen sehr ähnlich. Unterscheidungsmerkmale sind *ungestreifter, weißer Bürzel* (besonders auffällig bei adulten ♂♂; Vögel im 1. Lebensjahr können undeutliche Bürzelstreifung zeigen), weniger und schmalere Strichel auf den Flanken und *hellerer Kopf* (im Herbst gelblichbraun) und Rücken. In der Regel kürzerer Schnabel, Unterschied aber subtil. Praktisch werden viele blasse Birkenzeisige unbestimmt bleiben müssen (sogar in der Hand kann es schwierig sein). Rufe ähnlich Alpenbirkenzeisig. **A**

Wüstengimpel

Wüstengimpel ***Bucanetes githagineus*** L 14. Nordafrikanische und westasiatische Art, auch in Spanien (Almeria). *Schnabel sehr kurz und stummelartig.* ♂♂ im Sommer bräunlichgrau mit *altrosa Anflug, hellroter Schnabel.* Im Winter mehr wie ♀♀, also etwas matter. Gesang ein eigenartig nasales, monotones und sehr lautes Tröten (»Wüstentrompeter«). **A**

Karmingimpel

Karmingimpel ***Carpodacus erythrinus*** L 14. Besiedelt Europa seit den 1950er-Jahren. Bewohnt Gebüschhabitate mit hohen Gräsern und eingestreuten Bäumen. Trifft erst spät im Frühjahr ein. Ausgefärbte ♂♂ im Brutkleid mit *Kopf, Brust und Bürzel in Karminrot.* ♀♀ und Jungvögel unscheinbar graubraun mit angedeuteter Streifung und undeutlichen Flügelbinden (vgl. ♀♀ von Haussperling und Bluthänfling). *Gedrungener, kräftiger Schnabel.* 1-jährige ♂♂ schreiten in ♀-farbenem Gefieder zur Brut. Gesang eine kurze, scharf geflötete Phrase »**wi**dje-wüj-**wii**dja« mit reiner, sanfter Stimme. Ruft mit der Gesangsstimme lebhaft und rein »wü**ih**«. Warnt fast grünfinkengleich »**djä**-i«. **BZ**

Hakengimpel

Hakengimpel ***Pinicola enucleator*** L 20. Brütet spärlich in der nördlichen Taiga bis hinauf in den subalpinen Birkenwald. Ernährt sich von Fichtenknospen, sucht am Boden hüpfend nach Beeren. ♂ karminrot, ♀ und Jungvögel senffarben und staubgrau, alle mit *2 deutlichen weißen Flügelbinden.* Zieht in manchem Winter in großen Zahlen nach Süden. Groß und robust, auffallend langschwänzig. Erinnert im Flug an eine kleine Wacholderdrossel, Flug jedoch stärker wellenförmig. Ruf kräftig flötend »pülii-**djih**, pülii-**djü**« oder gepresst »bütt, bütt«. Gesang rasche, kristallklare Serien, etwa wie Balzgesang des Bruchwasserläufers. **A**

♂
(Taiga-)Birkenzeisig
♂
Alpen-
birkenzeisig
Polarbirkenzeisig
♂
♀
♂ Winter
♀
Wüstengimpel
♂ Sommer
♀
(und immat. ♂)
Karmingimpel
♂
♀
♂
Hakengimpel

Kreuzschnäbel (Familie Fringillidae, Gattung *Loxia)*
Ernähren sich von Koniferensamen. Jede Art ist darauf spezialisiert, die Zapfen bestimmter Nadelbaumarten zu lösen und mit ihrem kräftigen, gekreuzten Schnabel aufzubrechen. Brutzeit auch bei strengen Frösten meist im Spätwinter, da die Samen dann reifen. Kreuzschnabelpopulationen führen ein Nomadenleben und lassen sich jeweils dort nieder, wo die Samenmast gerade reichlich ausfällt. In Jahren, in denen die Samenproduktion weiträumig ausfällt, kann es zu massenhaften Zugbewegungen kommen.

Schottischer Fichtenkreuzschnabel *Loxia (curvirostra) scotia* L 16,5. Standvogel in schottischen Kiefernwäldern. Der taxonomische Status als eigene Art wurde in Frage gestellt. Liegt hinsichtlich Maßen und Rufen intermediär zwischen Kiefernkreuzschnabel und Fichtenkreuzschnabel. Gefieder wie die beiden anderen Arten. Es ist oft unmöglich, ihn von seinen Verwandten zu unterscheiden.

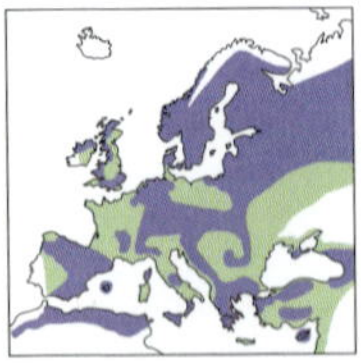
Fichtenkreuzschnabel

Fichtenkreuzschnabel *Loxia curvirostra* L 16. Fichtenzapfen-Spezialist, die Zahlen fluktuieren stark. In manchen Jahren zwingt der Mangel an Fichtensamen sie zur Wanderschaft. Können dann massenhaft weit außerhalb ihres normalen Verbreitungsgebiets auftauchen und müssen mit Notkost zurechtkommen, etwa Vogelbeeren. Brüten gewöhnlich bereits im Feb./März, selbst bei bitterster Kälte. Massenbewegungen können daher schon im Sommer ausgelöst werden. Außerhalb der Brutzeit ziehen sie in Trupps umher und rufen dabei ihr typisches, ungeduldiges, metallisch klingendes »kip-kip-...« (ähnlich Kiefernkreuzschnabel, siehe dort). Beim Fouragieren weniger auffällig, hangeln geschickt in den Fichten herum, flattern mit aus dem Schnabel hängenden Zapfen zu einer stabilen Unterlage und arbeiten dann emsig die Samen heraus; nur gedämpfte Rufe »tschück-tschück« und das Aufschlagen geleerter Zapfen sind zu hören. Gesang laut, aber zögerlich, dabei den Ruf immer wieder eingewoben »tschiri-tschiri tschüff glipp-glipp-glipp tschiri...«. ♂♂ rot, ♀♀ graugrün (gelblichgrün auf dem Bürzel), Jungvögel gräulich und deutlich gestreift. *Schnabel nicht so kräftig* wie bei Kiefernkreuzschnabel. **JZW**

Kiefernkreuzschnabel

Kiefernkreuzschnabel *Loxia pytyopsittacus* L 17. Spezialist für Kiefernzapfen, verbreitet durch den Nadelwaldgürtel, aber weniger zahlreich als Fichtenkreuzschnabel und auch nicht bekannt für so umfangreiche Evasionen. Farbverteilung wie bei Fichtenkreuzschnabel, *Schnabel aber deutlich kräftiger und an der Basis höher (Ober- und Unterschnabel stärker gerundet).* Rufe sehr ähnlich denen des Fichtenkreuzschnabels, aber verschiedene »Gemütslagen« drücken sich in verschiedenen Tonlagen, Lautstärken und Klangfarben aus, sodass es ein breites Spektrum gibt. Kiefernkreuzschnäbel liegen dabei durchgängig etwas tiefer als Fichtenkreuzschnäbel, doch überlappen die Lautspektren. Die meisten Rufe von aufgeregten oder fliegenden Trupps verraten dem geübten Ohr die Art, wobei der Kiefernkreuzschnabel mit seinem »tüpp tüpp« tiefer und rauer klingt, nicht so hoch, metallisch und zügig wie das »kip kip« des Fichtenkreuzschnabels. Fichtenkreuzschnabel warnt »tschück-tschück« (ziemlich tief), Kiefernkreuzschnabel »tschöck-tschöck« (tiefer und sehr hart). Gesang ähnelt dem des Fichtenkreuzschnabels. **A**

Bindenkreuzschnabel

Bindenkreuzschnabel *Loxia leucoptera* L 15. Lärchenzapfen-Spezialist, kommt aber auch mit Fichtenzapfen zurecht. In W-Europa seltener Ausnahmegast aus dem Nordosten, in manchen Wintern in größerer Zahl. Neben Lärchen und Fichten plündert er auch oft Ebereschen. Kleiner als Fichtenkreuzschnabel und mit etwas schwächerem Schnabel. *2 breite weiße Flügelbinden* (bei Jungvögeln etwas schmaler). ♂ *kräftiger und reiner rot* gefärbt als Fichtenkreuzschnabel. Flugruf etwas gebrochen, trocken »tjäck-tjäck«, an Birkenzeisig erinnernd. Warnruf und bei Erregung artspezifisch matt, gebrochen, nasal »äääp«. Gesang verhältnismäßig lang und abwechslungsreich, mit eingestreuten Rufen. **A**

Schottischer
Fichtenkreuzschnabel
♂
juv.
Fichtenkreuzschnabel
♂
♀
♀
Kiefernkreuzschnabel
♂
juv.
Bindenkreuzschnabel
♀
♂
juv.

Ammern (Familie Emberizidae)

Ammern sind recht kleine Vögel mit kurzen, dicken Schnäbeln, die leicht S-förmige Schneidekanten aufweisen. Bewohnen offene Landschaften mit Büschen, Hecken und Gehölzreihen, aber auch hoch gelegene Moore sowie Weiden- und Schilfdickichte. Allein die Wald- und vielleicht noch die Zwergammer gehen in geschlossenere Waldkomplexe. Machen im Frühjahr und Sommer durch ihre artspezifischen Gesänge auf sich aufmerksam. ♂♂ mit auffälligerem Gefieder als ♀♀. Jungvögel ähneln ♀♀, sind jedoch matter und stärker gestreift (vgl. S. 298–299). Bei einigen Arten gleichen sich die Geschlechter. Außerhalb der Brutzeit oft in Trupps. Ernähren sich vornehmlich von Sämereien, Nestlinge werden oft mit Insektenlarven u. Ä. gefüttert. Nest am Boden oder in Büschen. 3–6 Eier.

Grauammer

Grauammer ***Emberiza calandra*** L 18. Brütet in Mittel- und S-Europa in offenen Kulturlandschaften, in S-Europa auch an trockenen Berghängen ohne höhere Vegetation. Deutlicher Rückgang in den nördlichen Teilen ihres Brutgebiets. Die meisten ♂♂ sind polygam. Außerhalb der Brutzeit in Trupps. *Graubraun* und *stark gestreift,* ansonsten ohne besonders hervorstechende Merkmale. Kehlstrichelung geht oft über in einen *dunklen Fleck an den Seiten* oder in der Mitte. Kein Weiß an den Schwanzkanten. Beine gelbrosa. Geschlechter gleich. Gestalt *massig.* Fliegt schwerfällig. Auch auf große Entfernung im Flug leicht von der Feldlerche zu unterscheiden, allein schon durch das *Fehlen eines hellen Flügelhinterrands.* Lässt beim Fliegen oft die *Füße baumeln.* Ruf hart, scharf, beinahe schmatzend »tick«, auch laut, hart und raspelnd, anhaltend wiederholt »tsrrii«. Singt gewöhnlich von gut sichtbarer Warte, oft von Telegrafendrähten. Gesang metallisch, ein monoton wiederholter, ansteigender dissonant zwitschernder Klang »tück tück zick zik-zii-zrissississ«. **BJZ**

Zwergammer

Zwergammer ***Emberiza pusilla*** L 13. Brütet im hohen Nordosten Europas, darunter in N-Finnland, westlich davon aber nur unregelmäßig. Sehr seltener Zuggast, da die Art nach Südosten zieht. Bevorzugt feuchte, ziemlich offene Wälder. Im Sommergefieder an *rotbraunem Kopf* (und Kinn beim ♂) mit schwarzen Scheitelseitenstreifen, *hell rotbraunem Scheitelstreif* sowie feiner schwarzer Teilumrandung der rostbraunen Wangen zu erkennen. Kann im Herbst mit juvenilen Rohrammern verwechselt werden, zu unterscheiden jedoch durch gleichmäßig rostbeigen Wangenfleck (nicht dunkel und mehrfarbig schwarz, braun, weiß), wobei der nach unten begrenzende schwarze Strich nicht bis zum Schnabel reicht, proportional *etwas längeren Schnabel* mit geradem (nicht konvexem) First, mattbraune (nicht rötlichbraune) Kleine Flügeldecken oberseits, hellere Füße und normalerweise schmalere, kürzere und schwärzere Strichel auf der Unterseite. Gewöhnlich deutlicher *heller Augenring und cremefarbene Flügelbinde.* Ruf hart, scharf schnalzend »zick«. Gesang recht leise und mehrere Motive kombinierend. **A**

Waldammer

Waldammer ***Emberiza rustica*** L 14,5. Bis unlängst recht häufiger Brutvogel der schwedischen und finnischen Taiga, hat zuletzt aber stark abgenommen. Bewohnt Taiga, auch Birkenwälder und ist an das Vorhandensein kleiner Moore und Fließgewässer gebunden. Überwintert in SO-Asien. Einzelne Vögel erscheinen im Herbst in W-Europa. ♂ im Sommerkleid mit charakteristischer schwarz-weißer Kopfzeichnung. Ebenso charakteristisch sind *rotbraunes Brustband, rotbraune Flanken* und weißer Bauch. ♀♀ und Herbstvögel leicht mit Rohrammern zu verwechseln, diese sind jedoch auf Brust und Flanken dunkel gestreift und es fehlt ihnen die rotbraune Färbung; der *Bürzel* der Waldammer ist *rötlichbraun,* der der Rohrammer braungrau; Schnabel mit geradem First bei Waldammer, bei Rohrammer konvex; deutlichere helle Flügelbinden und hellere Beine (gelbrosa) bei Waldammer. Ruf ähnlich Singdrossel, aber etwas höher und prononcierter »zitt«. Gesang klar und melodisch, recht kurz, mit klagendem Tonfall wie bei der Spornammer und dabei ähnlich unentschlossen wie bei der Heckenbraunelle, z. B. mit lieblichem Klang »**duu**dele-**düü**do-deluu-delü«. **A**

Grauammer
Zwergammer
Waldammer
♀ Sommer
♂ Sommer
1. Winter

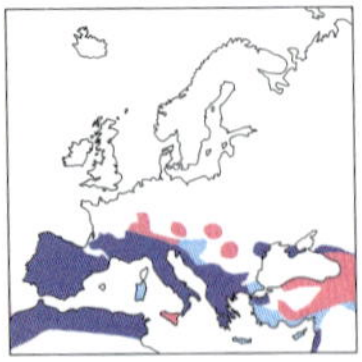

Zippammer

Zippammer ***Emberiza cia*** L 16. Brütet in Mittel- und S-Europa auf felsigen Berghängen, die von Heidevegetation, aber auch von dichtem Wald bewachsen sein können. Steigt im Winter in tiefer gelegene Bereiche herab. Erscheint langschwänzig. ♂♂ an *schwarzer Zeichnung auf aschgrauem Kopf* zu erkennen, ♀♀ schwächer gezeichnet. Man beachte, dass beide Geschlechter eine ungestreifte Kehle und einen lebhaft *kastanienbraunen Bürzel* (beim Auffliegen besonders gut zu sehen) haben. Mittlere Flügeldecken mit weißen Spitzen, die eine schmale Flügelbinde hervorrufen. Jungvögel unterseits gestreift, ähneln mit ihrem kastanienbraunen Bürzel und den weißen äußeren Steuerfedern jungen Goldammern, können von diesen aber durch die *rötlich getönte Unterseite* unterschieden werden. Von juvenilen Grauortolanen und Ortolanen durch kastanienbraunen Bürzel und *grauen Schnabel* zu unterscheiden. Oft am Boden anzutreffen, lässt sich aber auch gerne auf Bäumen nieder. Ruf dünn und schwach »tsit« oder sehr hoch, leicht abfallend oder gerade heraus »tsiii«. Singt von erhöhter, ungedeckter Warte aus. Gesang wohltönend, schnell und variationsreich wie beim Zaunkönig, jedoch mit höherer, piepsender Stimme »sütt witt tell-tell witt drr tja sütt sjä«. **BZ**

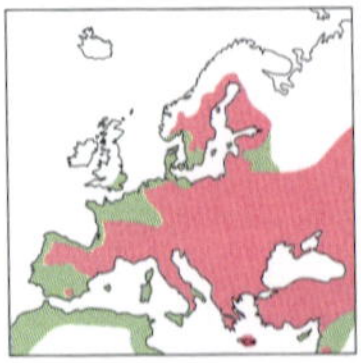

Ortolan

Ortolan ***Emberiza hortulana*** L 16,5. Brütet ziemlich spärlich in offenem Kulturland mit Baumgruppen (N-Europa) oder in offenem, gebirgigem Terrain mit eingestreuten Bäumen (S-Europa). Dramatische Bestandseinbrüche in NW-Europa. Adulte ♂♂ von anderen Ammern durch *grünlichgrauen, ungezeichneten Kopf, hellgelbe Kehle* und grünlichgraues Brustband unterschieden. Aus der Nähe ist der *schmale gelblichweiße Augenring* zu sehen. Äußere Steuerfedern mit weißen Kanten. Vom Grauortolan durch gelbe (nicht orange) Kehle und grünlichgrauen (nicht blaugrauen) Kopf und ebenso gefärbtes Brustband zu unterscheiden. ♀♀ ähneln ♂♂, zeigen jedoch einen Braunton im grünlichgrauen Kopf mit dunkler Strichelung sowie ein deutlich gestreiftes Brustband. Jungvögel sind braun und wie ein Pieper gestreift und besitzen einen grau getönten, gestrichelten Bürzel (nicht rotbraun wie bei Gold- und Zippammer). Ruf ein klares, metallisches »**sli**-e«, das im Aug. auch von ziehenden Vögeln in lockerer Folge wiederholt zu hören ist (3- bis 5-mal pro Überflug). Ein Stimmfühlungsruf, den man von Tagziehern hören kann, ist ein gedämpftes, trockenes »plett«. Aufgeregt geben sie ein kurzes »tju« von sich (oder »slii-e« und »tju« in 2-Sekunden-Intervallen alternierend). Gesang variiert individuell, aber der klingelnde Tonfall ist typisch, und regelmäßig ist der 2. Teil tiefer als der 1.: »srü srü srü srü drö drö« oder »drö drö drö sia sia«. In S- Europa besteht der 2. Teil gewöhnlich aus nur 1 gebrochenen, abfallenden Laut (vgl. Grauortolan). **BZ**

Grauortolan

Grauortolan ***Emberiza caesia*** L 16,5. Brütet in SO-Europa in trockenem, felsigem Gelände mit eingestreuten Sträuchern. Ähnelt Ortolan, *Kopf und Brustband* sind jedoch *blaugrau* (nicht grünlichgrau), die *Kehle* ist *ocker-orange* (nicht gelb). ♀ vom ♂ durch deutlich gestreiften Scheitel und schwach gestricheltes Brustband zu unterscheiden. Jungvögel sehen denen des Ortolans sehr ähnlich und sind im Feld nicht zu unterscheiden. Von jungen Zippammern unterscheidet sie der *gräulicher getönte* (nicht rotbraune) Bürzel. Häufig am Boden anzutreffen. Ruf metallisch »spitt«, schärfer als der Ortolan. Gesang von der Struktur her einem unvollständigen oder simplen Ortolangesang ähnlich, dünn und ohne die wohlklingend klingelnde Tonlage, dazu stets mit nur 1 abschließenden Laut, nicht 2 oder 3. Dieser letzte Ton ist rein und gezogen, nicht klingelnd oder mit einem Diphthong. 2 Gesangsvarianten werden alternierend vorgetragen, die eine etwas kräftiger und tiefer »tjüü tjüü tjüü jü«, die andere höher und beinahe qüäkend »wiis-wiis-wiis-wüh«.

♂
Zippammer
♀
♂
Ortolan
♀ Herbst
juv.
♂
Grauortolan
♀
juv.

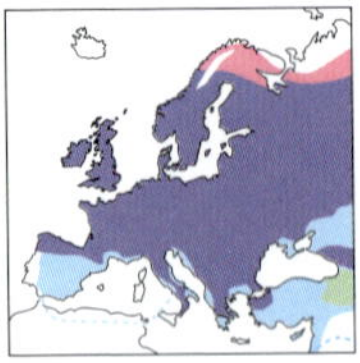

Goldammer

Goldammer ***Emberiza citrinella*** L 16,5. Brütet gewöhnlich in offener Landschaft mit einigen Büschen, auch in Nadelwaldaufwuchs und auf landwirtschaftlichen Flächen, Wacholderheiden und Waldlichtungen usw. Im Winter in Trupps, die auf Stoppelfeldern Nahrung suchen, in Schlehendickichten, Nadelgehölzen u. Ä. Recht langschwänzig. In allen Kleidern *rotbrauner Bürzel* und *Weiß auf den äußeren Steuerfedern,* dazu Gelb im Gefieder, obwohl einige junge Vögel wenig davon zeigen. *Scheitel und Kehle* adulter ♂♂ im Frühjahr und Sommer *ungezeichnet leuchtend gelb* (im Winter ist viel von dem Gelb durch graubraune und grüne Federränder verborgen). ♀♀ und Jungvögel weniger kräftig gefärbt und gewöhnlich stärker gestreift. Anders als ♀♀ und Jungvögel der Zaunammer rötlichbrauner, nicht grau getönter brauner Bürzel. Ruf ein unreines »stüff«, ein leise klickendes »sti**lit**« oder »pitti**lit**« im Flug. Gesang typisch und weithin bekannt, variiert individuell, folgt aber meist dem Muster »si-si-si-si-si-si-süüüü«. Manchmal ist der vorletzte Laut höher als die anderen. Manche Vögel haben einen mehr surrenden, schlagschwirlartigen Tonfall »dzre-dzre-dzre-...«. **JZW**

Fichtenammer

Fichtenammer ***Emberiza leucocephalos*** L 16,5. In W-Europa sehr seltene Ausnahmeerscheinung aus Sibirien (brütet von der europäischen Seite des Ural ostwärts bis zum Ochotskischen Meer). Hat in etwa dieselben Habitatansprüche wie Goldammer, deren östliches Gegenstück man sie nennen könnte. (In W-Sibirien, wo ihre Verbreitungsgebiete großflächig überlappen, kommt es zu Mischbruten, und manche Taxonomen halten sie für Rassen einer Art.) Ausgeprägter Zugvogel, einige überwintern regelmäßig in S-Europa (z. B. Italien). ♂♂ leicht an *auffällig weiß-rotbrauner Kopfzeichnung* zu erkennen. ♀♀ und Jungvögel wie Goldammern (rostfarbener Bürzel), jedoch *mit weißer* statt mehr oder weniger gelber *Grundfärbung unterseits.* Einige ♀♀ haben zusätzlich etwas Weiß auf dem Scheitel. Rufe und Gesang wie Goldammer. **A**

Türkenammer

Türkenammer ***Emberiza cineracea*** L 16,5. Sehr selten und in Europa nur lokal auf Lesbos brütend. Besucht die Insel von März bis Aug. Bevorzugt ödes und felsiges Gelände. Ungefähr goldammergroß, mit noch *längerem Schwanz.* Gefieder bräunlichgrau, ♂ mit *ungezeichnetem, hell gräulichgelbem Kopf; Brust und Flanken grau,* Bauch weiß. ♀♀ haben nur auf der Kehle eine gelbliche Tönung, der Kopf ist ansonsten graubraun und verwaschen gestreift. Jungvögeln fehlt jegliches Gelb, sie sind brauner und deutlicher gestreift. Ruf sowohl scharf und kratzend »tschirp« als auch ortolanähnlich »tschü«, oft alternierend eingesetzt. Gesang eine recht rasche Folge klingelnder Laute in etwas ungleichmäßigem Rhythmus, z. B. »zre, zrü-zrü-zrü **zrih**-zra«. Klingt typischerweise mit der schnellen Aufeinanderfolge eines hohen und eines tiefen Tones aus.

Rohrammer

Rohrammer ***Emberiza schoeniclus*** L 15,5. Weit verbreitete und häufige Art in sumpfigem Gelände mit üppiger Bodenvegetation in Schilfgebieten, verbuschten Mooren usw. Trockenere Habitate ebenfalls möglich. Im Winter auch auf Feldern, gelegentlich in Gesellschaft anderer Ammern und Finken, oft in kleinen Trupps. ♂ im Sommerkleid leicht an *weißem Halsband, schwarzer Kappe* und *schwarzem Kehllatz* zu erkennen. Das weiße Halsband ist eigentlich ein Nackenband, das in einem Keil zum Schnabel endet. ♀♀ hat deutlich gezeichneten Kopf, und die helle Kehle wird von einem *dunklen Kinnstreif* begrenzt. Weiße äußere Steuerfedern. Kann mit ♀♀ oder Jungvögeln der Waldammer verwechselt werden, hat aber schwarze und nicht kastanienbraune Strichelung über Brust und Flanken, weniger auffällige Flügelbinden sowie dunkle Beine und Füße. Etwas größer als Zwergammer, deren gleichmäßige rostbraune Wangen ihr fehlen. Rufe fein, wie durch die Lippen eingezogen und etwas abwärts moduliert »siü« sowie heiser »bzü«. Gesang recht eintönig, langsam und holprig, aber mit Variationen, eine häufige Phrase z. B. »sripp, sripp, sria srisirr«. **BZ**

♂
♀
juv.
Goldammer
♀
♂
Fichtenammer
♂
Türkenammer
♀
Rohrammer
♀ Winter
♂ Herbst
♂ Sommer

Weidenammer

Weidenammer ***Emberiza aureola*** L 15,5. Häufig im größten Teil der gemäßigten Breiten N-Asiens, so auch in Russland. Frühere Vorposten in Finnland scheinen inzwischen aufgegeben worden zu sein. Brütet auf sumpfigen Wiesen mit Weidenbewuchs und eingestreuten Bäumen. Auch auf Mooren und in offener Taiga. ♂ leicht an *schwarzem Gesicht, kastanienbraunem Scheitel und Brustband* zu erkennen, die mit der leuchtend gelben Unterseite kontrastieren, sowie an den deutlichen *weißen Flügelbinden* (fast wie beim Buchfink), die auch im sonst eher matten Winterkleid zu sehen sind. ♂♂ im 1. Sommer haben eine kleinere, oft dunkel gestrichelte obere Flügelbinde und weniger sauber gezeichneten Kopf. ♀♀ ähneln Goldammer-♀♀ ziemlich, haben aber matter braunen (nicht rotbraunen), gestreiften Bürzel, *deutlichen hellen Überaugenstreif* und die Andeutung eines helleren Scheitelstreifs sowie Mittlere Armdecken mit weißen Spitzen, die eine auffällige Flügelbinde bewirken; *Unterseite fast einfarbig gelblichweiß*, nur auf den Flanken und manchmal fein auf der Brust gestreift. Jungvögel wie ♀♀, aber mit weniger auffälliger Zeichnung. Ruf kurz klickend »tsick«. Gesang erinnert entfernt an Ortolan, mit 2- oder 3-fach wiederholten Tönen »tru-tru-trüa-trüa **tri-tri**-trä«, zum Ende hin ansteigend, gelegentlich (wie im Beispiel) mit dem letzten Ton abfallend. **A**

Zaunammer

Zaunammer ***Emberiza cirlus*** L 16. Brütet in W- und S-Europa in offenen Landschaften mit Büschen, Hecken und einzelnen Bäumen, in Obsthainen und bei Weingärten. Bestand hat stark abgenommen. Im Winter oft in Gruppen mit anderen Ammern und Finken auf Feldern anzutreffen. ♂♂ am *schwarz-gelben Kopfmuster* und *gelber Unterseite* mit *olivgrüner und rotbrauner Brust* zu erkennen. ♀ von sehr ähnlichem Goldammer-♀ durch *braungrauen*, nicht rotbraunen *Bürzel*, von Weidenammer-♀ durch *praktisch ungestreiften Bürzel*, weniger deutlichen Überaugenstreif und stärker gestreifte Unterseite zu unterscheiden, von Ortolan-♀ durch auffälligere Kopfzeichnung und *grauen*, nicht rosa *Schnabel*. Ruf ein singdrosselartiges »zitt«. Äußert auch ein dünnes, abfallendes »siiü« sowie eine sehr schnelle Serie schwirrender Töne »zir'r'r'r'r« (wie knisternder Strom). Gesang wenig ammerartig, eher wie Wanderlaubsänger, ein rascher, recht rau rollender Triller »sre'sre'sre'sre'sre'...«, oft von hoher Warte auf einem Baum aus vorgetragen. **BZ**

Kappenammer

Kappenammer ***Emberiza melanocephala*** L 17. Brütet in SO-Europa in offenen Landschaften mit eingestreuten Bäumen und Sträuchern, auch im Kulturland. Eine große Ammer mit langem Schwanz. ♂ ohne Schwierigkeiten an *schwarzem Kopf, gelber Unterseite, kastanienbraunem Rücken* und dem *Fehlen weißer Schwanzmarkierungen* zu erkennen. ♀ eher unscheinbar graubraun und oberseits diffus gestreift, *unterseits ungezeichnet hell schmutzig gelb*, oft ist eine *dunklere, graubraune Kappe* (analog der Musterung des ♂) *angedeutet*. Man beachte *recht kräftigen Schnabel, kein Weiß im Schwanz* und *hellgelbe Unterschwanzdecken*. Jungvögel ähneln den ♀♀, haben aber unterseits weniger Gelbtönung. ♀♀ und Jungvögel gleichen der nahe verwandten zentralasiatischen Braunkopfammer (hier nicht behandelt) sehr; ♀♀ im Schnitt jedoch auf dem Rücken stärker rotbraun getönt (Braunkopfammer gelblichgrün, wenn überhaupt), während Jungvögel sich im Feld nicht unterscheiden lassen. Rufe ähnlich Goldammer »tschüü« oder »stjüü« sowie ortolanartig klickend »plütt«. Gesang eine kurze beschleunigte Strophe, ständig und unermüdlich wiederholt, in ziemlich tiefer Tonlage mit etwas schwankendem Rhythmus und jeder Menge rollender r-Töne »sritt...sritt...sritt, srütt, srü-srü sütter**ii**-sütt sütter**äh**«. **A**

Weidenammer

Zaunammer

Kappenammer

Spornammer

Spornammer *Calcarius lapponicus* L 15,5. Brütet recht häufig in offenen Tundralandschaften, mit Vorliebe in feuchten Senken mit Weidenbewuchs. Auf dem Zug und im Winter zumeist einzeln oder in kleinen Trupps auf Stoppelfeldern und Küstenwiesen. Verbringt die meiste Zeit am Boden, wo sie sich rasch und geschickt bewegt. ♂♂ im Sommerkleid unverkennbar mit schwarzem Gesicht, schwarzer Kehle und Brust, einem *hellgelben Streifen vom Auge nach hinten,* weißer Halszeichnung und *rötlichbraunem Nacken.* ♀♀ verwaschener gezeichnet, aber ebenfalls mit fuchsrotem Nacken, dazu einem hellen Scheitelstreif. Im Herbst und Winter ähneln sich die Geschlechter und Altersklassen: Kopf weitgehend rostbraun, Scheitelmitte heller braun, Unterseite weißlich mit einzelnen Abzeichen auf der Brust, Oberseite kräftig gestreift, *Flügel mit rotbraunem Feld,* das von den neuen Großen Armdecken gebildet wird. *Rostroter Nacken* und unterschiedlich ausgedehntes Schwarz auf der Brust zeigen nur Altvögel. Robuster gebaut und mit kürzerem Schwanz als die meisten Ammern. Zugruf ein hartes, trockenes »prrrt«, manchmal gefolgt von einem kurzen »tju«, alternativ rau »tjüb« (auch von Nachtziehern zu hören). Am Brutplatz ist der häufigste (Warn-?)Ruf ein metallisches »tihü«. Gesang kurz und klingelnd, ähnlich Ohrenlerche (wenn diese sich kurzfasst); auch wie Schneeammer, aber die klingelnden Elemente sind charakteristisch und die Phrasen werden recht dauerhaft wiederholt und sind nicht so abwechslungsreich, z. B. »kretle-krlii-trr kritle-kretle-trü«. **ZW**

Schneeammer

Schneeammer *Plectrophenax nivalis* L 16. Brütet recht häufig hoch im Gebirge zwischen Felsen und Schneefeldern, in der Arktis auch auf Meereshöhe. Besucht im Winter offene Küstengebiete oder ausgedehnte landwirtschaftliche Flächen. ♂♂ im Sommer *weiß und schwarz;* besonders die Flügel (Armschwingen und Decken) *leuchtend weiß.* ♀♀ mit schmutzig graubraunem Kopf, grauschwarzem Rücken und ebensolchen Flügeldecken, Armschwingen weiß. Im Herbst und Winter haben beide Geschlechter breite, gelbbraune Federränder auf der Oberseite und rostfarbene auf Kopf, Wangen und Brust, wirken im Flug aber dennoch sehr weiß. Jungvögel (Juli/Aug.) mit grauem Kopf und braun gefleckter Brust. Bis zum Herbst haben sie ein den Altvögeln ähnliches Gefieder. Bei immaturen ♀♀ sind nur die Armschwingenbasen weiß und bilden einen breiten, weißen, durchscheinenden Flügelstreif. Flug in langen Wellenbewegungen, Trupps leuchten weiß. Rufe ein kurzer, aber volltönender Pfiff »pjüü« (meist von Einzelvögeln) und ein weich zwitscherndes »perrirr**it**«, das an Haubenmeisen erinnert, weicher als der ähnliche Ruf der Spornammer. Aus großen Trupps sind uferschwalbenartig raspelnde Rufe zu hören. Gesang kurz und klar, z. B. »swiito-sw**üäh**-witüty-sü**wäh**«. Vorgetragen von einem Felsblock oder aus Sinksingflug. **ZW**

Sperlinge (Familie Passeridae)

Die Sperlinge sind bis auf den Schneesperling auf S. 276 beschrieben, der wegen seiner Ähnlichkeit mit der Schneeammer nun hier behandelt wird.

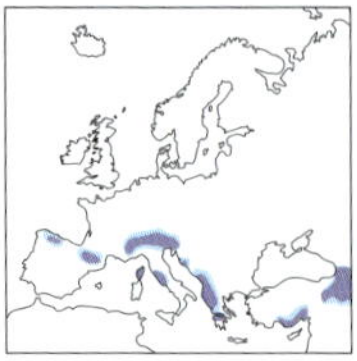

Schneesperling

Schneesperling *Montifringilla nivalis* L 18. Brütet in den Alpen und in südeuropäischen Hochgebirgen zwischen Baum- und Schneegrenze. Nistet in Felsspalten und unter Felsbrocken. Außerhalb der Brutzeit oft in kleinen Trupps. Wandert im Winter talwärts, im Feb. an den Bergstationen der Skigebiete. In allen Kleidern von der Schneeammer durch *grauen Kopf* zu unterscheiden (Ausnahme: junge Schneeammern, die von Juli bis Aug. auch grauen Kopf haben). ♂♂ haben im Sommer einen kleinen schwärzlichen Kehllatz, ♀♀ etwas Grau auf dem Kinn. *Weiße Färbung auf Flügeln und Schwanz,* bei ♀♀ und Jungvögeln weniger ausgedehnt. Jungvögel ähneln ♀♀. Schnabel im Winter gelb, im Sommer schwarz (♂♂) oder dunkel, mit hellerer Basis (♀♀). Zuckt oft mit dem Schwanz. Unter den Rufen ein etwas heiseres »ziiih« und ein schnurrendes »prrt«. Gesang sehr holprig, stoßweise, an Berghänfling erinnernd. **J**

Spornammer
♀ Sommer
♂ Sommer
♂ Winter
Schneeammer
♂ Winter
♂ Sommer
♀
♀
♂
♂ Sommer
Schneesperling
♀ Winter

Zwergammer
Grauammer
juv.
Grauortolan
Ortolan
juv.
♀
juv.
Goldammer
Rohrammer
♀
♀
Kappenammer
Zaunammer

♀
Waldammer
juv.
Zippammer
♀ Winter
Spornammer
♀
Fichtenammer
♀
Türkenammer
♀
Weidenammer
♀ juv.
♀ Winter
Schneeammer

WEITERFÜHRENDE LITERATUR

Wer einmal »Blut geleckt« hat und sich eingehender mit der Materie befassen möchte, dem seien hier zunächst einige *Hinweise auf deutschsprachige Literatur* gegeben. Sie kann die Bestimmungsfertigkeiten vertiefen helfen und den Zugang zu weiterführenden ornithologischen Fragestellungen eröffnen:

Barthel, P., & P. Dougalis (2006): Was fliegt denn da? Kosmos, Stuttgart.

Bauer, H.-G., E. Bezzel & W. Fiedler (2005): Das Kompendium der Vögel Mitteleuropas. 3 Bde. Aula Verlag, Wiesbaden.

Beaman, M., & S. Madge (1998): Handbuch der Vogelbestimmung – Europa und die Westpaläarktis. Ulmer Verlag, Stuttgart.

Bergmann, H.-H., H.-W. Helb & S. Baumann (2007): Stimmen der Vögel Europas. Aula Verlag, Wiesbaden.

Berthold, P. (2000): Vogelzug – Eine aktuelle Gesamtübersicht. Wissenschaftliche Buchgesellschaft, Darmstadt.

Bezzel, E. (2006): BLV Handbuch Vögel. BLV Buchverlag, München.

Bezzel, E., & R. Prinzinger (1990): Ornithologie. Ulmer Verlag, Stuttgart.

Bibby, C. J., N. D. Burgess & D. A. Hill (1995): Methoden der Feldornithologie. Neumann Verlag, Radebeul.

Gatter, W. (2000): Vogelzug und Vogelbestände in Mitteleuropa – 30 Jahre Beobachtung des Tagzugs am Randecker Maar. Aula Verlag, Wiebelsheim.

Gensbøl, B., & W. Thiede (2004): Greifvögel. Alle europäischen Arten, Bestimmungsmerkmale, Flugbilder, Biologie, Verbreitung, Gefährdung, Bestandsentwicklung. BLV Buchverlag, München.

Glutz von Blotzheim, U. N., & K. Bauer (Hrsg.) (1966–97): Handbuch der Vögel Mitteleuropas. 14 Bde. Aula Verlag, Wiesbaden.

Hagemeijer, W. J. M., & M. J. Blair (Hrsg.) (1997): The EBCC Atlas of European Breeding Birds. Poyser, London (europäischer Brutvogelatlas, englisch mit deutschem Beiheft).

Harris, A., L. Tucker & K. Vinicombe (1991): Vogelbestimmung für Fortgeschrittene. Kosmos, Stuttgart.

Heinzel, H., R. Fitter & J. Parslow (1996): Pareys Vogelbuch – Alle Vögel Europas, Nordafrikas und des Mittleren Ostens. Blackwell Wissenschafts-Verlag, Berlin.

Jonsson, L. (1992): Die Vögel Europas und des Mittelmeerraumes. Kosmos, Stuttgart.

Madge, S., & H. Burn (1989): Wassergeflügel. Parey, Hamburg, Berlin.

Mebs, T., & W. Scherzinger (2000): Die Eulen Europas. Kosmos, Stuttgart.

Mebs, T., & D. Schmidt (2006): Die Greifvögel Europas, Nordafrikas und Vorderasiens. Kosmos, Stuttgart.

Moning, C., & C. Wagner (2005): Vögel beobachten in Süddeutschland. Kosmos, Stuttgart.

Moning, C., & F. Weiß (2007): Vögel beobachten in Norddeutschland. Kosmos, Stuttgart.

Perrins, C. (Hrsg.) (2004): Die BLV Enzyklopädie Vögel der Welt. BLV Buchverlag, München.

Richarz, K., E. Bezzel & M. Hormann (2001): Taschenbuch für Vogelschutz. Aula Verlag, Wiebelsheim.

Svensson, L., P. J. Grant, K. Mullarney & D. Zetterström (2000): Vögel Europas, Nordafrikas und Vorderasiens. Kosmos, Stuttgart.

Wassmann, R. (1999): Ornithologisches Taschenlexikon. Aula Verlag, Wiebelsheim.

Von einer *Reihe von englischsprachigen Monografien,* die verschiedene Vogelgruppen behandeln, ist auf Deutsch bislang nur das oben genannte Buch über das »Wassergeflügel« von Madge & Burn erschienen. Im Folgenden eine Auswahl von weiteren Titeln:

Chantler, P., & Driessens, G. (1995): Swifts. Pica, Mountfield.

Cleere, N., & Nurney, D. (1998): Nightjars. Pica, Mountfield.

Clement, P., Harris, A., & Davis, J. (1993): Finches and Sparrows. Helm, London.

Clement, P., & Hathway, R. (2000): Thrushes. Helm, London.

Ferguson-Lees, J., & Christie, D. A. (2001): Raptors of the World. Helm, London.

Forsman, D. (1999): The Raptors of Europe and the Middle East. T & AD Poyser, London.

Fry, C. H., Fry, K., & Harris, A. (1992): Kingfishers, Bee-eaters & Rollers. Helm, London.

Gibbs, D., Barnes, E., & Cox, J. (2001): Pigeons and Doves. Pica, Mountfield.

Harrap, S., & Quinn, D. (1996): Tits, Nuthatches & Treecreepers. Helm, London.

Harris, T., & Franklin, K. (2000): Shrikes & Bush-Shrikes. Helm, London.

Harrison, P. (1989): Seabirds of the World. Helm, London.

Hayman, P., Marchant, J., & Prater, T. (1986): Shorebirds. Helm, London.

Lefranc, N., & Worfolk, T. (1997): Shrikes. Pica, Mountfield.

Madge, S., & Burn, H. (1991): Crows and Jays. Helm, London.

Madge, S., & McGowan, P. (2002): Pheasants, Partridges & Grouse. Helm, London.

Mikkola, H. (1983): Owls of Europe. Poyser, Calton.

O'Brian, M., Crossley, R., & Karlson, K. (2006): The Shorebird Guide. Houghton Mifflin, Boston, New York.

Olsen, K. M., & Larsson, H. (1995): Terns of Europe and North America. Helm, London.

Olsen, K. M., & Larsson, H. (1997): Skuas and Jaegers. Pica, Mountfield.

Olsen, K. M., & Larsson, H. (2003): Gulls of Europe, Asia and North America. Helm, London.

Olsson, U., Curson, J., & Byers, C. (1995): Buntings and Sparrows. Pica, Mountfield.

Shirihai, H., Gargallo, G., & Helbig, A. J. (2001): Sylvia Warblers. Helm, London.

Taylor, B., & van Perlo, B. (1998): Rails. Pica, Mountfield.

Turner, A., & Rose, C. (1989): Swallows and Martins of the World. Helm, London.

Urquhart, E. (2002): Stonechats. A Guide to the Genus Saxicola. Ill. by A. Bowley. Helm, London.

Winkler, H., Christie, D. A., & Nurney, D. (1995): Woodpeckers. Pica, Mountfield.

ORNITHOLOGISCHE ZEITSCHRIFTEN

Inzwischen gibt es eine ganze Reihe von Zeitschriften, die mit unterschiedlichen Schwerpunkten verschiedenste Aspekte der Vogelwelt, des Vogelschutzes und der Vogelbeobachtung behandeln. Einige sind kommerziell und können abonniert werden, die meisten sind jedoch Verbandszeitschriften und der Bezug unterstellt in der Regel eine Mitgliedschaft. Im Folgenden zunächst eine Auswahl deutschsprachiger, danach einige englischsprachige Publikationen:

Deutsch

APUS. Hrsg.: Ornithologenverband Sachsen-Anhalt (OSA) (www.osa-internet.de)

AVIFAUNISTIK IN BAYERN. Hrsg.: Ornithologische Gesellschaft in Bayern e.V. (www.og-bayern.de)

BERICHTE DER VOGELWARTE HIDDENSEE. Hrsg.: Beringungszentrale Hiddensee (www.lung.mv-regierung.de)

BERICHTE ZUM VOGELSCHUTZ. Hrsg.: Deutscher Rat für Vogelschutz (DRV) (www.drv-web.de)

CHARADRIUS. – Zeitschrift für Vogelkunde, Vogelschutz und Naturschutz in Nordrhein-Westfalen. Hrsg.: Nordrhein-Westfälische Ornithologengesellschaft e.V. (www.nw-ornithologen.de)

DER FALKE – Journal für Vogelbeobachter, Aula-Verlag, Wiebelsheim (www.falke-journal.de)

DER ORNITHOLOGISCHE BEOBACHTER. Hrsg.: ALA, Schweizerische Gesellschaft für Vogelkunde und Vogelschutz (www.ala-schweiz.ch)

DIE VOGELWARTE – Zeitschrift für Vogelkunde. Hrsg.: Vogelwarten Helgoland, Hiddensee und Radolfzell sowie Deutsche Ornithologen-Gesellschaft e.V. (www.do-g.de/Vogelwarte)

DIE VOGELWELT – Beiträge zur Vogelkunde. Hrsg.: Flade, M., & V. Dierschke sowie Dachverband Deutscher Avifaunisten (DDA) (www.vogelwelt.com, und www.dda-web.de)

EGRETTA – Vogelkundliche Nachrichten aus Österreich. Hrsg.: Birdlife Österreich, Gesellschaft für Vogelkunde, Wien (www.birdlife.at)

LANIUS – Mitteilungsblatt des Ornithologischen Beobachterrings Saar (www.ornithologie-saarland.de)

LIMICOLA – Zeitschrift für Feldornithologie. Limicola-Verlag, Einbeck (www.limicola.de)

ORNIS – Zeitschrift des Schweizer Vogelschutzes, Zürich (www.birdlife.ch)

ORNITHOLOGISCHER ANZEIGER. Hrsg.: Ornithologische Gesellschaft in Bayern e.V. (www.og-bayern.de)

ORNITHOLOGISCHER JAHRESBERICHT HELGOLAND. Hrsg.: Ornithologische Arbeitsgemeinschaft Helgoland e.V. (www.oag-helgoland.de)

ORNITHOLOGISCHER RUNDBRIEF FÜR MECKLENBURG-VORPOMMERN. Hrsg.: Ornithologische Arbeitsgemeinschaft Mecklenburg-Vorpommern e.V. (www.oamv.de)

OTIS. Hrsg.: Arbeitsgemeinschaft Berlin-Brandenburgischer Ornithologen (www.abbo-info.de)

VOGELSCHUTZ – Magazin für Arten- und Biotopschutz. Hrsg.: Landesbund für Vogelschutz in Bayern (LBV) (www.lbv.de)

VOGELWARTE-INFO. Hrsg.: Schweizerische Vogelwarte Sempach (www.vogelwarte.ch)

Englisch

ALULA. Finnland: www.alula.fi

BIRDING WORLD. Großbritannien: www.birdingworld.co.uk

BRITISH BIRDS. Großbritannien: www.britishbirds.co.uk

DUTCH BIRDING. Niederlande (Beiträge z.T. auch auf Niederländisch): www.dutchbirding.nl

ORNITHOLOGISCHE VEREINIGUNGEN

Im deutschsprachigen Raum existieren eine Reihe von Verbänden, die ihre Arbeit der Erforschung und dem Schutz der Vogelwelt widmen. Diese verstehen sich oft auch als Ansprechpartner für ornithologisch Interessierte.

Arbeitsgemeinschaft Berlin-Brandenburgischer Ornithologen (ABBO) (www.abbo-info.de)

Berliner Ornithologische Arbeitsgemeinschaft (BOA) (www.orniberlin.de)

BirdLife Deutschland (www.birdlife.de)

Hessische Gesellschaft für Ornithologie und Naturschutz (HGON) (www.hgon.de)

Landesbund für Vogelschutz (LBV) (www.lbv.de)

Naturschutzbund Deutschland (NABU) (www.nabu.de)

Niedersächsische Ornithologische Vereinigung (NOV) (www.ornithologie-niedersachsen.de)

Ornithologische Arbeitsgemeinschaft für Schleswig-Holstein und Hamburg (www.ornithologie-schleswig-holstein.de)

Ornithologischer Beobachterring Saar (OBS) (www.ornithologie-saarland.de)

Stiftung Vogelmonitoring Deutschland (www.vogelmonitoring.de)

Verein Sächsischer Ornithologen e.V. (VSO) (www.vso-internet.de)

Verein Thüringer Ornithologen e.V. (VTO) (www.ornithologen-thueringen.de)

VOGELWARTEN UND BERINGUNGSZENTRALEN

Wenn man auf seinen Exkursionen auf beringte oder farbmarkierte Vögel stößt, wird man nicht nur selbst z. B. wissen wollen, woher sie kommen (vgl. reichhaltige Webseite zu internationalen Beringungsprojekten: www.proring.de). Es besteht darüber hinaus ein dringendes Interesse der Vogelwarten und Beringungszentralen, dass solche Beobachtungen gemeldet werden. Für den deutschsprachigen Raum sind dabei die folgenden Institutionen Ansprechpartner:

Vogelwarte Helgoland, zuständig für die Bundesländer Schleswig-Holstein, Hamburg, Bremen, Niedersachsen, Nordrhein-Westfalen und Hessen (An der Vogelwarte 21, D-26386 Wilhelmshaven; www.vogelwarte-helgoland.de)

Beringungszentrale Hiddensee, zuständig für die neuen Bundesländer (Badenstr. 18, D-18439 Stralsund; www.lung.mv-regierung.de/beringung)

Vogelwarte Radolfzell, zuständig für die deutschen Bundesländer Bayern, Baden-Württemberg, Saarland, Rheinland-Pfalz, den Westteil von Berlin und für Österreich (D-78315 Radolfzell; www.ornithol.mpg.de)

Schweizerische Vogelwarte Sempach (CH-6204 Sempach; www.vogelwarte.ch)

SELTENHEITENKOMMISSIONEN

Bestimmte Vogelarten gelten für bestimmte geografische Gebiete als Seltenheiten und Ausnahmeerscheinungen, deren Auftreten nicht nur das Herz des »Twitchers« höherschlagen lässt, sondern auch hinsichtlich möglicher Veränderungen in der Verbreitung von Interesse ist. So spiegelt sich etwa die Klimaerwärmung bereits im regelmäßigen Auftreten mancher südlichen Arten auch als Brutvögel bei uns wider. Um solche Prozesse wissenschaftlich seriös erfassen zu können, haben sich auf nationaler und föderaler Ebene Dokumentationsstellen für seltene Vogelarten konstituiert, die Dokumentationen von Beobachtungen an Seltenheiten entgegennehmen, auf ihre Stichhaltigkeit überprüfen und beurteilen (Meldebögen in der Regel von der Webseite herunterzuladen). Einen ersten Hinweis auf »meldepflichtige« Arten geben die Statusangaben in diesem Buch (»A« oder keine Angabe), Genaueres ist über die folgenden Adressen und Webseiten zu erfahren:

Avifaunistische Kommission Baden Württemberg (AKBW): c/o Daniel Kratzer, Tullastr. 36, D-79576 Weil am Rhein, E-Mail: orni.kratzer@web.de

Avifaunistische Kommission Berlin/Brandenburg (AKBB): c/o Ronald Beschow, Am Berghang 12 a, D-03130 Spremberg

Avifaunistische Kommission Bodensee (AKB): www.bodensee-ornis.de

Avifaunistische Kommission Hessen (AKH): www.hgon.de/akh.htm

Avifaunistische Kommission Niedersachsen und Bremen (AKN): www.ornithologie-niedersachsen.de/akn/akn.html

Avifaunistische Kommission der Nordrhein-Westfälischen Ornithologengesellschaft (AviKomNRW): www.nwo-avi.com

Avifaunistische Kommission Rheinland-Pfalz (AKRP): c/o Ewald Lippok, Wismarer Str. 9, D-56075 Koblenz, E-Mail: egh.lippok@t-online.de

Avifaunistische Kommission Saarland (AKS): c/o Günter Nicklaus, Allmendstr. 30, D-66399 Mandelbachtal, E-Mail: ubgnic@uniklinik-saarland.de

Avifaunistische Kommission Sachsen (AKS): www.vso-internet.de

Avifaunistische Kommission Sachsen-Anhalt (AKST): c/o Dr. Klaus Liedel, Krokusweg 8, D-06118 Halle

Avifaunistische Kommission Thüringen (AKT): www.ornithologen-thüringen.de/ avifau.html

Avifaunistische Seltenheitenkommission Schleswig-Holstein und Hamburg (ASK-SH/HH): www.ornithologie-schleswig-holstein.de

Bayerische Avifaunistische Kommission (BAK): www.og-bayern.de

Deutsche Seltenheitenkommission (DSK): c/o Peter H. Barthel, Über dem Salzgraben 11, D-37574 Einbeck-Drüber

Helgoländer Avifaunistische Kommission (HAK): c/o Jochen Dierschke, Institut für Vogelforschung, An der Vogelwarte 21, D-26386 Wilhelmshaven, E-Mail: jochen.dierschke@web.de

Seltenheitenkommission der Ornithologischen Arbeitsgemeinschaft Mecklenburg-Vorpommern: www.oamv.de

Die nationale Seltenheitenkommission für die Schweiz ist bei der Vogelwarte Sempach (www.vogelwarte.ch), die für Österreich bei BirdLife Österreich (www.birdlife.at) angesiedelt. Die Anschriften aller weiteren europäischen Kommissionen findet man auf der Webseite der Vereinigung Europäischer Seltenheitenkommissionen (Association of European Rarities Committees) (AERC): www.aerc.eu

VOGELSTIMMEN AUF TONTRÄGERN

Die Wiedergabe von Vogelstimmen, ob nun in Wort und Schrift oder in Gestalt von Sonagrammen, kann das Hören (und Erleben) nicht ersetzen. Im Folgenden daher eine kleine Auswahl von Vogelstimmen auf CDs:

Bergmann, H.-H., & W. Engländer (2005): Die Kosmos-Vogelstimmen-DVD. Kosmos, Stuttgart.

Roché, J. C. (1995): Die Stimmen der Vögel Mitteleuropas auf CD. Kosmos, Stuttgart.

Schulze, A. (2000): Vogelstimmen-Trainer (Schnellsystem in Bild und Ton). BLV Buchverlag, München.

Schulze, A. (Hrsg.) (2005): Vogelstimmen erkennen (CD mit farbigem Begleitheft und Vogeluhr). BLV Buchverlag, München.

Schulze, A. (Hrsg.), Roché, J. C., Chappuis, C., Mild, K., et al. (2003): Die Vogelstimmen Europas, Nordafrikas und Vorderasiens. 17 CDs. BLV Buchverlag, München.

Håkan Delin: Seiten 8–17; 27; 29; 33 (Carolinakrickente, Knäkenten, die beiden oberen, fliegenden); 41 (Schellente und Spatelente, Köpfe); 51 (Auerhahn und Haselhuhn); 57; 73 (fliegende Reiher); 75 (Grau- und Purpurreiher, fliegend); 79; 99 (Gerfalken); 107; 109; 167; 169; 173; 175 (Kuckuck, fliegend, singend, Wiesenpieper füttert jungen Kuckuck); 177; 179; 181; 189; 191; 193; 201 (Ohrenlerche, juv.); 205 (Waldpieper); 211 (Gebirgsstelze); 225 (Schwarzkehldrosseln); 231 (Strichelschwirl); 251 (Dunkel- und Bartlaubsänger); 253 (Gelbbrauen- und Goldhähnchen-Laubsänger); 255 (Halbringschnäpper); 263 (Türkenkleiber); 267 (Mittelmeer-Raubwürger, fliegende Würger außer Neuntöter); 298 (Zwergammer); 299 (Sporn- und Schneeammer, juv.)

Martin Elliott: Seiten 37; 39; 59; 61; 63; 65; 149 (Tundramöwe); 151

Peter Hayman: Seiten 185; 197; 199; 201 (alle außer Ohrenlerche, juv.); 203; 205 (außer Waldpieper); 207; 213; 215 (Rotkehlchen); 219 (Isabellsteinschmätzer, fliegend); 225 (Amsel und Ringdrossel); 231 (Rohr-, Schlag- und Feldschwirle); 233; 235; 237; 239; 241; 243; 245; 247 (Heckensänger); 249; 251 (Berg-, Balkan-, Wander- und Grünlaubsänger); 253 (Goldhähnchen); 255 (Halsband- und Halbringschnäpper, fliegend) 257; 259; 273 (Flugbilder); 275 (Flugbilder); 287; 289 (Zwerg- und Waldammern; Grauammer, fliegend); 293 (Rohrammer, Herbst und Winter)

Arthur Singer: Seiten 20–21; 23; 25; 31; 33 (außer Carolinakrickente und die beiden oberen, fliegenden Knäkenten); 35; 41 (außer den Köpfen von Schellente und Spatelente); 43; 45; 47; 49; 51 (außer Auerhahn und Haselhuhn); 53; 55; 67; 69; 71; 73 (außer fliegenden Reihern); 75 (außer fliegenden Grau- und Purpurreihern); 77; 80; 83; 85; 87; 89; 91; 93; 95; 97; 99 (außer Gerfalken); 101; 103; 104–105; 111; 113; 171; 175 (außer Kuckuck, fliegend, singend, Wiesenpieper füttert jungen Kuckuck); 183; 187; 194–195; 209; 211 (außer Gebirgsstelze); 215 (außer Rotkehlchen); 217; 219 (außer fliegendem Isabellsteinschmätzer); 221; 223; 227; 228–229; 247 (außer Heckensänger); 255 (Trauer-, Halsband-, Zwerg- und Grauschnäpper); 261; 263 (außer Türkenkleiber); 265; 267 (außer Mittelmeer-Raubwürger und Flugbildern bis auf fliegenden Neuntöter); 269; 271; 273 (außer Flugbildern); 275 (außer Flugbildern); 277; 279; 281; 283; 285; 289 (Grauammer, sitzend); 291; 293 (außer Rohrammer, Herbst und Winter); 295; 297; 298 (außer Zwergammer); 299 (außer Sporn- und Schneeammer, juvs.)

Lars Svensson: Alle Schwarz-Weiß-Zeichnungen; Greifvögel im Flug, Seiten 83; 87; 89; 91; 97

Dan Zetterström: Seiten 115; 117; 119; 121; 123; 125; 127; 129; 131; 133; 135; 137; 139; 141; 143; 145; 147; 149 (außer Tundramöwe); 153; 155; 157; 161; 163; 165

REGISTER – WISSENSCHAFTLICHE NAMEN

Die folgende Liste führt die behandelten Vogelarten nach ihrem wissenschaftlichen Namen auf. Bei einigen überholten Gattungszuordnungen wird auf die neue verwiesen. Deutsche Namen ab S. 312.

Das Register listet die behandelten Vogelarten nach ihrem deutschen Namen auf. Die wissenschaftlichen Namen finden sich ab S. 306.

Bibliographische Information der Deutschen Bibliothek

Die Deutsche Bibliothek verzeichnet diese Publikation in der Deutschen Nationalbibliographie; detaillierte bibliographische Daten sind im Internet über http://dnb.ddb.de abrufbar.

BLV Buchverlag GmbH & Co. KG
80797 München

First published in 2007 by Philip's,
a division of Octopus Publishing Group Ltd.
2–4 Heron Quays, London E14 4JP

Umschlaggestaltung: Anja Masuch, Fürstenfeldbruck
Zeichnung Umschlagvorderseite: Winfried Weigel
Zeichnungen Umschlagrückseite: Håkan Delin

Übersetzung: Hans-Martin Busch

Lektorat: Dr. Friedrich Kögel, Dr. Eva Dempewolf
Herstellung: Ruth Bost
Satz: Walter Werbegrafik, Gundelfingen

Printed in China

ISBN 978-3-8354-0285-0